科技之巅 **20** 周年珍藏版

全球突破性技术创新与未来趋势

DEEPTECH深科技 ◎ 著

B R E A K T H R O U G H
TECHNOLOGIES

人民邮电出版社
北京

图书在版编目（CIP）数据

科技之巅：20周年珍藏版：全球突破性技术创新与未来趋势 / DeepTech深科技著. -- 北京：人民邮电出版社，2023.1
ISBN 978-7-115-60315-9

Ⅰ. ①科… Ⅱ. ①D… Ⅲ. ①科技发展－研究－世界－2001-2021 Ⅳ. ①N11

中国版本图书馆CIP数据核字(2022)第222626号

内 容 提 要

《麻省理工科技评论》（MIT Technology Review）从2001年开始，每年都会发布"全球十大突破性技术"，并预测其大规模商业化的潜力，以及对人类生活和社会的重大影响。

这些技术代表了当前世界科技的发展前沿和未来方向，集中反映了近年来世界科技发展的新特点和新趋势，将引领面向未来的研究方向。其中许多技术已经走向市场，主导着产业发展，极大地推动了科技创新和经济社会发展。

《科技之巅（20周年珍藏版）：全球突破性技术创新与未来趋势》对过去二十年（2001年—2021年）《麻省理工科技评论》发布的"全球十大突破性技术"进行系统性总结，按照"生命科学、信息技术、资源与能源、工程制造、智慧生活"五大领域，深度解读和梳理了 200余项全球突破性技术，同时邀请学术、产业、资本界权威人士对关键领域技术的特点、产业应用现状、未来发展趋势及投资潜力进行点评。书中还引入了新发布的 2022年"全球十大突破性技术"重点内容，传递全球科技的最新热点。此外，本书还结合深度调研报告，用清晰明了的数据图表回顾和剖析技术发展史、科研产业化历程。本书期待通过对全球前沿科技发展里程碑的回顾，开拓读者视野，并对读者预判新技术、新产业的未来走势提供指导性建议。

◆ 著　　　　　DeepTech 深科技
责任编辑　　徐竞然
责任印制　　周昇亮

◆ 人民邮电出版社出版发行　　北京市丰台区成寿寺路 11 号
邮编　100164　电子邮件　315@ptpress.com.cn
网址　https://www.ptpress.com.cn
雅迪云印（天津）科技有限公司印刷

◆ 开本：787×1092　1/16
印张：23　　　　　　　　　2023 年 1 月第 1 版
字数：648 千字　　　　　　2025 年 4 月天津第 7 次印刷

定价：169.80 元

读者服务热线：(010)81055296　印装质量热线：(010)81055316
反盗版热线：(010)81055315

推荐序一
以突破性技术创新，打造绿色高质量发展的宜居星球

2022年9月，漫长的"最热夏季"仿佛才刚刚接近尾声。亲历了这样一场热浪，我们能更加深刻地体会到对气候变化采取行动的紧迫性，我们期待技术革新的浪潮能够赋予人类高超的创造力，为自己建造更加舒适、健康、安全、便利、文明的宜居场所。

根据国家气候中心的数据，今年夏季的全国平均气温是1961年以来的历史同期最高，此次的高温天气持续了79天。极端气候事件多发、强发，高温、伏旱、山火、台风等天气，对农业生产、供电系统、经济发展、居民生活都带来了极高的风险。这验证了温度上升必定会给全人类带来充满不确定性的结果，也让我们看到，理解气候变化、改善气候环境、与自然和谐共生对真实生活和未来经济发展模式有着深刻影响。

我们每个人都希望自己生活的环境能由蓝天、碧水、清新的空气、怡人的气候组成，先达成安居的目标，再悠然自得地发展学业或事业，享受与亲人、朋友共度的时光。回顾过去的二十余年中能源技术的突破和创新，我们不难发现，人类正在一步步地接近"安居乐业"这一目标。

在受邀为《科技之巅（20周年珍藏版）：全球突破性技术创新与未来趋势》作序时，我很惊喜地发现，书中梳理和解析了2001—2021年间全球的突破性技术进展，这段历程恰与北京20多年来坚持不懈的污染治理之路重合度很高。

中国的老百姓已经可以感受到，蓝天正在从"奢侈品"变为"常见品"，我们也见证了"夏奥蓝""冬奥蓝""APEC蓝"和"G20蓝"。蓝天保卫战的进展和成效，为中国其他城市，乃至全世界都"提供了可借鉴的模型"。骄人成果的背后是中国领先全球的技术实力，其中最核心的部分包括分析污染源排放特征的刻画能力、对大量碳排放数据的观测和分析能力、数字推演模型的建立和改造能力。

这本书中讨论了200余项"全球十大突破性技术"，其中包含聚焦于资源研究和利用的技术，比如环境计量学、气候变化归因、大规模海水淡化；致力于低碳减排的绿色混凝土技术、捕获二氧化碳、除碳工厂技术。

当然，能源是全球关注的重中之重，"全球十大突破性技术"评选出的技术不乏对"风光"能源、氢能、可控核聚变等技术的讨论，这些技术的发展和突破都展现着人类为打造绿色低碳的能源时代所做的不懈努力。未来，我们的目标是将那些一次次的实验性行动或者颠覆性技术的试点尽快落地，转变为日常的、普遍的、能惠及所有人的科技成果。

致力于减污降碳、提升能源利用率，我们可以采取"五碳一体"的基本实现路径：（1）资源增效减碳——将能源的需求降至最低的基础上，达成同样的经济目标；（2）能源结构降碳——大幅度地提升非化石能源的利用比例；（3）生态系统固碳——通过碳捕捉和封存技术来解决剩余的化石能源产生的碳排问题；（4）地质空间存碳——通过各式各样的生态建设，实现碳汇能力的巩固和增强；（5）市场机制融碳——通过碳市场的机制来推动不同技术更加合理和有效的利用。

技术的创新与突破势必带来产业的颠覆。对碳排放的控制和对新清洁能源的追寻，将成为中国经济，甚至世界经济发展从资源型依赖转向技术型依赖的转折点。我们在塑造和谐、文明、可持续环境方面的不断进展，有赖于突破性技术的不断创新，也将在全球范围掀起新一轮的产业竞争和产业升级，甚至可能成为影响中国未来数十年发展的关键。

这本书将突破性技术按照"生命科学""信息技术""资源和能源""工程制造"和"智慧生活"划分成五大板块，但其中也有技术的交汇，这恰恰描绘出不同领域技术间的交叉与关联。在高效利用资源方面，能源领域的技术做出了巨大的贡献，比如超高效光合作用和纤维素酶这两项技术。另外，降碳减排的推进，将进一步改善空气质量、减少污染，实现从"美丽中国"走向"健康中国"。另外，在全球范围，与大数据相关的产业正在飞速发展。信息产业极可能成为继建筑和交通产业之后的第三大耗能方，因而信息技术产业的节能增效潜力巨大。近年来，"新基建"的出现促进了其他行业的资源增效减碳，其中涉及能源物联网和智慧交通的建设及应用，综合覆盖了书中讨论的后四个领域。

我想，《科技之巅（20周年珍藏版）：全球突破性技术创新与未来趋势》对于所有关心技术发展进程及其对产业发展的推动的读者而言是一座宝库。通过阅读书中对技术发展脉络的梳理和权威专家的点评，读者们能够了解不同领域技术对人类社会过去、现在和未来的深刻影响，从而进一步理解产业、能源、运输、用地结构调整的必要性。

我们对技术高峰不断攀登和最终追求的目的，始终是为人类打造一颗绿色的、高质量、可持续发展的美丽星球。

中国工程院院士，清华大学碳中和研究院院长

贺克斌

2022年7月

推荐序二
洞彻创新爆点，预见产业未来

《科技之巅（20周年珍藏版）：全球突破性技术创新与未来趋势》是由《麻省理工科技评论》授权、DeepTech策划的重磅新书。作为一系列科技商业图书的最新篇，本书收录了自2001年起逐年发布的"全球十大突破性技术"评选，对过往20年来陆续登榜的200余项技术进行了归类解读，并由特邀专家给予深入评点。

《麻省理工科技评论》是我的老朋友。2002年，我担任微软亚洲研究院（Microsoft Research Asia，MSRA）院长时，同《麻省理工科技评论》时任主编鲍勃·布德利（Bob Buderi）和资深记者格雷戈里·黄（Gregory Huang）博士建立了深厚的友谊。约20年前，他们为了解跨国高科技企业在中国的成长过程及前景，投入6个多月的时间在微软亚洲研究院详细调研，并写了一本很有影响力的书《关系的艺术：微软、中国和比尔·盖茨赢得前方道路的计划》（*The Art of Relationships: Microsoft, China, and Bill Gates's Plan to Win the Road Ahead*）。2004年1月，我调回微软总部担任全球副总裁，负责移动和嵌入式产品。同年6月，《麻省理工科技评论》发表了题为"全球最火的计算机实验室"（"The World's Hottest Computer Lab"）的封面特稿，对微软亚洲研究院的环境与文化、成绩与潜能表达了高度认可。得益于媒体在全球科技领域的强大影响力，这篇特稿使起步不久的微软亚洲研究院获得了更广范围内科技界同仁们的关注，即便当时我在大洋彼岸，也为此感到振奋。往后这些年，我也多次参加《麻省理工科技评论》举办的活动，或是接受采访，或是担任评委，在每次参与的过程中我都受益匪浅。

《麻省理工科技评论》在技术发展趋势领域的影响力和权威性是全球公认的，其每年发布的"全球十大突破性技术"的价值也毋庸置疑，堪称全球科技领域的"风向标"，多年来的媒体积淀、与国际顶尖科研机构的密切关联，让21世纪起始便诞生的这项评选不仅揭示了技术演进的趋势，还在某种程度上预测了今后可能引发多元产业连锁变革的创新"爆点"，由此备受各国、各地区科技从业者的瞩目。2019年，当比尔·盖茨获邀成为当年"全球十大突破性技术"的客座评选人时，他表示："我是《麻省理工科技评论》的'全球十大突破性技术'评选的忠实粉丝。"——其实我也是。每逢评选结果揭晓，我都会找来看看，有时会印证自己对未来趋势的判断，有时会从一些新鲜的技术成果中汲取到启示和灵感。

以 2022 年最新揭晓的"全球十大突破性技术"评选为例，新冠口服药、实用型聚变反应堆、终结密码、AI 蛋白质折叠、PoS 权益证明、长时电网储能电池、AI 数据生成、疟疾疫苗、除碳工厂、新冠变异追踪这 10 项技术中，就有好几项与当前我所在的清华大学智能产业研究院（AIR）正在探索的生物计算、无人驾驶和绿色计算等领域有着直接或间接的联系。对于 AIR 这样的机构而言，了解同行们在做什么、取得了哪些阶段性进展是极其重要的。这些亟待攻关的课题显然与历年来"全球十大突破性技术"所评选出的许多突破性技术息息相通。

本书通过整合、分类、剖析、评点此前"全球十大突破性技术"所涉及的技术成果，将 21 世纪前 20 年的全球创新爆点连点成线、连线成网，我希望本书能使读者透过全景视角来观察 20 年来这颗星球上最激动人心的科技进化路径，并对下一个 20 年将为人类生活和工作带来重大改变的"前沿领域"得出前瞻性强的预判，进而做出明智的选择。

中国工程院院士、清华大学智能产业研究院（AIR）院长

张亚勤

2022 年 7 月

前 言
创新科技叩响人类未来之门

与不确定性的抗争：从基因中寻找生命的无限可能

多年前，地球上最聪慧的"头脑们"时常聚集在纽约比克曼汤普森酒店，讨论"后工业时代"的科学问题。在某次头脑风暴中，克劳德·埃尔伍德·香农（Claude Elwood Shannon）指出，信息的意义在于"消除对未知世界的不确定性"，这一论点成为建立信息时代世界观与方法论的关键积木。2020 年新冠疫情出现，"不确定性"成为时代的显性主题。此时，科学与前沿技术的力量或许将有助于提高人类在风险中的安全感。

2020 年 1 月 11 日，中国疾病预防控制中心（CDC）传染病预防控制所研究员张永振及其合作团队向世界首次公布了新冠病毒基因组序列。人类首次在科学意义上，对这个夺取数百万人类生命的病毒有了较为清晰的认知。

而后，不同类型新冠疫苗的出现给困扰在疫情中的人们打了一剂强心针。同时，为适应疫情生活，被广泛应用的健康码、大数据追踪技术，以及云社区、云计算、云处方、云办公、云课堂等让人们更加清晰地认识到，数字技术或已经成为经济发展和社会治理必不可少的基础设施。随着疫苗的不断优化和数字防控技术的应用，疫情得到了有效控制。

另外，2021 年 10 月，世界卫生组织（以下简称世卫组织）建议在撒哈拉以南非洲地区为 5 岁以下儿童广泛接种世界上首款疟疾疫苗"RTS,S"，这是全球健康领域具有重大里程碑意义的历史时刻。数百年来，疟疾一直是撒哈拉以南非洲国家的噩梦，是儿童患病和死亡的主要原因之一。2020 年，非洲有近 50 万名儿童死于疟疾。疟疾是一种由寄生虫引起的、威胁生命的疾病，通过受感染的雌性按蚊叮咬而传播给人类。虽然疟疾可防、可治，但目前没有任何一种工具可以从根本上解决疟疾问题。

而全球疫苗免疫联盟（The Global Alliance for Vaccines and Immunisation，GAVI）承诺对"RTS,S"疫苗提供关键投资以帮助推广这款疫苗，这为全球抗疟战役注入了又一剂强心针。作为对现有干预措施的补充，符合条件的国家如果引入这款疫苗，每年将有望挽救数以万计的生命——这款疫苗的成功研发，对疟疾这一致命但可防、可治的疾病的防治工作，有重大的促进作用——过去20年来一系列有效创新的成果，帮助我们在抗击疟疾方面取得了长足进展。

人类与病毒、疾病的抗争仍未结束，另一场危机正悄然而至。日内瓦当地时间2022年7月23日下午，世卫组织宣布，将猴痘疫情列为"国际关注突发公共卫生事件"，这是世卫组织对全球突发公共卫生事件发出的最高级别警报。根据世卫组织2022年7月27日公布的数据，全球已有78个国家和地区报告猴痘病例，合计超过1.8万例，多数在欧洲。一家位于丹麦首都哥本哈根的此前名不见经传的疫苗制造商巴伐利亚诺迪克（Bavarian Nordic），成为目前"全球唯一一家生产合格猴痘疫苗的制造商"，其早期针对天花病毒的研究为成功研制猴痘疫苗积累了充足的研发经验。随着国际对猴痘的重视，大量资金涌入疫苗等相关科研项目，可以见得，在这场与病毒赛跑的生死战中，人类终将借助科技的力量将自身从恐惧与死亡的阴影中拯救出来。

蛋白折叠革命：AI 降维改变生物学格局

"渐冻症"，这个与传奇物理学家史蒂芬·霍金纠缠终生的罕见病，已困扰生物科学家数十年。解开这副可怖枷锁的钥匙可能就在核孔蛋白（Neucleoporins）上。科研人员们认为渐冻症和核孔蛋白组成的核孔复合体有着极强的关联，如果能够进一步了解核孔蛋白和核孔复合体，我们就有可能找到根治渐冻症的方案。然而确定核孔复合体的结构并不容易。核孔复合体由超过1000条、30多种不同的核孔蛋白组成，每条蛋白的大小只有数纳米长，这些蛋白质以极其复杂的结构折叠并相互交错。即便使用最先进的显微镜技术也很难对这样复杂的结构进行有效观察，这给生物学家们造成了极大的障碍。

令人欣喜的是，哈佛大学吴皓实验室的彼得罗·丰塔纳（Pietro Fontana）团队在英国人工智能科研公司 DeepMind 开发的蛋白质预测模型 AlphaFold 的助力之下，在2022年攻克了核孔蛋白这一天文级难题。

丰塔纳的研究团队取得了关键性的进展：他们不仅成功预测出了之前没有被探究清楚的一批核孔蛋白的结构，还首次绘制出了核孔复合体的胞质环（Cytoplasmic Ring）的模型图。该团队还在《科学》上发表题为"核孔复合体胞质环的结构"（"Structure of cytoplasmic ring of nuclear pore complex by integrative cryo-EM and AlphaFold"）的论文。

丰塔纳表示："我们通过冷冻电镜技术拿到了核孔复合体高分辨率的密度图，然后借助 AlphaFold 结构预测，搭建出核孔复合体胞质环的精细模型……我认为 AlphaFold 已经完全改变了结构生物学。"

这一历史性的生物信息学突破，为攻克像渐冻症等罕见、难治的神经退行性疾病，重新点亮了希望。有意思的是，如此重要的发现和研究，对于 AlphaFold 来说倒像是一件"信手拈来"的事。

2021 年 7 月，DeepMind 这一谷歌旗下的人工智能公司就在《自然》中发表文章称，其深度学习程序AlphaFold 已经预测出了 35 万种蛋白质结构，涵盖了约98.5% 的人类蛋白质组和20 种生物的蛋白质，并开源了它的数据库。这一举动在生物学和计算机两大领域掀起波澜，并在当年入选《自然》年度十大科学事件。科学家认为，DeepMind 预测蛋白质3D 结构的深度学习程序将颠覆生物学，让药物发现与蛋白质结构预测加速升级。仅一年后，AlphaFold 的数据库就实现了 200 倍扩容，截至目前，地球上已知的所有生物（包括动物、植物、细菌、真菌等）总共2.14 亿种蛋白质的结构都已经被 AlphaFold 预测出来，其中约80% 的预测结构结果的置信度已经达到足以支持研究实验的水平，更是有约35% 的结果置信度为高。

蛋白质是生命的基石，决定着细胞里发生的一切。蛋白质由多种氨基酸组成，这些氨基酸序列会自主折叠成稳定的 3D 结构，这种结构决定了蛋白质如何工作及其性能。针对某种病原体的小分子药物研发，是通过将治疗分子附着在病原体上抑制其功能而起作用的。该研发过程通常要经过以下几个步骤：（1）利用mRNA 序列推导病原体的蛋白质序列；（2）探索蛋白质序列的3D 结构即蛋白质折叠方式；（3）确定3D 结构上的靶点；（4）生成可能有效的靶向分子，然后从中选择最佳临床候选药物。

在步骤二中，要确定蛋白质折叠的方式，难度非常大。假设每个氨基酸都有2 种状态——展开态和折叠态，而一个蛋白质由 100 个氨基酸组成，那么它可能的3D 结构数量就是 2 的100 次方；而其中只有一个结构是稳定的3D 结构。因此，蛋白质是如何扭曲和折叠成其最终形状的，对于生物学研究一直是个关键问题。

几十年来，实验室实验一直是获得良好的蛋白质结构的主要手段。最初，科学家们使用X射线束照射结晶的蛋白质，然后将衍射光转化为蛋白质的原子坐标。通过这种方法，我们在 20 世纪50 年代确定了蛋白质的首个完整结构，随后有大量的蛋白质结构在实验室里被还原出来。在过去 10 年里，科学家们多使用冷冻电子显微镜成像等技术直接观察病毒蛋白，进而一步步推敲出蛋白质3D 结构。虽然使用计算机预测蛋白质结构在二十世纪八九十年代便出现了，但这些早期尝试并未成功。AlphaFold 的诞生更是改变了整个"游戏格局"，媒体称它的出世"照亮了整个蛋白质宇宙"。

全球的科学家们都获益于DeepMind 将数据库开源之举，不同领域的研究者们都能够自由探索其潜能，其应用能从药物发现到蛋白质设计再到复杂生命起源研究等场景不断延伸。蛋白质结构预测比赛（Critical Assessment of Techniques for Protein Structure

Prediction，CASP）评委、马克斯·普朗克发育生物学研究所的演化生物学家安德烈·卢帕什（Andrei Lupas）说，AlphaFold帮他发现了困扰他数十年的一种蛋白质的结构。他认为 AlphaFold 将改变他的工作方式和他要解决的问题。"它将改变医学，改变研究，改变生物工程，改变所有。"

丹麦结构生物学家托马斯·伯森（Thomas Boesen）和微生物生态学家蒂娜·尚特尔－泰姆基夫（Tina Šantl-Temkiv）正在使用 AlphaFold 模拟能促进冰形成的细菌蛋白质的结构，这种结构或许能让云层中的冰具有降温效应，生物学家之前一直没能完全用实验方法解析这种结构。其他科学家也正在利用 AlphaFold 的数据库搜索潜在的新蛋白质家族，以扩充人们对蛋白质结构和功能的认知，例如有人正试图发现新的食塑酶，以期更好地解决白色污染问题。

DeepMind 已经将 AI 技术和算法应用深入行业，并以一骑绝尘的成绩向世人宣告他们的技术不仅能击败世界顶尖棋手，2016 年 3 月，DeepMind 开发的 AlphaGo 程序以 4∶1 击败韩国围棋冠军李世石（LeeSe-dol），成为近年来人工智能领域少有的里程碑事件；有能力与真人职业选手对战最具挑战的即时战略游戏之一《星际争霸》（StarCraft），并取得不错的胜绩；还能以指数级的倍速解析掌握着人类生命钥匙的蛋白质结构。未来，AI 与医疗的结合将更加密不可分，并可能以多种全新的方式重塑医疗行业。在用科技对抗生命脆弱性的抗争史上，我们便不得不提到"半机械人"彼得。

从机械人到元宇宙：人类的赛博式生存

2017 年，英国科学家彼得·斯科特－摩根（Peter Scott-Morgan）收到了命运的宣判，他从医院得知自己罹患了肌萎缩侧索硬化症（ALS），俗称"渐冻症"——一种成因尚不明确，并且还无法被治愈的疾病。面对医生预言的"最后还有 2 年生命"，彼得毫不畏惧："瘫痪是一个工程问题。"而他的脑海里已经有一个解决方案——成为一个"机械人"。

彼得开始大刀阔斧地改造自己即将报废的身体，他设想了一种"三重造口术"——胃造口术、结肠造口术和膀胱造口术，即分别将管道直接插入他的胃、结肠和膀胱，从而维持人类基本的生理循环。之后，为了避免因无法控制自己的喉咙而被唾液憋死，他必须进行全喉切除术。在此之前，为了创造自己的合成声音，彼得联系了语音技术研发领域的世界权威CereProc（一家专业负责创建文本并提供语音解决方案的公司）。于是，彼得耗时一年，与 CereProc 的首席科学官马修·艾利特（Matthew Aylett）博士一道开启他的"留声大计"。他经常整天泡在录音棚里，录下了超过 15h 的音频、1000 多个词组，这些语料亦包含情绪的差别。AI 在这些语料基础之上学习并模仿彼得的说话方式。当艾利特博士最终完成合成声音的成品时，彼得说话已经有些困难了。3 个月后，彼得在 2019 年完成了全喉头切除术。

后来，AI 在他的声音基础上合成了歌曲《纯粹幻想》（*Pure Imagination*），他听到时泣下如雨，科技让他又一次听到了自己的声音。

手术完成 1 个月后，彼得在社交网络上宣布："彼得 2.0 已上线！"有各种 AI 技术加持，彼得成了一个完完全全的"赛博格"——"我将不断进化，作为人类的我已经死去，未来我将以'赛博格'的身份继续活下去。"

彼得并未满足于合成声音，他开始对自己"改头换面"，全面"赛博化"。他在公开场合用 3D 虚拟动画人像展示自己；借助 OpenAI 生成文本的模型 GPT-2 等技术输出想法。具备 3D 形象、声音合成系统之后，彼得还想更便捷地与外界沟通，然而疾病令他无法再移动手指。他从霍金身上得到了灵感——英特尔预期计算实验室主管拉马·纳赫曼（Lama Nachman）曾经为霍金升级过语音合成系统，开发过一个叫 ACAT 的上下文辅助感知工具包。AI 能通过学习霍金的表述习惯，通过上下文感知来预测他下一个词会输入什么。于是在纳赫曼的帮助下，彼得利用眼动追踪技术，实现了与他人沟通。

2022 年 6 月 15 日，在与渐冻症斗争了整整 5 年之后，彼得作为全世界第一个半机械人去世了，终年 64 岁。在他的生命结束前，他仍旧对科技保持着乐观——"我真的超爱高科技。"就像霍金一样，彼得博士成为很多渐冻症患者和他们的亲属眼中的英雄。他不向自己的命运妥协，他站了出来，用科技当武器，用决心当信条，和死神做着无休止的抗争。他的所作所为打开了很多渐冻症患者无法跨过的门，在我们可以预见的未来，渐冻症患者可以不在命运审判的那一刻直接选择放弃，而是可以像彼得一样，用各种科技手段，留下来。

我们或许将彼得的赛博化进程看作是不得已的挣扎，实际上，即便不考虑疾病的困扰，人类日常生活的赛博化也并非不可能。

2018 年斯皮尔伯格执导的电影《头号玩家》（*Ready Player One*）描绘了一种人类未来：在 2045 年，人们穿戴一套 VR 装备、一套超纤维传感器设备衣服，便可以进入足够真实的"绿洲世界"，并使用全新的身份，相比于现实世界的匮乏和拥堵，绿洲成为人类的避风港湾。电影中的场景是丰富多彩的，在现实世界，XR 技术发展正在带着人类不断向超脱现实又基于现实的虚拟平行世界——"元宇宙"（Metaverse）靠近。

"元宇宙"的概念起源于美国作家尼尔·斯蒂芬森（Neal Stephenson）于 1992 年出版的科幻小说《雪崩》（*Snow Crash*）。他描述的是一个和现实世界平行但又紧密联系的超现实三维数字虚拟空间，在这个虚拟空间里，人们可以通过自定义的"化身"进行交流、娱乐、生活。如今 XR 技术的发展让科幻小说、电影中的世界离我们更近。XR 技术包括：AR（Augmented Reality）、VR（Virtual Reality）、MR（Mixed Reality）。AR 即增强现实，它通过计算机算法将文字、图像、3D 模型、视频等虚拟信息叠加到真实世界环境中，人们可以借助镜片等介质"观看"其所处的世界，从而拥有"超现实"的感官体验，实现对现实世界的"增强"。VR 即虚拟现实，指利用计算机生成一种模拟的虚拟环境，人们可以沉浸在一个由计算机仿真系统创建的虚拟世界中。MR 即混合现实，这种技术通过在虚拟环境中引入现实场景信息，在虚拟世界、平行世界和人们之间搭起一个交互、反馈的信息桥梁。

2021 年 3 月，"元宇宙第一股"——世界上最大的多人在线创作沙盒游戏平台——Roblox 在美国纽约证券交易所上市，首日估值达 450 亿美元。玩家在这款游戏中具备极高的自主创作自由度，可以通过编程创造出自己心目中的虚拟世界，其中使用的虚拟货币还与现实经济互通，这成为当代"元宇宙"的一个经典雏形。

迈向人类未来："全球十大突破性技术"的二十年里程碑

计算机与医疗技术的突破只是科学发展中的冰山一角。在其他领域，弦理论的诞生让相对论和量子力学之间宇宙级的矛盾有了和解的可能；被喻为"宇宙间隐身人"的中微子，其振荡模式为超新星大爆炸提供了新见解；表观遗传学时钟在未来有可能窥知每个人的预期寿命，甚至逆转人类生物学年龄；在寻找星河钥匙的旅途中，我们对宇宙的审视从四维到十一维；在破解生命密码时，我们甚至利用 DNA 作积木，以造物者的勇气，重新对生命进行设计和组装……科学的蓝海每分每秒都暗潮涌动，每一门科学背后都对应着一项人类传奇。我们试图用科学的力量与技术的魔力展开星尘与弦、捕捉幽灵粒子、潜入颅内宇宙……

当今，科技早已超越人类"脑洞"，但人们对其认知和重视却远远不够。美国科学家、未来研究院主席罗伊·阿玛拉（Roy Amara）说："人们总是高估一项科技所带来的短期效益，却又低估它的长期影响。"为了提供更多洞见，《麻省理工科技评论》自 2001 年起，每年都会发布"全球十大突破性技术"，讨论技术对人类生活和社会发展的重大影响，并预测其大规模商业化的潜力。这些技术代表了世界科技的发展前沿和未来方向，集中反映了近年来世界科技发展的新特点和新趋势，引领面向未来的研究方向。其中许多技术已经走向市场，主导着产业技术的发展，极大地推动了经济社会发展和科技创新。

从往年《麻省理工科技评论》评选的"全球十大突破性技术"中，我们可以看到"学科孤岛"逐渐解体，跨学科边界的协同研究与创新为研究者们带来了意想不到的惊喜，甚至解决了诸多世界难题。如今，"全球十大突破性技术"已走过了 20 年，其间人类科技日新月异，推动人类的真实生活和社会发展不断前进，《科技之巅（20 周年珍藏版）：全球突破性技术创新与未来趋势》对《麻省理工科技评论》以往发布的 200 余项技术进行了整体梳理，并邀请来自不同科技领域的权威专家，对重点技术进行深度解读和点评，从而为读者绘制出全球科技发展的未来蓝图。书中还提供丰富翔实、具有代表性的产业案例，以期开拓读者视野，更为创业者、投资人预判新技术、新产业的未来趋势提供重要参考。

我们的愿景并非是对未来的技术发展给出具体答案，而是提供更多想象，这些想象蕴藏着科学家一瞬间的惊奇与兴奋，以及长久的努力与思考。我们希望读者能够从这些技术成果中汲取启示和灵感。提示人们，科技对于人类感官、生活体验、社会关系的多样意义，甚至是颠覆性的力量。在当今这个充满不确定性和诸多风险的时代，我们需要重拾对科技的信心，并对其投入足够的关注。一种技术从灵光一现转变成撬动生命杠杆的有力工具需要科学家投入数年研究的心血和大量资金，其一旦成功，对人类的影响和价值则是不可估量的。

30 多年前，mRNA 技术最初的研究者卡塔林·考里科（Katalin Karikó）在 mRNA 技术价值达到数十亿美元前屡屡碰壁，研究一直处于停滞不前的状态，但她拒绝放弃。如今，mRNA 疫苗已经在 184 个国家接种了超过 83 亿剂，帮助人类抵抗新冠病毒。疫情之后，技术对于人类未来又会提供怎样的可能？创新又该如何向人类福祉的目标迈进？《科技之巅（20 周年珍藏版）：全球突破性技术创新与未来趋势》力图从系统的角度出发，勾连 20 余年来散落在不同科学领域的前沿创新与精彩洞见，以展示科学技术自身蓬勃的生命力及对于人类发展强有力的推动作用，人类未来的拼图正暗藏在这些看似天马行空的创新想法当中。

DT Publishing 出版部
《科技之巅》特别策划团队
陈敦潇

目录

001/079

234/279 ⚙

第四章 蓬勃发展的工程制造技术

第五章　数字技术构筑智慧生活

后　记　以突破性技术创新，绘未来世界非凡图景

撰稿人：姚溢融、林泽玲

一张被荧光蛋白标记的啮齿类动物脑组织切片放大图，图片来自迪拉吉·罗伊（Dheeraj Roy）

01

生命的本质
是无限可能

突破性技术创新的绝对主角

基于生存的需要和对生命的好奇，人类自诞生以来便开启了对生命奥秘的探索之旅。起初，人们多是观察和描述大自然，典型如古希腊哲学家亚里士多德在两千多年前就对各种动植物进行分类；进一步则是"格物而致知"，基于对自然界持久、多维度的观察，人们开始尝试分析、总结其中的规律，比如英国科学家达尔文在1859年提出生物进化理论；而至为关键的转折发生在1866年，奥地利生物学家孟德尔利用3万多株豌豆，提出遗传学规律，为现代遗传学奠定了重要基础。自此，人们不再满足于博物观察和规律总结，开始对生命的本质和遗传的奥秘展开孜孜不倦的探索追求。

1953年，詹姆斯·沃森（James Watson）和弗朗西斯·克里克（Francis Crick）在《自然》（Nature）上发表"DNA双螺旋结构"，这一具有划时代意义的成果开启了生命科学全新的发展阶段，分子生物学的研究呈井喷之势。数十年后，在以科技、创新为使命的北京中关村，一座名为《生命》的DNA双螺旋结构金色雕塑成为地标建筑，寓意着生命科学生生不息。

发展至今，生命科学除了满足人类的好奇心，回答生命过程的机理问题，也"飞入寻常百姓家"。人们日常生活中包括饮食起居在内的方方面面，都与生命科学息息相关。粮食、生物能源、生态环境等一系列领域，也都离不开生命科学技术。

同时，随着生活水平的不断提高，"仓廪实而知礼节"，人们不再仅仅追求三餐饭饱，更是对生活质量提出了高要求：护肤界的成分党崛起，有机食品加入饮食界，健身行业根据需求开展"有氧"和"无氧"训练……科学、健康的生活理念正在"润物细无声"地改变着现代人。

意料之外的疫情在全球肆虐，更是促进了人们对于健康生活的追求。多少人怀念曾经不戴口罩的生活，疫情之前再平常不过的日子如今也成了一种奢求，人们对"健康是一种自由"有了更加深刻的理解。如何治愈疾病？如何健康生活？一切的答案兜兜转转，又回到了问题的源头——生命。

21世纪是属于生命科学的世纪。短短20年间，一大批生命科学相关的基础研究和先进技术在多个领域突飞猛进。《麻省理工科技评论》在过去20年里评选出的200项全球突破性技术中，与生命科学相关的技术就多达52项，26%的比例令人惊叹。

细分领域技术蓬勃发展

从入选技术所涉领域可以看到，丰富多样的应用场景已让生命科学技术演化出多个分支。从21世纪初开始，带着对生命本质的想象，生物体从整体被逐级放大到组织层面、细胞层面，再到分子层面。人们围绕生物大分子如糖、代谢物、蛋白、基因等展开全面的研究。

首先，分析各类生物大分子的独立组学技术迅速建立，如糖组学、代谢组学、蛋白组学、基因组学等。除去各自独立领域的发展，不同生物大分子之间的相互作用和整体研究也促进了比较相互作用组学、单细胞分析等先进技术的建立。如此多管齐下，生物大分子在生命活动中发挥的独立和联合重要作用得以体现，为多种疾病的诊断和预判奠定基础。

组学之中，基因组学异军突起。DNA测序技术的迭代发展帮助人们充分了解庞大的基因组序列。基因组的结构、功能、进化、定位和编辑等不断被表征。由此衍生的个人基因组学、100美元基因组测序、单细胞测序、癌症基因组学等多个技术，实现了人们快速、高效且低成本地诊断

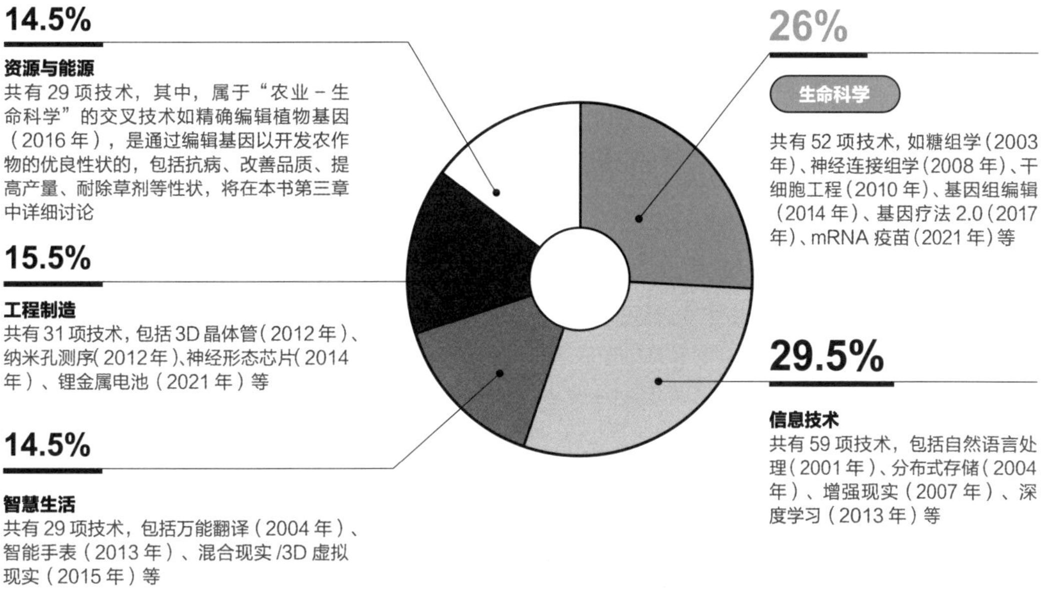

14.5%

资源与能源

共有 29 项技术，其中，属于"农业－生命科学"的交叉技术如精确编辑植物基因（2016 年），是通过编辑基因以开发农作物的优良性状的，包括抗病、改善品质、提高产量、耐除草剂等性状，将在本书第三章中详细讨论

15.5%

工程制造

共有 31 项技术，包括 3D 晶体管（2012 年）、纳米孔测序（2012 年）、神经形态芯片（2014 年）、锂金属电池（2021 年）等

14.5%

智慧生活

共有 29 项技术，包括万能翻译（2004 年）、智能手表（2013 年）、混合现实 /3D 虚拟现实（2015 年）等

26%

生命科学

共有 52 项技术，如糖组学（2003 年）、神经连接组学（2008 年）、干细胞工程（2010 年）、基因组编辑（2014 年）、基因疗法 2.0（2017 年）、mRNA 疫苗（2021 年）等

29.5%

信息技术

共有 59 项技术，包括自然语言处理（2001 年）、分布式存储（2004 年）、增强现实（2007 年）、深度学习（2013 年）等

图 1-1　2001 年—2021 年"全球十大突破性技术"领域分布

潜在疾病的可能性，"私人订制"的医疗措施走进大众视野。针对突发疫情，除了测序技术助力，生命科学的多个领域也迅速响应，如上文所述，2021 年的 mRNA 疫苗技术和 2022 年的新冠口服药出现，从预防到治疗，让病毒无所遁形。除此之外，2022 年取得突破性进展的疟疾疫苗也让人们看到了战胜疟疾等寄生虫传染病的光明未来。

此外，得益于多个组学技术对各类疾病的分析，人们也开始寻找解决各类疾病的根本方法。例如，基因组编辑和基因疗法 2.0 技术让本就源于基因的疾病（地中海贫血症和镰刀型细胞贫血症等罕见病）在源头得以解决；面对传染病（如新型冠状病毒感染和疟疾等），除了控制传染源，未来也不妨尝试从基因层面提高人体免疫力实现传染病的预防；癌症及更为普遍的常见病，相关的基因治疗实验也在马不停蹄地进行着。

需求推动技术革命升温

全球市场中，生命科学领域也备受资本青睐。如合成生物学截止到 2021 年年底相关市场规模达到 737 亿美元，广泛应用于医疗、化工、食品和农业等领域；微流控生物芯片在基因测序、药物筛选和即时检测等领域大放异彩等。

过去几年，疫情在全球范围内对各个国家、各个产业，乃至个人都产生了不同程度的影响。从"全球十大突破性技术"的评选结果来看，与新冠疫情相关的生物医药技术也成为近两年生命科学领域的主角。2021 年，mRNA 疫苗入选"全球十大突破性技术"；而在 2022 年入选的 10 项技术中，生命科学领域就有 4 项技术，包括"新冠口服药""AI 蛋白质折叠""疟疾疫苗""新冠变异追踪"，与新冠疫情相关的有 2 项。

其中，mRNA 疫苗在疫情出现不到一年的时间里得到快速发展，它通过临床试验，在 2021 年获得美国 FDA（食品药品监督管理局）授权的紧急使用许可（EUA），随后正式获批。截至目前，BioNTech 等企业的 mRNA 疫苗针已在全球疫情防控中发挥着重要作用。

新冠口服药的出现也给新冠患者的治疗带来了福音。毫无疑问，针对新冠疫情的防控手段与药物创新，正是当下以及未来生命科学领域的研究重点，我们也必将看到越来越多与疫情防治相关的技术和药物推出。

政策助力产业腾飞

目前，全球已有多个国家将生命科学技术作为国家战略性技术储备。在 21 世纪初，美国、俄罗斯、日本等发达国家都制定相关的科技计划。虽然各国发展规划各异，但可以看到，各国都极为重视生命科学的发展。

生命科学在我国也受到前所未有的重视。事实上，早在 2009 年，国务院就颁布了《促进生物产业加快发展的若干政策》，对发展生物技术药物、生物医学材料等做出指导。到了 2016 年，发展生命科学技术被写进了《"十三五"国家战略性新兴产业发展规划》，之后，科学技术部（简称科技部）、国家发展和改革委员会（简称国家发展改革委）、财政部等多个部门相继发布多个文件，从多个维度助推我国生命科学产业的发展。

对于生命科学技术发展而言，21 世纪无疑是一个最好的时代，诸多技术将在对应的应用场景中大放异彩。在过去的 20 年里，这一事实在多个细分技术领域中已经得到验证了，细胞和基因疗法（Cellular and Gene Therapy，CGT）、免疫-疫苗、生物制药-肿瘤药、脑科学-神经科学、合成生物学等无一例外地成为资本市场的宠儿，且已经呈现出巨大的应用潜力和可观的市场前景。

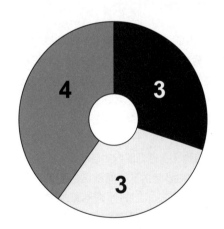

生命科学

- "新冠口服药"（A Pill for COVID）
- "AI 蛋白质折叠"（AI for Protein Folding）
- "疟疾疫苗"（Malaria Vaccine）
- "新冠变异追踪"（COVID Variant Tracking）

信息技术

- "终结密码"（The End of Passwords）
- "PoS 权益证明"（Proof of Stake）
- "AI 数据生成"（Synthetic Data for AI）

资源与能源

- "除碳工厂"（Carbon Removal Factory）
- "实用型聚变反应堆"（Practical Fusion Reactors）
- "长时电网储能电池"（Long-Lasting Grid Batteries）

图 1-2 2022 年"全球十大突破性技术"领域分布

表 1-1　中国生命科学领域重要文件

文件名称	颁布时间	颁布机构	相关内容
《促进生物产业加快发展的若干政策》	2009 年 6 月	国务院	重点发展预防和诊断严重威胁我国人民群众生命健康的重大传染病的新型疫苗和诊断试剂。积极研发对治疗常见病和重大疾病具有显著疗效的生物技术药物、小分子药物和现代中药。加快发展生物医学材料、组织工程等
《"十三五"国家战略性新兴产业发展规划》	2016 年 11 月	国务院	促进智慧医疗产业发展，推广应用高性能医疗器械，推进适应生命科学新技术发展的新仪器和试剂研发，提升我国生物医学工程产业整体竞争力
《"十三五"卫生与健康规划》	2016 年 12 月	国务院	在加强行业规范的基础上，推动基因检测、细胞治疗等新技术的发展
《"十三五"国家科技创新基地与条件保障能力建设专项规划》	2017 年 10 月	科技部、国家发展改革委、财政部	加强重大科研基础设施、实验动物、科研试剂、计量、标准等科技基础条件建设，开发一批重要的具有自主知识产权的通用试剂和专用试剂，注重高端检测试剂、高纯试剂、高附加值专有试剂的研发，提升自我保障能力和市场占有率，增强相关产业的核心竞争力
《产业结构调整指导目录（2019 年本）》	2020 年 1 月	国家发展改革委	科技服务业为国家鼓励类产业，包含生物高分子材料、填料、试剂、芯片、干扰素、传感器、纤维素生化产品开发与生产等
《中华人民共和国国民经济和社会发展第十四个五年规划和 2035 年远景目标纲要》	2021 年 3 月	国务院	提到聚焦生物医药等重大创新领域组建一批国家实验室，瞄准生命健康、脑科学、生物育种等前沿领域，实施一批具有前瞻性、战略性的国家重大科技项目。从国家急迫需要和长远需求出发，集中优势资源攻关新发突发传染病和生物安全风险防控、医药和医疗设备、关键元器件零部件和基础材料等领域关键核心技术
《重大科学仪器设备研发重点专项 2021 项目申报指南》	2021 年 5 月	科技部	加强我国基础科研条件保障能力建设，着力提升科研试剂、实验动物、科学数据等科研手段以及方法工具自主研发与创新能力；切实提升我国科学仪器自主创新能力和装备水平，支撑创新驱动发展战略实施
《市场监管总局关于进一步深化改革促进检验检测行业做优做强的指导意见》	2021 年 9 月	国家市场监管管理总局	鼓励检验检测机构参与仪器设备、试剂耗材、标准物质的设计研发，建立国产仪器设备"进口替代"验证评价体系，推动仪器设备质量提升和"进口替代"
《"十四五"生物经济发展规划》	2022 年 5 月	国家发展改革委	提出了"十四五"时期"生物经济成为推动高质量发展的强劲动力"的要求和到 2035 年"我国生物经济综合实力稳居国际前列"的目标

资料来源：网络公开资料，DeepTech 制表

细胞和基因疗法不断突破，前景可期

细胞和基因疗法（CGT）是当下最被看好的抗癌新手段。该疗法将确定的遗传物质转移至患者的特定靶细胞内，通过基因添加、基因修正、基因沉默等方式修饰个体基因的表达或修复异常基因；又或利用患者自体或异体的成体细胞或干细胞，通过获取、分离、培养扩增、筛选等一系列生物工程技术手段处理之后，将其回输到患者体内进而对组织、器官进行修复。从而达到治愈疾病的目的。

相比传统肿瘤治疗手段如手术治疗、放射治疗、化学药物治疗等，以基因技术和细胞技术为基础的CGT更具针对性，不仅能获得较为理想的治疗效果，还能大大减轻患者在治疗过程中的痛苦，其发展前景被市场广泛看好。

细胞疗法大体可分为干细胞疗法和免疫细胞疗法。干细胞疗法的临床数据较丰富。近几年，全球每年新增的干细胞临床研究数量稳定在400项左右，其中我国每年临床研究数量稳步增加，占全球干细胞临床研究的比例不断提高。其中近7成临床研究中所使用的干细胞来源于骨髓、外周血和脐带的造血干细胞及间充质干细胞。

从临床数据看，美国远远领先于其他国家和地区，欧盟和中国仅次于美国。此外，加拿大、韩国、日本等国家的临床研究也比较活跃。

另一方面，免疫细胞疗法的临床数据也表现出明显的增幅。

嵌合抗原受体T细胞（Chimeric Antigen Receptor T-cell，CAR-T）疗法采用基因编辑的方法将T细胞改造成CAR-T，把CAR-T注入患者体内，通过免疫作用高效杀灭具有相应特异性抗原的肿瘤细胞，从而达到治疗恶性肿瘤的目的。

近几年，CAR-T疗法通过不断优化改良，已在临床肿瘤治疗中显示出良好的靶向性、杀伤性和持久性，是一种精准、快速、高效，且有可能治愈癌症的新型细胞疗法，展示了较大的发展潜力和较广的应用前景。

如今，随着以CAR-T疗法、T细胞受体工程化T细胞（T Cell Receptor-Engineered T Cell，TCR-T）疗法为代表的免疫细胞疗法的兴起，临床研究数量逐步攀升，特别是CAR-T疗法临床研究更是以接近40%的年平均增长率呈井喷式爆发趋势。以CAR-T疗法、TCR-T疗法、肿瘤浸润淋巴细胞（Tumor Infiltrating Lymphocytes，TIL）疗法和自体细胞免疫（Cytokine-Induced Killer，CIK）疗法这4种常见的免疫细胞疗法为例，美国和中国的临床研究规模远超过其他国家和地区，呈现"双雄争霸"的格局。其中，中美两国开展的免疫细胞临床研究均以CAR-T为主，且中国开展的CAR-T产品临床试验数量为全球第一。

发展过程中，载体递送技术、基因编辑技术、CAR-T技术等都实现了迭代创新。其中，CGT治疗领域最热门的技术之一：规律成簇的间隔短回文重复（Clustered Regularly Interspaced Short Palindromic Repeats，CRISPR）基因编辑技术，更是让基因编辑步入了爆发式发展阶段。该项技术的发明者——法国科学家埃马纽埃尔·沙彭蒂耶（Emmanuelle Charpentier）和美国科学家珍妮弗·A.杜德纳（Jennifer A. Doudna）在2020年获得诺贝尔化学奖。

技术的发展成熟推动CGT应用的进一步普及。目前来看，CGT的适应证覆盖比例在不断提升，市场需求也在快速增长。L.E.K.数据显示，2016年—2020年，接受CGT的患者数量的复合年均增长率为35%～40%；预计2020年—2025年的复合年均增长率最高或达25%。

CB Insights预测，到2025年，全球CGT市

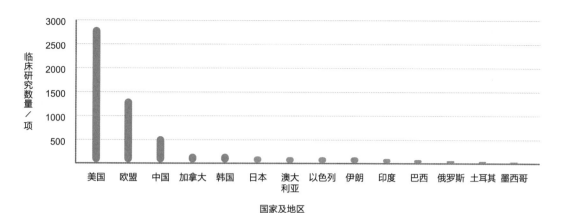

图 1-3 全球干细胞临床研究数量（截至 2019 年 2 月）

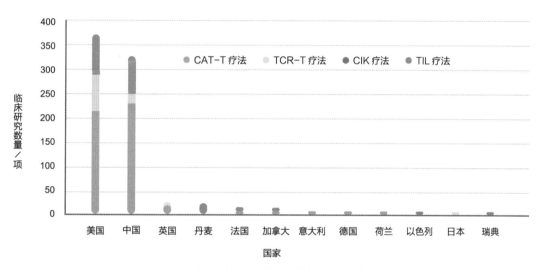

图 1-4 全球免疫细胞临床研究数量（截至 2019 年 2 月）

场规模可达290亿美元，复合年均增长率约为19.70%。

截至2021年2月，CGT适应证已经覆盖肿瘤科、眼科、血液科、炎症及自身免疫疾病、神经系统、心血管等领域，且比例在不断提升。其中，覆盖比例最高的为肿瘤科，高达39%。

CGT行业也在加速产出。截至目前，全球各国已有多个CGT产品获批使用，包括CAR-T疗法、干细胞疗法和腺病毒基因疗法等。此外，从

全球CGT产品的临床阶段分布情况来看，截至2021年2月，处于临床1期的产品占比最大，为55%，其次为临床2期产品，占比36%，临床3期产品占比9%。

自2015年开始，我国CGT的临床试验数量也呈现爆发式增长。根据咨询公司弗若斯特沙利文（Frost & Sullivan，后文简称沙利文）的数据，在2015年到2020年间，我国累计开展了约250项CGT临床试验，数量仅次于美国；复合年均增长率超过60%，位列全球第一。

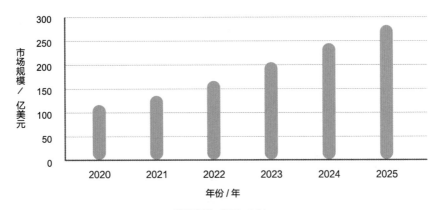

资料来源：CB Insights

图 1-5　全球 CGT 市场规模增长趋势

中国 CGT 产业虽然发展时间较短，但在技术创新和政策扶持的背景下，相关成果也在陆续出现。截至目前，我国已先后发布了多个与发展基因治疗、细胞治疗相关的政策。

其中，2016 年国务院发布的《"十三五"国家科技创新规划》和 2017 年国家发改委发布的《"十三五"生物产业发展规划》都对基因治疗领域的产业发展给出了激励政策。最近的一项政策是 2022 年 5 月国家发展改革委发布的《"十四五"生物经济发展规划》，其中明确指出要重点发展基因诊疗、干细胞治疗、免疫细胞治疗等新技术。

可观的发展前景叠加政策"红利"，也让 CGT 成为资本市场的宠儿，自 2015 年以来，行业内融资并购事件频繁。根据 L.E.K. 的统计数据，CGT 行业融资与并购规模从 2017 年约 80 亿美元增长到 2020 年约 200 亿美元。

CGT 在海外已经发展、应用多年，并涌出了不少具有代表性的头部公司，如诺华（Novartis）集团、罗氏（Roche）公司等。其中，诺华集团成立于 1996 年，该公司重点开发、转化的是 CGT 的 3 个领域：基于腺相关病毒（Adeno-Associated Virtus, AAV）的疗法、CAR-T 疗法和基于

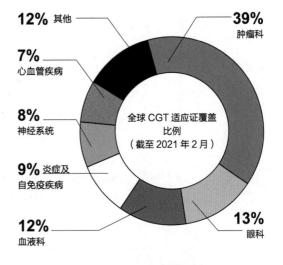

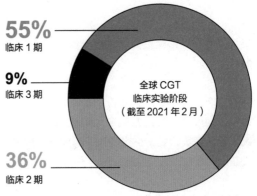

图 1-6　全球 CGT 适应证覆盖比例和全球 CGT 产品临床实验阶段比例统计

表 1-2 我国 CGT 相关政策

时间	部门	文件名称	内容简要
2022 年 5 月	国家发展改革委	《"十四五"生物经济发展规划》	明确指出要重点发展基因诊疗、干细胞治疗、免疫细胞治疗等新技术
2022 年 1 月	国家 9 部门联合	《"十四五"医药工业发展规划》	支持重点发展免疫细胞、干细胞、基因治疗等产品
2021 年 5 月	国务院办公厅	《关于全面加强药品监管能力建设的实施意见》	重点支持生物制品（疫苗）、基因药物、细胞药物等领域的监管科学研究，加快新产品研发上市
2020 年 7 月	国家药品监督管理局药品审评中心	《免疫细胞治疗产品临床试验技术指导原则（征求意见稿）》	立足基因技术和细胞工程等先进技术带来的革命性转变，加快新药研发速度，提升药物品质
2017 年 1 月	国家发展改革委	《"十三五"生物产业发展规划》	为细胞治疗药品研发注册申请人及开展药物临床试验的研究者提供更具针对性的建议和指南
2016 年 8 月	国务院	《"十三五"国家科技创新规划》	开展基因治疗、细胞治疗、干细胞与再生医学等关键技术研究，研发一批创新医药生物制品，构建具有国际竞争力的医药生物技术产业体系

CRISPR 的技术。从数据来看，诺华集团 CGT 产品的年收入自 2019 年以来迅猛增长，从 2018 年的 7600 万美元增长到 2019 年的 6.39 亿美元，在 2020 年更是实现了 13.94 亿美元的年收入；2018 年—2020 年的复合年均增长率高达 328%。

在国内，CGT 领域也已吸引多方布局，投资、融资活跃。根据沙利文报告，中国 CGT 领域风险投资、融资金额在 2020 年达到 38.6 亿美元，较 2019 年的 25.86 亿美元增长约 50%。

细胞和基因治疗公司也备受资本青睐，其中，上市公司药明巨诺在 2018 年—2020 年，连续 3 年进行了 3 轮融资。在登陆港股市场之前，药明巨诺前后完成融资共计约 2.84 亿美元；生物制药公司科济生物在 IPO（首次公开发行）前总融资也超过 2.8 亿美元。

肿瘤靶向药发展迅猛

受环境恶化、社会压力、不良生活方式的影响，全球范围内肿瘤患者的数量在快速增加。

一方面，肿瘤新发患者数量日益增长，癌症类型日益繁杂；另一方面，传统的肿瘤治疗方法又存在诸多局限。因此，肿瘤治疗领域亟需"新鲜血液"。随着基因测序、基因编辑等技术的发展，肿瘤靶向治疗也成为医疗科学领域备受关注的新型疗法之一。

所谓肿瘤靶向治疗，是指在细胞分子水平上，针对已经明确的致癌位点（蛋白分子或基因片段）设计相应的治疗药物，使其进入体内后与致癌位点结合而起作用。肿瘤靶向治疗因其精准度高、毒性低，成为被广泛看好的抗癌新疗法之一，而靶向药物也迎来迅猛发展。

CB Insights 数据显示，自2013年来，肿瘤免疫治疗领域融资总额与交易数量呈上升趋势，分别在2015年和2018年达到阶段性峰值，与之相对应的便是两款重磅药物——PD-1和CAR-T的获批。

靶向药物具有特异性高、毒副作用较小等优势特性，对多种恶性肿瘤具有显著疗效，被认为是最有希望"攻克"癌症的药物，在近几年也成为抗肿瘤新药的主流。IQVIA数据预测，到2025年，肿瘤免疫治疗药物支出预计将超过500亿美元。

肿瘤靶向药在海外市场的用药历史已超过20年。自1997年至2020年，美国FDA共批准184个抗肿瘤药物（不含辅助药物）上市，其中，靶向抗肿瘤药物总体占比约65%。数据显示，在过去近20年里，靶向药物在整个肿瘤药物市场中的占比在逐年提升。2022年，肿瘤靶向药占比约为73%。

在我国，肿瘤靶向药也在快速发展，国内新药审批政策、医保政策等方面也给予了大力支持。其中，2020年12月28日，国家医疗保障局公布2020年国家医保药品目录，其中纳入医保的肿瘤靶向新药达49款。

政策红利和市场需求也吸引了众多中国本土药企相继布局肿瘤药领域。目前，肿瘤药制造上市公司主要有：复星医药、恒瑞医药、益佰制药、贝达药业、君实生物、哈药股份、莱美药业等。

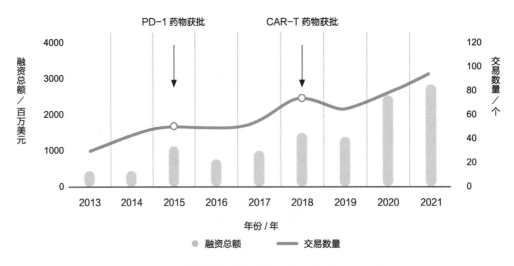

资料来源：CB Insights、DeepTech

图 1-7　2013 年—2021 年全球肿瘤免疫治疗行业融资总额和交易数量

表 1-3　2017 年—2024 年全球合成生物学市场规模

单位：百万美元

行业	2017 年	2018 年	2019 年	2024 年（预期）	复合年均增长率 2019 年—2024 年
医疗健康	1704.7	1897.4	2109.3	5022.4	18.9
科研	1250.8	1514.6	1481.9	3961.1	21.7
工业化学品	850.4	965.4	1110.2	3747.2	27.5
食品和饮料	90.8	127.5	213.1	2575.2	64.6
农业	100.2	149.1	187.0	2232.7	64.2
消费品	160.7	173.1	218.3	1346.1	43.9
总计	3892.6	4523.5	5319.8	18884.7	28.8

合成生物学大爆发

合成生物学（Synthetic Biology）是当今生物学领域的前沿研究方向，合成生物学技术正在逐步取代传统化学合成成为全球医疗健康、食品饮料、化工、材料等领域"绿色合成"的重要途径。与传统的化学合成相比，合成生物学技术具有原材料可再生、低碳排放、效率较高、环境友好、安全性高等性能优势。

广泛多元的应用场景，给合成生物学带来了巨大的市场空间。同时，多种新技术如物体设计的超高通量筛选平台、酶法 DNA 合成和新型基因编辑的开发也推动着行业加速创新。合成生物学可观的市场前景，也在吸引全球资本入场。

CB Insights 数据显示，2019 年全球合成生物学市场规模达 53 亿美元。预计到 2024 年将达到 189 亿美元。

2010 年以来，合成生物行业进入快速发展期，

诸多传统化工和新兴企业均展开了合成生物领域的布局，2015 年后合成生物技术企业全球融资规模不断扩张，统计数据显示，2020 年全球合成生物学融资额高达 78 亿美元。

根据 CB Insights 的统计，2010 年 1 月至 2020 年 8 月，全球合成生物学领域共发生 391 起融资事件，其中 2017 年的融资事件数量为 70 起，是历年来最高，而 2018 年则创下融资金额最高纪录，约为 23 亿美元。

在我国，合成生物学领域在过去几年里也取得了突飞猛进的发展，合成生物学正在成为 ESG（环境、社会和公司治理）投资重点。数据显示，2021 年中国合成生物学市场规模约为 64.16 亿美元，较 2020 增长 39.38 亿美元。

在国家政策带动下，包括北京、上海、江苏等多个省（区、市）在"十四五"规划中都对合成生物学发展提出相关的目标和要求。

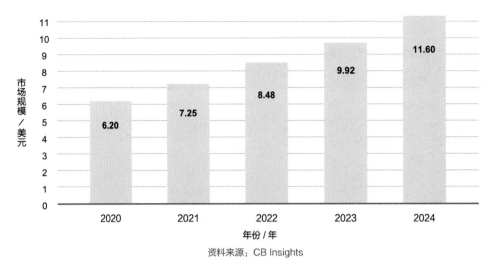

资料来源：CB Insights

图 1-8　大脑健康领域全球市场规模估测

元宇宙加持，脑科学迎来百亿市场

在一众前沿科技领域中，脑科学无疑是最尖端也是最具颠覆性的一个，是人类理解自身和整个自然界的"终极疆域"。目前，全球主要经济体都高度重视脑科学的发展，无论是政策层面的激励，还是商业层面的活跃，都反映出脑科学所具有的可观发展前景。

CB Insights 数据显示，2020 年大脑健康市场规模约为 62 亿美元，预计在 2024 年将突破 100 亿美元，2020 年—2024 年的复合年均增长率有望达到 17%，从而成为下一个有可能为人类社会带来颠覆性影响的产业。

从全球来看，脑科学领域的融资在过去几年呈上升趋势；2021 年全球有 181 起融资事件，金额高达 67.64 亿美元。2021 年平均每起事件的融资金额约为 3700 万美元。其中，千万美元级的融资事件共有 110 起，是 2020 年的 2 倍，2019 年的 3 倍。中国脑科学领域的融资同样呈上升趋势，2021 年共完成 54 起融资，总额约为 13.2 亿美元。

从 2016 年 1 月到 2021 年 4 月，全球脑科学创业企业融资数量整体稳定上升：2020 年的融资数量较 2016 年上升了 35% 左右，2020 年融资总额达到 5 年来的峰值，超过 50 亿美元。

从公司阶段分布来看，脑科学领域的创业公司主要为中早期（B 轮及以前）公司。从过去 5 年的数据来看，B 轮的公司份额虽有浮动，但总体在增加；种子轮/天使轮和 A 轮的企业份额略有波动，但在 2020 年触底（共计占比 37%）。这也说明早期成立的脑科学企业正在走向壮大，并且获得资方青睐；也意味着该领域还有巨大发展空间。随着技术的发展和资本的投入，或许产业化将实现井喷式增长。

从公司分布来看，中国位列第二，美国、英国、韩国、瑞士也有一定比例的脑科学创业公司融资动作。从上面的数据总体来看，脑科学的市场潜力巨大，各国的创业企业都在跃跃欲试。

据 CB Insights 最新专利数据统计，Top 5 的脑科学相关专利内容分别是：神经系统疾病、神经生理学、神经病学诊断、神经外伤、神经科学。

从脑科学研究的落地模式来看，首要的应用领域，必然聚焦在维持健康的大脑发育及智力发育，脑机接口在元宇宙概念的推动下，成为具有

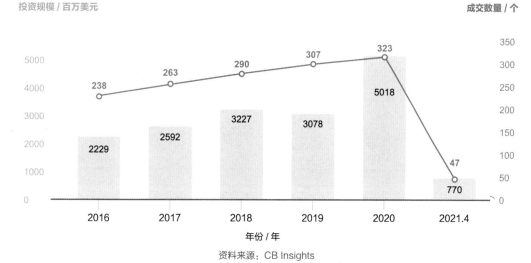

资料来源：CB Insights

图 1-9　2016 年—2021 年 4 月脑科学创业企业融资情况

发展潜力的领域之一。脑机接口是指在人或动物大脑与外部设备之间创建的直接连接，从而实现脑与设备的信息交换。近两年，在元宇宙概念热潮带动之下，脑机接口也备受市场关注。

以埃隆·马斯克（Elon Musk）为代表的一众科技商人，在脑机接口领域布局积极。在他们看来，脑机接口是未来进入元宇宙的路径，将带来比 AR、VR 更为革命性的体验。数据显示，全球脑机接口市场规模在 2019 年达到了 13.6 亿美元，预计 2027 年可达到 38.5 亿美元，复合年均增长率约为 14.3%。

作为重要的前沿技术领域，脑科学的发展在我国也受到高度重视。"中国脑计划"（CBP）在 2016年正式启动，该计划旨在探索大脑秘密、攻克大脑疾病、开展类脑研究。"十三五"期间，北京和上海成立了北京脑科学与类脑研究中心、上海脑科学与类脑研究中心，目前均已启动"脑科学与类脑智能"地区性计划，开始资助相关研究项目。

2021 年，在"十四五"规划纲要中也明确提出瞄准生命健康、脑科学等领域，实施一批具有前瞻性、战略性的国家重大科技项目。根据《中华人民共和国国民经济和社会发展第十四个五年规划和 2035 年远景目标纲要》，"十四五"期间，我国脑科学与类脑研究将围绕脑认知原理解析、脑介观神经联接图谱绘制、脑重大疾病机理与干预研究等 5 项重点展开。

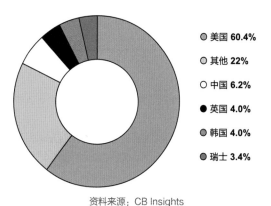

- 美国 60.4%
- 其他 22%
- 中国 6.2%
- 英国 4.0%
- 韩国 4.0%
- 瑞士 3.4%

资料来源：CB Insights

图 1-10　2016 年—2021 年 4 月脑科学创业企业融资数量占比情况

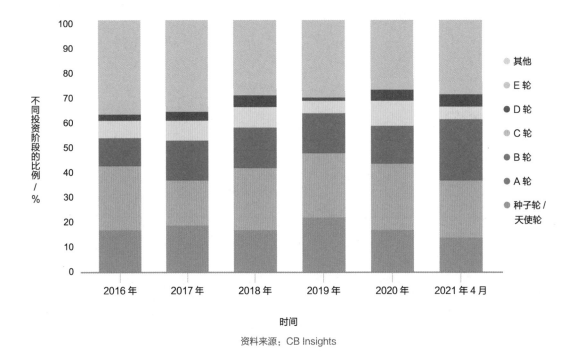

资料来源：CB Insights

图 1-11　2016 年—2021 年 4 月脑科学创业企业阶段分布情况

mRNA 技术的远大前程

眼下，生命科学领域最为受关注的莫过于与新冠疫情相关的技术和药物，而 mRNA 疫苗便是其中一颗闪闪明星，尤其在海外表现突出。从 2020 年春夏开始，科研领域和药企都不约而同关注起"信使" RNA（mRNA）疫苗，同年，BioNTech 等公司生产的 mRNA 疫苗获批上市。

数据显示，2021 年，辉瑞实现营收约 813 亿美元，同比大涨约 94.01%，该年辉瑞向全球提供了约 22 亿剂 mRNA 疫苗，新冠疫苗为公司带来约 367.8 亿美元的收入，让辉瑞从 2020 年世界药企收入排行榜的第八名，一举跃升到 2021 年的世界第二。

事实上，学界对于 mRNA 疫苗的研究早在 1990 年就已经开始。不过，由于 mRNA 的稳定性和递送方面的技术问题，相关研究和临床试验进展并不顺畅，直到近些年，mRNA 疫苗及 mRNA 技术在实际应用领域快速发展。

当然，mRNA 技术并不仅仅用于如新冠疫苗等预防性疫苗，还可用于生产治疗疫苗、治疗药物等。PubMed 预计，治疗疫苗 2035 年市场规模约为 70 亿 ~ 100 亿美元；治疗药物 2035 年市场规模约 40 亿 ~ 50 亿美元。

除新冠疫苗之外，口服药的出现也为防疫抗疫工作提供了不少助力。2021 年 11 月 4 日，默沙东 / Ridgeback 生产的新冠口服药 Molnupiravir 在英国获批上市，这也是全球首个新冠口服药。新冠口服药也在 2022 年被评选为"全球十大突破性技术"之一。

近期，国内也迎来首款国产口服新冠药物。根据媒体报道，用于新型冠状病毒感染的阿兹夫定片已于8月2日在河南平顶山市真实生物科技有限公司正式投产。

本章导读

生命科学技术在治疗疾病的同时，也让人们插上了想象的翅膀。不过仰望星空，仍需脚踏实地。如今的脑机接口、神经连接组学和生物机器等技术的发展为神经类疾病的治愈提供了可能性，技术的落地也让人们真正意识到一次翻天覆地的范式革命即将来袭。接下来，让我们按照组学分析、DNA测序、疫情防治、基因修改和脑科学探索的顺序一起回顾这些先进技术的前世今生。

参考文献

[1]林怡龄.新冠三年，中国想要一款mRNA疫苗[EB/OL]. [2022-5-3].

[2]生辉分析师.近5年全球细胞疗法融资127起、金额超45亿美元，细胞治疗时代已然到来[EB/OL].[2021-11-26].

[3]雨萌、安钊仪.17家肿瘤免疫治疗企业上榜！CB Insights首次发布肿瘤免疫疗法中国企业榜单[EB/OL]. [2020-11-24].

[4]广发证券、孔令岩、罗佳荣.和元生物：十年磨一剑，国内CGT CDMO领先者[EB/OL]. [2022-8-16].

[5]沙利文.中国细胞与基因治疗产业发展白皮书[R]. (2021).

[6]前瞻产业研究院.预见2022：2022年中国抗肿瘤药行业全景图谱[EB/OL]. [2022-1-15].

[7]-YANYI.我国合成生物学政策，相关鼓励政策汇总. [EB/OL]. [2021-10-19].

[8]刘雅坤.脑科学百亿市场解析：1500+公司，治病是真，永生是假，从改善瘫痪到神经诱导[EB/OL]. [2021-4-26].

[9]中泰证券.商业化时代来临，mRNA技术有望迎来黄金十年[R]. (2022).

[10]东吴证券.分子试剂领军企业，业务延展打开广阔空间. [R]. (2022).

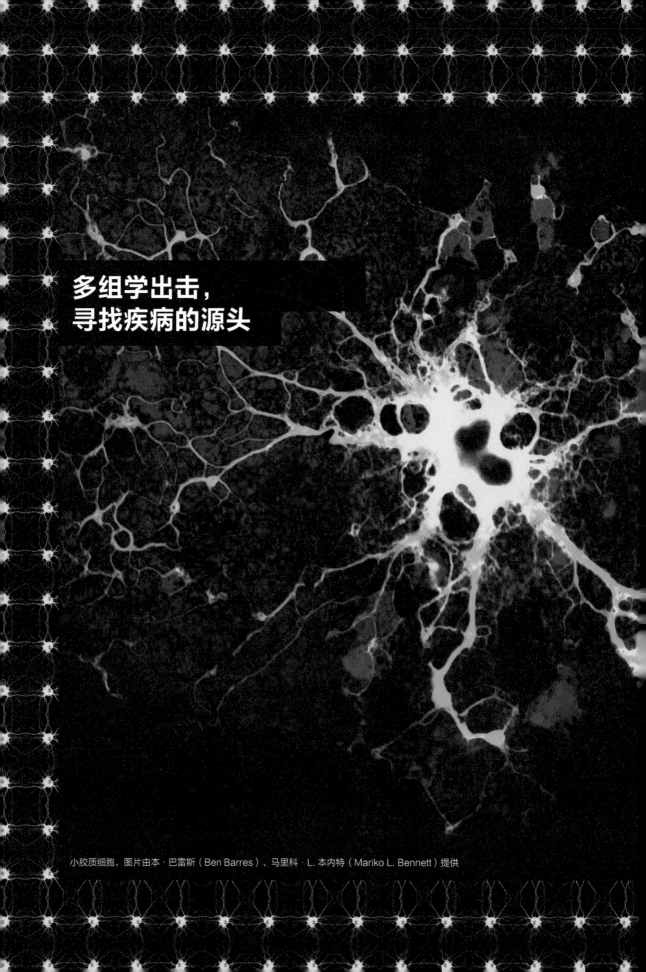

多组学出击，
寻找疾病的源头

小胶质细胞，图片由本·巴雷斯（Ben Barres）、马里科·L. 本内特（Mariko L. Bennett）提供

热力学第二定律告诉我们，熵增是必然的，有序终将走向无序，正如"水往低处流"，但"人往高处走"，生命的精彩之处正是通过不断的生命活动将无序变为有序的熵减过程。

一间屋子，需要不断地收拾整理，才会保持整洁，否则很快就会变得凌乱。我们身体内的一个个器官、组织、细胞也像一座座小工厂，每天收拾整理，维护生命活动的正常运行，也就是大家熟悉的"新陈代谢"。因此，体内的代谢过程是否正常也意味着体内生命活动是否正常进行。以日常生活为例，一日三餐中人体摄入糖，糖会被肠胃吸收，进入细胞参与代谢，但如果血糖含量过高，就暗示着体内代谢糖的途径可能出现了问题，血液中的糖无法转移。血糖过高的情况下，甚至暗示着参与糖代谢的"人体工厂"出现了问题，例如糖尿病。因此，人们常常将检测血糖含量（而非尿糖含量）作为诊断手段，判断是否患有糖尿病。

按照上述思路，人们提出大胆的想法，是否可以通过检测不同的代谢物，进而预测或诊断不同的疾病？如此，一系列组学分析技术逐渐发展并成熟起来。糖组学（Glycomics）、代谢组学（Metabolomics）和比较相互作用组学（Comparative Interactomics）分别入选2003年、2005年和2006年的《麻省理工科技评论》"全球十大突破性技术"。这些组学分别是什么呢？为什么如此重要呢？

顾名思义，"组"表示的是某些个体的系统集合，糖组学是针对所有糖的集合的研究。同理，代谢组学则是针对人体所有代谢物的集合的研究。

有人就会问，为什么要研究糖呢？糖不就是我们日常生活中的食物、一种营养成分吗？确实，糖可以作为食物为人体提供能量。但糖同时作为生物大分子，也是人体细胞的重要组成部分。人体内的细胞无时无刻不在运转，有些"机器"会老化或故障，这时就需要引入原材料进行修补更新，维持细胞的正常运转。牛奶和鸡蛋中的蛋白质、大米和馒头中的糖类就是人体从外界摄取的原材料。

有趣的是，糖类在人体内发挥作用，和其他生物大分子（例如蛋白质）之间，并非存在楚河汉界，它们彼此之间也会互相帮忙，协同作用。因此具体来讲，糖组学研究糖与糖之间、糖与蛋白质之间、糖与核酸之间的联系和相互作用。

其中最重要的相互作用就是糖基化，即蛋白质分子的某个位置会以某种形式连接上某个糖分子。这种糖基化修饰会进一步调整或者彻底改变蛋白质在生命活动中发挥的作用。

以新冠病毒为例，自疫情以来，已有阿尔法、德尔塔和奥密克戎等多种变异类型。这些变异毒株之间的区别在哪里？其中很重要的一点是，人们发现新冠病毒的刺突蛋白在不同毒株上的糖基化修饰方式存在很大的差异。不同的糖基化修饰方式意味着病毒不断调整刺突蛋白这把钥匙，想方设法打开人体细胞的大门。这一系列分析均得益于糖组学分析。

其实起初，大家对于糖的认知也非常浅显，直至20世纪80年代，詹姆斯·保尔森（James Paulson）的团队才分离出第一个糖基化酶基因，自这次里程碑事件后，糖基化的各类研究报道如井喷式涌现。但糖组学研究依旧是个工程量巨大的工作。仅以新冠病毒的刺突蛋白为例，其至少有24个糖基化位点。这些位点在连接糖的可能性、连接的方式和糖的类型方面都存在差异。排列计算一下，刺突蛋白可远远不止"七十二般变化"。而这只是一个病毒上的一个蛋白。人体中有4万个基因，每个基因可以编码好几个蛋白，如此计算下来，正如詹姆斯·保尔森所说的"搞清楚糖组学是噩梦般的存在"。

2003年，保尔森召集了来自各个领域的专家，潜心研究糖基化。十几年来，团队在多个国际杂志中发表论文，分享HIV糖蛋白、H7N9流感蛋白的糖基化等相关糖组学研究，为相关传染病的药物开发提供了丰富的理论基础。如今，我们不过只是咬了一口苹果，尝到了甜头。期待不断发展的糖组学厚积薄发的那一天。道阻且长，行则将至。

在糖组学发展的同时，代谢组学也不甘落后。代谢与健康密不可分。疾病发生会影响代谢，同时

图1-12　治愈之糖：詹姆斯·保尔森正在揭示糖的治疗能力，拍摄者布赖斯·达菲（Bryce Duffy）

若代谢紊乱也会引起疾病。因此人们希望检测体内各类代谢物作为标志物，更早、更快、更精准地预测疾病。除了生活体检中常见的血糖、血脂检测，在各种其他类型疾病的检测上，人们也一直深耕探索。

20世纪70年代，研究人员利用气相色谱技术对患者体液中代谢物进行分析，可被认为是代谢组学的始祖。1983年，荷兰科学家首次使用核磁共振技术和色质谱联用技术分析尿液中的代谢物。小分子代谢物的分析技术开始建立。

1999年，代谢组学概念首次被提出，其定义为生物体对病理生理或基因修饰等刺激产生的代谢物质动态应答的定量测定。

2005年，美国北卡罗来纳州科研三角园的代谢博隆（Metabolon）公司和马萨诸塞州综合医院合作，利用代谢组学分析寻找肌萎缩性侧索硬化（ALS）症的代谢标志物。研究者分析了患者血液样品中的1000多种小分子，通过海量数据的比对和筛选，他们最后找到了13种小分子，这些小分子在患者体内含量一直居高不下。这样的检测方法还需要大量临床实验的验证，为后续建立快速有效的ALS检测方法

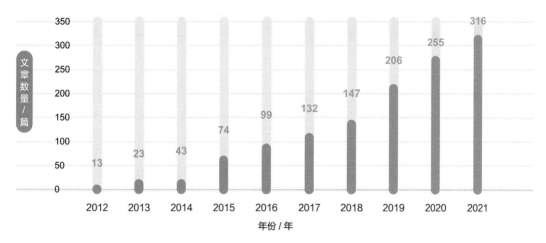

图 1-13 近 10 年代谢组学相关文章

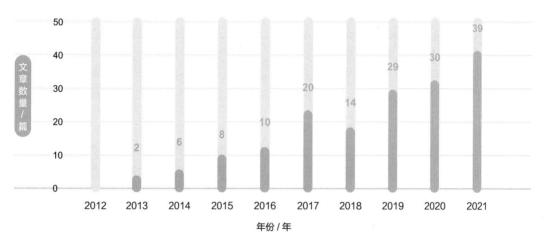

图 1-14 近 10 年代谢组学相关文章（IF > 10）

提供坚实的基础。

近年来，代谢组学迅速发展，在疾病的发生、进程以及治疗响应等阶段发挥着重要的作用。例如与神经精神疾病领域相关的代谢组学研究在杂志上报道的数量逐年增长，并多发表于高质量的期刊中。

新冠病毒研究中，代谢组学也贡献了必不可少

的力量。2020 年 4 月，中国科学院武汉病毒所、武汉金银潭医院等多家单位合作在《国家科学评论》发表论文，针对健康、轻症、重症、危症组以及治愈组的血浆样品进行代谢组和脂质组分析，发现多种代谢物在病情发展的过程中逐渐增多，治愈后的患者与健康人群相比，血浆中多种代谢物和脂质存在显著差异。

2020 年 5 月，西湖大学郭天南团队在《细胞》

（Cell）杂志上发表论文，通过血清样品分析，筛选出了新冠重症患者特异性的22个蛋白质和7个代谢物；2020年10月，华盛顿大学的詹姆斯·希思（James Heath）团队在《细胞》杂志上发表论文，利用代谢组学分析了轻度和中度新冠感染患者之间的状态变化，并设计提出治疗干预最有效的患者环境。类似的研究如雨后春笋，为新冠病毒的药物设计提供标志物和潜在的治疗靶点。

除去研究层面，2010年—2020年期间，美国和加拿大投资超亿万美元在北美促进代谢组学相关研究。此外，澳大利亚投资超过4900万美元、荷兰投资荷兰代谢组学中心（Netherlands Metabolomics Centre）约6900万美元、英国投资国家表型组中心（National Phenome Centre）约4500万美元。多国在代谢组学上的投资，也促进了市场增长。2020年，全球代谢组学市场规模约19亿美元，预计到2025年，该市场规模将达到41亿美元。

当然，使用代谢组学预测重大疾病，也有很多困难需要克服。最理想的状态是，某种疾病对应某种特异性的标志物，通过检测标志物，即可检测疾病。但丰满的理想也存在实际问题。首先疾病和标志物之间很难存在一一对应、互不干扰的关系；其次每个人的身体状况不同，体内标志物含量也存在巨大差异，容易对后续的疾病诊断造成误导；同时体内的代谢物千千万万，准确地分离标志物也不是件容易事。

正如上文所述，独立的糖组学和代谢组学研究可能会存在判断失误或准确度较低的问题，这也让人们意识到单一的代谢组学不是万能的。因此人们开始尝试将每种组学技术联系起来、多种方法结合使用，例如糖组学、代谢组学、蛋白组学等，组合拳出击，将疾病一网打尽。

这也就是2006年《麻省理工科技评论》"全球十大突破性技术"之一的比较相互作用组学的基本概念。

不论是蛋白组学、基因组学、糖组学、代谢组学，本质上都归属于物质之间的相互作用组学。千禧年初，科学家特雷·艾德克尔（Trey Ideker）提出概念，把生物体中的各个反应或通路比喻成"电路系统"。不同生物中存在着不同的电路系统。艾德克尔团队报道了在酵母、果蝇、线虫和疟疾寄生虫等生物细胞内的相互作用（电路系统），进而对其进行比较，找到物种在进化中的保守性和差异性，即比较相互作用组学。

这样的生命"电路系统"基础研究，有什么重要意义呢？

以疟疾寄生虫为例，其细胞内的"电路系统"和酵母、果蝇、线虫以及人体等生物细胞的存在巨大差异。这个与众不同的"系统"暗示了一个个药物靶点。我们便可以根据寄生虫与人体中"电路系统"的差异，设计一系列药物攻击疟疾寄生虫，但不对人体产生副作用。甚至，可以依据"电路"预测药物在人体试验中的效用。

2005年的艾德克尔期待着10年后比较相互作用组学的发展。多年来，他的团队也一直致力于该领域的发展，通过比较相互作用组学分析了多种病毒或细菌以及人体疾病，例如HIV病毒（艾滋病）、HPV病毒（宫颈癌）、流感病毒和乳腺癌等涉及的"电路系统"。2020年，艾德克尔和多位科学家根据新冠病毒的相互作用组学分析为后续的药物设计提供了坚实的基础，相关结论发表于《科学》（Science）杂志上。

除了比较物种（寄生虫、果蝇、线虫）之间的相互作用差异之外，人们也开始意识到即便是同一个人身上的不同细胞，比如腹部储存脂肪的脂肪细胞和血液中运输氧气的红细胞之间，也存在功能和机理的巨大差异。于是，单细胞分析（Single-Cell Analysis）开始发展，并被评为2007年《麻省理工科技评论》"全球十大突破性技术"之一。

单细胞分析技术刚起步阶段，科学家们主要致

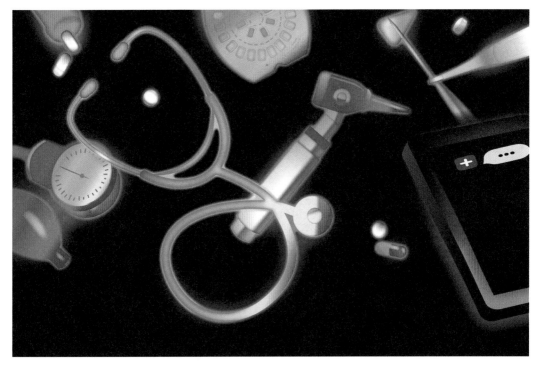

图 1-15　寻找疾病的源头，插图作者妮科尔·吉内利（Nicole Ginelli）

力于糖尿病、食道癌等疾病的单细胞分析，检测单个细胞中DNA、蛋白、脂类和多糖等的差异。但"针无双头利，蔗无两头甜"，在检测上述物质时，一般需要设计亲和物质从样品中抓取特定的分子，进而分析。这也意味着，单细胞分析多是从已知分子的含量层面进行分析，对未知物质的分析能力较弱。

随着10多年的积淀，单细胞分析也向多个领域渗透。

清华大学药学院李寅青研究员开发单细胞核基因表达解析技术，追踪和解析了成年人的脊髓神经再生过程，在脊髓神经修复领域有着重要的意义。此外，李寅青的团队还开发了神经单细胞多组学技术，深入研究与遗传性多动症等精神疾病相关的核心神经环路，为筛选药物靶点提供重要依据。李寅青研究员也因此成为2018年《麻省理工科技评论》"35岁以下科技创新35人"的中国入选者之一。

2020年，麻省理工学院和哈佛大学合作在《细胞》杂志中发表论文，通过单细胞分析生成了人和小鼠的肠神经系统单细胞图谱，推断肠道中的神经元可以和多种其他类型的细胞"交流"。基于该研究，也可以更好地开发出治疗功能障碍的新方法。

上述糖组学、代谢组学、比较相互作用组学和单细胞分析等一系列组学分析多年来在理论和技术层面的发展可谓突飞猛进，但依旧存在很大的改进和上升空间。目前组学分析主要应用于多种疾病的机理研究，还未大规模工业化地应用于药物研发，但推本溯源，只有真正地了解发病机理，才能对症下药。更何况，我们目前只是了解到各类组学技术的冰山一角，就已经收获颇丰。未来的组学世界又会是什么样的呢？令人期待！

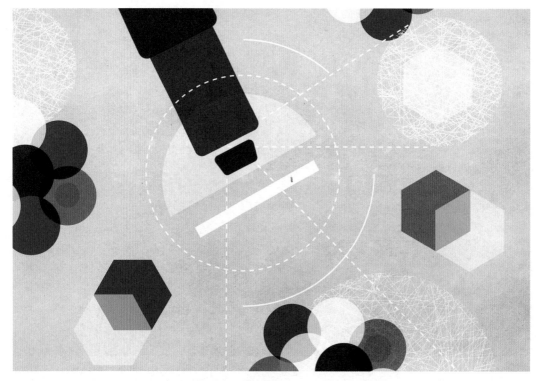

图 1-16　精准医疗，插图作者查德·阿让（Chad Hagen）

学术点评

代谢组学
未来精准医疗的核心技术

贾 伟

香港浸会大学表型组学研究中心
主任、讲席教授

上海交通大学附属第六人民医院
转化医学中心主任

代谢组学已经发展为一门成熟的学科，从最早期的多个代谢物检测开始，代谢组，包括代谢轮廓（Metabolic Profile）、糖组（Glycome）、脂质组（Lipidome）、环境暴露组（Exposome）等在文献中以各种形式出现了三四十年。过去10年是代谢组学研究应用的快速发展期，定量代谢组学、代谢流、气体代谢物分析，以及质谱和核磁代谢物成像等新技术的出现让这一学科在未来的健康和疾病研究中占据越来越重要的地位。21世纪的新问题，包括环境变化和人体对变化的适应力、营养过剩、营养不足、流行病，以及当下的新冠病毒，都具有其特定的代谢应答规律和模式。因此，代谢组学与广义上的代谢研究将帮助我们应对这些生物医学上的挑战。

细胞内的生命活动由众多基因、蛋白质，以及小分子代谢产物来共同承担，代谢组处于基因调控网络和蛋白质作用网络的下游，它所提供的是生物学的终端信息。我们经常说，基因组学和蛋白组学告诉你可能发生什么，而代谢组学则告诉你正在发生着什么。

自然界的万物通过代谢物相连接，组成一个共生系统。跟所有的体腔动物一样，我们人类与微生物群落共生，微生物存在于我们包括肠道在内的所有体表和腔体中，并参与调节一系列基因和环境的相互作用，共同决定着我们人体代谢模式和表型的变化，当然这也给我们的代谢研究增加了一个维度的复杂性。在细胞功能层面上，核酸、蛋白质类大分子的功能性变化最终会体现于代谢层面，如神经递质变化、激素调控、受体作用效应、细胞信号传导和能量传递等。从整体上看，宿主和体内微生物，以及基因和环境的相互作用，也将整体性地表达于代谢层面，刻画出我们个体和人群的代谢表型和健康状态。

作为多种生物因素相互作用的总和，人体代谢应答的时空变化是可以进行测量和建模的。这样的模型和输出具有转化价值，可以生成诊断模型、预后模型，以及疾病标志物。这是代谢组学有别于（或者说优于）基因组学的一个特质，也就是说代谢组学除了能提供"一次性"的代谢表型数据以外，还可以开展不同时间点的时序动态分析，通过多次"快照"来采集纵向数据，由此可以监控一个人的病生理表型的动态变化，因而有望成为未来精准医疗中的一门核心技术。

代谢组学技术的产业化方兴未艾，2001年代谢组学科研服务公司代谢博隆在美国北卡罗来纳州建立，迄今全球已有上百家从事代谢组学产品开发和专业技术服务的企业，绝大多数仍处于早期或初创阶段，以在近几年内将基于代谢物的诊断产品推向市场作为目标。由于发展期较短，时至今日还没有一家代谢组学公司进入生物技术产业的主流。

代谢组学进入精准医学和健康管理领域的主要瓶颈或者说市场痛点有两个：一是标准化的问题，二是通量的问题。

基因测序技术能够成为精准医学的首选工具，一个重要原因是这种高通量检测技术的标准化已经成熟。目前国际上测序企业在基因组数据分析处理（包括测序采样与分析、碱基读出、载体标识与去除、拼接与组装、间歇填补、重复序列标识等）已经建立了统一的标准和流程。

代谢组学主要分析仪器为质谱仪，包括飞行时间（TOF）质谱仪、三重四级杆（TQ）串联质谱仪、四级杆飞行时间（QTOF）串联质谱仪、离子回旋共振质谱（ICR）、轨道离子阱（Orbitrap）等高分辨质谱仪，它们的生产厂家有十几家。不同厂家使用的工作软件、数据处理方式和数据库之间均无法"对话"（Cross-Talk），因而各实验室之间，乃至整个行业缺乏包括数据处理标准、数据分析途径、生物描述规范，以及报告标准在内的统一的代谢组学标准流程和标准协议。

标准化问题和通量问题两者是相关的，有了标准的分析技术平台，也就可以通过平台产能的扩增来提高分析通量。更重要的是，标准化、高通量分析流程产生的数据可以汇总起来，建立"通用的"代谢组学数据库，结合人工智能技术，提高精准的疾病诊断和健康评估。

学术点评

单细胞蛋白质组技术：
单细胞组学家族中的"圣杯"

黄超兰

北京协和医院医学研究中心教授

北大-清华生命科学联合中心
研究员

细胞是生命活动的基本单元，一切生命现象的奥秘都要从细胞中寻求答案。细胞的精确分型是理解细胞在生理和病理生理过程中功能的先决条件。在组织、器官或个体中，细胞具有非常大的异质性。对复合细胞群的分析并不能准确地描述生物复杂性。因此表征细胞之间的异质性和研究稀有细胞对于生理学研究、临床诊断和个性化精准治疗具有重要意义。精准识别每个细胞和细胞群所具有的特征，在单个细胞层面进行研究和分析，是单细胞技术的主要作用。

2007年，"单细胞分析"因"单个细胞之间的微小差异可以改善医学测试和治疗"入选《麻省理工科技评论》"全球十大突破性技术"，该评价颇具前瞻性；2011年，《自然方法》（*Nature Methods*）将单细胞测序列为年度值得期待的技术之一；2013年，《科学》将单细胞测序列为年度最值得关注的六大领域榜首；2017年，与"人类基因组计划"相媲美的"人类细胞图谱计划"首批拟资助的38个项目正式公布，旨在为人体40万亿细胞绘制"地图"，"引爆"了单细胞分析新时代。单细胞组学技术研究也开始了爆炸式增长。

此前，单细胞研究主要集中在细胞成像、基因组和转录组的测序分析。而单细胞的蛋白质的研究因为基于质谱的蛋白质组学技术，在测量极微量到单颗细胞的方法和技术上的高难度壁垒，一直被视为单细胞组学领域的"圣杯"（Holy Grail），也致使其发展一直落后于基因组和转录组。但是蛋白质作为细胞内所有功能的直接执行者，细胞通过蛋白质及其翻译后修饰，可以感知并响应几乎所有外在和内在的刺激，从而影响整个生命体的功能和状态，其重要性不容置疑。

发展单细胞蛋白质组学技术在近期变得越来越迫切。在高度异质性的肿瘤研究中，可以根据差异蛋白质来区分不同肿瘤细胞的分子分型，这比传统的病理组织分析技术更加精细准确。利用激光捕获显微切割（LCM）技术获得的微小组织切片，给病理医生提供分子分型，从而进行靶向性、个性化精准治疗，提高疾病治疗的效率；在免疫学领域，定义位于某一特定区域的免疫细胞的类型，或者明确参与特定免疫学过程的细胞的类型，是理解免疫系统的工作机制，利用免疫细胞进行细胞治疗的重要前提；对单个神经元的研究将在根源回答神经发展的生理或神经性疾病的病理过程问题，而单细胞蛋白质组是必要的手段。另外，由于一些生物学样品稀少，单细胞技术是唯一可以对其进行研究的技术。例如在胚胎发育的研究中，不同阶段细胞或相同阶段不同细胞的蛋白组的定量差异可以揭示生命决定的分子机制。对于不同状态的卵子或者早期胚胎的不同发育阶段的研究，可以为胚胎移植技术提供指导性的判断，从而进行胚胎选择，具有重要的临床意义。

一个细胞中存在上万种含量跨越 7 个数量级的蛋白质，对单个或极微量细胞的蛋白质总体进行分类和表征是单细胞蛋白组学技术的任务。然而基于质谱的蛋白质组学，并不具备类似核酸的可扩增特性，对样品的处理方式、定量技术和仪器设备的灵敏度提出了"圣杯式"的挑战。最早出现"单细胞蛋白组经验"的方法是 2011 年加里·诺兰（Garry Nolan）团队利用抗体加金属的 CyTOF 技术，现在被统称为"流式质谱"（Flow-MS）。这种方法相对简单，灵敏度好，流式细胞术、DNA 编码等技术可以对单个细胞内数十种蛋白质进行定量分析。然而基于抗体的方法只针对特定的蛋白质，是"预设边界"的研究，并不是无偏的真正意义上的"蛋白质组学"。因此，更多的科学家在开发真正能实现对单个细胞蛋白质组的非靶向"全发现"的定量分析技术，目前在多指标性、高通量、灵敏度和样品制备方面都已经取得了显著的进展。

仪器方面，质谱仪生产厂家加快产品开发，不断提高质谱仪器的灵敏度，布鲁克公司最新推出了超高灵敏度的 timsTOF SCP 系统，适用于无偏、定量的单细胞 4D- 蛋白质组学。研究对象也从早期的大尺寸的单细胞（如每细胞约 0.1 ～ 100μg 蛋白含量的卵母细胞）到数十个常规大小的哺乳动物细胞（每细胞约 100 pg 蛋白含量）再到真正的单细胞研究。为了实现单细胞样品到质谱仪器的有效连接，各式样品处理平台不断革新。在最先出现的，结合稳定同位素标记 TMT 作为 booster 的 SCoPE-MS 方法，展现了显著的成效之后，FASP、inStageTip、iPAD 和 SP3 改进传统处理流程，去除不兼容质谱的试剂，都纷纷实现几百个蛋白质水平的鉴定。而更具技术性的纳升液体反应体系则进一步提高分析灵敏度，如 OAD、nanoPOTS、SciProChip 等。

随着近期单细胞蛋白质组学技术的不断发展和成熟，每个细胞可以测量的参数数量、蛋白质的鉴定深度和分析的细胞通量都在继续增加。但是创新的处理检测方法和分析工具仍是亟待改进的。最优的方法不仅要让实验室担得起，而且还能够温和地保持细胞结构和生存活力，同时有效地捕获原始样本中几乎所有的细胞，满足深入临床研究的细胞需求。

随着单细胞蛋白质组学在单细胞分析中的"加冕"，单个细胞的蛋白质水平表达从基于 mRNA 的"推断"转变为真实意义上的"测量"，提供细胞类型及其状态的最详细的评价。单细胞蛋白质组学及与其他组学数据整合分析的未来发展可能会为扩展和完善单细胞多组学方法提供所需的关键基石，这将使我们能够建立一个全面的人类细胞图谱（涵盖人体中的每个细胞），以及关键模型生物的图谱集，为生物医学的发展提供基础性和全面性的资源和工具。也期待下一代单细胞分析技术提供更广泛的蛋白质组深度覆盖研究。

参考文献

[1] Marx V. A dream of single-cell proteomics[J]. Nat Methods, 2019, 16(9):809-812.

[2] Chappell L, Russell A J C, Voet T. Single-Cell (Multi) omics Technologies[J]. Annu Rev Genomics Hum Genet, 2018, 19:15-41.

基因测序，私人订制，
便宜又灵敏

通过前一节的介绍，我们发现千禧年初发展的组学技术在2020年新冠疫情出现时发挥了重要的作用：糖组学分析新冠病毒刺突蛋白糖基化，代谢组学分析轻重症患者差异，比较相关作用组学勾勒新冠病毒蛋白作用图谱，等等。那为什么这些组学分析在平时比较少见？我们日常生活中接触到的核酸检测又属于什么技术？

举例来说，代谢组学多应用于复杂的生物学研究，检测和分析周期长，不太适用于快速判定个人核酸阴/阳性。且代谢组学一般需要提取人体的血浆或血清，这对返乡过年，需要多次检测的广大同胞而言可不是友好的操作。因此，核酸检测一般为咽拭子或鼻拭子，只需轻轻一刮即可采集遗传物质。后续通过DNA扩增和测序技术，即可确定阴/阳性。这样"飞入寻常百姓家"的DNA测序技术又是何时开始发展，并广泛投入应用的呢？

DNA测序技术是研究基因组学的重要技术途径。基因组学的研究内容是对生物体所有基因进行表征和研究，对不同基因组之间的关系进行分析和比较。20世纪末，多个物种的基因组计划逐个启动。

1977年，噬菌体（5.4 kbit）测序完成。
1981年，人类细胞器中的线粒体基因组（16.6 kbit）测序完成。
1992年，酿酒酵母Ⅲ号染色体（315 kbit）测序完成。
1995年，嗜血流感菌基因组（1.8 Mbit）测序完成。
1996年，酿酒酵母完整基因组（12.1 Mbit）测序完成。

大众最熟知的莫过于人类基因组计划（又称生命科学的"登月计划"）。2003年，人体基因组DNA中30亿个碱基对（3000 Mbit）的秘密被全部揭晓。自此后基因组时代开启，DNA测序技术开始迅速发展。

由于DNA是遗传物质，相比于蛋白、多糖、脂质等生物大分子，其结构和组成比较简单，且十分稳定。因此，相比于其他组学技术，DNA测序技术发展得尤为快速。具有代表性的是个人基因组学（Personal Genomics）、

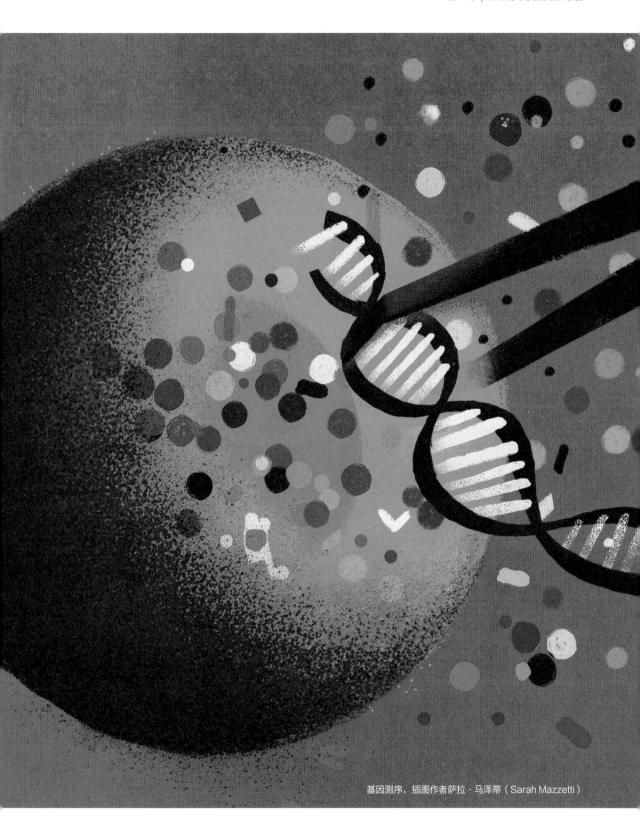

基因测序，插图作者萨拉·马泽蒂（Sarah Mazzetti）

100美元基因组测序（＄100 Genome）和癌症基因组学（Cancer Genomics）。这3种技术也分别入选了2004年、2009年和2011年的《麻省理工科技评论》"全球十大突破性技术"。

人类基因组计划揭晓30亿个碱基对的遗传信息后，人们开始关注遗传信息带来的个体差异。为什么大家拥有类似的遗传信息，却在发色、肤色、身高等一系列性状中差异巨大呢？佩尔金科学（Perlegen Sciences）公司的首席科学家大卫·考克斯（David Cox）很快提出要寻找个人基因组之间的差异性，将个人基因组测序发展成一种快速有效的检测疾病手段。这种技术方法避免了医生在茫茫30亿个信息里做判断，而是量身定做，针对每个人的基因组测序结果，确定个体是否对某种疾病易感，提前防范。

当然，有的疾病对应着一两个基因突变，此类疾病（如亨廷顿病）比较容易诊断，但也有许多疾病会与多个基因相关，不易判断。此时，个人基因组测序的结果与疾病发病之间的相关程度不够紧密，因此考克斯等人也希望采集海量的个人数据，分析处理得到单核苷酸多态性（SNP）以与疾病之间建立更加紧密的关系。类似"望闻问切"一样，通过基因的"症状"对个人进行诊断。这也是迈向精准医学的第一步。

为了完成人类基因组计划，全球投入了30亿美元。"私人定制"的个人基因组测序的市场在哪里？随着测序仪器的不断进步，尤其是微流控生物芯片技术（Microfluidics）（该技术入选了2001年《麻省理工科技评论》"全球十大突破性技术"）的进步，极大地降低了基因组测序的成本。2009年，大部分科学家们保守地认为基因组测序可以降低至1000美元，但同时也提出高目标，在5年内降低基因组测序成本至100美元，即100美元基因组测序。

微流控生物芯片是如何实现降低成本的呢？由于基因组DNA有30亿个"字母"信息要去读取，

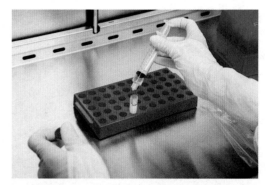

图1-17　提取细胞样本，图片拍摄者劳伦·兰开斯特（Lauren Lancaster）

假设我们把一个人的基因组DNA想象成一根长绳，通常人们会选择把这根长绳切成片段，比如100～1000个字母，测序后，再将片段拼成一根长绳，整个过程的成本很高，也很耗时。微流控生物芯片同样也要把长绳切开，但每个片段可以有100万个字母，这样测序速度提升了，成本也降低了。当然，不止微流控生物芯片技术，科学家们采取了许多方法（一代、二代、三代、四代测序技术）优化测序过程。

2012年3月29日，美国生命技术（Life Technologies）公司宣布在中国推出基因测序仪IonProton。借助该技术产品，个人全基因组测序只需一天时间、1000美元即可完成。2014年1月，全球基因测序和芯片技术公司因美纳（Illumina）推出HiSeq X Ten仪器，将单人类基因组测序成本降至1000美元以下。

在个人基因组测序速度越来越快，成本越来越低时，研究人员提出了新的挑战：单细胞测序。传统的测序一般需要提取数万个细胞中的DNA或者RNA进行测序，常常会对人体细胞的多样性理解产生偏差。而单细胞测序，类似于前文所提的"单细胞分析"技术，是在单个细胞层面进行测序和解析基因组，实现了细胞多样性的表征。

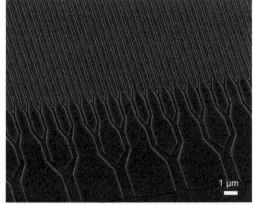

图 1-18 微流控生物芯片

2009 年，第一篇单细胞 mRNA 测序研究问世，标志着单细胞测序技术开始兴起。2018年，高通量单细胞测序技术被《科学》和《自然方法》杂志提名为年度突破技术。单细胞测序技术的细分市场也以年均 20% 以上的速度逐年增长。

为什么传统测序需要数万个细胞，而单细胞测序只需要单个细胞呢？简单来说，传统测序就像如今核酸检测中的"混检"，数万个细胞会展示出某种性质，如基因突变，至于是哪个或哪种细胞贡献的，无从得知。而单细胞测序就类似于核酸检测中的"单检"，一目了然。同时显而易见，单细胞测序面临着如何降低测序时间、节约测序成本、提高测序准确性的考验。

2016 年，10x Genomics 公司成功推出全球首款单细胞测序仪 Chromium Controller，此后长期占据全球市场，所占市场份额保持领先地位。

10x Genomics 是怎么更好、更快、更准地实现单细胞测序的呢？公司凭借着液滴微流控技术，利用含有 75 万种条形码（Barcode）的油滴包裹的凝胶珠（GEMs），在 10 分钟内可自动完成 8 万个细胞的捕获。油包水的结构，实现了凝胶珠与细胞的包裹、细胞裂解，以及凝胶珠溶解释放条形码序列靶向特定基因组序列。总体来说，微流控技术实现了单个细胞的分离，而液滴技术实现了不同细胞中同一基因测序文库的建立。

科学技术的发展没有最好，只有更好。近年来，国内这片沃土也孕育了一批批有志之士，他们的加入为单细胞测序赛道带来了新的生机。

2018 年注册成立的新格元（Singleron）公司目前已融资近两亿美元，专注于将单细胞测序技术应用在临床检测、健康管理和药物开发领域。2020 年，新格元推出国内首个自动化单细胞测序前处理仪器 Singleron Matrix。针对不同的样品，新格元实现了测序前样品制备的完整解决方案，便于临床样品的储存、运输。

2021 年 6 月，万乘基因（10K Genomics）公司上线国内首款液滴微流控单细胞测序仪 Perseus™。公司创始人施威扬表示仪器的核心器械都实现了国产化。

相比于市场上普遍的转录组分析，万乘基因也在不断拓展市场，发展单细胞甲基化、单细胞蛋白质组等，打造多组学单细胞测序平台。

国内的 M20 Genomics 公司近来也考虑利用单细胞测序技术，推进细胞图谱 2.0 的绘制工作，搭建人类细胞蓝图，建立超精确的人类生理学模型，为药物的研发和实验提供加速器。

2021年4月，中国39家研究所和医院的研究人员与10x Genomics中国区团队携手合作，利用单细胞RNA测序技术处理了来自284个样本中的146万个细胞，对新冠病毒感染后的免疫反应进行深入分析，寻找细胞因子风暴的新元凶，相关工作发表于《细胞》杂志上。大规模单细胞图谱研究的潜力可见一斑。更多的研究和应用都静待单细胞测序技术去大展身手。

全球范围内，高通量、低成本、单细胞、超灵敏的测序技术，发展得日新月异，让人眼花缭乱。

同时，突飞猛进的测序技术也带动了学术界开展更多的研究，例如人们考虑将遗传物质DNA作为数据存储材料。大数据时代的地球每天产生的信息量，远远超过了过去5000年人类文明的信息总和。更有预计称，到2040年，全球需要$1 \times 10^6 t$硅基芯片存储数据。而DNA存储密度大、能耗低、周期长，理论上只需要1kg就能够实现全球信息的存储。

信息存储的流程主要是存储、编码和读取。DNA测序技术对应的是数据的读取，但目前DNA在存储层面还存在合成成本高、速度慢、稳定性差等多个问题。但我们依旧期待DNA成为数据存储材料的未来。投身"人类基因组测序"的科学家们或许也没有想到，有一天基因组测序也会为DNA存储带来腾飞的机会。

此外，2011年的《麻省理工科技评论》"全球十大突破性技术"之一，癌症基因组学也得益于测序技术的发展。该技术围绕癌症基因图谱测序，进而实现癌症预测或治疗。该技术的领军人物伊莱恩·马尔迪斯（Elaine Mardis）认为"基因-突变-治疗"这个方程式过于简单。癌症测序不仅要考虑多种基因突变，还要考虑DNA测序之外的RNA测序。此外，在临床试验中纳入真实数据及推动患者基因数据共享等都要不断地推进实现。

2013年，《科学》杂志用多篇文章专题介绍"癌症基因组学"，提出从测序分析、原则总结、疾病检测和临床影响等方面全面发展。2020年8月，西班牙的研究团队从来自66种癌症的28076个肿瘤样品基因组中鉴定了568个癌症驱动基因，绘制了迄今为止最完整的癌症驱动基因全景图。

癌症基因组学的发展表明，在不久的将来，常规癌症治疗将不再侧重于器官，而会更关注癌症的基因组特征。期待未来，医学专家能够通过读取DNA信息，在治疗过程中为每位患者确定最好的治疗方案。

除了癌症，寿命的延长研究也得益于测序技术的发展。目前，已经有许多基因被证明对多种模式动物的衰老和寿命有广泛影响。这张基因名单还在不断变长。那么对衰老基因的干预是否可以实现寿命延长呢？引用爱因斯坦的一句话：我从来都不思考未来，它来得太快了。

DNA测序技术也带来了广阔的市场前景。全球基因测序行业市场规模不断地扩大，仅因美纳公司市值已达571.96亿美元（数据源于百度股市通）。

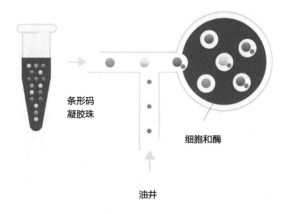

条形码
凝胶珠

细胞和酶

油井

图1-19　10x Genomics公司的液滴微流控技术

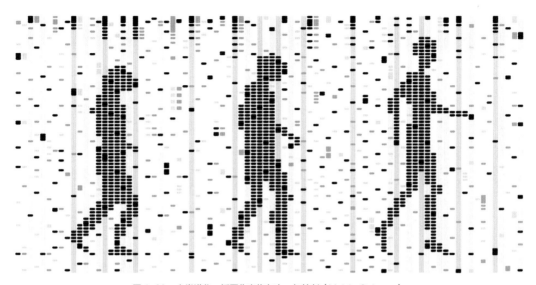

图 1-20　人类进化，插图作者梅尔文·加拉彭（Melvin Galapon）

仅对中国测序市场规模进行分析，2015 年—2019 年，国内基因测序行业市场规模以 40% 的复合年均增长率增长，2019 年，国内基因测序行业市场规模约为 149 亿元。未来，以中国为主的亚太地区将成为基因检测的重要市场之一。从具体诊疗方向来看，肿瘤诊断治疗也是最具潜力市场之一。

如此庞大的基因测序市场规模，已经在日常生活的方方面面展现了出来。

孕前检查和产前检查，比如羊水穿刺检测、唐氏筛查、无创产前基因检测等都通过测序技术，结合疾病的遗传模式帮助夫妇孕育健康的宝宝，避免出生缺陷；又如更具科学性的"滴血验亲"——亲子鉴定，便是通过 DNA 测序实现的。医院中的遗传病筛查、肿瘤靶向治疗等也是 DNA 测序的应用方向。许多刑事案件中遗留下来的物证，也可以通过提取 DNA 测序，进而定位犯罪嫌疑人。

甚至，DNA 测序对于每个人的日常生活习惯也存在指导意义。例如由于个体的基因差异，每个人的酒精代谢和咖啡代谢是不同的。通过 DNA 测序，喝咖啡等许多生活习惯都可量身定做，每个人都可以找到更适合自己的生活方式。

我们接触到的核酸检测，更是 DNA 测序的重要体现。通过鼻拭或咽拭提取样品，若样本中存在病毒的基因，则意味着"阳性"，反之则为"阴性"。如此便利准确的核酸检测正是一系列测序技术发展的副产物。"科技改变生活"，感谢 20 多年前提出伟大理想的科学家们，正是他们多年的攻坚克难，才让如今的生活方便快捷。

除了阴阳性判定，核酸检测中的 DNA 测序还有更多应用。例如，为什么两年多来的新冠疫情，有的是阿尔法毒株引起的，有的是德尔塔或奥密克戎毒株引起的？ DNA 测序技术帮助人们实现了追踪新冠病毒。2022 年，新冠病毒变异追踪（COVID Variant Tracking）被评为《麻省理工科技评论》"全球十大突破性技术"之一。

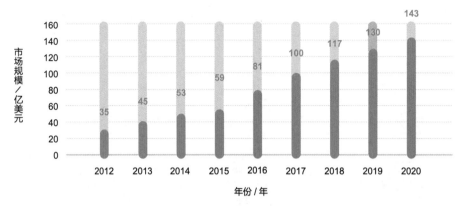

图 1-21　2012 年—2020 年全球基因测序行业市场规模及预测情况

到目前为止，新冠病毒已经是地球上被测序最多的生物体，全球阳性样品累积的病毒基因组序列已经实现了超过 700 万个基因图谱，也让科学家们迅速发现了多种病毒突变体。

斯泰伦博斯大学（Stellenbosch University）的科学家图里奥·奥利韦拉（Tulio Oliveira）在 2021 年 11 月 25 日向世界宣布，其实早在 6 周之前，奥利韦拉团队就对 11 月底变异程度最高的突变体奥密克戎隐约有所"感觉"，迅速针对新型病例进行了大量的 DNA 测序，进而快速确定了奥密克戎突变体。

得益于突变体的快速鉴定，11 月之后，围绕奥密克戎的一系列研究迅速开展，比如毒株的传染性、毒性，以及对于现有疫苗的敏感度等。同时，一系列政策如旅行禁令、疫苗接种原则等也迅速颁布。在防疫路上，人们也逐渐从"被动防疫"转化为"实时跟进"。

科学家们并不止步，更希望能够"主动迎击"，

从海量的数据中预测病毒下一步的行动，预防新的威胁出现。

虽说如今 DNA 测序已经非常"平价"，但针对全球范围的样品，还是会有很高的成本。因此奥利韦拉提出优先考虑感染率突增的地区样本，有针对性地分析，并称之为"非线性测序"。目前全球各地的测序技术、测序仪器和测序水平参差不齐，也给非线性测序带来了挑战。例如秘鲁的测序技术小众，对拉姆达变体的测序发现太晚，导致拉姆达疫情在秘鲁无法阻挡。

病毒的预测其实在流感病毒中也有所体现。每年科学家们都会挑选未来可能占主导地位的流感毒株，并基于此设计疫苗。但目前预测结果准确度较低。

测序能告诉我们以往病毒是如何变异的，目前还无法准确地确定未来病毒会如何演变，但至少实时追踪已经为全球提供了"早期预警"，避免了某个变种的"星星之火"成"燎原之势"。

图 1-22 图里奥·奥利韦拉教授在南非成立的流行病应对和创新中心的实验室中，拍摄者李-安·奥尔格（Lee-Ann Olwage）

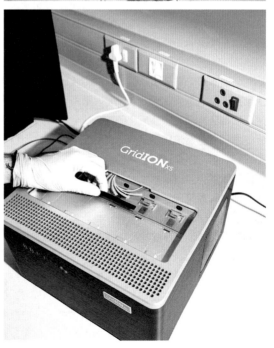

光辉的历程，非凡的成就：癌症基因组学为精准医学发展打下坚实基础

梁 晗

美国得克萨斯大学MD安德森癌症中心生物信息和计算生物系教授、副系主任，系统生物系教授

伯恩哈特家族靶向治疗杰出冠名教授

时光穿梭，岁月飞逝。从2011年《麻省理工科技评论》把癌症基因组学（Cancer Genomics）列为当年10项最有可能改变未来的突破性技术开始，历史的车轮已经走过了11个年头。回首过去，我们不禁惊讶于癌症基因组学对于癌症研究和治疗，乃至对精准医学发展所起的巨大推动作用。

癌症基因组学是指通过高通量测序技术对肿瘤细胞基因组进行全面的分子描述，美国癌症基因组图谱（The Cancer Genome Atlas，TCGA）和国际癌症基因组联盟全基因组分析计划（International Cancer Genome Consortium Pan-Cancer Analysis of Whole Genomes，ICGC-PCAGW）是这方面的集大成者。前者通过分析33种癌症超过10000个肿瘤样本多组学（包括全外显子组、转录组、小RNA转录组等），对人类癌症的分子基础进行了全方位、多维度的描述；后者则在全基因组范围内对近3000个癌症病人样本的各种变异特征进行了系统化的分析。同时，数以千计的各种规模的癌症基因组学研究在全世界范围内广泛地展开。

相对于聚焦在个别基因或是通路的传统研究，以TCGA和ICGC-PCAGW为代表的癌症基因组学对于癌症研究的意义在于3个方面。第一，通过这些研究，我们对几乎所有主要癌种的驱动事件和它们之间的相互关系有了系统化的梳理，包括发现了很多潜在的新靶点和生物标识物。特别是，癌症基因组使发现一些系统层面上的、新的分子特征成为可能，比如肿瘤突变负荷已是免疫治疗中一个重要的标识物。第二，通过癌症基因组学，我们对癌症的异质性有了更深刻的理解，并以组学数据为基础对癌症亚型进行了精确的划分，这为面向某些癌种亚型的精准治疗提供了一个可靠的框架。第三，过去十几年的癌症基因组学在实践意义上催化了生物信息算法和工具的成熟，使得将组学数据应用于临床治疗和新药研发变得更具可操作性。同时，这些研究也积累了大量的数据，为现有算法的优化和新算法的开发，提供了坚实的数据基础。

展望未来，癌症基因组学的前景依然激动人心。首先，癌症基因组学提供了各个基因在不同癌症病人样本中的临床相关性的关键信息，而以CRISPR-Cas9技术为代表的功能基因组学则提供了基因和表型的因果关系。因此，两者的结合将极大地加速癌症药物靶点的筛选、生物标识物的鉴定和药物组合的优化，从而改变癌症新药研发的范式。再者，随着单细胞测序技术的不断发展，癌症基因组学将

图 1-23 人工智能算法将极大地提高癌症预防、诊断和治疗等各个方面临床决策的效率和准确性，插图作者马古齐（Magoz）

在肿瘤早期发生、克隆演化和肿瘤免疫微环境等方面更加深入，将癌症发展的路径和规律研究推向前所未有的精度。最后，癌症基因组学大数据和其他医学（比如影像学）大数据相结合，再配以先进的人工智能算法，将极大地提高癌症预防、诊断和治疗等各个方面临床决策的效率和准确性。

过去的十几年里，癌症基因组学走过了光辉的历程，带来了前所未有的突破，更为其他疾病的系统化研究树立了范式。可以期待的是，这种以疾病的全面基因组学数据为基础来理解疾病的发生机制并制定个性化的精准治疗方案的实践，在未来的日子里必将为人类健康带来更大的福祉。

案例分析

以基因的力量改善人类健康

——因美纳的 20 年创新之路

病毒监测及公共卫生的技术颠覆者

2020 年，全球新冠疫情出现之初，时任中国疾病预防控制中心研究员的张永振教授及其团队利用因美纳 MiniSeq™ 测序仪对未知病毒进行了测序。并于北京时间 2020 年 1 月 11 日公布了该病毒的基因组——这是一个了不起的成就，中国科学家从新冠病毒首次通报，到完成病毒测序分析并分享给全球，仅仅用了 1 周的时间。2002 年，当时的研究人员耗费了 149 天才公布 SARS 病毒的基因组；2009 年，研究人员公布甲型 H1N1 流感病毒的基因组用了 77 天。

2020 年 12 月 8 日，在英国，90 岁的玛格丽特·基南（Margaret Keenan）成为第一位接种辉瑞/BioNTech 新冠病毒疫苗的人，距离向世卫组织报告首例病例仅过了 272 天。疫苗开发过程缓慢而复杂，可持续 15 年以上，尽管 2002 年暴发了 SARS，2012 年暴发了 MERS，但从来没有冠状病毒疫苗面世。如今，从发现新型病毒到研发出有效的疫苗仅用了不到一年时间，这在科学和医学史上都是空前的。

自中国科学家首次公布病毒基因组序列那一刻起，病毒的遗传成分分析为后续研究病毒传播方式、制定应对策略、研发疫苗、追踪变异奠定了基础。例如，制药企业通常需要借助病毒样本来研发疫苗。

21 世纪第二个十年的开端，基因测序技术以颠覆者的角色改变了全球公共卫生的格局。全球各国/地区建立起了全新的疾病监控网络。2020 年，纽约基因组中心启动了新冠病毒基因组学研究网络，用于开展大规模测序项目，以了解病毒如何传播，并开发有助于减少病毒传播、缓解症状的策略。

同年，英国政府宣布了一项新的群体基因组学项目，旨在探索新冠病毒的宿主遗传易感因素。该计划将由因美纳的合作伙伴 Genomics England 牵头，携手危重症死亡率遗传学联盟（GenOMICC）和英国国家医疗服务体系（NHS）共同承担该项研究。此外，非洲疾控中心也启动了非洲病原体基因组学计划以建立覆盖整个非洲的疾病监测网络。

截至 2022 年 1 月，据因美纳统计，全球有超过 117 个国家通过部署基因测序仪对新冠病毒进行监测管理（2020 年之前，这一数字寥寥无几），产出了全球超过 75% 的病毒测序数据。全球投入了超过 1650 亿美元建立的这一网络，将深刻

图 1-24　基因测序技术的发展正改变着人类对于包括病毒在内的微生物领域的理解

影响和帮助人类社会监测、预防流行病。

20 年，不间断地专注创新

2022 年摩根大通医疗健康年会上，因美纳推出了代号为 Chemistry X 的突破性化学技术，提供了大于以往边合成边测序（sequence by synthesis, SBS）化学技术 2 倍的速度、2 倍的长读数和 3 倍的准确性。这项技术的巨大成本效益，将进一步促进标准人类基因组测序成本降至 100 美元。

此外，因美纳还宣布了一项代号为 Infinity 的全新专利技术，用于高精度且具有成本效益的长读长测序流程，提供可生成长达 10kbit 的连续长度长数据，以解决基因组学领域的最终尖端案例的问题。与传统长读长数相比，Infinity 对数据量

的要求降低了，相同数据量可测 10 倍样本，与现有技术相比，Infinity 对 DNA 起始量的需求减少 90%。可以实现完全自动化；并与边合成边测序技术无缝兼容。这一技术将帮助全世界的研究人员加速探索最终未尽的 5% 基因区域。这是 20 多年来，因美纳专注于基因测序技术创新的一个最新缩影。

测序技术的革新在很大程度上始于 2003 年启动的人类基因组计划，其主要由美国国立卫生研究院资助。人类基因组计划耗时 13 年，耗资 30 多亿美元。2014 年，因美纳推动了基因组测序成本进入"1000 美元时代"（HiSeq X™）。2020 年夏天，因美纳宣布，使用其研发的 NovaSeq™ 6000，只需花费 600 美元就可完成人类全基因组的测序。更重要的是现在人类全基因组检测的时间已缩短至一天内。

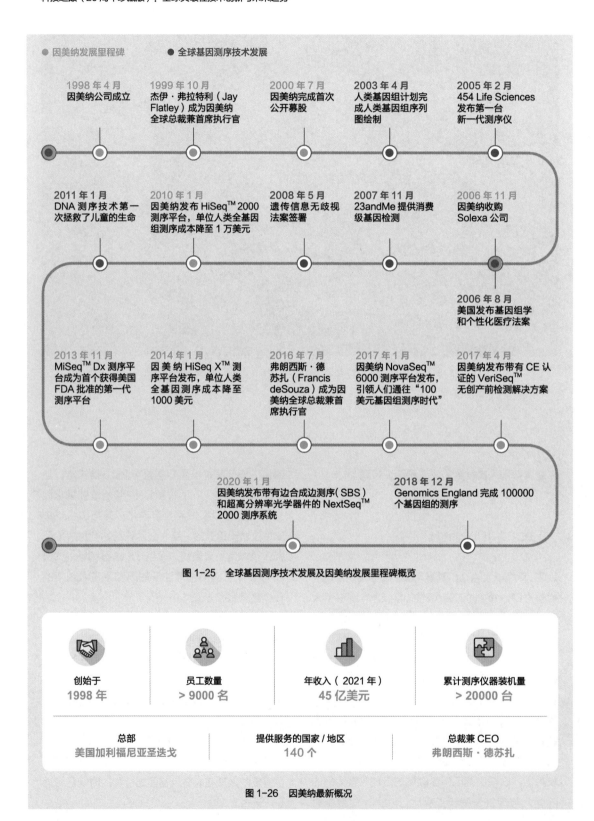

图 1-25 全球基因测序技术发展及因美纳发展里程碑概览

图 1-26 因美纳最新概况

随着测序成本和性能方面的不断突破，因美纳的创新也更多体现在集成性和适用性方面。2020年，在摩根大通医疗健康年会上，因美纳发布了全新的 NextSeq™ 1000 和 NextSeq™ 2000 测序系统。这一系列是首批集成 DRAGEN 的因美纳测序平台。其设计既有云端配置，又有本地配置，为运行设置、项目管理和数据分析提供非常大的灵活便利性。强大的仪器性能和高性价比运行的独特结合，兼顾了测序的速度、质量及成本，使得该系列成为支持新兴应用（如单细胞 RNA-seq、ctDNA 和各种肿瘤学检测应用）的主要选择之一。2021年，该系列也获得了红点设计大奖。

测序仪的不断迭代创新和逐步成熟并不意味着这一领域放缓创新速度，恰恰相反，更多围绕数据处理、数据压缩、生物信息分析的创新也是因美纳和许多客户所关注的。2021年1月11日，因美纳公司推出全新 ICA（Illumina Connected Analytics）生物信息分析解决方案以突破基因组学数据处理的瓶颈。这一高度整合的生物信息解决方案将为客户提供一个全面、安全的云数据平台，从而使用户能在更安全、更大规模和更灵活的工作环境下管理、分析和探索海量的多组学数据。ICA 平台拥有丰富的 API，并可直接通过互联网接入。在私密的因美纳云端平台上完成从测序仪到平台的数据直接传输，将有效地减少额外工作，同时减小人工整合数据集带来的误差。

基因向善，让基因技术真正改变人类健康

2011年，全球首个获得基因治疗的患者埃米莉·怀特黑德（Emily Whitehead），至今已经健康地生活了10年了。如今，基于基因技术开发出的诊断、检测、治疗技术等正帮助全球

无数患者摆脱疾病的困扰。2022年3月，因美纳公司在欧洲宣布推出 TruSight™ Oncology（TSO）Comprehensive（EU）检测产品，能评估多个肿瘤基因和生物标志物以揭示患者癌症的特定分子图谱。该产品可评估近30种实体瘤类型的517个癌症相关基因中的生物标志物，这种全面的评估改变了过去从多个活检程序中进行单独、连续的基因检测的情况。据统计，全球已有超过10亿人获益于基因测序技术，这一数字将在2026年左右翻一番，突破20亿。

在全球人口大国中国的市场中，因美纳也全力推动基因测序技术赋能临床诊断治疗。2021年1月，因美纳宣布基于下一代测序技术的 NextSeq™ 550Dx 基因测序仪正式在国内上市。这一产品在2020年10月获得中国国家药品监督管理局的批准，可用于人源样本的人类 DNA 检测诊断，成为因美纳在中国第二款获临床应用批准的测序产品。

更令人振奋的是基因技术正走向健康人群的健康管理和疾病预防。2021年因美纳收购 GRAIL。旗下产品 Galleri（首个在筛查人群中得到临床验证的多癌种早期血液检测产品）可检测出50多种癌症类型，GRAIL 正与医疗健康领域的合作伙伴密切携手，以加速提升这项检测技术的患者可及性。2021年，11家商业客户、8个医疗系统采购该产品，1500多家供应商实施该产品的测试，见证此产品的早期成功。

GRAIL 通过 Galleri 生成的综合证据，被广泛认为是有史以来规模最大的临床基因组学项目之一；其8项临床研究正在或计划进行，涉及约32.5万名计划参与者，已收集5年数据。GRAIL 将持续展现其拯救生命的进展和潜力。

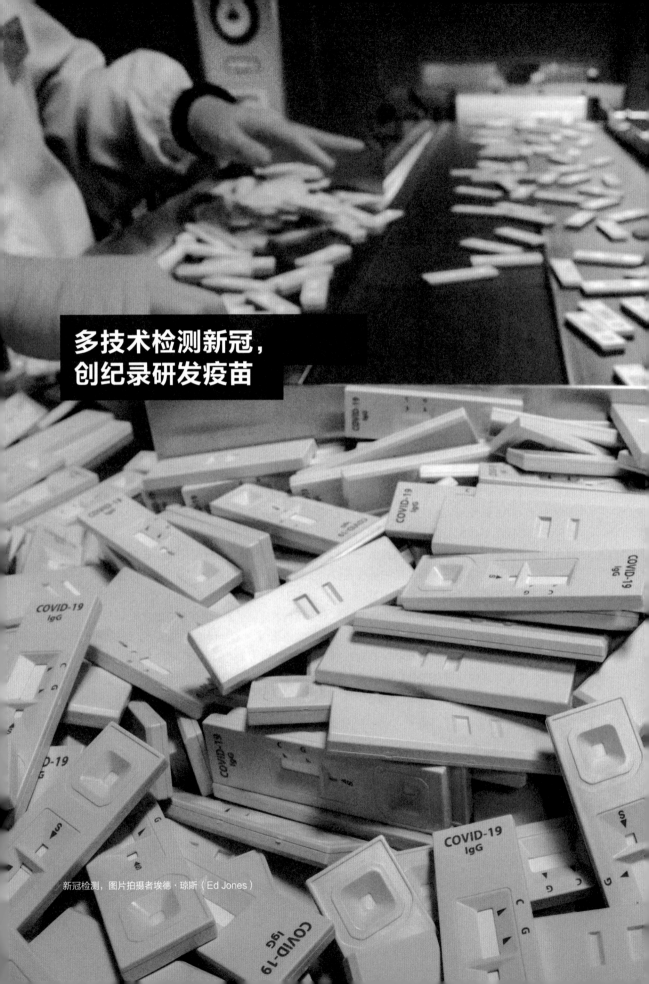

多技术检测新冠，
创纪录研发疫苗

新冠检测，图片拍摄者埃德·琼斯（Ed Jones）

前文中我们详细地介绍了多组学分析和基因测序技术为新冠病毒的检测提供的理论和技术支持。2020年—2022年，在病毒变异和扩散的速度不断加快的同时，全球人民齐心协力，拿起科学的武器抵抗病毒，并以创纪录的速度完成了新冠疫苗的研发工作，该成果也被评为2020年度《科学》十大科学突破之一。接下来，我们一起来看看新冠疫苗是怎么一回事。

其实疫苗大家并不陌生，很多人胳膊上的疤就是曾经接种牛痘或卡介苗留下的痕迹。从本质上来说，疫苗就是模仿病毒入侵，让人体先进入"战备"状态，等到下次真正的、带有毒性的病毒入侵之时，体内的"免疫大军"可以将其一举消灭。模拟病毒入侵的方式不同，疫苗的种类也有所不同。面对来势汹汹的疫情，中国疫苗研发"多箭齐发"，灭活病毒疫苗、重组蛋白疫苗、核酸疫苗等多条路线齐头并进。那么这些疫苗到底有何不同呢？

新冠病毒属于自我复制的RNA病毒，即它将RNA作为遗传物质，不断复制，同时也可以使用RNA"翻译"病毒的多种蛋白，比如打开人体细胞大门的刺突蛋白。因此人们在制备疫苗时，就可以从模拟RNA和蛋白层面着手。

（1）灭活病毒疫苗：将培养的新冠病毒灭活，使其失去毒性，类似把病毒的"尸体"注射到人体内。灭活病毒疫苗技术成熟，易运输和储存，且相比于减毒疫苗（毒值降低的活病毒疫苗），安全性更高。

（2）重组蛋白疫苗：体外合成病毒的刺突蛋白。这类疫苗相当于模拟病毒的钥匙，用于打开细胞的大门，刺激"免疫大军"进入"战备"状态。由于其不携带任何遗传物质，因此无法在体内复制繁殖，安全性很高。但整体比较而言，其研发和生产速度较慢。

（3）重组病毒载体疫苗：将负责编码新冠病毒的刺突蛋白的基因片段和没有致病性的病毒（如腺病毒）"嫁接"到一起。为什么这么设计呢？上述的灭活病毒疫苗和重组蛋白疫苗相当于把一定量的钥匙（刺突蛋白）注射进人体内，"免疫大军"虽然会进入"战备"状态，但一段时间后又恢复"休息"状态，免疫效果差，一般需要多次接种。重组病毒载体疫苗相当于把无毒的"钥匙加工厂"注射进人体内。载体病毒可以大量合成刺突蛋白，因此免疫时间长，接种次数也少。但这类疫苗依然属于活病毒疫苗，因此对于运输、储存有一定要求。

（4）mRNA疫苗（Messenger RNA Vaccines）：直接将编码新冠病毒的刺突蛋白的mRNA注射进人体内，后续利用人体细胞合成刺突蛋白，诱导免疫反应。如果说，重组病毒载体疫苗是"钥匙加工厂"，mRNA疫苗可以理解为"钥匙模子"，后续mRNA会利用人体细胞中的"加工厂"生产大量的"钥匙"。mRNA疫苗研发生产快，免疫效果好，但目前技术没有前几项成熟。mRNA疫苗被《麻省理工科技评论》评选为2021年"全球十大突破性技术"之一。

mRNA疫苗虽然因为新冠疫情快速发展，但实际应用却远不止于新冠病毒预防。其沿着中心法则"DNA—RNA—蛋白"逆流而上，根据关键蛋白质（例如新冠病毒中的刺突蛋白）反推设计mRNA序列，无须耗费活体病毒或体外合成，注射进体内后又可引发全面、有效的免疫反应，类似于艾滋病、流感等目前没有疫苗或疫苗效果不理想的疾病，便可以考虑使用mRNA疫苗的思路。

此外，mRNA疫苗还为肿瘤免疫治疗提供了新方向。目前已有机构采集患者肿瘤标本，寻找关键蛋白质，进而转化为mRNA分子，为患者量身定制肿瘤疫苗，用于治疗。当然，新技术依然需要时间充分验证，但我们依然期待着mRNA疫苗开创的崭新时代。

除了新冠病毒疫苗的研发，世界各地也在争分夺秒地开发新冠口服药，期待"药到病除"。近年来，科学家们针对新冠病毒复制过程中的蛋白酶开发对应的口服药。数据显示，感染几天的病人在服用辉瑞公司的Paxlovid药物后，住院率和死亡率可降低约89%。美国政府目前已经订购价值100亿美元的Paxlovid。新冠口服药（A Pill for COVID）被评选为2022年《麻省理工科技评论》"全球十大突破性技术"之一。

相比而言，新冠疫苗是模仿病毒打开人体细胞大门的钥匙，新冠口服药则是靶向病毒中的蛋白酶，破坏了病毒复制自身的能力。如此，病毒失去了一变二、二变四、四变多的能力，攻陷人体细胞的"士兵"数量骤减，病毒乖乖束手就擒。

全世界的药企都在努力，多个新冠药物也在迅速推进研究中。

不过，在这场与病毒对抗的战役中，新冠口服药并不意味着终点，我们也不可放松警惕。以辉瑞的Paxlovid为例，尚存在一些需要注意的事项。

首先，Paxlovid需要患者在出现症状的5天内使用。这一操作窗口是由药物作用原理导致的。

图1-27　瑞士生物技术公司龙沙（Lonza）正在加速生产美国生物技术公司研制的新冠病毒疫苗

表 1-4　新冠药物

公司	药品名称	现状
吉利德	Remdesivir	2020 年获得美国 FDA 批准上市
默克	Molnupiravir	2021 年获得英国药品和保健产品监管署（MHRA）批准上市
辉瑞	Paxlovid	2021 年获得美国 FDA 批准上市
阿堤亚（Atea）	AT-527	临床试验
盐野义（Shionogi）	S-217622	临床试验

病毒进入人体后，前期属于复制扩增阶段，而后期出现的肺部疾病，是人体自身免疫系统中的"细胞因子风暴"导致的，与病毒无关。因此 Paxlovid 针对的是病毒的复制扩增过程，需在感染病毒的前期使用。

如此狭窄的操作窗口，在实际应用过程中还是会带来问题。例如许多患者在感染病毒之后、显著症状出现之前，并不会及时去医院检查，进而错过药物的使用窗口。即便患者及时就医，毫不延误，也需实现"检测，拿药"的步骤，这给整个公共卫生系统的运转带来了挑战。

与此同时，当药物稀缺的情况下，药物分配也需慎重考虑，例如是否优先考虑免疫系统薄弱的人群，是否出现人们寄希望于口服药，而拒绝接种疫苗的情况，对于疫苗未接种人群和接种人群又该如何分配药物等一系列问题，都亟待解决。

此外，"千人千面"，药物数据均是基于有限数量的人体临床实验得到的，面对庞大的全球人民，口服药的效果又会如何呢？

目前口服药还是 1.0 版本，研发人员已经进入 2 代药物研发过程，让我们期待未来更有疗效的药物出现。同时，新冠口服药也并非疫苗的替代品，预防比治疗更重要。日常生活中我们也需要注意卫生，加强身体素质，和每一位研发人员一起，终结疫情。

近年来，新冠疫情吸引了大家的目光，但世界各地也依然有其他疾病肆虐。2020 年，疟疾导致了约 2.41 亿人患病，约 62.7 万人死亡，5 岁以下儿童约占 80%，数据惊人。

疟疾是传染病中的"元老"，是人类最古老的疾病之一。从 17 世纪开始，人们就在寻找治愈疟疾的办法。

1631 年，意大利传教士在南美洲找到一种可以缓解疟疾症状的药物——金鸡纳树皮；1820 年，法国化学家皮埃尔·约瑟夫·佩尔蒂埃（Pierre Joseph Pelletier）和药学家约瑟夫·别奈梅·卡文图（Joseph Bienaimé Caventou）从金鸡纳树皮中分离出有效成分奎宁。在 1944 年，美国科学家也成功地人工合成出奎宁。但随着人们大

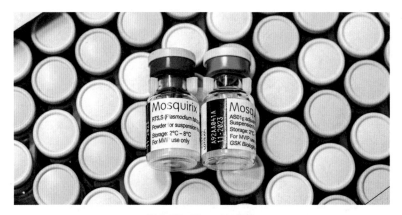

图 1-28　Mosquirix 疫苗

量且长期使用药物，疟疾病原虫出现耐药性。

20世纪60年代，中国加入了全球疟疾药物研发的大军。中国科学家屠呦呦经过多年攻坚克难，发现可以有效降低疟疾患者死亡率的青蒿素。屠呦呦也因此获得2015年诺贝尔生理学或医学奖。

和所有的传染病一样，除了治疗，人们更希望能够预防疟疾。因此疟疾疫苗的开发也从没停止。多年的不懈研究，2021年，第一种针对疟疾的疫苗——葛兰素史克公司的Mosquirix获得世卫组织批准。疟疾疫苗（Malaria Vaccine）也被评选为2022年《麻省理工科技评论》"全球十大突破性技术"之一。

疟疾疫苗来之不易，从20世纪90年代开始，科学家就着手研究。1997年，《新英格兰医学杂志》（The New England Journal of Medicine）报道7名接种疫苗的志愿者中，6名受到疫苗保护。后来的10年，疫苗的安全性和有效性被不断地确认和完善。2009年，面向15000名儿童的人体实验才开始，直至2014年结束。2019年，加纳开展了疟疾疫苗的试点接种项目。

功夫不负有心人，20多年的打磨，疟疾疫苗进

入了大众的视野。数据显示，疟疾疫苗结合驱虫蚊帐和预防药物等共同使用时，有望将疟疾死亡人数减少约70%。目前疫苗需要在5～17个月大的儿童中接种三剂，在12～15个月后接种第四剂，在第一年对抗严重疟疾的有效率可达50%。

疟疾药物的批准，还具有更广泛的意义。据悉，Mosquirix是第一种被批准用于寄生虫病的疫苗。顾名思义，寄生虫病是由寄生虫引起的疾病。相比于新冠疫情中的冠状病毒来说，寄生虫这种多细胞动物，其基因组要多出500～1000倍数据，这意味着其躲避人体免疫的能力更强，可称为"伪装大师"。疟疾疫苗的研发成功，也让人们看到了其他寄生虫疾病的预防希望。

当然，Mosquirix也存在很多改进的空间，如疫苗接种后随着时间的推移，预防效果会急剧下降。这是由于疟疾的寄生虫存在几种不同的生命状态，每种生命状态针对人体免疫系统的作用不同。因此疫苗对于寄生虫生命周期的后期作用甚微。

战胜疾病并不容易，多年来研发人员没有放弃。如今，他们依然满怀希望。第二代疟疾疫苗和其他寄生虫病的疫苗，已经在筹备之中了。

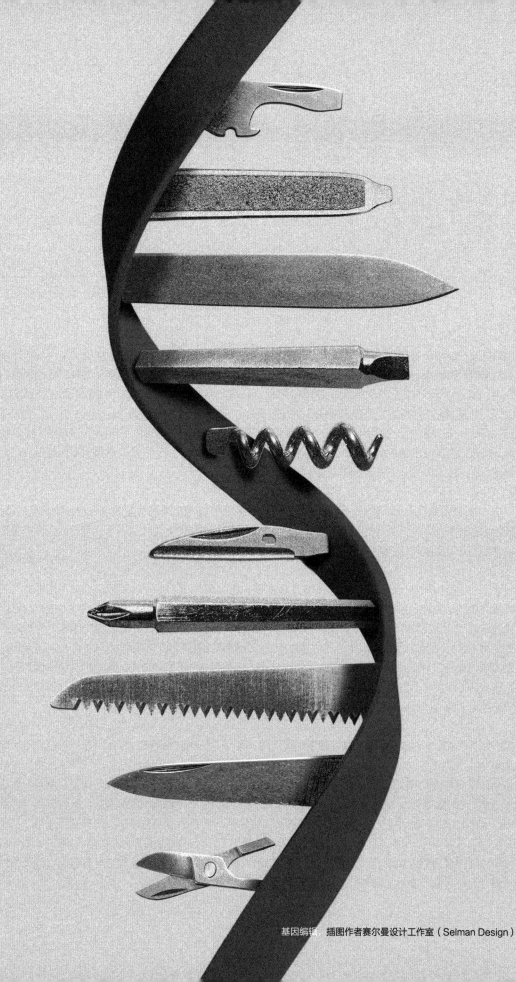

基因编辑　插图作者赛尔曼设计工作室（Selman Design）

mRNA 疫苗技术：
一切皆有可能

秦成峰

中国人民解放军军事科学院
军事医学研究院研究员

疫苗是对抗传染病的最有力武器之一。疫苗接种的历史最早可追溯至我国古代的种痘术。18 世纪末，英国科学家爱德华·詹纳（Edward Jenner）首次将牛痘用于天花的预防，这被认为是现代疫苗学的开端。传统的疫苗主要包括灭活病毒疫苗和减毒疫苗。顾名思义，灭活病毒疫苗是指灭活的传染病病原体，而减毒疫苗则是指对人致病性减弱、但仍然能够"活"的病原体，如早期的"牛痘"疫苗和脊髓灰质炎疫苗"糖丸"。20 世纪 70 年代以来，随着分子生物学技术的发展，以重组蛋白和重组病毒载体为代表的疫苗技术逐渐发展起来，如乙肝疫苗和人乳头瘤病毒（HPV）疫苗都属于重组疫苗。毫无疑问，科学技术的进步不断催生和加速疫苗的革命。

2020 年，新冠病毒全球大流行。短短 3 年时间，全球估计已有超过 6 亿人感染或多次感染新冠病毒，死亡人数超过 650 万。疫情出现后，疫苗研发几乎成为世界各国的头等大事，所有可行的疫苗技术都被应用到新冠疫苗研发。其中最引人关注的无疑就是 mRNA 疫苗。

事实上，尽管 mRNA 疫苗的概念由来已久，但是很少有人能预料到 mRNA 疫苗能如此快速地实现大规模应用。mRNA（信使核糖核酸）由 DNA 模板转录而来，能够在细胞内将 DNA 携带的遗传信息翻译成蛋白质，从而发挥相应生物学功能。早在 20 世纪 80 年代，科学家就发现将 mRNA 导入小鼠体内后能够产生外源蛋白。利用 mRNA 的这种性质，如果能够将编码病原体特定蛋白的 mRNA 高效递送到人体细胞内，并翻译产生相应的蛋白，它将有可能作为疫苗发挥保护作用。然而，从科学原理到生物制品的转化并非一路坦途，此后几十年来，mRNA 疫苗研究一直未取得突破性进展，多数停留在动物实验或 I 期临床试验阶段。

2021 年，mRNA 疫苗技术被《麻省理工科技评论》评为"全球十大突破性技术"之一，该杂志可谓慧眼独具。该技术入选原因为"可能为医药领域带来巨大变革"，可以肯定的是，mRNA 疫苗技术在应对寨卡病毒大流行中的不俗表现一定给了评审人员巨大的信心。2016 年初，南美暴发寨卡病毒大流行，导致上百万人感染，数以万计的新生儿出现小头畸形等严重出生缺陷疾病，被世卫组织宣布为"全球关注的突发公共卫生事件"。寨卡病毒疫情期间，mRNA 疫苗技术尽显研发速度优势，从正式启动项目到 2016 年 12 月进入 I 期临床试验，共耗时 12 个月，成为截至当时有史以来进入临床试验阶段耗时最短的人类疫苗。尽管由于疫情的消退，寨卡病毒 mRNA 疫苗未进一步开展大规模临床试验，但此次牛刀小试，无疑为应对大流行病毒提供了重要参考。

mRNA疫苗技术具有一系列的优点，使其显著区别于传统的疫苗技术，其中最为显著的优点之一就是其快速响应能力。传统的疫苗研发涉及复杂的细胞生产和工艺优化过程，而mRNA疫苗技术直接从mRNA序列开始，疫苗主要效应成分（蛋白质）的生产完全在人体细胞内完成，极大地缩短了临床试验前的研究时间。这种研发速度上的优势是其他疫苗技术无法比拟的，在新发病毒不断出现的今天显得尤为重要。mRNA疫苗技术另一个优点是其极强的拓展性。对于任何已知的或新出现的病原体，只要获知其序列就可以开展疫苗研究。

目前，流感、艾滋病、狂犬病等重要突发传染病的mRNA疫苗均已经进入临床试验阶段。更重要的是，不仅仅是疫苗，对于任何具有生物学活性的蛋白质药物，理论上都可以通过mRNA技术来实现。基于mRNA技术开发抗肿瘤药物、治疗性抗体、基因治疗药物等工作都在如火如荼地开展。

mRNA疫苗是典型的高技术产品，其研发不仅需要对病原体及其免疫保护机制的深刻认识，更涉及分子结构设计、递送系统优化、生产工艺放大、安全性和有效性评价等多个关键技术环节，每个产品的成功都来之不易。我国mRNA疫苗研究及产业化由于起步较晚，存在一定技术和专利壁垒，但与其他任何先进技术类似，借鉴国外此前积累的大量经验和教训，通过引进吸收和自主创新，同样有望实现"弯道超车"。而且，一些mRNA疫苗公司的成功也进一步激发了投资者的热情，资本市场对mRNA疫苗的市场前景尤为看好，大量mRNA疫苗产业相关的初创公司如雨后春笋般成立。更重要的是，我国政府及科技部门对mRNA疫苗尤为重视，科技部和国家自然科学基金先后对"揭榜挂帅""原创探索"等创新项目给予重点支持，国家药品监督管理局也第一时间出台《新型冠状病毒预防用mRNA疫苗药学研究技术指导原则（试行）》等指导性文件，推动mRNA疫苗研发和产业发展。目前，已有多家企业的mRNA疫苗品种进入临床试验阶段，其中我们和艾博生物、沃森生物联合研发的新冠病毒mRNA疫苗已经进入Ⅲ期临床试验阶段。

总之，新冠病毒mRNA疫苗的成功绝非偶然，既是科学和技术的胜利，更是人类合作共赢、携手对抗疫情的典范。新冠病毒mRNA疫苗是人类历史上第一次大规模使用mRNA技术，尽管今天的产品也许还不够完美，比如在疫苗的稳定性、不良反应率等方面还有提升的空间。但有理由相信，随着人们对科学认识的不断加深和相关技术的不断进步，越来越多更加安全、更加有效的mRNA疫苗和药物将会不断进入临床试验，改善更多人的生活。让我们拭目以待！

基因治疗，
从源头解决问题

基因治疗，插图作者安德烈娅·达奎诺（Andrea D'Aquino）

前面的几节中，我们介绍了基因组学分析和基因组测序，每个人由于基因组的独特性，对传染疾病的易感程度不同、基因癌变的可能性不同、携带的遗传缺陷基因也存在差异。例如2013年，安吉丽娜·朱莉基因检测自身为BRCA1/2基因突变携带者，考虑到未来患乳腺癌风险高，进行了双侧乳腺切割手术。"上医治未病，中医治欲病，下医治已病。"人们治疗已经发生或即将发生的疾病，也考虑从源头解决基因缺陷等问题。

因此和基因相关的技术，如基因组编辑技术、基因疗法也如火如荼地发展了起来。

不过，一直以来人们发展的基因组编辑工具，有的操作烦琐，有的效率低，一直反应平平。直至2012年，常见回文重复序列簇集CRISPR-Cas9基因编辑技术诞生，并自此开始广泛应用。

2014年，基因组编辑（Genome Editing）技术被《麻省理工科技评论》评为"全球十大突破性技术"之一。珍妮弗·A. 杜德纳（Jennifer A. Doudna）和埃马纽埃尔·沙彭蒂耶（Emmanuelle Charpentier）也由于在该技术上的杰出贡献被授予2020年诺贝尔化学奖。

如果将体内带有遗传信息的DNA看作一根长绳，人们希望能够成为完美的裁缝，用一把魔术剪刀，把DNA长绳中有缺陷的位置剪去，或用新的片段替代。CRISPR-Cas9技术就是这样一把魔术剪刀。其最初存在于细菌之中，类似人类的免疫系统，用于抵御外源病毒的进攻。科学家们巧妙地将其改造为基因组编辑的工具。

为何称其为"魔剪"呢？正如我们在基因组测序中所提及的，人类体内的DNA长绳中含有30亿个"字母"，而在编辑过程中，CRISPR技术可以准确地找到其中一个错误，并进行准确修改。CRISPR所做的，相当于我们需要在100万页的文字材料中准确地找到一个错别字，难度可想而知。

至今，世界各地的科学家们依然在不断优化CRISPR技术，实现基因组高活性、高准确度的编辑，也将目标对象从细胞逐渐扩展到植物、啮齿类动物和灵长类动物等。

2013年，麻省理工学院的科学家张锋和哈佛大学的科学家乔治·丘奇

（George Church）成功地将CRISPR技术应用于哺乳动物细胞的基因组编辑中。

2013年11月，昆明科灵生物科技有限公司和云南中科灵长类生物医学重点实验室创造出了一对带有精准基因突变的雌性双胞胎恒河猴玲玲和明明。

整个过程是先体外受精，接着用CRISPR在受精卵中编辑基因，最后将两颗受精卵移植到代孕母猴体内。双胞胎的健康诞生意味着CRISPR技术可以在灵长类动物体内完成基因组编辑。

为何这一突破如此重要呢？很多疾病，尤其是脑部疾病，对机体或行为的影响，还有涉及的神经环路，在人类和啮齿类动物中全然不同。所以以往在小鼠等啮齿类动物体内进行脑部疾病类药物研发后，后续的人体实验很难成功。也因此，制药公司也逐渐减少甚至放弃了相关疾病的药物研发。但灵长类动物与人类更接近，通过CRISPR技术可以靶向构建具有某种疾病的灵长动物模型，效果更佳。麻省理工学院麦戈文脑科学研究所的罗伯特·德西诺内（Robert Desinone）提出，CRISPR技术可以帮助建立自闭症、精神分裂症、阿尔兹海默症和双向障碍等疾病的灵长动物模型，这引起科学界相当大的兴趣。

2019年6月，中国科学院深圳先进技术研究院脑认知与脑疾病研究所、美国麻省理工学院、中山大学、华南农业大学等国际一流团队共同合作，利用CRISPR技术在灵长类动物模型上成功改造了与自闭症高度相关的SHANK3基因。发生基因突变的猕猴表现出与自闭症患者相似的行为特征，比如睡眠紊乱、社会交互减少等。该研究发表于国际顶尖杂志《自然》，为深入理解自闭症的生物学机制和未来开发相应治疗手段提供了研究基础。

2021年，中国科学院昆明动物研究所科学家胡新天和仇子龙课题组合作，使用CRISPR技术直接在成年猕猴黑质区域进行基因编辑，构建了首例成年帕金森病猕猴模型，为帕金森病的干预与治疗提供了平台。该研究发表于杂志《神经科学通报》。

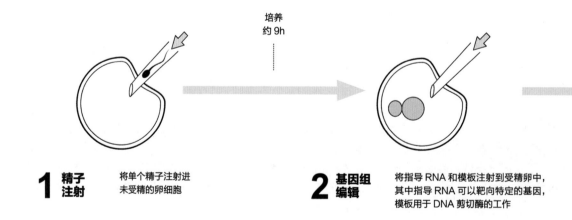

1 精子注射 将单个精子注射进未受精的卵细胞

2 基因组编辑 将指导RNA和模板注射到受精卵中，其中指导RNA可以靶向特定的基因，模板用于DNA剪切酶的工作

图1-29 基因编辑过程

除了在灵长类动物中构建疾病模型，近年来，CRISPR也获得了临床方面的胜利。

2020年12月，《新英格兰医学杂志》发表CRISPR治疗（CRISPR Therapeutics）公司与福泰制药（Vertex Pharmaceutical）合作的CTX001疗法的临床实验结果。与上文所述编辑受精卵基因组有区别的是，CTX001疗法并没有直接编辑患者的基因组，而是先在体外利用CRISPR技术编辑造血干细胞，再将编辑后的造血干细胞输入患者体内。结果显示，患有镰刀型贫血症和β地中海贫血症的患者治疗前平均需要每年输血16.5次，治疗后已不再依赖输血了。

除了体外改造后输入体内的方式，据悉，艾迪塔斯医学（Editas Medicine）公司也正在进行另一项临床试验，将CRISPR系统直接递送至眼睛，治疗先天性黑蒙症。研究者透露6名受试患者中，2名完全失明的患者在3到6个月后能够感应到光线，其中一位在昏暗的灯光中能够识别障碍。2021年6月，《新英格兰医学杂志》发表了英特里尔治疗（Intellia Therapeutics）公司和再生元公司合作的基因疗法NTLA-2001的临床实验。针对转甲状腺素蛋白淀粉样变性（ATTR）患者，疗法通过纳米颗粒直接将CRISPR系统递送至肝脏进行治疗。数据显示，接受低剂量的3名患者和接受高剂量的3名患者在治疗28天后，体内血浆中转甲状腺素蛋白（TTR）水平平均分别下降52%和87%。

在癌症治疗层面，CRISPR技术也有重要突破。2020年2月，宾夕法尼亚大学科学家卡尔·琼（Carl June）在《科学》杂志上发表封面论文，介绍了利用CRISPR编辑T细胞进而治疗癌症的临床试验结果；2020年4月，华西医院卢铀教授在《自然医学》（Nature Medicine）发表论文，介绍了利用CRISPR技术编辑肺癌患者T细胞PD-1基因的临床试验结果。

利用CRISPR编辑基因的临床实验在多种疾病、多个领域的巨大成功，也让其入选了《科学》2021年度十大科学突破。CRISPR技术临床实

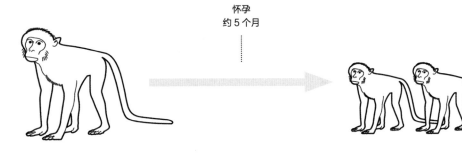

怀孕
约5个月

3 代孕母猴 将已经分裂为多个细胞的健康胚胎转入体内。一般来说，3个胚胎会一起转入代孕母猴体内

4 灵长类后代出生 双胞胎玲玲和明明是首对实施CRISPR基因编辑技术后存活的灵长类动物

验的成功，学术界、工业界、商业界都为之振奋。根据美国咨询公司 Markets and Markets 报道，从全球来看，CRISPR 技术所带来的市场规模预计在 2023 年会达到 17.15 亿美元，前途不可限量。

根据万得（Wind）数据库资料显示，前文提及的 CRISPR 治疗公司（证券代码：CRSP.O）和英特里尔治疗公司（证券代码：NTLA.O）由诺贝尔奖获得者珍妮弗·A. 杜德纳成立，两家上市公司主要基于 CRISPR 技术寻找疾病治疗方法，截至目前（2022 年 9 月 30 日）前者市值为 50.98 亿美元，后者市值约为 42.54 亿美元。艾迪塔斯医学公司（证券代码：EDIT.O）由 CRISPR 技术的领军人物张锋成立，目前市值约为 8.41 亿美元。

此外，张锋于 2019 年成立了基因诊断公司夏洛克生物科学（Sherlock Biosciences），完成了 3500 万美元融资，2020 年 5 月，该公司基于 CRISPR 的新冠诊断试剂盒获得了美国 FDA 的紧急使用授权。

除了上述提及的国际公司，在中国本土，2015 年成立的博雅辑因是行业内首个实现 B 轮融资的企业，该公司专注于 CRISPR 技术转化。2016 年成立的克睿基因也是一家专注于 CRISPR 技术科学研究和应用转化的公司。2022 年 1 月，克睿基因完成 6000 万美元的 B 轮融资。本土企业的快速发展也暗示着 CRISPR 基因编辑技术在中国的落地。

CRISPR 技术实现了操作层面编辑基因的可行性，但如今伦理学困境和安全性是人们面临的重要问题。

自该技术问世以来，许多研究也陆续表明 CRISPR 基因编辑技术隐藏的安全性问题。2018 年 6 月，《自然医学》指出，CRISPR 编辑后的细胞中 p53 基因可能存在缺陷，细胞癌变风险可能提高；2018 年 8 月，《自然》指出，CRISPR 基因编辑后的小鼠受精卵中出现大量 DNA 碱基缺失；2021 年 4 月，《自然遗传学》（Nature Genetics）指出，CRISPR 基因编辑技术会破坏细胞核结构，最终导致染色体破碎。这一系列的文章也在人们应用技术之际敲响了一声又一声警钟。

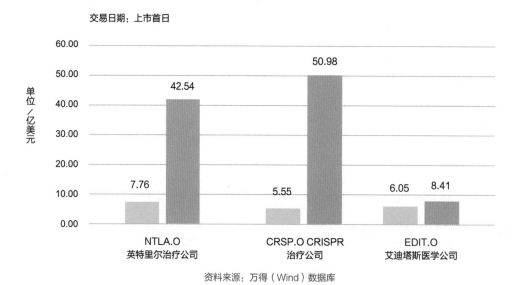

交易日期：上市首日

资料来源：万得（Wind）数据库

图 1-30 基因编辑领域三家上市公司市值对比

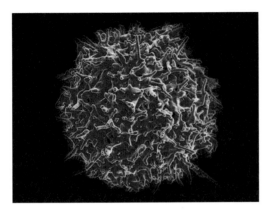

图 1-31 免疫细胞疗法

基因疗法是在体外先制备好相关基因的健康版本，再递送到体内，将缺陷的基因替换掉。20世纪60年代，基因疗法的想法问世，随着多年的发展，已经发展为基因治疗2.0（Gene Therapy 2.0），并入选2017年《麻省理工科技评论》"全球十大突破性技术"。

为何快60年了，基因疗法仅发展为2.0版本呢？这其中也有着很曲折和心酸的故事。

1999年，吉姆·威尔逊（Jim Wilson）开启了针对鸟氨酸氨甲酰基转移酶（OTC）缺乏症的临床实验。这类疾病患者因缺乏OTC基因，无法代谢氨，进而导致毒素在体内积累。但临床实验的倒数第二名患者杰西·格尔辛格（Jesse Gelsinger）在接受治疗后，产生了严重的免疫反应，最后这位18岁的男孩在临床实验中不幸去世。自此，威尔逊被解职，5年内不得参加任何人体实验。2000年，英国和法国的研究团队的临床试验中，一些患有重症联合免疫缺陷病（SCID）的儿童被治愈了，但也有一些患者后续患上了白血病。出于安全考虑，美国食品药品监督管理局迅速撤销了27项相关申请。基因疗法领域一度停滞不前。

"失败是成功之母"，科学家们屡败屡战，发现核心问题出在递送步骤，于是不断开发更加安全有效的递送工具。沉寂多年，基因疗法2.0版本终于又回到了大众的视野，再次展现出良好的前景。

2012年，荷兰UniQure公司开发Glybera基因制剂，获得欧洲药品管理局机构批准，并于2014年正式上市。Glybera以腺病毒作为载体，递送正常的脂蛋白脂酶基因，进而治疗家族性脂蛋白脂酶缺乏症（一种极其罕见的成人血液病）。但该制剂平均一次疗法费用高达100万美元，上市4年仅有一位患者接受治疗，2017年4月，UniQure宣布不再申请延期，艰难问世的药物黯然退出市场。

其次，针对受精卵的操作，虽然本质上是对一个细胞的处理，但这个细胞后续很有可能会成为一个生命、一个婴儿、一个家庭的希望。因此即使是很微小的错误或者是副作用在未来都可能产生很严重的后果。对于存在简单基因缺陷的受精卵来说，夫妇二人直接选择另一个受精卵或者胚胎或许更好。CCR5基因的修改，是否会让双胞胎女婴拥有HIV免疫力？又会有怎样的难以想象的严重后果出现呢？

当然，很多父母还有让孩子更高挑、更聪明、更健康等愿景，但考虑到基因组编辑中的安全和伦理道德问题，或许我们可以暂时搁置这种大胆的"X战警"想法，陪伴孩子更幸福地成长。

以上介绍的是CRISPR基因编辑技术。该技术的优化和应用在短短几年内有了翻天覆地的变化，也覆盖了单基因突变罕见病、癌症、脑部疾病和新冠检测等多个方向。

除了CRISPR技术，基因疗法也是非常重要的一种从源头解决基因缺陷问题的方式。

正如上文所说，人们目前是将CRISPR"魔剪"工具直接递送到人体指定区域，再对缺陷基因进行编辑，实现疾病治疗。那什么是基因疗法呢？

1960 年
科学家们发现可以在试管中剪切和拼接 DNA 序列的酶，基因疗法的想法被提出

1970 年
科学家们通过病毒将新型基因引入动物体内

1990 年
4 岁女孩（图中右下）患有重症联合免疫缺陷病，接受了基因治疗。而其余接受基因治疗的孩子后期患上了白血病

1999 年
杰西·格尔辛格，基因治疗的临床实验中第一位去世的患者

图 1-32　基因编辑时间线

2016年，葛兰素史克公司开发的Strimvelis被欧盟批准上市。Strimvelis是可以表达正常腺苷脱氨酶（ADA）的干细胞，可用于治疗由于ADA缺陷引起的重症联合免疫缺陷病。2017年，售价64万美元的Strimvelis上市一年后也终于迎来了第一位患者。截至2020年，16名患者接受治疗。但2020年10月30日，Orchard Therapeutics公司（2018年从葛兰素史克购买了Strimvelis）表示，该基因疗法被怀疑导致一名患者患上白血病，在调查完成之前，将不会有患者接受该种疗法。

基因疗法2.0的故事虽然一波三折，但依然在不断发展。

2015年，一位7岁的小男孩哈桑因交界型大疱性表皮松解症被送进了医院，全身只剩20%的健康皮肤。这种疾病是由于LAMB3基因出现了问题，一般200万人中才有一例突变，患者的皮肤会非常容易破裂、感染等。在意大利和德国的联合行动下，科学家通过基因治疗的方法，在体外修改

哈桑的皮肤细胞，并大量培养，再逐步移植到哈桑身上。历经在ICU的整整8个月，哈桑破茧成蝶，重获新生。基因治疗让一个男孩如今快乐地在阳光下奔跑，与小伙伴一起成长。

2017年12月，星火治疗（Spark Therapeutics）公司的Luxturna被美国FDA批准上市，用于治疗遗传性视网膜疾病。一位13岁男孩通过该疗法重见光明。

2017年3月，《新英格兰医学杂志》报道基因疗法药物LentiGlobin BB305在临床实验中治愈了地中海贫血症的患者；2020年，旨在治疗艾滋病的AGT103-T获得美国FDA批准，开启Ⅰ期临床试验；2021年，《科学进展》（Science Advances）杂志报道波士顿儿童医院的基因疗法成功使听力严重受损的小鼠的听力恢复到正常水平；《自然医学》杂志报道通过藻类基因恢复患者失去的视力。

2022年1月，基因治疗药物Zolgensma落地中

2007 年—2008 年
患有遗传性视网膜疾病的患者在接受基因治疗后，视力显著恢复。但多年之后，部分患者的视力又开始下降

2012 年
欧洲药品管理局批准了首个用于遗传疾病的基因治疗药物 Glybera

2016 年 5 月
第二个用于遗传疾病的基因治疗药物 Strimvelis 获批

2017 年—2018 年
美国首次上市用于遗传疾病的基因治疗药物

国，其在中国递交的临床实验申请已获得临床实验默示许可。该药物主要用于治疗 2 岁以下脊髓性肌萎缩的儿童患者。但 Zolgensma 药物一针达 1300 万元，绝对是天价。

从 2012 年的 Glybera 到 2022 年的 Zolgensma，为什么基因疗法价格如此昂贵呢？其一源于企业的研发费用，其二源于基因疗法针对的罕见病市场份额相对较小。以 Glybera 来说，其总研发费用约 1 亿美元；而当时全欧洲的病患数量总计才 200 多人。因此市场分摊下来，每个人所承受的价格自然不菲。

目前基因疗法 2.0 主要针对单基因突变疾病等罕见病，但有些疾病，例如阿尔茨海默病、糖尿病等不仅涉及多个基因，并且在不同病人中对应的基因突变还不完全相同。

总结来看，首先，基因疗法与传统的疾病治疗方法存在显著差异。如果基因疗法面对的是个 6 个月的婴儿，但其实这个孩子的一生都体现着治疗的效果。因此对于基因疗法的研发人员来说，需要面对更长时间的挑战，评估疗法的长期影响。

其次，由于目前基因疗法多针对罕见疾病，样本量过少，不利于研发工作和临床实验的开展，未来的市场也相对小众，对研发企业带来了严峻的考验。但正是这重重挑战促使了多种高灵敏度的技术不断被开发，技术和应用互相促进，又相辅相成。

最后，基因疗法目前整体开发流程速度较慢，流程不够自动化，监管指导机制也在不断提高。

面对如此复杂情况的基因疗法还在继续升级：合格的流程，完善的分析，明确的监管指导，减少开发时间和成本。未来，我们期待着继续撰写基因疗法 2.0、3.0……的故事。

基因编辑
——助力人类生命科学研究

牛昱宇

"国家高层次人才"特聘教授项目入选者
科技部重点研发计划项目首席科学家
昆明理工大学生命科学与技术学院院长

季维智

中国科学院院士
欧洲科学院院士
昆明理工大学灵长类转化医学研究院院长

21世纪，随着人类对基因组遗传密码解析的不断深入，生命科学研究逐渐进入以揭示基因功能为目的的后基因组时代。DNA 修复和同源重组机制使得靶向的基因修饰逐渐成为可能，也成为研究基因功能的重要手段。

从 2010 年开始，精准基因编辑工具陆续出现。利用包括 TALENs（Transcription Activator-Like Effector Nucleases，类转录激活因子效应物核酸酶）和 CRISPR-Cas（Clustered Regularly Interspaced Short Palindromic Repeats-CRISPR-Associated Protein）等核酸酶工具，科学家得以在细胞中准确进行基因操作及制造基因靶向修饰动物。其中起源自原核生物天然免疫系统的 CRISPR-Cas 系统更是在短短几年内风靡全球，成为现有基因编辑系统中最为高效、简便、低成本的技术之一，迅速占据主流地位。这两类基因编辑系统的原理类似，都是由核酸酶在基因组特定位点产生双链断裂（DSB），进而通过细胞自身的 DNA 修复机制（同源重组或非同源末端连接）引入突变，从而产生内源序列的特异性修改。在短短几年中，基因编辑技术不仅被广泛地应用于生物学基础研究，并且在疾病发生机制和基因治疗手段开发中都发挥着巨大作用。

基因编辑技术不仅可以用于针对特定基因功能的基础科学研究，通过高通量地对基因组进行精准修饰，实现功能性基因的筛选，还能应用于农业作物和牲畜品种改良，例如帮助培育具有抗病害能力的作物或是产奶量更高的奶牛等。此外，基因编辑可为新药开发提供更为高效准确的筛选方法，从而加快药物的研发过程。在转化医学领域，利用基因编辑系统将特定的基因变异导入动物，可以帮助研究人员更好地观察突变对应的疾病表型，跟踪病症的发生和早期的发展，同时有利于寻找疾病发生过程中的关键作用因子。

图 1-33 食蟹猴

2014年，利用CRISPR-Cas技术，云南中科灵长类生物医学重点实验室成功构建了两个基因（Ppar-γ 和 Rag1）双敲除的食蟹猴双胞胎。两只动物的健康出生标志着 CRISPR-Cas 系统被首次应用于灵长类动物的基因靶向编辑。同年，云南中科灵长类生物医学重点实验室还利用TALENs技术成功建立了基于MECP2 基因突变的雷特综合征（Rett Syndrome，一种神经系统的发育性疾病）的猴模型。这些研究成果不仅是基因编辑技术应用于灵长类动物的里程碑事件，也预示着生物医学新时代的到来，成为研究复杂人类疾病的重要开端。尤其是对于一些大脑和神经系统疾病，如自闭症、精神分裂症、帕金森病和阿尔茨海默病等，基因编辑技术有望在不远的将来让人们更为透彻地理解它们并找到更有效的治疗手段。

随着技术的进步，基因编辑技术本身也在不断改进。例如在CRISPR－Cas系统的基础上衍生出具有单链靶向切割功能的Cas9切口酶（Cas9 nickase, Cas9n）或者完全失活的Cas9（dead Cas9, dCas9）、切割RNA的Ⅲ型CRISPR－Cas 系统、在不造成DNA双链断裂的情况下实现碱基替换的单碱基编辑器BE（Base Editor），以及不依赖于PAM（Protospacer Adjacent Motif，间隔序列前体临近基序）位点，具有更高精确性的PE（Primer Editing，引导编辑）系统等，极大地拓展了CRISPR－Cas技术的应用范围。2020年，一种不依赖CRISPR的碱基编辑器DdCBE被成功开发，该系统实现了对线粒体基因组（mtDNA）的精准编辑，为线粒体遗传病的研究和治疗带来了前所未有的突破。

在疾病机制研究基础之上，基因编辑技术应用的另一个主要目标是治疗人类疾病。基于对细胞内基因修饰的策略来实现致病突变的修复，或是通过恢复基因表达水平的方法都能够有效地改善疾病的症状。近年来，基因编辑系统在人类遗传性疾病、传染性疾病和癌症治疗方面取得许多可喜成绩，有力地推动了基因治疗领域的发展。研究人员可以通过分离镰状细胞贫血病或相关疾病患者的造血干细胞，在培养皿中使用CRISPR－Cas系统对其进行修饰后再回输到患者体内，以达到治疗的目的。

在另一项临床研究中，研究者将靶向突变基因的CRISPR药物注射到患有"转甲状腺素运载蛋白淀粉样病变"疾病的患者的血液中，成功阻断了肝脏产生毒性蛋白。此外，将基因编辑与免疫治疗方法相结合，尤其是与CAR-T结合，在血液系统恶性肿瘤的治疗中具有极大的优势。

另外，安全性仍然是基因编辑系统应用到人类的首要考量因素。因为基因编辑系统潜在的脱靶（Off-Targeting）现象，可能会造成基因异常表达或癌症发生等一系列问题。尽管当前不断更新的基因编辑系统在提高编辑精准度的同时也大幅降低了脱靶率，但基因编辑是否存在一些不良长效影响还有待于时间的证实。成体水平的基因治疗需要借助载体完成编辑系统的导入，存在病毒包装载量限制、体内靶向性，以及免疫反应等问题。此外，胚胎水平的基因编辑也带来了新的伦理困境，因为借助编辑工具可以轻易地改变人类受精卵的基因组。无论是否以治疗为目的，只要确定某个基因具体的位置，我们就能以多种方式操纵它。鉴于改变人类基因组遗传信息的永久性，对于这项技术是否能够应用于人类胚胎的基因编辑，当前学界仍保持相当谨慎的态度。

科技的进步从来都是一柄双刃剑，基因编辑亦是如此。在百年之后的未来，绝症的治疗可能已不再是难题，对植物、动物，乃至人类的基因进行设计和调整也可能会成为常规方法，物种的基因库和进化过程也将由此实现永久性改变。正因如此，在基因编辑技术飞速发展的当代，我们更需要保持严谨的科研态度，在最大化利用这项工具的同时也充分考虑其安全性及对人类和自然可能存在的影响。

学术点评

基因治疗的成就与前景

夏 青

北京大学药学院教授

最近10年，基因治疗的技术研究高歌猛进，多项成果获批进入临床试验阶段，让人类遗传性疾病的治疗进入一个崭新的阶段。当科学家们在试管内完成特定DNA片段的剪切和拼接，并畅想着在人体内可以安全高效地实现这一过程时，他们肯定不会想到，这一科幻小说般的设想，将在过去的短短60年里，成为一种真实可触的疾病治疗方法——利用分子生物学方法将目的基因导入患者体内，产生目的基因产物，从而使疾病得到治疗。虽然基因治疗的底层逻辑如此简洁，但其并不依赖于单一学科的研究，而是多学科交叉融合的成就。千禧年后，以腺相关病毒（AAV）为代表的新型病毒载体的开发，

促进了基因治疗领域的再度繁荣，并一扫之前因载体问题造成临床实验失败的阴霾。近10年，随着研究的普及与深入，遗传性疾病的分子机理探索、基因治疗效果的长期监测与评估、基因治疗技术的推陈出新都为该领域添砖加瓦，推动基因治疗向主流医疗产业迅猛发展。

遗传性疾病是指由遗传物质发生改变而引起的或者是由致病基因所控制的疾病，目前已发现有6500余种遗传病是由单基因的突变和缺失导致的，包括严重的联合免疫缺陷、莱伯氏先天性黑矇症和血友病等。基因治疗希望通过给予患者所缺失或缺陷的健康基因，发挥正常的生理生化功能，从而缓解疾病的症状。

首先，找到健康基因的递送方式就是很大的考验，目前的研究专注于以AAV、腺病毒和慢病毒为代表的病毒类载体和以脂质纳米粒为代表的非病毒类载体。脂质纳米粒因其在mRNA疗法领域的突出表现而发展迅猛，相较于病毒类载体，其制备方法简易，免疫原性较弱，有其天然的优势；但病毒类载体胜在有丰富的自然和人工病毒载体文库，可以靶向不同的患病组织与器官，更具有通用性。目前许多新的递送方式，包括但不限于外泌体、载体细菌、工程化胶囊等被陆续研究与开发，它们虽然仍未在基因治疗中占据一席之地，但已显示出强大的应用潜能。

健康基因的选择也是治疗中的难题。理论上，只需要递送患者缺陷基因的健康版本，就可以完成治疗的要求，但如果需要递送的完整基因较为庞大，比如在杜氏肌营养不良症患者的治疗中，递送载体的载荷是极大的考验。目前的研究一般通过递送健康基因的截短版本，或是使用双AAV递送系统解决该难题，但治疗的效果也随之降低。

此外，健康基因是否需要整合入患者的基因组，也是需要审慎考虑的问题。最初，研究者们多数持保守态度，认为对基因组的改变是不宜进行的，尤其是腺病毒和慢病毒载体造成的随机整合十分危险，因此注重消除病毒载体的基因整合性。但由于非整合性基因治疗依赖于持续给药，会给患者造成巨大的经济负担。随着近10年来基因编辑技术的发展和对基因组研究的深入，研究者们通过改造AAV载体，开发出定点整合的基因治疗技术，该技术可以将健康基因整合进患者基因组的特定位点，既能持续发挥功能，又不会破坏正常基因。虽然非整合性和整合性基因治疗在理论和研究中各有优劣，但显然只有长期的临床监测结果，才可以作为真正的评判标准。

基因治疗过去的成就得益于分子生物学、病毒学和细胞生物学等学科的技术突破，使解析的生物学原理可以应用于生物医学工程；基因治疗未来的长足发展，将需要药理学、病理学和临床医学的通力协作，监测患者的病程演变，分析治疗的效果和副作用，并将其反馈于治疗方法的迭代优化和疾病机理的深入研究。近两年，多项基因治疗长期临床试验结果的公开，既是对过去的科研探索的总结，也为未来的发展提出了新的要求，并推动基因治疗走向不限于遗传性疾病的更多常见疾病。诸多新的治疗技术，包括基因组编辑、转录组工程与表观遗传调控等，也以它们特有的优势，向基因治疗发起了挑战。毋庸置疑，因为基因治疗领域的蓬勃发展，随之带动的基因载体开发、功能基因组学和分子病理学上的科研突破，为各类新兴生物治疗技术的发展，奠定了坚实的基础。

基因治疗的技术革新与临床研究的空间很大，需要综合各学科的科学进展，面向患者的治疗需求，结合新兴的生物技术，发展通用性强、治疗效果好且毒副作用小的基因治疗方法。

"当科学插上幻想的翅膀"

李 伟

中国科学院动物研究所研究员

干细胞与生殖生物学国家重点
实验室副主任

读史使人明智，科学使人深刻。《科技之巅》以科普的方式，为公众系统、全面地解读各领域在过去
20 年间（2001 年—2021 年）收录于《麻省理工科技评论》的突破性技术成就。回溯过去 20 年发生
的这些重大技术突破，它们在人类漫长的科学探索中孕育，一出生就展示了改变世界的力量，引领人
类的想象力进入另一个更美好绚烂的世界，让我们不禁为科学和人类智慧的伟大感到自豪和振奋，正
如科学家和发明家法拉第所言："当科学插上幻想的翅膀，它就能赢得胜利。"

干细胞研究毫无疑问就是这样一个充满想象力的领域。厄恩斯特·黑克尔（Ernst Haeckel）和奥古
斯特·魏斯曼（August Weismann）等人在 19 世纪末提出干细胞的概念和假说，他们关注的是一
个非常基础的生物学问题：复杂多细胞生命的遗传和发育。直到半个世纪后，欧内斯特·麦卡洛克
（Ernest McCulloch）和詹姆斯·蒂尔（James Till）用清晰的实验生物学证据，首次发现了干细胞（造
血干细胞）的存在。在这以后，如同富兰克林捕获电流一样，马丁·埃文斯（Martin Evans）和马修·考
夫曼（Matthew Kaufman）等人从早期胚胎中建立了神奇的胚胎干细胞，支持了基因敲除这一功能
基因组学和疾病研究的重要技术的发明。人胚胎干细胞、体细胞重编程和诱导多能性干细胞……干细
胞和再生医学的大门被彻底打开，带给人们对于生命认知和疾病治疗的无限憧憬。

诱导性多能干细胞（iPS Cells）技术于 2006 年登上历史舞台，入选 2010 年《麻省理工科技评论》"全
球十大突破性技术"。在距离"初见"已过去十余年的今天，诱导性多能干细胞技术是毫无疑问的颠覆
性技术的代表，它的出现极大地拓展了我们对生命科学及医学的认知与想象：细胞命运的可塑性是如此
强烈与丰富，定制化地生产、制造各种功能细胞甚至组织和器官，将人类疾病在体外培养皿中重现……

另一项"全球十大突破性技术"——发现和培养人类卵原干细胞（Egg Stem Cells），则直接挑战了
自 20 世纪起人们对生殖生物学的传统认知。传统认为，雌性哺乳动物自出生起便携带了固定数目的
卵母细胞，而人类女性一生中成熟的卵子只有 400 ~ 500 颗。人类卵原干细胞的发现提出一个新的可
能：新的卵子可能是由干细胞产生的，只不过这些干细胞需要被激活，这也为卵巢早衰及女性生育力
重建提供了新的可能。然而，科学界关于卵原干细胞的争议从未停止，许多同行通过重复实验或是体
外培养的方式质疑人类卵原干细胞的存在。未来，对于人类卵原干细胞的研究将走向何方还需要更多
的思想碰撞和严谨的实验数据支持。

图 1-34　发现和培养人类卵原干细胞，插图作者阿姆里特·马里诺（Amrita Marino）

此外，人造胚胎（Artificial Embryos）入选了2018年的"全球十大突破性技术"，它对于揭示生命发育规律具有重要价值。人类胚胎资源如此宝贵而稀缺，同时着床后和出生前的发育在母体子宫内完成，对这一过程缺乏有效的观察和实验干预方法，这些都限制了我们理解人类的胚胎发育，也让我们在研究复发性流产、先天性心脏病等一些人类疾病时缺乏有效的模型。利用人多能干细胞在实验室条件下构建出人类胚胎样结构，为我们深入理解器官发育的细胞和分子调控机制，为辅助生殖、解决出生缺陷、建立药物筛选模型等提供了重要模型和平台。同时，伴随这一领域发展而产生的伦理争议也是未来科技伦理和科技治理方面的重要关切点。

《科技之巅》选择的这些干细胞技术，体现了干细胞与再生医学领域过去20年来的卓越创新。科学的发展从不会因为过去的"巅峰"而终止。与其他领域的发展一样，干细胞领域正在随着不同学科之间的交叉融合孕育新一轮的发展与变革。结合基因编辑、生物材料、3D打印、人工智能等多个领域的突破，器官再造、生命的体外孕育和过程模拟、通用型细胞，乃至组织与器官移植治疗不断呈现新的突破态势，推动着技术和产业的变革。随之产生的道德伦理、法律规制等相关问题也成为科技伦理和科技治理领域研究的热点，推动科学共同体更广泛地交流和提升自治能力。我国一直对干细胞研究给予重点关注和大力支持，资助体系也愈加完善。通过国家层面的支持和政策保障，也期待我国的科学家们继续推进干细胞研究前沿和技术突破，推动干细胞技术更快地惠及人类健康。

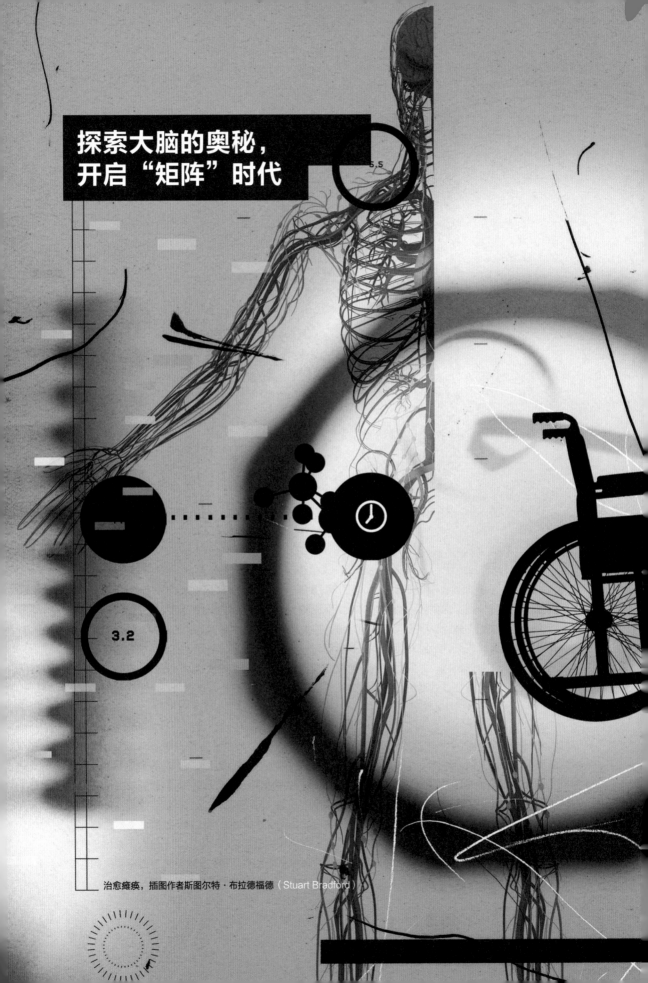

探索大脑的奥秘，开启"矩阵"时代

治愈瘫痪，插图作者斯图尔特·布拉德福德（Stuart Bradford）

上一节中介绍的基因编辑和基因疗法目前对于许多脑部或神经类疾病还束手无策。其实，人们对于大脑的好奇从未停止。从《黑客帝国》中的矩阵世界到《源代码》中的反复穿越，一部部科幻片都展示着人们对大脑的想象。

大脑到底是怎么工作的呢？它到底是怎么控制肢体去完成动作的呢？以一个简单的动作为例，当我们的手碰到火焰时，瞬间就会缩回去。看似只是一瞬间的事情，其实神经传递已经沿着反射弧跑完一场"马拉松"了。反射弧由感受器、传入神经、神经中枢、传出神经和效应器5个部分组成。碰到火焰的手是感受器，传入神经迅速将信号传给神经中枢，神经中枢做出判断并下发"缩手"命令，传出神经传达"缩手"命令，最后手充当效应器，完成"缩手"动作。

这样的反射过程，我们的身体中每时每刻都在发生。人们也基于反射弧的5个部分开启了对神经和大脑的研究。2001年，脑机接口（Brain-Machine Interfaces）开始发展，并被评为当年《麻省理工科技评论》"全球十大突破性技术"之一。

脑机接口这个听起来新颖的概念，其实并不年轻了。1929年，人脑神经电信号被无创记录，被认为是脑机接口技术的神经生理学开端。从此，这个生物学与信息学结合的交叉领域不断发展壮大。

千禧年左右，杜克大学的神经生物学家米格尔·尼可莱利斯（Miguel Nicolelis）一改以往通过电极记录大脑皮层的神经元电信号的方式，而是利用神经植入让恒河猴通过脑机接口控制了机械手，此外尼可莱利斯团队也希望加深对大脑运作机制的了解，为未来人脑和电脑或者其他机器的连接做准备。

2001年左右，其他课题组也开展了类似的研究，埃默里大学的神经生物学家菲利普·肯尼迪（Phillip Kennedy）通过大脑植入的方式让严重瘫痪的患者可以通过大脑移动电脑屏幕上的鼠标指针，可谓是"动智不动力"。安迪·施瓦茨（Andy Schwartz）专注于机械手臂的神经控制研究，加州理工学院的理查德·安德森（Richard Andersen）则关注神经电极系统的优化。

2001年的科学家们将科幻电影中的脑机接口变为现实，但他们作为领域的开拓者也碰到了很多问题，例如大脑不仅可以移动鼠标指针，还涉及听觉、视觉等信息的接收与处理，它们牵扯到的神经环路十分复杂，还需要深入的探索；同时脑机接口的装置也存在很大的发展空间，电极装置、数据采集芯片的优化；等等。

20年过去了，科学家一直在发现脑机接口技术问题，并解决问题。例如，装置层面已经从电缆主机进化至微小芯片。成立于2019年的宁矩科技，由清华大学电子工程系孵化，通过整合集成电路和生物材料于一体研发下一代侵入式芯片，集无线、微型、多通道、刺激采集于一体。据悉，2021年年底，该公司的首款脑机接口芯片已经流片成功，预计2022年搭载自研芯片的设备实现量产。

近年来，马斯克成立神经连接（Neuralink）公司，进军脑机接口领域，引起大众的热切关注。脑机接口技术也一跃成为资本市场的"弄潮儿"。

图 1-35　杜克大学的神经生物学家米格尔·尼可莱利斯

图 1-36 脑虹技术

此外，2020 年 10 月，另一家脑神经科技公司 Synchron 宣布了在人类体的首次研究，证明了公司的 Stentrode（脑机接口电极，或称神经假体）在人体的成功使用。Synchron 目前已获得美国 FDA 批准，是世界上唯一一家进行永久植入脑机接口临床试验的公司。

2021 年，在一项名为"大脑之门"（BrainGate）的临床试验中，一位 65 岁的高位瘫痪者的"意念打字"达到每分钟 90 个字符，与同龄人手动打字速度相当。斯坦福大学的科学家们将电极阵列植入患者大脑的运动皮层中，将神经活动中的手写动作转换为屏幕上的实时文本。目前脑机接口的单向输出和闭环回路，也开辟了其三大应用层面。

其一为日常状态观测。这类应用可以创造多元化的生活环境，例如结合 VR 提高文娱或游戏体验，也可以解决人们日常头疼的失眠问题，或是注意力不集中问题。

其二为交互与控制。通过脑机接口和机械建立联系，通过意念控制假肢、轮椅等，甚至是家用电器等。物联网未来可能进化为意念控制。

其三为重建感知系统。相比于与机械建立联系，我们也期待着建立脑机接口与肢体之间的联系。例如，恢复瘫痪病人的身体功能，重新建立视觉、听觉、嗅觉，甚至是提高记忆能力、认知能力等。

与此同时，关于大脑、神经相关的研究也没有停滞。2008 年，神经连接组学（Connectomics）技术入选《麻省理工科技评论》"全球十大突破性技术"。

正如前人研究脑机接口碰到的问题，大脑的运作机制太过复杂了，涉及触觉、视觉、味觉、嗅觉和听觉等。粗略估算，人体大脑中含有千亿个神经元、万亿个突触，就像一个极其复杂的电路板。因此，科学家们希望能够逐渐搞清楚大脑"电路板"，开始神经连接组学的研究。

哈佛大学的神经系统科学家杰夫·利希特曼（Jeff Lichtman）通过成像绘制了神经细胞图谱，尝试在神经系统中建立神经元之间接受、处理、传递信息的网络。利希特曼团队通过基因工程方式给小鼠的许多基因连接上了荧光（黄色、红色、青色）蛋白基因，通过神经细胞随机的表达与组合，荧光蛋白之间的相互作用即对应着神经细胞之间的某种联系，这种"着色"方式又称"脑虹"（Brainbow）技术。多年来，该技术已经更新了 1.0、2.0、3.0、3.1、3.2 等多个版本。

2009 年，美国国立卫生研究院开始人类脑连接组计划。这项计划要通过行为测试、基因测序、牵涉尖端技术（例如静息态功能磁共振、弥散磁共振成像等）和长时间测试，绘制不同活体人脑功能和结构图谱，俨然成为脑成像研究中最大课题。2012 年《科学》杂志将人类连接组计划列为 2013 年六大值得关注的科学领域之一。2013 年 3 月，"脑连接组计划"发表了迄今为止最为详细的脑磁共振图和全部相关数据。

人脑的复杂性是趋向于无限的，正如普林斯顿大学神经学家塞巴斯蒂安·宋（Sebastian Seung）所说："绘制出完整的人类脑连接组图是有史以来最大的技术挑战之一。这需要几代人的努力才能成功。"正如"人类基因组计划"的成功带动了基因测序技术的飞速发展，"人类脑连接组计划"的成功又会开拓什么时代呢？

除了治愈神经系统相关的疾病，人们也期待神经脑科学在智能生活中发挥作用。于是，生物机器（Biological Machines）概念被提出，并被评为《麻省理工科技评论》2009年"全球十大突破性技术"之一。

加利福尼亚大学（简称加州大学）伯克利分校教授米歇尔·马哈尔比兹（Michel Maharbiz）在一只甲虫身上"做起了文章。"他利用植入甲虫体内的接收器、微型控制仪、微型电池和6块电极实现了对甲虫的远程控制。通过远程传递电流信号至甲虫的大脑和翅膀肌肉，马哈尔比兹可以控制这只半机械甲虫起飞、转向、降落等。其实甲虫的飞行并没有看上去那么简单，其需要整合视觉信息、机械信息、化学信息进而控制飞行。因此这个成功的生物机器背后也隐藏着团队艰辛的付出：从神经生物学的角度来看，昆虫的神经系统如何与感受器和效应器对接，它们的输入和输出方式又是如何，等等；从工程学的角度去研究，甲虫的体型很小，这意味着所有的仪器装置都需要做到足够小，足够精密才能实现特定的效果，等等。

几年来，马哈尔比兹团队也在生物机器领域做出了很多贡献。2016年，该团队研制出了尘埃尺寸大小的无线传感器，用于植入体内对神经元、肌肉细胞或器官进行实时监测；2020年，该团队和医疗设备制造商合作，研制出了一种可以远程检测并调控患者呼吸器的装置；2021年，该团队再次研制出了一种无线传感器，用于实时检测皮下组织的氧含量，帮助医生在患者器官或组织移植后监测患者身体状态，据悉，该传感器比一只瓢虫还小，并且可以用超声波作为能源实现驱动。

这些一点一滴的探索都为以后生物机器广泛投入应用打下了坚实的基础。未来，生物机器或许能够携带传感器或其他装置去完成许多人力不可为的事情，去执行艰难的营救任务，去到许多人所不能及的地方，去检测、修复损伤的组织。马哈尔比兹设想，100年后，这样的生物机器一定"遍地开花"。

回顾硕果累累的生命科学发展史，人们对于生命奥秘的探索从未停止，对于生命本质的追问从未中断。20年来《麻省理工科技评论》评选出的52项生命科学技术，年年翻新。医疗水平在不断提高，人类的寿命在不断延长，疾病的治愈率越来越高，疾病的预测也越来越准。我们不再只是大自然的观察者，而是怀着"人定胜天"信念的实践者，我们将勇敢地迎接大自然对人类的每一个挑战。

我们需要的不仅仅是治疗疾病，甚至还有一个没有疾病的未来。生命科学和信息技术的结合，更让我们对智能生活、智慧生活充满期待。让我们尽情地想象未来的世界吧！或许我们会开启"矩阵时代"，通过脑机接口上传或下载自己，无所不能，又或许我们会像"X教授""凤凰女"一般实现意念控制。生命科学技术带来的"第五次工业革命"即将到来，星辰大海的征程就在眼前，你要一起加入吗？

图 1-37 半机械甲虫

构建哺乳类动物大脑连接组图谱的进展与展望

董红卫

加州大学洛杉矶分校教授

人类的历史就是一部征服自然、发现自我的历史，而也正是在征服自然的过程中，人类不断地发现自我。几千年来人类苦苦追寻的问题，诸如人的思想、爱和恨的本源、欲望和生存的动力等都可以归结于神经科学的基本问题：人和动物的意识、情感、动机和记忆的本质是什么？探索这些问题需要先了解大脑的结构和神经网络的组成，这是一切思想和行为的物质基础。

人们真正开始了解大脑显微结构的历史只有短短100多年。现代神经科学的奠基人——西班牙科学家圣地亚哥·拉蒙·卡哈尔（Santiago Ramón y Cajal，1852年—1934年）用嗜银染色的方法系统地绘制和描述了神经元（Neuron），这一大脑结构的最基本组成单元的形态多样性。他天才地预测了突触（Synapse）的存在，认为大脑的信息是由一个神经元的轴突末梢跨过突触传给下一个神经元的，而树突则是接受信息的部位。突触的存在和结构直到几十年后由于电镜的发明才被证实。卡哈尔应用他天才的思想和艺术家的天赋绘制了由不同类型的神经元相互连接组成的各种神经环路。例如，他第一次详细绘制的人的反射和自主运动神经环路由3类神经元组成：感觉神经元、中间神经元和运动神经元。这些基本概念成为之后神经科学领域研究大脑结构和功能的解剖学基础。

直到20世纪70年代至20世纪80年代，同一时代发展的互不相交的两个方向对后来神经环路的研究有着深远的影响。（1）神经束路追踪技术（Neural Tract Tracing Methods）的发明使得科学家能够通过定位注射的办法把化学示踪剂注射到特定脑区，从而能够系统地揭示不同脑区的神经传入与传出。这一技术很快得到推广并应用于研究大部分哺乳类动物大脑的神经环路。（2）几乎在同一时间，英国著名生物学家、2002年诺贝尔生理学或医学奖得主悉尼·布伦纳（Syndney Brenner）和他的同事们经过20多年的艰苦努力，基于电镜超微结构重建于1986年绘制完成了第一幅线虫全神经系统所有神经元（总共302个）的突触连接的图谱（the Structure of the Nervous System of the Nematode Caenorhabditis Elegans）。这一工作被认为是构建全神经系统的连接组（Connectome）的先驱并提供了可行性的指导。

构建人脑连接组的概念是在2005年第一次由德裔美国科学家奥拉夫·斯庞斯（Olaf Sporns）提出的：他认为在人类基因组计划完成全基因图谱（Genome）的绘制以后，下一个伟大的工程是绘制人脑神经连接图谱（Connectome）。

这个概念提出后很快得到很多科学家的响应，他们提出了与基因组学（Genomics）相对应的连接组学（Connectomics）的概念："连接组学是生物技术的一个分支，运用高速成像技术和计算机信息学的手段绘制和分析神经环路和整个神经系统，从而构建数据库并应用于神经科学的研究。"随着这些概念的提出，在2008年，哈佛科学家杰夫·W. 理奇曼（Jeff W. Lichtman）和乔舒亚·R. 萨内斯（Joshua R. Sanes）合作发明了脑虹技术——利用基因标记的办法让不同的神经元随机表达红、绿、蓝3种颜色的荧光蛋白，从而使相邻的神经元的完整形态（胞体、树突、轴突）能够被区分开来，这个技术第一次让科学家看到了构筑小鼠全脑连接组的可能性。这个技术入选2008年《麻省理工科技评论》"全球十大突破性技术"。

尽管由于技术的难度和实用性，脑虹技术没有得到很好的推广，然而它对于整个神经科学领域，尤其是对于哺乳类动物连接组学的理念形成起到了极大的推动作用。几乎在同一时间，欧洲提出了由瑞士洛桑联邦理工学院科学家亨利·马克拉姆（Henry Markram）领导的"蓝脑计划"（Blue Brain Project），该计划旨在重构鼠脑新皮层中功能柱单元的1万个神经元及3000万个突触连接。随后2011年美国NIH发布的"推进创新神经技术脑研究计划"（The Brain Research Through Advancing Innovative Neurotechnologies，BRAIN Initiative）也雄心勃勃，其核心为通过发展最新的技术构建全脑连接组图谱：对全脑细胞进行系统分型，并绘制全脑从宏观尺度（Macroscale，在脑区的层面），到介观尺度（Mesoscale，细胞类型的层面），再到微观尺度（Microscale，单个神经元的层面），最终到纳米尺度（Nanoscale，亚细胞和突触的层面）各个水平的神经连接组图谱，从而使人类能够对整个大脑的构筑和神经网络的原理有深刻的理解，最终了解人脑的思维、意识、情感、认知、行为，以及由于神经环路病理性改变而引起的神经和精神类疾病，并找到更新的治疗办法。

"推进创新神经技术脑研究计划"的发布对于美国乃至全世界的神经科学，尤其是技术革新方面起了巨大的推动作用：（1）新的基因编辑的病毒载体被广泛运用于神经环路的标记和跨突触追踪，很多细胞类型特异的基因编辑品系的小鼠的产生大大加速了追踪分子特异性神经元类型的传入和传出；（2）新的3D显微成像技术的发明和广泛应用，大大加速了采集全脑3D数据的速度和精度；（3）更加成熟的计算机数据处理方法促使对于大量神经环路的数据的分析更加高效。由于这些技术的应用，科学家们在系统性地绘制哺乳类动物脑连接图谱的各个层面都取得了巨大的进步。

在绘制宏观尺度和介观尺度小鼠脑图谱的层面，最有代表性的工作是：（1）加利福尼亚大学洛杉矶分校小鼠连接组工程（Mouse Connectome Project，MCP，由本文作者董红卫领导）;（2）美国艾伦脑研究所的小鼠连接工程（Allen Mouse Connectivity Project）;（3）冷泉港脑构筑工程（Cold Spring Harbor Laboratories Brain Architecture Project）。运用传统束路追踪和新型病毒载体标记的方法，这些研究组和其他科学家们共同产生、报道，并在网上公开了数十万的小鼠神经束路的原始图像作为开源数据供全世界的科学家共享。通过新型神经网络数据分析（Network Analysis）的应用，科学家能够一次性同时分析数百个神经束路的组成从而找到大脑神经网络连接的规律。同时，著名神经解剖学家拉里·斯旺森（Larry Swanson）和奥拉夫·斯庞斯合作通过对大量已经发表的大鼠（Rat）神经束路文献的分析，运用神经网络信息学的方法构建了详细的大鼠脑连接矩阵。所有这些工作对于构建整个哺乳类动物大脑的神经网络起了极大的推动作用。

在微观尺度层面，美国霍华德·休斯医学研究所珍妮莉亚研究园区（Janelia Research Campus）

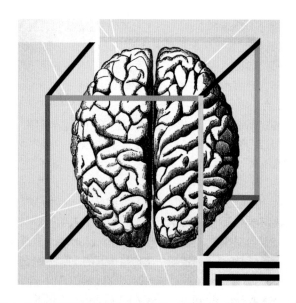

图1-38　脑研究计划，插图作者安德烈娅·达奎诺（Andrea D'Aquino）

的鼠光工程（Mouse Light Project）运用病毒稀疏标记、自动高速双光子显微成像（STPT）和神经元3D重构的方法，重建了1000多个神经元的细微结构和全脑神经投射。美国NIH脑计划细胞分类工作组（Brain Initiative Cell Census Network，BICCN）、艾伦脑研究所（与中国华中科技大学和东南大学合作）的工作，以及最近中国科学家先后报道的一系列的工作，重构了数千个神经元的3D结构和它们的轴突投射，标志着神经网络的研究进入了单神经元微观层面。

在纳米尺度层面，2015年，杰夫·W.理奇曼研究组运用最新的超微电镜的技术完成了构建大约1mm^{3}大脑皮层的详尽的连接组图谱，包括细胞（神经元、轴突、树突、胶质细胞）、亚细胞（突触、囊泡、线粒体）和其他细胞器。随后几年之内，陆续有几篇报道运用类似的超微成像技术成功地构建了不同大脑皮层的连接组图谱。这些科学家的愿望是建立一个类似于线虫连接组的突触水平的小鼠全脑神经网络图谱。但是考虑到小鼠脑是线虫的1×10^{11}倍大，要完成这个艰巨的任务依然有很长的路要走。

总之，构建哺乳类动物全脑连接图谱是一项艰巨的工程。到目前为止，宏观尺度、介观尺度、微观尺度，以及纳米尺度层面的连接组迄今为止都还没有完成。同等重要的是，需要发展高级计算机平台和程序，以期不同层面的连接组图谱能够有序地无缝切换和整合。但是，构建连接组所产生的技术和大量的数据一定会对我们认识大脑的结构和功能产生巨大的推动作用，对于发现神经和精神方面的疾病的新治疗方法必将产生深远的影响，并为发展更高级的人工智能提供很好的借鉴。

最后需要特别提一下中国科学家对构建哺乳类动物大脑连接组计划做出了杰出的贡献，包括发明能用于神经元稀疏标记的病毒工具、能用于鼠脑和猴脑的高清高速三维成像技术，以及建立能用于大规模神经元重构的大数据平台。相信随着中国脑计划的发布，中国科学家会做出更加杰出的贡献。

参考文献

[1] LANCIEGO J L , & WOUTERLOOD F G. Neuroanatomical tract-tracing techniques that did go viral[J]. Brain Struct Funct, 2020, 225(4): 1193-1224.

[2] WHITE J G, SOUTHGATE E, THOMSON J N, et al. The structure of the nervous system of the nematode Caenorhabditis elegans[J]. Philos Trans R Soc Lond B Biol Sci, 1986, 314(1165): 1-340.

[3] SPORNS O, TONONI G, KOTTER R. The human connectome: a structural description of the human brain[J]. PLoS Comput Biol. (2005) 1:e42. 10.1371/journal.pcbi.0010042.

[4] LICHTMAN J W, SANES J R. Ome sweet ome: what can the genome tell us about the connectome?[J] Curr Opin Neurobiol, 2008, 18(3): 346-353.

[5] LUO L, CALLAWAY E M, SVOBODA K. Genetic dissection of neural circuits[J]. Neuron, 2008, 57(5): 634-660.

[6] LUO L, CALLAWAY E M, SVOBODA K. Genetic Dissection of Neural Circuits: A Decade of Progress[J]. Neuron, 2018, 98(2): 256-281.

[7] RAGAN T, KADIRI L R, VENKATARAJU K U, et al. Serial two-photon tomography for automated ex vivo mouse brain imaging[J]. Nat Methods, 2012, 9(3): 255-258.

[8] GONG H, XU D, YUAN J, et al. High-throughput dual-colour precision imaging for brain-wide connectome with cytoarchitectonic landmarks at the cellular level[J]. Nat Commun, 2016, 7, 12142.

[9] SWANSON L W, LICHTMAN J W. From Cajal to Connectome and Beyond[J]. Annu Rev Neurosci, 2016, 39: 197-216.

[10] ABBOTT L F, BOCK D D, CALLAWAY E M, et al. The Mind of a Mouse[J]. Cell, 2020, 182(6): 1372-1376.

[11] Zingg B, Hintiryan H, Gou L, Song MY, et al. Neural networks of the mouse neocortex[J]. Cell. 2014;156(5):1096-1111.

[12] KASTHURI N, HAYWORTH K J, BERGER D R, et al. Saturated Reconstruction of a Volume of Neocortex[J]. Cell, 2015, 162(3): 648-661.

[13] LIN R, WANG R, YUAN J, et al. Cell-type-specific and projection-specific brain-wide reconstruction of single neurons[J]. Nat Methods, 15(12): 1033-1036.

[14] XU F, SHEN Y, DING L, et al. High-throughput mapping of a whole rhesus monkey brain at micrometer resolution[J]. Nat Biotechnol, 2021,1521-1528.

[15] QU L, LI Y, XIE P, et al. Cross-modal coherent registration of whole mouse brains[J]. Nat Methods, 2022, 19(1): 111-118.

刘陈立

中国科学院深圳先进技术研究院副院长

深圳合成生物学创新研究院院长

合成生物学前景广阔

合成生物学（Synthetic Biology）诞生于21世纪初，是一个蓬勃发展的年轻学科。其目标是利用工程学的研究范式，改造生命、理解生命，乃至设计生命、合成生命。它一方面为生命科学研究提供了新的范式，另一方面也不断催生具有颠覆性特征的未来生物技术。

2004年，合成生物学首次被评为《麻省理工科技评论》"全球十大突破性技术"之一。此后，合成生物学相关技术不断入选"全球十大突破性技术"，例如：细菌工厂（Bacterial Factories，2005年）、生物机器（Biological Machines，2009年）、合成细胞（Synthetic Cells，2011年）、基因组编辑（Genome Editing，2014年）、基因疗法2.0（Gene Therapy 2.0，2017年）、人造肉汉堡（The Cow-Free Burger，2019年）、mRNA疫苗（Messenger RNA Vaccines，2021年）等。《麻省理工科技评论》总结和评论合成生物技术，推动了该领域的传播和发展。

从广义上讲，只要有"造"（包括改造和创造）生物系统的概念，就是合成生物技术。按照尺度划分，可以分为5类：（1）生物大分子水平的改造或创造，例如mRNA疫苗和DNA存储技术；（2）亚细胞水平的改造或创造，例如构建多酶体系将甲醇人工合成为淀粉，为未来"空气变馒头"提供可能性；（3）细胞水平的改造或创造，例如改造细菌以治疗苯酮尿症和恶性实体瘤，有望革新代谢性疾病和癌症的治疗；（4）多细胞水平的改造或创造，例如改造水稻和小麦原生质体，实现作物的精准育种；（5）半生物、半机器的杂合体系的创造，例如结合响应疾病信号的合成细菌和电子传感器的胶囊，实现肠道环境的实时监控，再如融合电子传感器和合成细菌构建的快速自修复的柔性应变传感器，实现指节动作的稳定感知。

这些合成生物技术能否最终实现突破或者应用，往往取决于我们对基础生物学问题的理解程度。例如，上述2005年"全球十大突破性技术"中的"细菌工厂"，研究者常常面临一个困境，就是把已知的靶点都改造了一遍，目标产物的产量还是不高。其中一个重要原因是我们对底盘细菌本身的代谢调控机理的理解不充分，缺乏工程改造"细菌工厂"的理性设计能力。再如，上述2011年"全球十大突破性技术"中的"合成细胞"，研究者虽然实现了细菌基因组的全化学合成，并在2016年合成了只有473个基因的最小基因组细胞，然而这个"最小细胞"产生的子细胞形态常常畸形。2021年通过反复试错，放回7个基因，才使得"最小细胞"的分裂和形态恢复正常。这恰恰表明了我们对细菌的细胞分裂机理还不甚了解，无法做到对分裂异常细胞进行理性的工程化校正。我们常常说合成生物学的一大特色是"造物致知"，通过构建生命以理解生命。在利用合成生物技术改造或创造生物系统的过程中，反过来又促进了我们对基础生物学问题的理解。一个终极的例子就是，采用自下而上（Bottom-Up）的方法合成人工细胞，探索"死"的无生命物质如何在自然条件下变成"活"的细胞。这实质上是在回答"生命是什么"这一根本生物学问题，对于理解生命功能运行机制有着重大的科学意义。国际上预测至少需要5000名专家花费一年时间才能完成这一目标。围绕这一目标的合成生物技术的进步和突破，将引领未来数十年生物医药、食品和可持续发展的科技革命。

除此之外，合成生物技术的发展还面临许多挑战。例如，如何做好各种数据与底盘生物的标准化，如何开发更多通用型、模块化的生物元件，如何实现基因组的精确高效改造和构建，如何更好地开发面向应用的合成基因组设计，如何构建可预测的群落及多细胞系统，等等。为应对这些挑战，2021年9月，中国首次召开了以"定量合成生物学"为主题的香山科学会议。在合成生物学理论框架方面形成了重要思路与共识：发展定量理论，提升合成生物理性设计能力。一方面发展以"定量表征+数理建模"为基础的知识驱动白箱理论；另一方面发展以"自动化+人工智能"为基础的数据驱动黑箱理论，推动合成生物科学和技术的变革、发展。

如果这些挑战能够得到很好的应对，按照目前的发展趋势，未来10年，合成生物技术有望为癌症、遗传病、传染病等临床需求提供有效治疗手段，有望在应对突发公共卫生事件、气候变化、环境修复与维护生物多样性等方面发挥重要作用，为解决全球紧迫、可持续发展问题提供重要手段。

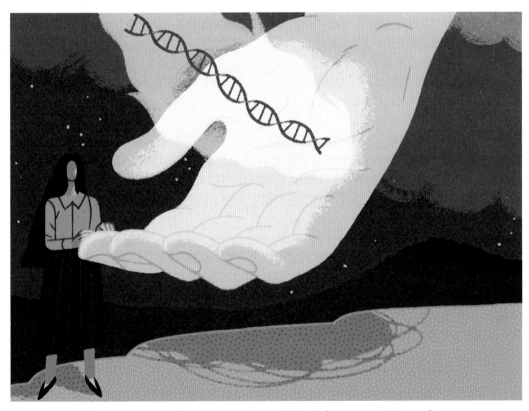

图 1-39 改造生命，插图作者索菲娅·福斯特－迪米诺（Sophia Foster-Dimino）

关于人类福祉的技术
——脑机接口

韩璧丞

BrainCo强脑科技创始人兼CEO

2014年的巴西世界杯，一位高位截瘫的少年身穿搭载脑机接口技术的机械外甲，为第一场比赛开了球。这是脑机接口技术首次亮相于大众视野，但彼时吸引大众目光的还是那副酷似高达的"机械战甲"，观众尚不知脑机接口技术为何物。

直到2017年，"科技狂人"马斯克正式宣布成立脑机接口公司Neuralink，聚光灯才正式打在了脑机接口的"头"上。一石激起千层浪。此后，小鼠脑接USB、猪脑信号现场采集、猴子用意念操控电子乒乓球游戏，接连不断的技术突破让人们直呼科幻电影中的意念控制世界或将成真。

意念控制是人机交互的终极形态，但却不是脑机接口技术的终极形态。脑机接口技术能够有所作为的领域，远比大众想象得更深、更远、更广。

除了近年来引人注目的意念打字、脑控机械假肢、《头号玩家》中的高级人机交互之外，脑机接口技术发挥其重要价值的领域目前主要集中在生理评估和神经干预治疗。

生理评估方面，脑机接口技术通过对脑电波的实时检测和分析，能够为人类的睡眠状态、注意力集中程度、反应程度、心理状况等指标的评估提供更为精确且高效的手段，也能够为诸如阿尔茨海默病、帕金森病、癫痫等神经退行性疾病的筛查提供有效途径。在完成生理评估并检测到调节需求后，脑机接口产品能够以电刺激、音乐、应用交互等形式调节大脑状态，通过神经调控实现对脑疾病的干预和治疗。

医疗康复领域是当前脑机接口技术最常见的应用场景，国内市场更倾向于康复场景和非侵入式手段，而国外则更关注癫痫、帕金森病、抑郁症等特定疑难疾病的治疗和侵入式手段。这主要是由于国内外的技术差距和国内市场对脑机接口行业高风险、长周期特征的担忧。欧美国家对脑机接口技术的研发较早，比如杜克大学和苏黎世联邦理工学院，都是脑机接口领域最具代表性的科研先驱；海外的市场教育也比国内早得多，群众已形成一定的消费习惯。而国内脑机接口在技术层面与欧美国家尚存在大约5年的差距，市场成熟度和产业链完善程度也相对滞后。

对于在这个领域内的科学家来说，脑机接口的应用绝不止步于上述的意念控制和医疗康复。就像神经

图 1-40 大脑增强，插图作者黎绒（Nhung Le）

生物学家米格尔·尼可莱利斯在他的《脑机穿越》（*Beyond Boundaries*）一书中所描绘的那样，大脑和计算机之间的双向接口终将引致"脑脑接口"的实现，将来自个体大脑的神经活动由计算机连接和调节。未来人类不仅能够像"三体人"那样意念交流、思维透明，还能够通过人类大脑活动的融合形成"有机计算机"，达成更高效、更智能的协作方式。当然，在这之前还有巨大的技术和伦理障碍需要跨越。

如果"脑脑接口"已经听起来像是一个技术的极限，那么"大脑增强"的概念或许会把人类的想象力再拔高一个层级。尽管当前的技术研究更多集中在如何更精准高效地采集、读取、解码脑电信息并将其用于控制外部设备，但在未来，研究如何更好地将外部信息写入大脑将是必然的趋势。脑机设备将能够协助大脑更高效地处理信息并将结果返回给大脑，还能够通过脑电干预增强人脑的记忆力、学习能力，甚至能够让失明者"重见光明"、替大脑暂存记忆。

脑机接口技术是伟大的，但同时也注定会是困难重重的。这是一项涉及脑科学、神经科学、认知科学、计算机科学、材料科学、控制与信息技术等多个领域的复杂技术。从信息的采集、处理、神经解码、信息再编码，到控制的实现、环境信息的反馈，每一个具体的环节都面临着重重挑战。长期来看，脑机接口技术的发展还必须建立在大脑认知科学等底层技术的进步之上。

高级形态的脑机接口应用看似遥远，但科技的发展速度远超我们的想象。以通信技术为例，3G用了10年达到5亿用户，4G用了5年，而5G大概只要3年。我们何时能够迎来脑控万物、意念交流、大脑增强的时代，没有人能够给出正确答案，但随着越来越多的角色加入脑机生态的共创，脑机接口技术落地的步伐必然不断加快，近年来崛起的诸如人工智能等先进技术也将促进脑机接口技术的加速突破。

脑机接口是一项关于人类福祉的技术，它能够帮助弱势群体如残障人士重获对生活的掌控，能够为传统医学无法攻克的如帕金森病、渐冻症等疑难杂症提供新的解决方案，能够为基数庞大而默默无闻的抑郁症、阿尔茨海默病患病群体带来新的希望；它也是一项颠覆人类认知、挑战传统社会生活形态的技术；同时，它更是一项需要被严肃对待的科学，不仅关乎高昂的研发投入和试错成本，还关乎生命、关乎人类对于自我的探索。路曼曼其修远兮，深耕脑机接口领域注定是一个极需耐心和信念的选择。

产业点评

陶 虎

脑虎科技创始人兼首席科学家

中国科学院上海微系统与信息
技术研究所副所长

面向临床需求的脑机接口技术

大脑由860多亿个相互关联的神经元组成，是人体最重要、最复杂，然而又最脆弱的器官。因此，脑部重大疾病和神经系统疾病对人类造成的困扰一直是一个世纪难题。根据世卫组织相关统计，全世界大约有10亿人患有某种神经性或精神性大脑紊乱病症，脑机接口研究的主要目的是为这10亿人提供帮助，使其改善和恢复因大脑的某些疾病或创伤损失的一些生理功能和心理健康，提高生活质量。

脑科学被认为是自然科学的终极疆场，目前中国科学院上海微系统与信息技术研究所陶虎团队致力于开发可免开颅的微创植入式柔性脑机接口技术，目标瞄准渐冻症、高位截瘫、失明、失语等临床重大疾病诊治。脑机接口是人工智能、集成电路和生命科学交叉融合的前沿领域，充分契合国家"四个面向"的要求，即面向世界科技前沿、面向国家重大需求、面向经济主战场和面向人民生命健康。在较长的一段时间内，脑机接口的落地产品中主要的科技应用都应该基于临床医生和病人等使用者的需求出发，解决他们现在或将会面临的问题，从技术本身来看，有3个突破点，包括神经带宽、植入方式的安全性、算法解码的先进性等。

把柔性电极做小、做薄。记录或调控大脑神经元电生理活动的一个核心器件叫作神经电极，也叫脑电极，分为侵入式和非侵入式两种。目前可以获取高质量信号、高时空分辨率的植入式脑机接口是当下研发的热点，也是该领域未来重点的发展方向，但其植入创伤大和难以长期在体内稳定工作是开发人员面临的两大重要挑战。大脑是非常柔软的，从杨氏模量（描述材料抵抗形变能力的物理量）来看，大脑和骨头所能承受的压强，相差接近7个数量级。若将硬质电极固定在颅骨，由于电极和大脑相对运动造成的大脑局部微损伤可能导致大脑持续发炎，大脑形成的神经瘢痕会包裹电极，从而因为绝缘影响工作，严重情况下还会导致其他脑疾病。柔性电极可在很大程度上解决这个问题，利用特殊技术把柔性电极暂时硬化，当它插入大脑时是硬的，进入后就会变软。植入过程只需在颅骨上钻一个直径不到 0.7 mm 的小孔，就可直接将柔性电极插入大脑，并让它可长期在体工作，真正做到最大限度地利用大脑，并最小限度地损伤大脑。

提升电极的带宽与精度，也就是可同时记录或刺激神经元的数量以及信号质量，是脑机接口下一步的研究方向。神经元的物理尺寸从几微米到几十微米不等。目前我们团队开发的柔性神经电极，采用与半导体加工工艺兼容的制造方式，在单器件中集成了 2000 多个电极记录位点，结合后端芯片技术，最多可同时采集或刺激2000多个神经元。

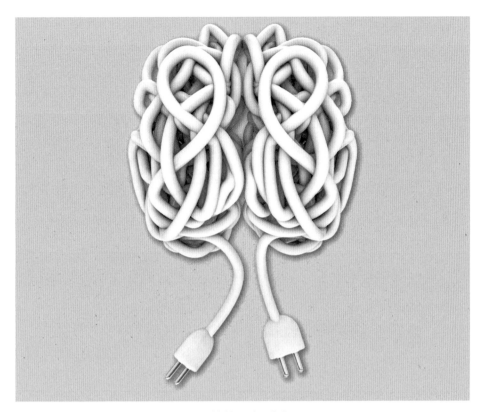

图 1-41 脑机接口，插图作者 123RF

无线通信技术也亟需突破性进展，这对脑机接口的发展也会有帮助。鉴于无线通信和无线充电在脑机接口上的迫切需求，在不影响器件核心性能的前提下，降低整个芯片的功耗成为关键。虽然目前国内大多产品都在使用进口的芯片，但是这些芯片尚未完全满足临床需求，芯片自研迫在眉睫。

目前陶虎团队已在鼠、兔、猕猴等实验动物身上，成功实现了单脑区、双脑区的有线、无线等多种方式的脑信号采集，通过柔性脑机接口，不仅能"读"到这些小动物们在"想"什么，将活动指令"写"入它们的脑中后，还能获得它们执行相应指令后的反馈信息，形成闭环交互。

面对巨大且急迫的临床需求，治病救人成了脑机接口技术研发的第一要务。本身技术发展的应用诉求，需要不断迭代，必须通过合法合规的临床实验。作为研究团队来说，我们在不断优化和改进脑机接口技术的同时，必须做到多方协作，共同把这项技术从实验室阶段向临床试验阶段推进并实现产业化。

参考文献

[1] PAULSON J. Glycomics[J]. MIT Technology Review, 2003.

[2] CAO L, DIEDRICH J K, KULP D W, et al. Global site-specific N-glycosylation analysis of HIV envelope glycoprotein[J]. Nature Communications, 2017, 8: 14954.

[3] DE VRIES R P, PENG W, GRANT O C, et al. Three mutations switch H7N9 influenza to human-type receptor specificity [J] . PLoS Pathogens, 2017, 13(6): e1006390.

[4] LOK C. Metabolomics [J] . MIT Technology Review, 2005.

[5] WU D, SHU T, YANG X, et al. Plasma metabolomic and lipidomic alterations associated with COVID-19 [J] . National Science Review, 2020, 7(7): 1157-1168.

[6] SHEN B, YI X, SUN Y, et al. Proteomic and Metabolomic Characterization of COVID-19 Patient Sera [J] . Cell, 2020, 182(1): 59-72.e15.

[7] SU Y, CHEN D, YUAN D, et al. Multi-Omics Resolves a Sharp Disease-State Shift between Mild and Moderate COVID-19 [J] . Cell, 2020, 183(6): 1479-1495.e20.

[8] COHEN J. Comparative Interactomics [J] . MIT Technology Review, 2006.

[9] BUSHMAN F D, MALANI N, FERNANDES J, et al. Host cell factors in HIV replication: meta-analysis of genome-wide studies [J] . PLoS Pathogens, 2009, 5(5): e1000437.

[10] ECKHARDT M, ZHANG W, GROSS A M, et al. Multiple Routes to Oncogenesis Are Promoted by the Human Papillomavirus-Host Protein Network [J] . Cancer Discovery, 2018, 8(11): 1474-1489.

[11] GORDON D E, JANG G M, BOUHADDOU M, et al. A SARS-CoV-2 protein interaction map reveals targets for drug repurposing [J] . Nature, 2020, 583(7816): 459-68.

[12] COHEN J. Single-Cell Analysis [J] . MIT Technology Review, 2007.

[13] DROKHLYANSKY E, SMILLIE C S, VAN WITTENBERGHE N, et al. The Human and Mouse Enteric Nervous System at Single-Cell Resolution [J] . Cell, 2020, 182(6): 1606-1622.e23.

[14] COX D. Personal Genomics [J] . MIT Technology Review, 2004.

[15] GRAVITZ L. $100 Genome [J] . MIT Technology

Review, 2009.

[16] REN X, WEN W, FAN X, et al. COVID-19 immune features revealed by a large-scale single-cell transcriptome atlas [J] . Cell, 2021, 184(23): 5838.

[17] SINGER E. Cancer Genomics [J] . MIT Technology Review, 2011.

[18] VOGELSTEIN B, PAPADOPOULOS N, VELCULESCU V E, et al. Cancer genome landscapes [J] . Science (New York, NY), 2013, 339(6127): 1546-1558.

[19] MARTíNEZ-JIMéNEZ F, MUIñOS F, SENTíS I, et al. A compendium of mutational cancer driver genes [J] . Nature Reviews Cancer, 2020, 20(10): 555-572.

[20] NORDLING L. Follow the Virus [J] . MIT Technology Review, 2022.

[21] REGALADO A. Messenger RNA Vaccines [J] . MIT Technology Review, 2021.

[22] REGALADO A. A Pill to End Covid-19 [J] . MIT Technology Review, 2022.

[23] PIORE A. A Milestone in the Fight Against Malaria [J] . MIT Technology Review, 2022.

[24] JINEK M, CHYLINSKI K, FONFARA I, et al. A programmable dual-RNA-guided DNA endonuclease in adaptive bacterial immunity [J] . Science (New York, NY), 2012, 337(6096): 816-821.

[25] LARSON C. Genome Editing [J] . MIT Technology Review, 2014.

[26] CONG L, RAN F A, COX D, et al. Multiplex genome engineering using CRISPR/Cas systems [J] . Science (New York, NY), 2013, 339(6121): 819-823.

[27] ZHOU Y, SHARMA J, KE Q, et al. Atypical behaviour and connectivity in SHANK3-mutant macaques [J] . Nature, 2019, 570(7761): 326-331.

[28] LI H, WU S, MA X, et al. Co-editing PINK1 and DJ-1 Genes Via Adeno-Associated Virus-Delivered CRISPR/ Cas9 System in Adult Monkey Brain Elicits Classical Parkinsonian Phenotype [J] . Neuroscience Bulletin, 2021, 37(9): 1271-1288.

[29] FRANGOUL H, ALTSHULER D, CAPPELLINI M D, et al. CRISPR-Cas9 Gene Editing for Sickle Cell Disease and β -Thalassemia [J] . The New England Journal of Medicine, 2021, 384(3): 252-260.

[30] GILLMORE J D, GANE E, TAUBEL J, et al. CRISPR-Cas9 In Vivo Gene Editing for Transthyretin Amyloidosis [J] . The New England Journal of Medicine, 2021, 385(6): 493-502.

[31] STADTMAUER E A, FRAIETTA J A, DAVIS M M, et al. CRISPR-engineered T cells in patients with refractory cancer [J] . Science (New York, NY), 2020, 367(6481).

[32] LU Y, XUE J, DENG T, et al. Safety and feasibility of CRISPR-edited T cells in patients with refractory non-small-cell lung cancer [J] . Nature Medicine, 2020, 26(5): 732-740.

[33] HAAPANIEMI E, BOTLA S, PERSSON J, et al. CRISPR-Cas9 genome editing induces a p53-mediated DNA damage response [J] . Nature Medicine, 2018, 24(7): 927-930.

[34] KOSICKI M, TOMBERG K, BRADLEY A. Repair of double-strand breaks induced by CRISPR-Cas9 leads to large deletions and complex rearrangements [J] . Nature Biotechnology, 2018, 36(8): 765-771.

[35] LEIBOWITZ M L, PAPATHANASIOU S, DOERFLER P A, et al. Chromothripsis as an on-target consequence of CRISPR-Cas9 genome editing [J] . Nature Genetics, 2021, 53(6): 895-905.

[36] MULLIN E. Gene Therapy 2.0 [J] . MIT Technology Review, 2017.

[37] KANTER J, WALTERS M C, KRISHNAMURTI L, et al. Biologic and Clinical Efficacy of LentiGlobin for Sickle Cell Disease [J] . The New England Journal of Medicine, 2021.

[38] SHUBINA-OLEINIK O, NIST-LUND C, FRENCH C, et al. Dual-vector gene therapy restores cochlear amplification and auditory sensitivity in a mouse model of DFNB16 hearing loss [J] . Science Advances, 2021, 7(51): eabi7629.

[39] SAHEL J A, BOULANGER-SCEMAMA E, PAGOT C, et al. Partial recovery of visual function in a blind patient after optogenetic therapy [J] . Nature Medicine, 2021, 27(7): 1223-1229.

[40] REGALADO A. Brain-Machine Interfaces [J] . MIT Technology Review, 2001.

[41] SINGER E. Connectomics [J] . MIT Technology Review, 2008.

[42] SINGER E. Biological Machines [J] . MIT Technology Review, 2009.

[43] SEO D, NEELY R M, SHEN K, et al. Wireless Recording in the Peripheral Nervous System with Ultrasonic Neural Dust [J] . Neuron, 2016, 91(3): 529-539.

[44] SONMEZOGLU S, FINEMAN J R, MALTEPE E, et al. Monitoring deep-tissue oxygenation with a millimeter-scale ultrasonic implant [J] . Nature Biotechnology, 2021, 39(7): 855-864.

<errorMessage = ko .

style="color:orange;">

function todoitem(data

var self = this <html

data = dta || <html>

/ Non - persisted propertie

<errorMessage = text

撰稿人：赵珊、林泽玲

p style="font-weight:bold;">HTM

body style="background-color:y

- 200px;"> < .todolistid = dat

- 200px;">persisted p

02

信息技术转型的
风口浪尖

"硅谷钢铁侠"和他的互联网野心

2022年10月，埃隆·马斯克用440亿美元收购推特，为其互联网版图纳下新的一员，这一事件再一次成为科技板块头条。埃隆·马斯克是21世纪全球对科技进程影响最大的商业人物之一。他的开创性成就包括创建在线支付平台PayPal、电动汽车制造商特斯拉（Tesla），以及太空探索技术公司（SpaceX），其中特斯拉的市值一度超过了万亿美元。

马斯克作为科技产业的领军人物，极具天马行空的想象力，在项目的选择和投入上就像在满足小男孩造梦时对未来主义的各种想象。但是世界上目前也就只有他能把这么多儿童科幻杂志的内容一一变成了现实。他想改革汽车行业，因此创建了特斯拉和开发无人驾驶；他想"登陆火星"，便创建了SpaceX开发可回收火箭；他构想把人工智能（AI）整合到人脑中，为此创建了OpenAI，该公司在深度学习上取得了突破性进展。他引导的每一项科技商业落地，都有突破性技术，影响了过去20年信息科技的发展进程。

小罗伯特·唐尼在2008年的电影《钢铁侠》中扮演托尼·斯塔克时就向马斯克讨教，因为马斯克对科技的狂热投入，还有他推动科技商业化落地手段之高明，最吻合漫威电影中亿万富翁科技狂人人设，这也让他有了"硅谷钢铁侠"之称。

正因为有着像马斯克这样对科技充满热情的人，信息科技得以在过去20年迅猛发展。脸书改变了我们交流和娱乐的方式；亚马逊和淘宝提供了新的购物平台；腾讯（微信和QQ）和今日头条让信息交流更加瞬时、低成本。信息技术正在改变我们交流、购物、学习、旅行、娱乐、工作的方式。

信息技术的发展速度比我们历史上的任何创新都要快，计算机比以往任何时候都更快、更便携、更强大。现代信息技术为智能手表和智能手机等多功能设备铺平了道路，有了这些设备，我们可以即时转账，购买衣服、杂货、家具等各种物品。技术改变了我们娱乐自己、认识彼此和消费各种媒体的方式，让我们的生活更轻松、更快、更好、更有趣。互联网、大数据、云计算、人工智能、区块链等技术加速创新，网络购物、移动支付、共享经济等新业态蓬勃发展。

"全球十大突破性技术"与信息技术20年

过去20年里，入选《麻省理工科技评论》"全球十大突破性技术"的信息技术共有59项，占比接近30%，是本书所涉及的五大技术领域中数量最多的。入选技术包括基于人工智能技术的"自然语言处理""深度学习"等，数据、存储相关的"数据挖掘""分布式存储"等，还有非常具有商业前景的机器人技术，包括"机器人设计""蓝领机器人""灵巧机器人"等。

纵观过去20年入选"全球十大突破性技术"的信息技术，从2000年至2010年，信息技术处于第三转变期，突破性技术多围绕移动社交、互联网和软件方面；从2011年到2021年，突破性技术则集中于人工智能和云计算；鉴于数据资源为信息技术的关键要素，以现代信息网络为主要载体，如何正确监管信息处理和保证数据隐私安全也成为过去10年里很重要的课题。

信息技术对社会运行方式的影响在2020年疫情出现后更是可见一斑。在卫生领域，支持人工智能的前沿技术正在帮助开发疫苗药物、拯救生命、诊断疾病和延长预期寿命。在教育领域，虚拟学习环境和远程学习向原本会受疫情限制的学生提供了学习机会。通过区块链驱动的系统，公共服务也变得更有效率，并且由于人工智能的帮助，政府减少了行政负担。大数据还可以支持更具响应性和准确性的防疫政策和计划。

图 2-1　信息技术时代，插图作者塞尔曼设计工作室（Selman Design）

危中有机，数字化发展驶入快车道

2022年"全球十大突破性技术"中，信息技术相关的共有3项，分别为"终结密码""PoS权益证明""AI数据生成"。其中，在网络信息安全方面，随着互联网对数据安全的强调越来越明显，非密码的安全技术随之出现，以一种更加先进的方式来保障"游走"在网络上的信息，并能进一步推动互联网的发展。

相关研究预计，2022年，信息科技行业全球总值有望突破5.3万亿美元。信息技术作为通用性技术渗透率高和外部性强，对其他产业和社会发展有很强的带动作用和辐射效应。因为信息技术影响之广、影响之深，数字经济这个概念得以衍生，用于衡量信息技术和数码技术对相关社会指标的贡献。虽然准确评估以快速变化的产品和服务为特征的数字经济存在困难，即便如此，研究人员保守估计："全球数字经济价值11.5万亿美元，相当于全球GDP总量的15.5%，在过去15年中的增长速度是全球GDP增长速度的2.5倍。"

信息技术革命进入攻坚克难的"深水区"

信息技术已形成相对完整、成熟的产业链条，包括基础层、技术层和应用层。基础层主要包括芯片、传感器、云计算和大数据等提升计算能力的要素和板块；技术层也在进行快速的创新和发展，包括语音识别、计算机视觉、自然语言处理等；应用层的重点也进入提升商业化解决方案能力、推动通用化和行业性人工智能开放平台建设的阶段，主要涉及领域包括医疗、教育、金融、安防、政务等。

过去3年里，如何应对新冠疫情也算对产业数字化转型进行了考验，远程办公、在线学习等线上场景越来越多，对产业数字化水平提出了更高要求。对企业而言，数字化转型已不再是"可选项"，而是"必选项"。同时，更多类型的市场需求也意味着这场"数字革命"将面临更大的挑战，人工智能、云计算、大数据等技术将与其他产业深度融合，从提升效率的辅助角色，逐渐演变为重构产业数字化发展的"内核角色"，成为实现数字经济高速增长的"内燃机"。

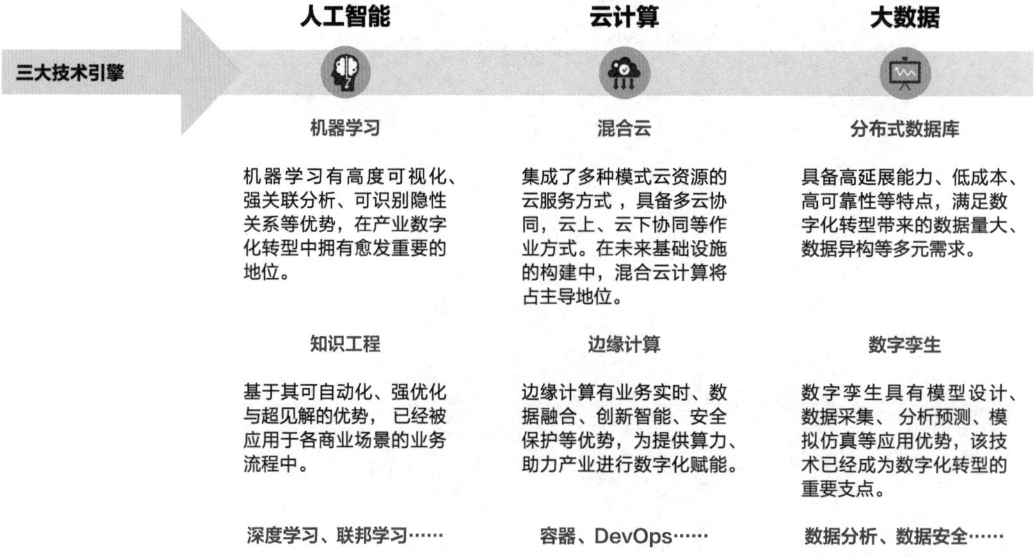

	人工智能	云计算	大数据
三大技术引擎	机器学习	混合云	分布式数据库
	机器学习有高度可视化、强关联分析、可识别隐性关系等优势，在产业数字化转型中拥有愈发重要的地位。	集成了多种模式云资源的云服务方式，具备多云协同，云上、云下协同等作业方式。在未来基础设施的构建中，混合云计算将占主导地位。	具备高延展能力、低成本、高可靠性等特点，满足数字化转型带来的数据量大、数据异构等多元需求。
	知识工程	边缘计算	数字孪生
	基于其可自动化、强优化与超见解的优势，已经被应用于各商业场景的业务流程中。	边缘计算有业务实时、数据融合、创新智能、安全保护等优势，为提供算力、助力产业进行数字化赋能。	数字孪生具有模型设计、数据采集、分析预测、模拟仿真等应用优势，该技术已经成为数字化转型的重要支点。
	深度学习、联邦学习……	容器、DevOps……	数据分析、数据安全……

图 2-2 数字化转型

1. 算力

作为智能社会的底座、数字经济的引擎，算力已经被提到一个前所未有的高度。算力是多领域、多技术融合的载体，人类对于算力的追求没有止境。当下，算力的提升仍然面临着来自多个维度的挑战。不论是硬件层面还是架构层面，算力发展都亟需变革。为了应对算力挑战，打破"后摩尔时代"的算力危机，先进计算技术将从单点计算性能的提升与算力系统的高效利用两个方向着手突破，目前产业界已经出现多种具有广泛市场前景的算力技术和硬件。

技术方面，量子计算、分布式计算、DPU（Data Processing Unit，数据处理单元），硬件方面，量子芯片、类脑芯片和硅光芯片等的发展，让计算的效能与能效迎来全新的突破，算力体系也得到颠覆性的变革。比如具备"事件驱动"与"存算一体"的特性类脑芯片将与硅基计算架构深度融合，为人工通用智能的实现提供必要的条件。

其中，量子计算的发展尤为受关注。量子计算是基于量子力学的全新计算模式，具有原理上远超经典计算的强大并行计算能力。量子计算以量子比特作为信息编码和存储的基本单元。与经典比特只能代表0或者1不同，具备叠加态的量子比特可以是0且1的存在。想要跨入"通用量子计算时代"，量子比特的数量与质量、比特间的连通性以及容错能力仍有待进一步突破。国际学术界一般认为倘若从2022年算起，真正实现可编程通用量子计算机还需 15 年甚至更久，但在政策的推动、相关产业的升级和资本的不断加持下，规模化与商业化的量子计算将加速到来。

过去20年里入选"全球十大突破性技术"的技术中就有多项与量子计算相关，比如2003年入选的"量子密码"、2005年入选的"量子导线"、2018年入选的"材料的量子飞跃"等。IDC（Internet Data Center，互联网数据中心）预计，到2027年底，对量子计算市场的投资将达到164亿美元。与之相应的，量子芯片作为量子计算机的核心也迎来了大爆发。根据统计，2021 年度量子计算硬件及软件公司共完成 42 笔融资，融资总额约 26.91 亿美元，超过以往的总和。2021 年底，IBM 公司推出的全球首个 127 超导量子比特芯片"Eagle"，成功突破超导量子芯片百位量子比特的大关。

未来，算力将呈现泛在分布、多元异构、位置无感的趋势。泛在算力是多元异构且位置无感的。除通用计算外，随着高性能计算和人工智能加速器的兴起，算力的内核不断朝着GPU（Graphic Processing Unit，图形处理单元）、FPGA（Field Programmable Gate Array，现场可编程门阵列）、DPU等多元异构化的方向演进。

在下一个 10 年，算力将如同水、电、煤等基础资源，渗透进人类生产、生活，成为智能社会运行的核心要素。同时，在先进计算技术的支撑下，更多智慧化、智能化的应用将会涌现，绿色低碳、开源的算力也将成为"数字经济时代"生态共建的基石。

2. 云与大数据

在云计算方面，混合云、分布式云、边缘计算等技术在产业数字化转型中将彰显出愈发重要的作用。以混合云为例，混合云构架不仅是信息技术架构上的革新，还可保证在降低成本的同时实现高敏捷性，同时为企业业务带来更多的创新机遇。

分布式云搭建在数据中心与终端设备之间的边缘基础设施上，是云计算能力向边缘节点"下沉"的表现。分布式云靠近数据源头，广泛分布在不同地理位置，覆盖各种数据热点区域和客户场景，就近提供计算、网络、存储、安全等云能力。基于以上物理层面的优势，分布式云是一种满足广连接、大带宽、低延时和碎片化需求的精细化云服务。

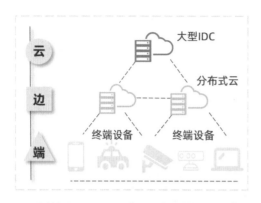

资料来源：DeepTech《2022 先进计算七大趋势》

图 2-3　云－边－端协同架构

随着硬件设备的发展，分布式云将具备部分中心云的能力，但并不能完全取代中心云，而是以云、边、端深度协同的形式构建更加完备的云计算架构。未来，分布式云将服务于自动驾驶、工业制造、智慧城市等对时延和连接有苛刻要求的应用，发挥边缘智能的更多价值。

当下，分布式云仍然面临着部署成本、软硬件异构管理、安全体系等多方面的难题。下一个 5 年，在突破上述瓶颈后，分布式云能够推动全面云化的进程。根据高德纳（Gartner）预测，到 2025 年将有超过 50% 的组织在其选择的地点使用分布式云，从而实现业务的转型与升级。

在大数据方面，分布式数据库、数字孪生等创新技术正在加速成熟，成为产业数字化发展的核心力量。以数字孪生为例，利用该技术可打造出映射物理空间的虚拟世界，实现物理实体与数字虚体之间的数据双向动态交互。同时可根据数字空间的变化及时调整生产工艺、优化生产参数，有优化、预测、仿真、监控、分析等功能，为数据驱动业务提供强大支力。

制造业也正以前所未有的速度步入"工业 4.0"、全面数字化阶段。但相较于其他行业，制造业的

基础设施与转型基础均相对薄弱，转型难度较高。目前多数企业并未形成应对数字化转型的组织架构，其数字化转型步履蹒跚。未来，制造企业应在构建适配的组织架构的前提下，充分利用好工业互联网释放的红利，打造数字化转型的支撑平台。

在各行各业的数字化转型过程中，医疗行业最值得期待。与传统行业不同，医疗行业本身具有数据密集型的特点，自带数字化创新能力。从医疗设施网络化、医药研发智能化到医疗服务个性化，数字化医疗生态已在不知不觉中初具规模。

当前医疗机构面临着医疗数据难共享、信息安全难保护、医疗资源不均衡、医疗资源难整合等痛点。医药领域更拥有研发时间过长、研发费用较高等问题，药企研发新药的效率低、成功率低已成为普遍现象。为解决医疗资源不均等问题，远程医疗应势而起；为解决药企的新药研发效率过低等问题，AI 制药企业也正慢慢崛起。随着 AI、区块链等技术的加速创新，数字化技术将助力医疗领域的各个角色，实现各场景商业模式的创新，加速医疗数字化转型进程。

在医疗端，数字技术的应用已带来远程医疗、CDSS（临床辅助决策支持系统）、HIS（医院信息管理系统）、CIS（医院临床信息系统）管理等产品；除了 AI 制药，智能制造、营销数字化等产品也在逐步渗透医疗系统。

随着数字化转型进入"深水区"，转型主体也将完成由企业个体到产业协同，再到生态共荣共生的转变。当下，数字化转型正不断涌现新模式、新业态，各产业间的组织关系也发生着根本变化，连接着各产业的媒介不再是产业或企业本身，而是各产业、企业之间以用户价值为中心的数字化生态平台。

未来，数字化平台建设将成为数字化发展的主旋律。通过聚焦用户本身需求，各产业间的生产要

素、数据要素将实现共建共享，此时所产生的价值势必远超单产业协同所创造的价值。届时，产业之间的组织关系也将发生变化，由多节点的平面型价值链，纵横交错，进阶为生态共赢的立体发展网络。

3. 人工智能

眼下，数字经济已经进化到以"人工智能"为核心驱动力的智能经济新阶段，日渐繁荣的 AI 生态，也在不断赋能千行百业。智慧城市、教育、金融、医疗、交通等行业的 AI 应用层出不穷，以机器学习、深度学习、知识图谱、自然语言处理为主的核心技术正在成为创新发展的主要驱动力。以机器学习为例，基于其可自动化、强优化与超见解等优势，它已经被应用于各商业场景的业务流程中，如在金融领域，主要利用机器学习加强欺诈检测与风险控制。未来，机器学习将与其他新兴技术结合，为更多数字化场景助力，达到"1 + 1 > 2"的效果。

全球范围内，各行各业都在"拥抱"人工智能，被其高度赋能、深度渗透。医疗、金融、城市、教育、制造等都是人工智能的应用场景。

《麻省理工科技评论》自 2001 年推出"全球十大突破性技术"以来，已有至少 20 项人工智能领域的相关技术入选。其中，深度学习、强化学习、对抗性神经网络等机器学习方式和学习模型上的技术突破，不断让机器智能向"人的智能"靠近；从硬件（智能手表、语音助手终端、AR/VR 设备）到行业级应用（支付软件、自动驾驶），AI 已然成为数字时代智能产品的基础能力。

AI 与实体经济的融合在多个行业已初见成效。从融资维度来看，《麻省理工科技评论》发布的《2021 中国数字经济时代人工智能生态白皮书》显示，2021 年全球 AI 融资超过 900 亿美元，美国和中国 AI 融资规模位居全球前二，中国 AI 企业融资超 140 亿美元。

从市场维度来看，医疗健康、金融与保险、媒体与娱乐、零售与快消品、交通与物流几大行业的 AI 应用市场呈强大的增长态势。未来 10 年，AI 生态系统将推动 AI 技术加速"下沉"到千行百业，保持在第三产业的持续发展和渗透趋势，加大对第一、第二产业的全面赋能。

AI 的快速发展，离不开技术上的突破，更离不开商业应用领域的快步前进。海内外 AI 领域出现了 DeepMind、IBM 等企业，国内如商汤科技、科大讯飞等企业都是业内的佼佼者。其中谷歌母公司 Alphabet 旗下全资子公司 DeepMind 自 2015 年成立至今，就给世界带来一次又一次的惊喜，从游戏程序 AlphaGo 到蛋白质预测模型 AlphaFold，其深度强化学习的技术突破解决了多个困扰人类科学家多年的重大科学问题。

2022 年 7 月 28 日，据英国《卫报》报道，DeepMind 进一步破解了几乎所有已知的蛋白质的结构，其 AlphaFold 算法构建的数据库中如今包含超过 2 亿种已知蛋白质结构，这无疑将为开发新药物或新技术来应对饥荒或污染等全球性挑战铺平了道路。2021 年，DeepMind 开始通过与欧洲分子生物学实验室（EMBL）合作建立的数据库公开发布 AlphaFold 的预测结果，这个初始数据库包括所有人类蛋白质的 98%。DeepMind 在一份声明中表示，目前该数据库正在扩大到 2 亿多个结构，几乎涵盖了地球上所有已进行过基因组测序的生物体。

AlphaFold 的出现，推动全球范围内的研究团队在科研方面实现巨大进展。它不仅可被用于疾病研究、食物安全、疫苗开发、可持续发展等领域，还能帮助科学家深入了解人体内复杂过程是如何进行的、哪些有机分子能被用于治理污染、生命起源于何处等被全人类关注的重要问题。作为研究生物制药的重要工具，AlphaFold 不仅能够预测黑暗基因组区域的蛋白质结构，提高药物研发的速度，还能更好地探索可作为药物靶点的蛋白质，进而加速潜在药物的发现。

资料来源：CB Insights

图 2-4　产业数字化转型发展阶段

展望 2022，AI 产业依然展现出强劲的发展态势，合成数据、多模态 AI、DeepFakes（深度伪造）等技术和应用正在崛起。比如在合成数据方面，AI 技术高速发展，变得更加先进，但其局限性仍然存在。例如，某些行业缺乏足够的真实数据来训练 AI 模型，又或者隐私合规问题成为一些行业技术发展的痛点。企业纷纷开始部署合成数

据（Synthetic Data），即由计算机生成的数据，可用于替代自现实世界中采集的真实数据。

生物科学领域，因美纳正在使用由创业公司 Gretel 开发的合成基因数据进行医学研究。在金融领域，摩根大通正在利用合成数据训练金融 AI 模型。而在电信行业，西班牙电信公司 Telefónica 与 Most AI 合作，模拟真实客户数据的统计模式，创建 GDPR（General Data Protection Regulation，通用数据保护条例）合规的客户合成数据档案。

除了应用于实际产业，AI 技术也被越来越多地用于网络安全防治。2022 年以来，一种名叫 DeepFakes 的技术在媒体上大量涌现，DeepFakes 衍生出的假新闻和假消息是一个大问题。对于消费者来说，DeepFakes 还有可能成为网络钓鱼和勒索诈骗的工具。微软认为，AI 防御体系无法完全打击 DeepFakes 生成的假冒产品，于是推出了 Project Origin（起

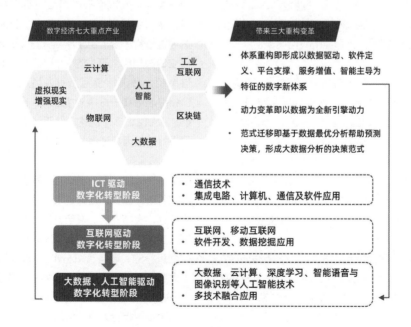

资料来源：《麻省理工科技评论》

图 2-5　以人工智能、大数据等数字技术手段领航数字经济新阶段

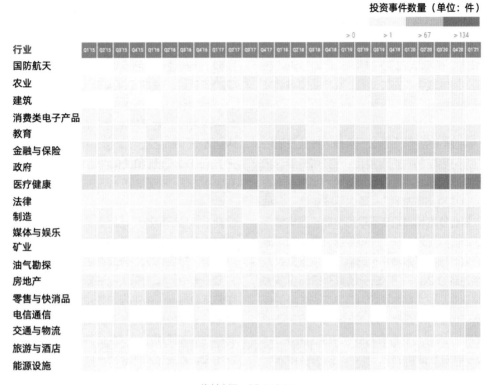

资料来源：CB Insights

图 2-6　2015 年 Q1（第一季度）至 2021 年 Q1，全球 AI 行业投资热力图，其中"医疗健康""金融与保险""媒体与娱乐""零售与快消品""交通与物流"在此期间的投资热度较高

源项目），允许出版商使用防篡改元数据对媒体进行认证。美国加利福尼亚的一家创业公司 Truepic 使用加密和区块链技术打造图像/视频真实验证平台。

4. 机器人

机器人被誉为"制造业皇冠顶端的明珠"，其研发、制造、应用是衡量一个国家科技创新和高端制造业水平的重要标志。当前，机器人产业蓬勃发展，极大地改变着人类生产和生活方式，为经济社会发展注入强劲动能。在《麻省理工科技评论》过去 20 年所收录的"全球十大突破性技术"里，机器人相关的技术多次出现。其中，"机器人设计"这一项技术在 2001 年就被评为"全球十大突破性技术"之一，之后，"蓝

领机器人"（2013 年）、聪敏机器人（2014 年）、知识分享型机器人（2016 年）、灵巧机器人（2019 年）也先后入选。

中国电子学会组织编写的《中国机器人产业发展报告（2022 年）》预计，2022 年全球机器人市场规模将达到 513 亿美元；预计 2022 年，中国机器人市场规模将达到 174 亿美元，5 年年均增长率达到 22%。根据中国电子学会数据，2017 年—2022 年的平均增长率约为 14%。其中，工业机器人的市场规模约为 195 亿美元，服务机器人的市场规模约为 217 亿美元，特种机器人的市场规模超过 100 亿美元。预计到 2024 年，全球机器人市场规模将突破 650 亿美元。

近些年，我国机器人市场规模持续快速增长，"机

器人＋"应用不断拓展、深入，产业规模快速增长。根据工业和信息化部（简称工信部）信息，"十三五"以来我国机器人产业复合年均增长率约为 15%，机器人在工厂产线、仓储物流、教育娱乐、清洁服务、安防巡检、医疗康复等领域实现规模应用。

2021 年底发布的《"十四五"机器人产业发展规划》（以下简称《规划》）提出"到 2025 年，我国成为全球机器人技术创新策源地、高端制造集聚地和集成应用新高地"，具体目标包括：一批机器人核心技术和高端产品取得突破，整机综合指标达到国际先进水平，关键零部件性能和可靠性达到国际同类产品水平；机器人产业营业收入年均增速超过 20%；形成一批具有国际竞争力的领军企业及一大批创新能力强、成长性好的专精特新"小巨人"企业，建成 3 ~ 5 个有国际影响力的产业集群；制造业机器人密度实现翻番。同时，《规划》提出到 2035 年，我国机器人产业综合实力达到国际领先水平，机器人成为经济发展、人民生活、社会治理的重要组成。

5. 移动互联网

移动互联网的发展对人们的工作、生活已经带来了翻天覆地的变化，其中，腾讯公司所推出的社交产品微信和字节跳动的短视频平台抖音（海外版为 TikTok）正在进一步改变社会各界的生产生活形态。微信产品的影响之大，以至于马斯克在前段时间甚至号召推特的员工向微信学习以实现推特10 亿日活用户的目标；而 TikTok 所依赖的算法技术，更是移动互联网密集讨论的焦点，TikTok 的算法一度在美国业界掀起轩然大波，几乎遭封禁。

所谓算法，就是指解题方案的准确而完整的描述，是一系列解决问题的清晰指令，代表着用系统的方法描述解决问题的策略机制。随着人工智能、大数据等新型信息技术的发展，算法广泛应用于互联网信息服务，为用户提供个性化、精准化、智能化的信息服务。

2021 年 TikTok 推荐算法入选"全球十大突破性技术"评选。《麻省理工科技评论》认为，TikTok 不仅能够精准地为用户推荐其感兴趣的视频，还能通过推荐算法帮助他们拓展与其有交集的新领域。根据《麻省理工科技评论》介绍，TikTok 是全球最具吸引力、增长最快的社交媒体平台之一。截至评选时，TikTok 在全球范围内已超过 26 亿次下载量，在美国拥有 1 亿用户。TikTok 发现和提供内容的独特方式是其具有吸引力的"秘密武器"。

目前，算法已经被广泛用于多个领域，其中，互联网消费领域已有包括推荐算法、价格算法、评价算法、排名算法、流量算法等多种形式的算法应用。其中，推荐算法能够影响用户在产品页面中停留的时间，带来经济效益，因此越来越多的产品或多或少都会有推荐算法。推荐的多样性和新颖性能够使用户活跃度提高，但各种利弊也越发明显，最受关注的是用户隐私问题，由于推荐算法是基于用户的历史行为信息，或者用户的人口统计属性信息等来实现的，不能很好地保护用户隐私的产品会让用户缺少安全感。

6. 直面数据隐私与安全挑战

随着产业数字化程度加深，越来越多的数据存在于移动互联网上，与之相应的数据隐私与安全问题也越来越凸显。同时，数据作为一种生产要素，其经济价值也得到各行各业以及国家的高度认可。

在 2020 年 4 月公布的《中共中央国务院关于构建更加完善的要素市场化配置体制机制的意见》中，数据被定义为生产要素且与"土地、劳动力、资本、技术"并列，数据对于国民生产的重要价值得到了官方层面的肯定，且重要程度一举提升到了与其他基本要素同等的水平。数据价值开始深入政策层面，由此传导到业界愈加彰显，应对好数据隐私与安全挑战关系到我国数字化产业的推进进程。数据隐私日渐从社会讨论、传媒声势中落地。在顶层设计方面，事关数据隐私的法律法规逐步完善。在技术上，诸如同态加密这类隐私计算技术已经深入人们日常生活，在手机等智能设备中以难以察觉的方式落地应用。

从全球范围来看，数据隐私相关法律法规最早可追溯至以《通用数据保护条例》（GDPR）为线索的欧盟系列规定。早在1995年，欧盟就通过了《数据保护指令》，明确规定了数据隐私与数据安全底线标准。随着以互联网为代表的新兴数据载体崛起，数据隐私与数据安全迎来新的挑战。在2011年，谷歌公司为精准推送广告擅自扫描用户的邮箱内容，因侵犯用户隐私被告上法庭。由该案延伸出的数据隐私、数据确权问题引起了广泛讨论。自此欧盟逐渐意识到"需要全面深刻的保护个人隐私方式"，于是开启了对《数据保护指令》的更新工作。到2016年，欧洲议会正式通过《通用数据保护条例》。从1995年的"指令"升级为2016年的"条例"以法规形式对欧盟成员产生直接约束作用。到2018年5月，该法规正式生效，全面落地欧盟所有机构。

中国近年来陆续出台重要法律，逐步完善框架、守护隐私，相关的法律法规主要有3部，分别为：2017年生效的《中华人民共和国网络安全法》、2021年9月生效的《中华人民共和国数据安全法》和2021年11月生效的《中华人民共和国个人信息保护法》。3部法律共同确立了中国数据隐私、数据安全的法律框架主体，分别在网络安全管理、数据安全与发展、个人信息处理权利义务等领域做了界定与规定，使得数据流转的安全、隐私有法可依。

在这一背景下，隐私计算技术受到产业和资本的高度关注。"隐私计算"并不单指一项具体的可以落实的技术项目，而是以实现数据隐私和数据合规为驱动的多个路线的一箩筐技术，主要有多方安全计算、可信执行环境和联邦学习三大技术路线。目前，隐私计算已经在金融、政务、医疗等三大主要领域得以应用。

本章导读

影响了21世纪的发展进程的信息技术是一门结合信息科学、计算、电信和电子的领域。信息技术也可被定义为基于计算机的信息系统的研究、设计、开发、应用、实施、支持或管理。在过去的半个世纪中，计算行业经历了3次重大转型：大型机时代、向计算机服务器计算的转型，以及移动互联网的兴起。现在，我们正处于第四次转型的风口浪尖，即以数据为中心的计算，随着人工智能的日益普及，它将在很大程度上得到支持。

本章汇总了将我们带到新经济时代的信息技术，同时提供了一些关于未来可能走向何方的思考。我们将回顾信息技术在21世纪前10年里处于第三次转型期的突破性技术，包括互联网和软件类，接着分析第四次转型期的核心技术——以数据为中心的人工智能和云计算。最后我们会展望信息技术的发展与落地，以及在这个日益数字化的时代，在发展信息技术的前提下如何保证数据安全与隐私。

参考文献

[1]DeepTech.2022先进计算七大趋势[R].（2022）.

[2]麻省理工科技评论.2021中国数字经济时代AI生态白皮书[R].（2021）.

[3]中国电子学会.中国机器人产业发展报告（2022年）

[R].（2022）.

[4]工信部联规〔2021〕206号,"十四五"机器人产业发展规划[S].（2021）.

21世纪的第一个十年，共享为王

比起20世纪90年代，21世纪初期并不是信息技术发展的好时机。进入千禧年没多久，"互联网泡沫"破灭了，同时也打破了许多互联网初创企业的希望。

幸运的是，互联网产业复苏很快，几年内出现了全新的技术，带来了新的社交、消费和娱乐方式。这10年里的互联网突破性技术主要集中于追求最大化地共享资源和改善网络的使用体验，包括网格计算（Grid Computing）、离线网络应用（Offline Web Applications）、哈希缓存（HashCache）和P2P视频（Peering into Video's Future）等。这些技术已经广泛投入到现在的互联网构建和应用中。但是这10年里把信息共享做到极致并且真正改变了互联网和信息技术产业的是社交网络。

尽管很少有人注意到，但在线社交网络实际上始于20世纪末。第一个社交网络是1997年的六度（Six Degrees），它以地球上的每个人都只被其他6个人隔开的理论命名。六度提供一些我们现在所熟悉的社交网络的基本功能，包括个人资料和朋友列表等，但它从未真正"起飞"。

直到21世纪初的故友重逢（Friends Reunited）和友你友我（MySpace）出现，才意味着社交网络取得了主流成功，不过与脸书（Facebook）相比，这些似乎都要稍逊一筹。在所有应用程序中，现在每天使用脸书的人超过20亿。它已经重新定义了与人交流的方式，预示着一个超链接的新时代，同时也塑造了我们认知中的互联网。

社交媒体平台对于想要与朋友和家人联系的人们来说是无价的，但它们也是广告商的绝佳利器。虽然大多数业务领域都受到社交媒体流行的影响，但广告界所受冲击尤其之巨。

借助社交媒体，广告商可以接触到比以往任何时候都多得多的受众，他们能够提高品牌知名度，与客户互动并培养新的潜在客户，因此他们继续在

早期互联网拉近了人们的距离，
插图作者蒂伯·卡尔帕蒂（Tibor Karpati）

社交媒体上花费越来越多的广告费用。到 2022 年，所有数字渠道的广告费用将首次超过全球广告支出的 60%，达到总支出的 61.5%；到 2024 年，它们的份额将上升到 65.1%。

马克·扎克伯格（Mark Zuckerberg）创立的公司不仅在社交网络和广告收入方面取得了垄断地位，而且在社交媒体的空间中吞并了几乎所有新生的竞争对手。首先是 2012 年的 Instagram，收购价格仅为 10 亿美元，然后是 2014 年的 WhatsApp，收购价格为 190 亿美元。有意思的是，脸书在收购"阅后即焚"（Snapchat）时遭遇了滑铁卢。

马克·扎克伯格于 2012 年第一次尝试购买 Snapchat，出价 6000 万美元，被创始人拒绝了收购提案。Snapchat 是由埃文·施皮格尔（Evan Spiegel）和博比·墨菲（Bobby Murphy）两名斯坦福大学学生开发的。他们认为短信不足以传达用户的心情，而且用户在分享自己心情的时候并不想全世界都知道，所以他们就开发出了有时效性的图片/视频分享应用。当用户编辑照片后，他们可以选择朋友发送照片，并且给照片设定 1 ~ 10s 不等的定时器。当接收者看到照片后，信息会在时效性过后"自我毁灭"，实现"阅后即焚"。Snapchat 代表了一种以手机为主的新型社交媒体平台，让用户用贴纸和增强现实等应用进行互动。也因此，Snapchat 在年轻人中十分受欢迎。

被拒之后，扎克伯格推出了 Poke，一个试图模仿 Snapchat 的软件。据说在 Poke 推出几周后，扎克伯格还亲自给施皮格尔发邮件说："我希望你能喜欢 Poke。"但是这种类似威胁的手段更说明了 Snapchat 的巨大潜力。一年之后，脸书卷土重来，给出了 30 亿美元的收购价格。这次，施皮格尔再次拒绝了。

2017 年 Snapchat 母公司 Snap Inc. 上市，现在市值将近 900 亿美元。尽管身价比脸书的估价高出许多，但是 Snapchat 的股票一直被投资者认为是高风险投资。信息的"阅后即焚"是 Snapchat 赖以起家的本事，虽然让用户更敢于分享亲密的信息而不用担心信息被泄露，但也让 Snapchat 的盈利之路一直艰难无比。信息阅后即被删除，Snapchat 无法像脸书一样记录用户在平台上的一举一动。没有用户的精准信息，Snapchat 在广告商眼中的魅力也并没有其他社交平台那么大。此外，Snapchat 是主打视频的内容平台，视频的数据处理量远比文字内容大得多，因此 Snapchat 在服务器上花销庞大。

到 2021 年年底，Snapchat 有 3.19 亿的用户，有 1.07 亿用户来自美国本地。而 Snapchat 的后来者 Instagram Story 和 WhatsApp Status 并没有停止追赶的脚步，现在两者加起来已经有将近每日 3.5 亿的活跃用户，远超 Snapchat。虽然 Snapchat 的用户增长率一直是投资者最大的心病，但是 Snapchat 在年轻用户这个主要目标群体中一直领先于对手脸书和 Instagram。

图 2-7　社交应用记录用户的生活，插图作者约恩·瑞安（Eoin Ryan）

脸书最近的创新可谓有点乏力，其最新产品都被诟病是模仿其他公司（包括Slack、Twitch等）的产品，又或者干脆直接复制Snapchat和微信朋友圈的一些功能。脸书在25岁以下的群体已经出现了用户流失。现在社交媒体又因为TikTok（海外版抖音）的异军突起而版图骤变。TikTok通过短视频的黏性吸引了大量的年轻用户，成为世界上最具吸引力和发展最快的社交媒体平台之一。它在全球拥有超过 26 亿次下载量，在美国拥有超过 1 亿用户。"秘密武器"是其发现和交付内容的独特方法。

在"为你"（For You）推送中，TikTok将"网红"和新人的视频混合在一起，根据页面浏览量鼓励高质量的创意内容，并促进新博主与用户分享视频。独特之处在于，任何人都有机会在推送中一举成名。TikTok通过推荐算法，将视频不断地推荐给与视频博主具有相似兴趣或属性的用户，从而让优质的创意内容得以快速传播。TikTok推荐算法并未将视频博主的粉丝群或受

欢迎程度作为主要考虑因素。除了候选视频的标题、音频和标签外，该算法还整合了用户上传视频的内容和用户喜欢的视频类别。TikTok在用户忠诚度方面比起其他平台更为优秀，因为它不仅可以准确地向用户推荐其感兴趣的视频，还可以帮助用户拓展新的交叉领域，满足用户对于新奇、好玩事物的需求。TikTok的推荐算法为不那么知名的博主提供了与平台上的名人一样被用户看到的机会。

距离临时社交媒体（Temporary Social Media）入选"全球十大突破性技术"已经过去 8 年之久，TikTok的推荐算法（TikTok Recommendation Algorithms）被《麻省理工科技评论》评选为2021年"全球十大突破性技术"之一，主要是因为该算法满足了每个用户的特定需求，而不只是强调关注热点的"羊群效应"。这也是推荐算法和社交平台意识到公平性的成功开端。造热点而仅非追热点，真正实现了社交媒体的突破。

图 2-8　国外常见社交媒体

21 世纪的第二个十年，数据称霸

数字未来，插图作者袖冈由英（Yoshi Sodeoka）

社交媒体上以毫秒速度滚动的实时信息产生了庞大无比的数据。但是这些数据很多时候是松散的。在信息爆发式增长后，创新的趋势渐渐集中于如何分享和利用这些大数据，并且将其应用到各个领域及行业。

整合并利用社交媒体用户的互动方式和发布内容无疑是互联网公司最大的商机。这商机背后隐藏的又是许多"摩拳擦掌"想要准确向目标消费者投放广告的企业。广告收入，正是科技"巨头"谷歌和脸书的巨大收入来源。让数据变得"高质量"且让目标营销更准确，在松散数据产生后通过模型和算法进行整合分析便成了这些科技巨头持续发展的重要课题。

人工智能模型是通过智能将非结构化数据转化为有价值的信息输出的，其智能体现在感知世界、转录及组织信息、生成和增强内容，以及做出决策的能力。

尽管人工智能的概念在1950年就被正式提出，但在进入21世纪后它才得以繁盛发展起来，这主要得益于信息爆发式增长、机器学习方式，尤其是深度学习领域的突破和计算机芯片的急速发展，这些条件缺一不可。机器学习（Machine Learning）是指让电脑从大量的真实经验、信息和案例中学习，然后电脑会像人类一样吃一堑长一智，在以后遇到同样的问题的时候，它就有能力用学习到的经验做出准确的判断。而互联网的大数据使机器学习变成了可能，给机器学习提供了充足的原材料。同时，我们的电脑越来越强大，能够存储并且处理这些庞大的数据。1970年Intel 4004处理器每秒可以运行92000条指令，而我们现在普通手机的处理器都已经能每秒处理10亿条指令。

信息爆发式增长

根据思科公司的统计，全球互联网流量在1992年的时候是每日100 GB，而到了2015年的时候，流量已经达到了每秒20235 GB。现在全球约90%的数据都是在过去两年里产生的。到2021年底，全球有近46亿的互联网用户，是全球人口的59%。这么多用户无时无刻不在生成各种各样的数据，包括文字、图片、语音、视频等。究竟有多少呢？据估计，在2018年的每一分钟，全球用户在谷歌就进行了约390万次搜索，在YouTube看了约430万个视频，登录了约100万次脸书，发了约2900万条Whatsapp信息，发了约46万条推特信息，在Instagram分享了近7万张图片，用Spotify听了约75万首歌。微信表示2018年除夕到正月初五期间共产生了

2297亿条微信消息、28亿条朋友圈。随着物联网的兴起，越来越多的智能设备会接入互联网，在可以预见的未来，各种数据的数量还会持续地爆炸式增长。

这些大数据是训练深度人工神经网络里上百万的"神经元"的前提。

近10年接入互联网的设备的数量不断增加，更是推动数据大幅增长。根据沙利文的报告，物联网设备（主要包括智能手机、汽车及传感器）的数量于2020年底达到177亿台，预计将以28.9%的复合年均增长率快速上升，到2025年将达到630亿台以上。此类连接设备生成和捕获的数据不断快速增长，预计到2025年将占全球数据的40%以上。全球数据量预计将由2020年的66 ZB增加至2025年的190 ZB，复合年均增长率为23.5%。随着连接网络的IoT设备数目的增加，人工智能模型在处理每天生成的海量数据上发挥关键作用。

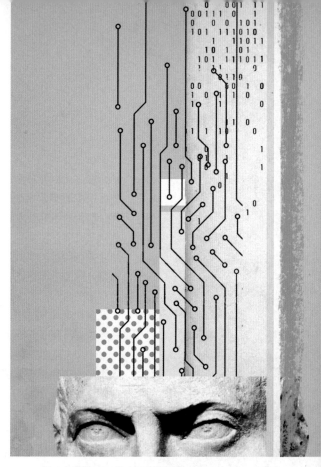

图2-9　信息爆发式增长，
插图作者安德烈娅·达奎诺（Andrea D'Aquino）

高级算法的改进

人工智能领域在过去10年达到目前的发展高度，技术上最大的"功臣"无疑是深度学习（Deep Learning）。深度学习利用多层人工神经网络，从极大的数据量中学习，对未来做出预测，让机器变得更加聪明。过去10年，深度学习是人工智能领域里发展的绝对"王牌"。深度学习的涵盖范畴之大，对社会和科技发展影响之深，使其无论是现在还是在未来10年都会处于人工智能领域里最重要的地位。

深度学习尽管在2013年才被列为"全球十大突破性技术"之一，事实上它已经有几十年的发展历史。深度学习，在某种意义上是深层人工神经网络的重命名。杰弗里·欣顿（Geoffrey Hinton）及其同事在2006年的发现被大部分人认为是深度学习的转折点。

2006年，欣顿在《科学》和相关期刊上发表了论文，首次提出了"深度信念网络"的概念。与传统的训练方式不同，"深度信念网络"有一个"预训练"（Pre-Training）的过程，这可以方便地让神经网络中的权值找到一个接近最优解的值，之后再使用"微调"（Fine-Tuning）技术来对整个网络进行优化训练。这两个技术的运用大幅度减少了训练多层神经网络的时间。这种新的算法让深度学习真正意义上实现了"深度"，也将深度神经网络带入研究与应用的热潮，将"深度学习"从边缘课题变成了谷歌等互联网巨头仰赖的核心技术，并在语音（2010年）和图像（2012年）识别领域取得重大技术突破。

深度学习在过去5年处于高速发展态势，在人工智能领域占据主导地位。根据高德纳咨询公司统计，深度学习的专家职位从2014年之后才开始出现，直到2018年，市面上有4万多个深度学习专家的职位空缺。这些需求大多来自脸书、苹

图 2-10　加里·卡斯帕罗夫（Garry Kasparov）以 2.5 : 3.5（1 胜 2 负 3 平）输给 IBM 的计算机程序"深蓝"

果、微软、谷歌和百度等科技巨头。大科技公司大量投资在深度学习的项目上。除了聘请专家之外，他们还大举收购专攻深度学习的小公司。

除了深度学习之外，强化学习（Reinforcement Learning）也是近几年来机器学习领域的热门技术。强化学习能使计算机在没有明确指导的情况下像人一样自主学习。在充足地学习后，强化学习的系统最后能够预测正确的结果，从而做出正确的决定。强化学习和深度学习的整合，让机器学习有了进一步的运用，衍生出深度强化学习（Deep Reinforcement Learning）。2016 年，谷歌的 AlphaGo 利用深度学习击败了当时的世界围棋冠军李世石，成为人工智能发展的又一个里程碑。虽然国际象棋、围棋等脑力运动代表着人类智慧的堡垒，但是强化学习技术的"接地气"的应用场景还不算多，目前也无法在产出的商业价值上和深度学习相媲美。这主要受限于很多领域目前还无法提供强化学习系统训练

过程中所需的极大数据量。

人工智能的未来在于可以创建直接从提供的任何信息（无论是文本、图像还是其他类型的数据）中学习的系统，而无须依赖精心策划和标记的数据集来教会它们如何识别物体、解释一段文本，或执行我们要求它执行的其他任务。这种方法被称为自我监督学习，正如 Facebook AI 的首席科学家杨立昆（Yann LeCun）所写，它是构建具有背景知识或"常识"的机器的最有前途的方法之一。通过这种系统，我们已经看到自然语言处理方面的重大进步，其中对大量文本的超大型模型进行自我监督预训练已经在问答、机器翻译、自然语言推理等方面取得了突破。

Facebook AI 将这种自我监督学习范式运用到计算机视觉，开发了一套名为 SEER（Self-Supervised Learning，自监督）的计算机视觉

自监督模型，它拥有 10 亿参数，可以从互联网上的任何随机图像组中学习，而无须像当今大多数计算机视觉训练那样进行仔细地管理和标记。

人工智能在发展到一定程度后遇到了一个瓶颈期：主要的机器学习手段还是蛮力计算，而且还要依赖大量的数据来训练系统。对抗性神经网络（Dueling Neural Networks），又称为生成对抗网络（Generative Adversarial Networks，GAN），是近年来最有潜力解决这个困扰的重要机器学习模型。GAN 的原理是两个 AI 系统可以通过相互"对抗"来创造超级真实的原创图像或声音。GAN 赋予了机器创造和想象的能力，也让机器学习减少了对数据的依赖性，对于人工智能是一大突破。

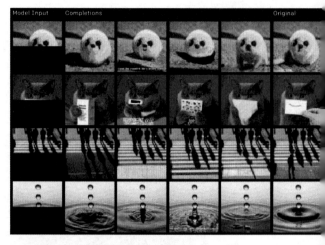

图 2-11　机器自我完成图像，图片来自 OpenAI

GPT-3（生成式预训练变换 -3）是一种使用 GAN 的无监督学习算法，是 2021 年最新的人工智能突破性技术之一。GPT 是 Generative Pre-training Transformer 的缩写，是由阿莱士·拉德福（Alec Radford）编写的语言模型，2018 年由埃隆·马斯克的人工智能研究实验室 OpenAI 发布。 它采用生成式语言模型（两个神经网络通过竞争相互完善），从未标记的数据中获取它所知道的关于语言的所有信息。它学习的内容主要来源于互联网，从热门的 Reddit 帖子到维基百科、从新闻文章到同人小说。

GPT-3 使用这些海量信息来完成一项极其简单的任务：在给定某个初始提示的情况下，猜测接下来最有可能出现哪些单词。例如，有时候你只需要输入几个开头的句子，然后，GPT-3 将可以完成剩余部分的写作。GPT-3 的开放公众测试让所有人都吃惊不已，因为 GPT-3 在许多自然语言处理任务上都有很强大的功能和不错的效果，包括翻译、问题回答，以及一些需要即时推理或领域适应的任务。GPT-3 已经可以生成让人难以区分究竟是人还是机器写作而成的新闻文章样本。

在 GPT-3 开放给公众进行测试后，大家用这个工具完成了各式千奇百怪的任务，包括基于问

题的搜索引擎、一个可让人与历史人物交谈的聊天机器人、仅通过几个示例即可解决语言和语法难题的工具、基于文本描述的代码生成、医疗问答、编写吉他曲谱、小说创作和自动完成图像等。这让人惊叹，因为 GPT-3 并没有接受过完成任何这些特定任务的训练。语言模型通常需要完成基础训练层，然后进行微调以执行特定工作，但 GPT-3 不需要微调。基于互联网公开信息的该模型是如此庞大，以至于所有的不同的功能都可以在其中的某个地方找到节点。用户只需要输入正确的提示就可以得到输出。

尽管 GPT-3 的输出并不完美，但它的真正价值在于它能够在没有监督的情况下学习并完成不同的任务，以及它能通过利用更大的数据规模来进行改进。世界上现在每分每秒都在产生信息，互联网最多的就是数据了，这意味着 GPT-3 的下一代会变得更加聪明。

强大硬件带来的强大计算力

让人工神经网络快速运行是很困难的。成千上万的神经元是否同时互动取决于任务种类，有时候使用传统的 CPU 运行神经网络要几周才能出结

图 2-12 机器学习

果。然而用 GPU 的话，能大大节省时间，同样的任务只需要几天或者几小时就可以出结果了。

英伟达（NVIDIA）公司首先组建了 GPU，它主要用于处理游戏中每秒中大量的帧数据。专家们发现，将 GPU 加入深度学习的架构中，赋予其训练神经网络的能力，它具备执行大量任务的平行计算能力，能更迅速地处理各种各样的任务。GPU 让深度学习系统有能力完成几年前计算机不可能完成的工作，比如房屋地址识别、照片分类和语音转录。例如有 10 亿个连接的 Google X 项目，训练人工神经网络的时候使用了 1000 台电脑和 16000 个 CPU，然而在同等工作量和时间下，装备了 64 个 GPU 的 16 台电脑就可以运算出结果。

机器学习通常有三个阶段。首先是收集数据，然后使用该数据训练模型，最后使用该模型进行预测。第一阶段通常不需要专门的硬件，第二阶段是 GPU 发挥作用的地方；理论上也可以在第三阶段使用 GPU，但是第三阶段的专用芯片用于 AI 训练中的图片处理、语音处理和视频处理等大数据量高负载任务（向量、矩阵和图形处理等），其功能比 CPU 和 GPU 更优秀。专用芯片，也称为专用集成电路（ASIC），每个 ASIC 旨

在执行一组有限的可重复功能，例如视频转码或语音处理。ASIC 擅长整数计算，这在模型进行预测时是必需的，而 GPU 更擅长浮点计算，这在训练模型时至关重要。因此，最佳方式是为机器学习过程的每个方面配备专门的芯片，每个特定步骤都可以更有效地运行。

以往 ASIC 的开发过程时间过长且成本过高，也不如 CPU 成熟。但是随着人工智能的发展，使用 GPU 和 FPGA 开发软件的便利性有所提高，而且科技巨头拥有雄厚的财力和专业知识来开发和定制 ASIC 上的应用程序。

2016 年，谷歌推出了定制的张量处理单元（TPU）硬件加速器，旨在以世界领先的速度运行其 TensorFlow 机器学习框架。TPU 是谷歌定制开发的 ASIC，用于加速机器学习。开发人员可以使用谷歌云 TPU 和谷歌的 TensorFlow 开源机器学习软件库来执行机器学习任务。谷歌云 TPU 旨在帮助研究人员、开发人员和企业构建可根据需要使用 CPU、GPU 和 TPU 的 TensorFlow 计算集群。TensorFlow API 允许用户在谷歌云 TPU 硬件上运行复制模型，而 TensorFlow 应用程序可以从谷歌云上的容器、实例或服务访问 TPU 节点。

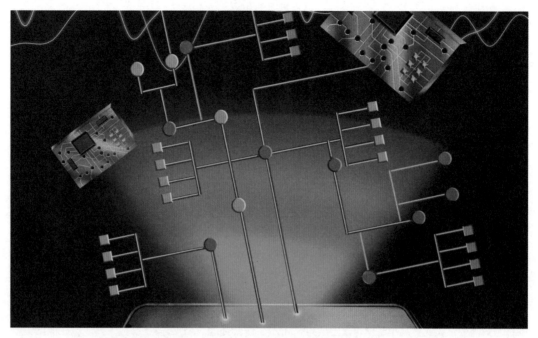

图 2-13　强大的硬件带来强大的计算力，插图作者朱莉娅·迪福塞（Julia Dufossé）

严格来说，这并不是一种新方法。它是在混合使用 GPU 以加速训练时开发的模式的扩展。谷歌展示了一种在硬件愈加灵活和可重新定义的情况下使用该模式深入操作的方式。根据谷歌的阿扎莉·米里赛妮（Azalia Mirhoseini）和安娜·戈尔迪（Anna Goldie）领导的研究团队所发布的论文，使用深度强化学习生成的芯片平面图"在所有关键指标（包括功耗、性能和芯片面积）上都比得上或优于人类制作的芯片平面图"。

这一突破的影响可能是深远的，"自动化和加速芯片设计过程可以实现人工智能和硬件的协同设计，产生针对自动驾驶汽车、医疗设备和数据中心等重要工作负载定制的高性能芯片"，研究团队如此说道。利用该方法仅在 6 h 内就生成了出色的设计。这一突破如此重要，以至于世界领先的芯片专家兼加州大学圣地亚哥分校计算机科学教授安德鲁·康（Andrew Kahng）在《自然》杂志的一篇同行评议文章中建议，这项创新可能会使摩尔定律继续存在。

这项突破和对专用处理器的需求，正在改变已经存在数十年的专用芯片和通用芯片之间的平衡。

当今人工智能主要专注于执行特定任务，其应用覆盖计算机视觉、语音识别、自然语言处理以及数据科学。计算机视觉是 AI 技术中最大的市场。从某种角度上说，新冠疫情则加速了智能语音的技术落地与场景融合。"非接触"需求给语音领域及对话式人工智能产品带来了新的机遇与增长动能。未来，基于对话机器人实现意图理解并做出回答或执行相应任务的产品形式或将会被更加广泛地应用在服务、营销等交互场景，并可作为疫情防控机器人，助力防疫。

有了技术上的突破，人工智能的商业应用也是全面"开花"。根据沙利文咨询公司的报告，全球

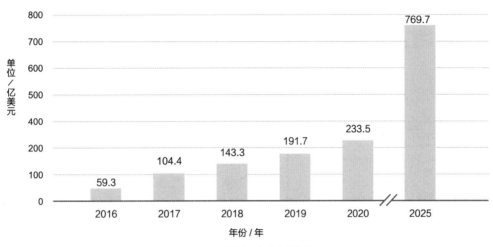

图 2-14 全球人工智能市场规模

人工智能市场规模预计在2025年将达到7697亿美元。据2017年麦肯锡关于人工智能的报告，人工智能领域的投资仍在高速增长中，投资企业以谷歌和百度这样的科技巨头为主。全球范围内，人工智能领域2016年吸引的投资高达390亿美元。其中科技巨头占了大头，投资预测在200亿美元到300亿美元之间；其中90%的投资花费在研发上，而10%用于AI相关的收购。私募资金、风险投资和种子资金的增长也十分迅速，加起来虽然比不上大科技公司，但总体也达到相当庞大的60亿美元至90亿美元。机器学习作为人工智能的主要技术手段，吸取了高达60%的投资份额。全球人工智能软件的市场价值在2016年约为4.8亿美元，到了2022年，这一数值预测能达到130亿美元，可见人工智能领域的市值增长之快和市场需求之大。

过去10年，人工智能的发展是腾飞的。这还仅仅是开始。目前人工智能的商业研发还集中于谷歌和百度这样的科技巨头，在其他产业的普及仍十分有限。其他产业除了技术和人才都不如科技产业充沛外，涉及的软硬件投入和商业模式改变都是人工智能应用在其他产业起步艰难的主要原因。由各大科技公司推出的云端机器学习工具可以大大降低其他公司使用人工智能进行应用开发的门槛，预期能大大增快人工智能在各个产业的普及。

由于其对未来社会和经济发展的重要性，人工智能在我国已是重要科技项目之一。由百度等科技公司牵头大力研发人工智能，中国是紧跟在美国之后的具备领先人工智能技术的国家之一。北京和深圳目前是中国人工智能的研发枢纽。中国在研发上的先天优势就是人口庞大和工业体系完善，能提供人工智能研发目前必需的极大数据量。而且中国市场体量大，给未来人工智能的应用和推广提供了良好的试验田。如何将人工智能运用在我国的产业升级计划中，将会是未来经济发展中很关键的研究课题。

挖掘"自监督学习技术"大潜力

方鹏飞

澳大利亚联邦科学与工业研究组织
副博士、研究员

澳大利亚国立大学博士

蓝振忠

西湖大学工学院助理教授

深度学习实验室负责人

自2012年以来，深度监督学习技术取得了革命性的突破，甚至人工智能系统开始具备超越人类的感知能力，并被广泛地应用在众多领域。然而，该技术存在依赖于人工标签、易受攻击等问题，这促使学者们不断探索更好的解决方案。近年来，自监督学习（Self-Supervised Learning）作为一种新的学习方法，在表征学习方面取得了骄人的成绩，吸引了越来越多的关注。自监督学习利用输入数据本身的信息作为监督信号，学习数据的特征表示，几乎适用于所有不同类型的数据和下游任务。《麻省理工科技评论》在2021年的"全球十大突破性技术"中总结和评论了以GPT-3为代表的自监督学习技术，是人工智能近年来最大的技术突破。

相比监督学习，自监督学习的优势在于它不需要人工标记数据，因此能够节省大量的人工成本。此外，自监督学习还具有更强的泛化能力，能够从数据中学习到潜在的统计规律，并且在处理复杂的问题时表现出更好的效果。对此，在2018年国际人工智能联合会议（IJCAI）的主题演讲中，图灵奖获得者杨立昆（Yann LeCun）做了一个形象的比喻：如果人工智能是一块蛋糕，那么蛋糕的大部分是自监督学习，蛋糕上的糖衣是监督学习，蛋糕上的樱桃是强化学习。虽然该比喻存在诸多争议，但也体现了自监督学习的重要性。

一般来说，自监督学习通过不同的代理任务，训练并提升模型对数据的理解能力。比如：在自然语言处理中遮掩语言建模（Masked Language Modeling）通过训练模型预测被掩盖的单词，从而使模型掌握语言的文本知识；在视觉领域，对比学习（Contrastive Learning）通过训练模型学习同类实例之间的共同特征，区分非同类实例之间的不同特征，从而使模型理解图像的内容。代理任务是自监督学习的基础，因此设计有效的代理任务是实现自监督学习的必要条件之一。

自2018年以来，自监督学习的研究在各个领域都取得了巨大的进展，其中著名的成功案例包括谷歌

图 2-15 1993 年贝尔实验室里的一台能读懂支票笔迹的电脑

的 BERT 模型、Meta AI 的 MAE、OpenAI 的 GPT-3 和 DALL-E 2。上述 4 个模型分别在语言理解、图像理解、语言生成和图像生成方面取得突破性进展。由于自监督学习基本不受数据规模的限制，在学习难度上也普遍高于监督学习，所以研究人员可以训练出远高于监督学习参数量的深度神经网络模型。例如，GPT-3 的模型参数有 1750 亿个，仅仅训练一次就需要数千万美元的费用。这些"大模型"在语言/图像的理解和生成上取得了远超纯监督学习模型的效果。

以上技术延伸出很多激动人心的应用。例如，在文本情感分类和图像分类上，基于 BERT 和 MAE 的预训练模型分别取得了远高于之前最好准确率的成绩；基于 GPT-3，人们通过一段简短的文字命令，就可以让 AI 机器人写出优美的文章、严谨的代码或动人的邮件……同样，在图像生成上，只要给 AI 系统一段文字描述，DALL-E 2 就能够生成逼真的图像或者富有文艺气息的画作。

自监督学习的成功不仅仅局限在常见的语言或图像领域，它在语音识别、化学分析、蛋白质结构预测等领域同样展现了巨大的潜力。不同领域的相互补充与借鉴，促进了自监督学习的发展，也为通用人工智能的实现铺平了道路。

当然，自监督学习还有很大的发展空间。例如，对于目前的自监督学习，大量的数据和大规模的网络模型必不可少，因此无论是训练模型还是用模型进行推理都需要大量的时间和计算资源，不利于进一步的研究和应用。同时如何有效地利用自监督预训练模型的知识，也亟待大量的研究与实践。

总的来看，自监督学习是当前人工智能领域中最激动人心、在当下及未来都特别值得关注的方向之一。无论研究或实际应用，自监督学习都存在大量探索空间。

现实挖掘技术，
揭示数据背后的规律

李建欣

北京航空航天大学计算机学院
教授、副院长

21世纪以来，随着大规模数据的产生和数据处理引擎（即算力）的进步，数据科学这一跨学科领域得以蓬勃发展。由于数据科学涵盖了社会学、统计学、数学、机器学习等诸多知识门类，该学科的发展大大推进了学术界与产业界相关技术与产品的更新换代。

2010年，美国计算机协会（ACM）的旗舰杂志《美国计算机学会通讯》（*Communications of the ACM*）介绍了现实挖掘（Reality Mining），并将其定义为：通过传感器收集人们社会行为的现实信息，以获取知识，通过人类交流内容、关联关系以及位置等信息，分析其社会行为并挖掘其社会行为中蕴含的潜在规律。

时至今日，传感器网络等模拟信号采集装置越来越普及，现实生活中的大量模拟信号可被转变为数字信号来进行存储、分析，极大地促进了数据科学在更宽广领域内的发展与进步。特别是机器学习乃至深度学习技术的飞速发展，使大数据中所蕴含的人文、经济等价值被充分发掘，为人们的生产与生活方式带来变革。

然而，来自美国麻省理工学院媒体实验室的桑迪·彭特兰（Sandy Pentland）教授则在更早的时候，就开始了对现实挖掘技术的研究。"人类动力学（Human Dynamics）实验室"由他成立并主导，实验室计划通过收集和分析海量的现实行为数据，来揭示"人性"，甚至期待达成"预测人类行为"的目标。桑迪·彭特兰教授提出，通过采集人类现实的行为动作来获取数据信息，捕捉和测量人们平时不关注的行为和社会互动，继而使用数据挖掘算法来分析这种数据的价值。《麻省理工科技评论》曾评论"现实挖掘技术会极大地促进社会科学与数据科学的发展"，并将其推选为2008年"全球十大突破性技术"之一。

现实挖掘技术可被划分为现实数据采集和数据挖掘两大关键技术。现实数据采集的目的是将现实生活中的多模态行为数据转换为可传输、存储并计算的数据。伴随着传感器、物联网、云计算等诸多领域的快速发展，其在近些年已相当成熟，能够为下游分析提供高质量的信号采集及转发功能。同时，作为传统的统计科学，数据挖掘技术也被更广泛地应用于分析处理多元数据，探寻数据间的隐性关联。在机器学习和深度学习技术迅速发展的背景下，数据挖掘技术现在已经逐渐跨越模态、时序等诸多限制，真正实现了现实数据的充分挖掘，并将结果应用于解决复杂的现实问题。

更深层次地说，现实挖掘是指人们对数据库中自现实社会中采集的数据进行分析处理，将更为复杂且抽象的信号作为现实挖掘的数据输入，来获取潜在、有效、新颖知识的方法，是数据挖掘与现实社会数据结合的产物。

身处2022年，以手表等智能穿戴设备为代表的移动设备早已成为人们必不可少的生活用品，一些配套的智能应用不断涌现，实现各类功能如社会行为分析及日常健康监测等。具体来说，用现实挖掘来研究人们的社会行为较传统心理学、社会学、人类学等理论更加直观与可解释。例如，早在1990年，麻省理工学院的一位计算社会学教授将胸卡作为采集器，追踪医院内医生与护士的种种实时现实数据，来防止某些可能错误的发生。2007年，麻省理工学院媒体实验室的另一组研究人员进一步推出了名为"Cogito Health"的产品，它可通过分析语音、声调等数据来在某些紧急时刻自动呼叫医生。

大量用不同类型传感器获取人类各项生理指标的健康监控设备与应用出现，基于数据挖掘算法实现了诸多的健康监测功能。例如，已经走进寻常百姓家的智能音箱，能够将温度、湿度等环境数据连同人类相关的视频、音频等多模态数据同时作为数据输入，提供包括但不限于智能对话、健康监测、智能推荐等功能。

从研究科学问题的角度来讲，现实挖掘属于行为大数据计算科学研究领域，其在医疗健康、疫情防控，以及社会行为学等领域发挥着重要作用，推动了跨模态数据的表征、异常行为的监测与预警、序列行为的长期预测等系列基础理论和技术的研究，也充分带动了大数据计算、自然语言处理、网络科学等多学科的交叉研究。从截至目前的技术发展历程来看，新的相关领域不断诞，例如2019年由麻省理工学院媒体实验室领衔，哈佛大学、耶鲁大学、马克斯·普朗克科学促进协会等院所和微软、谷歌、脸书等公司的多位研究者，在《自然》发表了题为"机器行为学"（Machine Behaviour）的综述文章，提出"机器行为学"这门泛化行为学的跨学科研究领域，深入研究机器和机器群体的宏观行为规律。从未来技术发展趋势来看，现实挖掘技术作为一种自人类日常生活获取数据，并挖掘其价值的方法，已在相当多的现实场景中得以应用，许多配合数据采集装置的智能应用开始得到市场的认可。

当然，现有挖掘算法与数据获取方案均存在极大的进步空间，在充分考量现实数据特点并探索现实数据规律的基础上，通过设计新颖的数据表征学习及挖掘算法还能够进一步提升现实挖掘的性能，拓展现实挖掘技术的应用领域。最后，就整体而言，现实挖掘现今仍处于初始阶段，随着应用场景的变化，以及面向用户的数据隐私、数据归属、数据安全等潜在威胁的一一暴露，场景化的现实挖掘技术将持续不断地涌现出来，例如与联邦学习、群体智能的融合等。

图2-16 数据科学在更宽广领域内向前发展

新一代强化学习，跳出人类想象之外

吴 翼

清华大学交叉信息研究院
助理教授

"强化学习"是机器学习的子领域。2017年，"强化学习"因"能使计算机在没有明确指导的情况下像人一样自主学习"入选《麻省理工科技评论》"全球十大突破性技术"。

近几年，强化学习领域的代表性研究项目有2019年OpenAI机械手单手拧魔方，该项目采用了名为"自动化域随机"（Automatic Domain Randomization，ADR）的新技术，第一次证明通过强化学习可以做一些机器人传统控制做不了的事情，从纯模拟进化到现实转化；笔者曾在OpenAI参与"捉迷藏"项目，该项目是小蓝、小红两个智能体在虚拟世界里利用墙和箱子两种道具玩"捉迷藏"游戏，通过该项目我们发现假如给智能体一个开放性足够的物理空间，智能体可以自己去学习一些令研究人员意想不到的行为。此外，正在进行中的其他相关项目有利用强化学习使机器做出符合人类动力学的行为，如击剑、拳击等。

强化学习的特点是通过算法采集数据，即人工智能自行采集数据，从数据中学习。强化学习的主要问题之一是"探索"，即如何让AI采集到特定的、有用的数据。以游戏为例，如果想让AI打赢游戏，那么需要采集到能打赢游戏的数据，这一过程由AI自主进行，无须研究人员参与。强化学习有3个重要的问题，第一个问题是泛化性，第二个问题是如何从虚拟世界（如游戏）进入现实世界，第三个问题是算法效率。

传统强化学习主要解决特定马尔可夫决策过程（Markov Decision Process）上的最优决策（Decision-Making）问题，不考虑最佳策略的泛化能力。随着深度学习的发展，我们希望利用神经网络和大规模强化学习训练的复杂策略在各种各样的环境和任务下都能够有优异的表现。另外，在很多复杂场景下，强化学习还能够发现一些人想象之外的有趣的行为，这种自我创造力是强化学习最具潜力的特质，使其与监督学习相比有本质的区别。例如，在监督学习过程中，AI在研究人员给出的数据上学习，给出猫的图片，则机器识别出的也是猫，不会超出机器的认知范围，也自然不会超出人的认知范围。

训练智能体需要大量的数据样本，虚拟世界中数据是无限的，而现实场景中很难收集到庞大的数据集。强化学习存在数据局限的弱点。我们需要考虑在拥有无限数据的虚拟世界中创造某样事物，然后将其直接迁移到现实生活中的可能性。或者在现实世界中，用有限的数据进行强化学习。

最后一个问题是算法效率。目前来看强化学习仍需要非常大量的计算，严格意义上，该问题不太难，

图 2-17　小蓝、小红两个智能体在虚拟世界里利用墙和箱子两种道具玩"捉迷藏"游戏，图片来自吴翼

因为虚拟世界里面想要多少数据就有多少数据，但是从算法角度上来讲，既然现实生活中的数据极为有限，那么有没有可能研究人员在虚拟世界中把强化学习需要的数据量降下来？让我们拭目以待。

近几年学界也在关注新的研究领域——人工智能的安全性（AI Safety），笔者的博士导师斯图尔特·罗素（Stuart Russell）教授就倡导该领域的研究。人工智能已经深入我们的生活，但伴随着一些安全性问题。在微观层面上，较为突出的问题是数据隐私，目前该领域也有相关法律出台进行监管；在宏观层面上，我们在设计AI的训练目标时，需要考量人类的反馈和安全性等因素，力求确保AI符合人类的价值观。

就强化学习的应用领域而言，游戏内容生成和机器人是目前最普遍的落地场景，强化学习在传统运筹规划、虚拟图像内容生成等领域中也有不俗表现。笔者期待新一代强化学习能够找到实现泛化的路径，发现人想象之外的事情。

案例分析

商汤科技，计算机视觉的"领头羊"

——坚持原创，让 AI 引领人类进步

计算机视觉是人工智能的子领域之一，它使计算机能够"看到"并"解释"周围的世界。计算机和系统从图像、视频及其他视觉输入中获取有意义的信息，并根据该信息采取行动或提供建议。如果说人工智能赋予计算机思考的能力，那么计算机视觉可以赋予计算机发现、观察和理解事物的能力。一些常见的计算机视觉课题包括图像分类、对象定位和检测，以及图像分割。

计算机视觉一直是人工智能商业化落地进程最快的"赛道"。计算机视觉最常见的应用包括面部识别、医学图像分析、自动驾驶汽车和智能视频分析等。近年来，在深度学习算法的加持与带动下，计算机视觉技术及其软硬件产品在泛安防、金融、互联网、医疗、工业、政务等领域得到广泛应用。

根据中国信息通信研究院（简称中国信通院）数据显示，2017年计算机视觉在国内人工智能市场规模中占比达到40.3%，计算机视觉企业在AI企业中占比达到42%，都位列第一。2018年1月至2021年11月，计算机视觉相关融资事件共计276宗，涉及融资总金额达660亿元。其中2018年是计算机视觉赛道的融资爆发期，融资金额高达273亿元。

根据艾瑞咨询公司对下游行业需求的统计测算，

2021年，中国计算机视觉核心产品的市场规模达到990亿元，已接近千亿元大关。此外，与计算机视觉相关的计算机通信设备销售、工程建设、传统业务效益转化等带动相关产业规模超过3000亿元。预计到2026年，中国计算机视觉核心产品市场规模将突破2000亿元，带动相关产业规模将超过6700亿元。

计算机视觉技术在泛安防（包括公安、交通、社区、文化、教育、卫生等多个领域）中的应用多年以来一直是计算机视觉乃至国内人工智能产业实际落地的重要部分。

2021年，国内泛安防领域计算机视觉核心产品市场规模已达到531亿元，占计算机视觉核心产品总规模的70.7%，到2026年将接近1000亿元。金融领域主要通过计算机视觉技术完成人脸识别及证照识别等工作，由于前期市场需求已得到大部分满足，未来数年市场将保持稳定增长。而医疗领域是近两年计算机视觉应用最火热的领域之一，尽管现阶段市场规模仍较小，但随着以计算机视觉技术为核心的AI医学影像辅助诊断产品及新型智能医疗器械在各级医院及医疗机构的铺开，医疗领域的计算机视觉核心产品规模将超过100亿元。

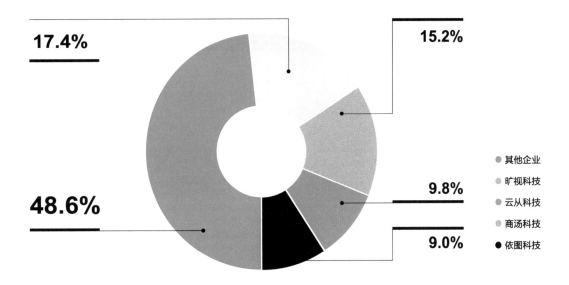

资料来源：中商情报网

图 2-18 中国计算机视觉应用市场份额

在计算机视觉领域中，商汤科技、旷视科技、云从科技、依图科技是中国当之无愧的"头部企业"。据数据显示，这四家企业占国内计算机视觉应用市场份额的51.4%。从规模上看，这四大厂商已经能够跻身世界领先行列。

其中最受投资人青睐的是目前在计算机视觉赛道中领跑的商汤科技（SenseTime）。商汤科技由以汤晓鸥教授为领军人物的香港中文大学工程学院团队所创立。自2014年成立以来，商汤科技从一个学术项目发展成为全球最有价值的人工智能公司之一。2021年12月30日，商汤科技正式登录香港交易所，成为国内人工智能第一股。随后，商汤科技股价一路上涨，现市值约为60亿美元。其在图像处理、人脸辨识、自动驾驶、增强现实（AR）、深度神经网络等方面处于世界前沿位置，在算法、数据和运算加速方面具备深厚的技术积累。

针对场景碎片化、人工智能模型开发效率低导致人工智能模型无法满足市场的大量"长尾"需求，以及工业级应用所需的高性能人工智能模型生产成本高昂等人工智能商业化的痛点，商汤科技打造了高效率、低成本、规模化的新型人工智能基础设施——SenseCore商汤AI大装置，全面构建物理空间数字化搜索引擎和推荐系统，以满足深度学习网络模型不断攀升的算力需求、多行业长尾细分的应用需求，以及摆脱人力密集型的开发模式。商汤科技同时在中国（上海）自由贸易试验区临港新片区建设商汤科技人工智能计算中心——临港AIDC，以支持基于云端的全方位AI模型生产及部署服务。临港AIDC是一个开放、大规模、低碳节能的先进计算基础设施，预计能够产生每秒 3.74×10^{10} 次浮点运算的总算力。

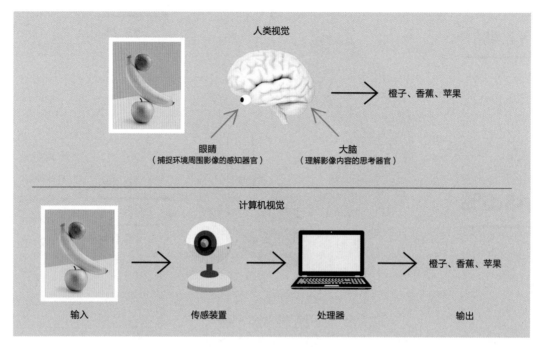

图 2-19　人类视觉与计算机视觉

SenseCore 商汤 AI 大装置通过整合强大的算力基础和领先的算法能力，构建了一整套端到端的架构体系，打通算力、平台和算法之间的连接并协同三者，大幅降低人工智能生产要素的成本。投资者认为，商汤科技具备在人工智能赛道成功的两大要素，一是不断解决长尾场景的覆盖问题，向真正的产业化靠近；二是 AI 模型的大规模量产，降本增效，商业化得以落地。此外，从一开始商汤科技就在人才上给予大量投入，认为人才梯队的竞争力是长期竞争博弈最重要的砝码，并将学术上的突破性研究转化成公司商业化助推动力。商汤科技已拥有 40 名教授、5000 多名员工，其中约 2/3 为科学家及工程师，包括 250 余名博士及博士候选人；学术研究方面，公司获得 70 多项全球竞赛冠军，发表了 600 多篇顶级学术论文，并且拥有 8000 多项人工智能专利及专利申请。

先通过持续投入大规模研发带来创新，再实现商业模式发展，商汤科技在这条艰难且罕有的发展道路上拥有十分坚定的信心。商汤科技开发了多项人工智能技术，包括人脸、图像、物体和文本识别、医学图像和视频分析、遥感、自动驾驶系统。这些人工智能技术已部署在从医疗保健到金融、在线娱乐到教育、零售到安全、智慧城市到智能手机等各个行业。商汤科技目前是中国最大的算法提供商，也是第五大人工智能平台。商汤科技拥有约 700 家客户和合作伙伴，包括麻省理工学院、高通、本田、阿里巴巴、微博等。

商汤科技能够如此迅速地发展壮大离不开国家的支持。商汤科技还是中国科技部指定的"智能视觉"国家新一代人工智能开放创新平台，同时中国是一个内需足够大的市场，能自我形成有效市场，这为这些科技初创企业的发展和应用落地提

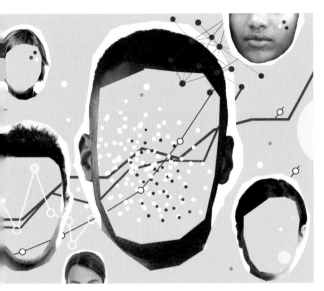

图 2-20　泛安防，
插图作者安德烈娅·达奎诺（Andrea D'Aquino）

供了必要条件。

商汤科技的大部分收入来自其软件平台。2020年上半年，商汤科技为城市设计的人工智能软件平台实现收入7.863亿元人民币，同比增长240%。

泛安防是商汤科技的收入支柱。公安局使用商汤科技的 SenseTotem 和 SenseFace 系统来分析视频片段以抓获犯罪分子。例如，商汤科技为广州提供的软件用于将犯罪现场的监控录像与犯罪数据库中的照片进行匹配，并已查明2000多名嫌疑人，破获近100起案件。除了为网约车应用程序的司机和乘客提供额外的安全保护之外，它的技术还可以感知司机的动作，并识别他们是否可能在驾驶时睡着了，或者在不安全的时间段内没有看路。SenseTime 可以通过跟踪车牌、支持交通管理以及识别何时发生交通事故向当局发出警报，加强公共安全。

在商业方面，商汤科技的人工智能服务被用以改进 OPPO 和 vivo 等智能手机制造商的相机应用程序；在微博等中国社交媒体平台上提供"美

化"效果和 AR 滤镜；并为环贝、融360等国内金融和零售应用提供身份验证。商汤科技的人工智能软件还可帮助企业构建数字化和自动化工作流程。该公司的其他软件平台包括自动驾驶、人工智能和智能医疗测试系统，其中智能医疗测试系统可以自动检测肺部疾病，包括由新冠病毒引起的疾病。通过该公司的 SenseCare 智慧健康平台，医疗专业人员在人工智能的帮助下可以查看诊断信息、计划手术和进行后续管理。此外，商汤科技与日本汽车制造商本田达成推进自动驾驶技术研究的协议，还在日本开设了自动驾驶研究机构。

中国的人工智能软件市场预计将成为全球主要市场中增长最快的市场，预计到 2025 年将达到 1671 亿元人民币，而全球人工智能支持的市场空间预计将达到 10 万亿元人民币。商汤科技的发展策略可不仅仅止于国内市场。在一项合作中，商汤科技与马来西亚 G3 Global 联手合作开发人工智能项目和解决方案，建设价值 10 亿美元的人工智能园区，并建立其他战略合作伙伴关系，以在该国建立人工智能产业。与消费互联网不同，"硬科技公司"的竞争从一开始就是全球化竞争。全球化依然会是未来10年商汤科技以及中国科技企业发展的关键词。

但是商汤科技的发展一路"高歌"的同时也有隐忧——公司的盈利问题。人工智能技术的研发成本高昂，高亏损、高负债在人工智能行业中颇为普遍。因此，商业化落地是摆在这些企业面前的问题。

但商汤科技管理层表示，除去销售、营销、研发相关的费用以及优先股的公允价值损失后，商汤科技的毛利润实现了高增长。基于商汤科技在人工智能的领先地位，他们有信心商汤科技最终会盈利，"只要我们的毛利润能够快速增长，我们能够有效控制人员成本，我们就会实现清晰可行的盈利路径"，商汤科技首席财务官王政对公司的前景非常肯定。

云计算，让人工智能更普及

创新成果呈破竹之势，插图作者乔恩·韩（Jon Han）

人工智能软件的"领头羊"目前有谷歌、百度、IBM、微软、SAP、Salesforce等科技公司。如今的人工智能技术绝大多数仅用于科技行业，为这个领域带来了效率的提升、多种新的产品和服务。但除了科技业界外，人工智能在其他产业的应用还处于实验性的早期阶段。很少有公司大规模地使用人工智能技术。麦肯锡2017年发布的研究报告《人工智能，下一个数字前沿》（Artificial Intelligence,The Next Digital Frontier）中指出，全球知道人工智能的公司中只有20%正在有规模地使用人工智能相关的科技产品，更多的公司表示他们并不清楚人工智能的投资回报率。

表2-1 人工智能的应用程度及相应产业

人工智能的应用程度	产业
高	科技（通信类、汽车、生产线）、金融
中	零售、快速消费品、媒体、娱乐
低	教育、医疗保健、旅游

在创新成果以破竹之势涌现之时，人工智能却面临着其技术突破远远快于实际应用的尴尬之地。能源、零售、制造和教育产业的案例分析表明，人工智能技术可以帮助改善销售预测，推动自动化进程，提供有效的针对性营销和定价，还能增强用户体验。然而，一个成功的人工智能项目对于一个企业有极多要求。

人工智能和机器学习过程中海量数据的交换、存储和处理，需要灵活强大的分布式数据处理集群，需要极大的算力、网络带宽和物理存储。传统企业因此不得不去购买各类硬件设备（服务器、硬盘、路由器等）和软件（数据库、软件运行环境、中间件等），还需要组建一个完整的运维团队来支持这些设备或软件的正常运作。这些硬件或软件及其日常维护的开销非常巨大。除此之外，计算硬件是人工智能的核心之一，算力更高的计算硬件

图 2-21　云计算，插图作者努马・巴尔（Noma Bar）

可以在更短的时间里完成神经网络的训练，而由于 AI 处理器（如英伟达的 GPU）更新换代很快、售价高，对于企业来说频繁更换硬件的经济成本过高。

突破这一瓶颈的一大关键在于云端机器学习工具的普及。云计算（Cloud Computing）平台把资源集约化共享给大众，有效解决了这些问题，使人工智能技术的入门门槛和成本都一再降低，让数据处理的价格变得可以承受，加速人工智能的普及。

云计算可以说是分布式并行计算、效用计算、虚拟化技术、网络存储、负载均衡、热备冗余等传统计算机和网络技术发展、融合的产物。虚拟化技术可以实现硬件资源的灵活性和弹性，通过对硬件资源抽象化，屏蔽了复杂的底层基础架构，使得云计算的部署、管理更加方便、快速。随着服务器集群的规模越来越大，自动调度算法克服了传统虚拟技术需要人工设置参数的局限。当所有的硬件资源都在一个"池子"里时，调度中心会按照用户的动态需求，自动启动并配置好虚拟机，资源池化便实现了硬件资源的灵活性和弹性。

图 2-22 IBM 实验室

美国国家标准与技术研究院（NIST）在2011年对云计算给出定义，总结了云计算所具备的5个基本特征，即按需自助服务、通过网络访问、资源池化共享、弹性强及服务是可度量的；3种主要服务模式，即SaaS（Software as a Service，软件即服务）、PaaS（Platform as a Service，平台即服务）和IaaS（Infrastructure as a Service，基础设施即服务）;4种部署方式，即私有云、社区云、公有云和混合云。

尽管许多人认为云计算是一个相对较新的概念，但其实这个概念存在已久，只是该技术一直发展相对缓慢。

2006 年，亚马逊云科技（Amazon Web Services）创建，并发布了弹性计算云（Elastic Compute Cloud，EC2）服务。该服务使客户能够租用虚拟机作为其数据和应用程序的基础设施。同年，谷歌发布了谷歌文档（Google Docs），用于在云中创建、编辑和共享文档。2007 年，谷歌、IBM 和几所大学合作创建了一个服务器，其资源专门用于云中的研究项目。同年，奈飞（Netflix）等公司开始推出云端流媒体服务。大约在同一时间，支持大量数据处理的技术开始出现。Hadoop 的推出让在商用硬件上管理超大型数据集成为可能。Apache Cassandra 可以在数百甚至数千个节点上分发数据，同时以非常类似于标准 SQL 的语言管理读写查询。这些存储和分发大量数据的能力与收集、传输、存储和使用数据的可能性使得云存储和管理更加引人关注。

在过去10年中，云服务已经显著扩展。到2010年，亚马逊、谷歌、微软和 OpenStack 都推出了云部门。从那时起，云服务已经占据了科技行业技术的一席之地。

随着云服务被企业采用，同时使用公有云和私有云的概念产生了，因此出现了"混合云"。这些"混合云"使组织能够定制化地全面集成云服务。2011年，Apple发布了iCloud，让消费者开始在日常生活中使用云存储。

在过去的10年中，各种规模的企业都乐于采用云服务，以追求更好的服务和长期的成本节约。据高德纳咨询公司称，超过三分之一的机构将云计算视为其三大投资重点之一。

高德纳咨询公司数据显示，经过10多年的发展，2021年全球云计算服务市场规模达3049亿美元，同比增长18.4%。据预测，2022年更是会大幅增长至4820亿美元。

软件即服务（SaaS）是最终用户云信息技术支出的最大细分市场。SaaS产品的市场规模在2015年至2017年间翻了一番。此外，许多初创公司加入了市场。仅印度，在2017年就有55家新的SaaS公司成立。SaaS的市场规模在2020年的增长由于疫情影响有所减缓，但是在2021年重新恢复了18%的年增长率，跃至1178亿美元。

根据高德纳咨询公司数据，平台即服务（PaaS）的市场规模上升势头更为强劲，过去5年每年平均增长率达到23%，2022年预计总值约690亿美元。在全球疫情下，PaaS的市场规模的增长并没有像SaaS的市场规模一样受影响，反而受到了远程办公需要通过现代化和云原生应用程序访问高性能和可扩展的基础设施的推动。

而基础设施即服务（IaaS）市场目前由5家供应商主导：谷歌、亚马逊、微软、阿里巴巴和IBM。其行业价值也反映了这一点——从2010年的120亿美元左右，到2022年预计超过822亿美元。

这种强劲的发展势头主要源于越来越多大型企业从传统信息技术服务转向云计算服务。除了爱彼迎、奈飞这类具有互联网特质的公司，传统快餐连锁行业如麦当劳，较保守的银行业如高盛集团、花旗银行，甚至还有政府机构如美国金融业监管局，都开始将业务迁移到云计算平台上。高德纳咨询公司预测云计算服务在未来5～7年仍会保持高速增长。

展望云计算未来10年的发展，有几个重要的趋势不可不提。

第一个趋势是边缘计算。边缘计算是一种新兴的云计算技术，是在用户或数据源的物理位置或其附近进行的计算，这样可以降低延迟、节省带宽。在云计算模式中，计算资源和服务通常集中在少数主导的提供商构建的大型数据中心内，而最终用户则是在网络的"边缘"访问这些资源和服务。每秒都有大量新的物联网设备连接到互联网，延迟、带宽和安全问题是不可避免的。

边缘计算在需要的地方或其附近建立本地化数据中心以进行计算和存储。这降低了云上的负载并改进了各种应用程序的部署和运行方式。边缘计算的计算和管理不再依赖集中式网络，而依赖本地处理。通过使主动管理和数据存储更接近源头，边缘计算缓解了与中央服务器通信相关的延迟问题。用户能够得到更快速、可靠的服务，获得更好的用户体验，公司则能够更好地处理数据，支持对延迟敏感的应用，以及利用人工智能、机器学习等技术识别趋势并提供更好的产品和服务。就隐私和合规问题，对于企业来说，本地管理的数据中心意味着更高级别的信息安全。随着互联网设备和物联网的不断发展，边缘计算将成为利用和管理其他技术的关键。

第二个趋势是混合云市场规模的增长。企业向云端迁移一般有两种选择。他们可以使用易于访问、即用即付的公有云解决方案，或者更个性化和灵活的私有云解决方案。出于监管和数据安全原因，私有云对于有些机构是必需的，拥有自己的云能让数据永远不必离开机构。

如今，微软、亚马逊和 IBM 等公司正在扩大其"混合模型"的推广范围，这些模型采用了两全其美的方法。需要快速和频繁访问的数据（可能由客户访问）可以保存在公共亚马逊云科技或 Azure 服务器上，并通过工具、应用程序和仪表板进行访问。更敏感或关键任务的数据可以保存在可以监控访问的私有服务器上，并且可以使用专有应用程序进行处理。

一个整合良好且平衡的混合战略可为企业提供两全其美的产品。企业可以根据公有云的创新和灵活服务的要求进一步、更快地扩展，并且能同时拥有私有云提供的高安全性、高效率和快速反应。

为了跟上云技术的发展步伐，87% 的企业已经采用混合云战略。埃森哲预计混合云的总值会以 17% 的增长率从 2018 年的 446 亿美元涨至 2023 年的近 1000 亿美元。

第三个趋势是无服务器云。无服务器云是一个相对较新的概念，在市场上受到包括亚马逊（AWS Lambda）、微软（Azure Functions）和 IBM（IBM Cloud Functions）等供应商的青睐。有时它被称为"功能即服务"，这意味着企业不需要租赁服务器或为固定数量的存储或带宽付费。它承诺提供真正的即用即付服务，其中基础设施可根据应用程序的需要进行无形扩展。当然，它并不是真正的无服务器，服务器仍然存在——但它在用户和平台之间增加了一层抽象层，这意味着用户不必参与配置和技术细节。云计算中的无服务器云将在整个云计算和整个技术领域的更广泛应用趋势中发挥重要作用，创造新的用户体验，使创新更容易。

如今，云计算不仅是一个领域，更是一种发展思路。这种转变带来了更多颠覆，推动了云原生开发、边缘计算和无服务器云等相对较新的领域。随着"万物互联"技术的蓬勃发展、对大数据的深度挖掘和机器学习算法的兴起，云计算还将助力人工智能的爆发性发展，是人类迈入"人工智能时代"必不可缺的重要一环。

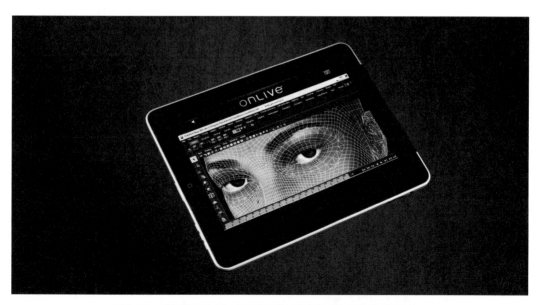

图 2-23 一款运行在 OnLive 远程服务器上的需要大量计算的 3D 动画软件，
图片拍摄者温妮·温特迈耶（Winni Wintermeyer）

案例分析

最全面、应用最广泛的云平台

——亚马逊云科技

基于灵活部署、安全和存储管理、成本低等各种优势，云服务提供给企业更高的业务绩效，以及实用程序的共享模型和高级计算。通过部署云服务，组织可以节省超过 35% 的年度运营成本。因此，企业机构对云的需求不断增加，以支持电子商务和远程工作方式中的关键应用程序，实现高效的业务运营。

2019 年全球云服务市场价值约为 3256.89 亿美元，预计到 2030 年将达到 16205.97 亿美元，复合年均增长率为 15.8%。在疫情出现后，云服务提供商的收入快速增长。亚马逊云科技（Amazon Web Services）在 2020 年第四季度创造了 127.4 亿美元的收入，同比增长 28%。

亚马逊的子公司亚马逊云科技是云计算的无可争议的市场领导者。亚马逊云科技以付费的方式为个人、公司和政府提供云计算平台和 API，被认为是世界上最全面、应用最广泛的云平台，在全球数据中心提供超过 175 项功能齐全的服务。它具有丰富的资源，允许在令人眼花缭乱的速度下设计和执行新的解决方案，甚至比客户更快地理解或合并这些解决方案。该公司提供完整的 IaaS 和 PaaS。 最知名的是 EC2、弹性 Beanstalk、简单存储服务（S3）、弹性块存储（EBS）、冰川存储（Amazon S3 Glacier）、关

系数据库服务（RDS）和 DynamoDB NoSQL 数据库。该公司还提供与网络、分析和机器学习相关的云服务、物联网、移动服务、开发技术、管理技术、云安全等。数以百万计的客户（包括知名企业、初创公司、政府机构等）正在使用亚马逊云科技来降低成本、提高敏捷性并加快创新速度。

亚马逊于 2006 年 3 月推出了其首个云计算服务 S3 存储。但早在那之前，公有云的想法就已经在该公司开始萌芽。

业内流传很广的说法是，亚马逊开始销售公有云计算服务是因为亚马逊在运行其电子商务网站时服务的"容量过剩"。但亚马逊高管们多次反驳这种传闻，称亚马逊科技是从头开始设计的，旨在为外部客户提供服务。但不可否认的是，亚马逊在电子商务方面的经验和基础设施确实为亚马逊云科技奠定了基础。

在 21 世纪 10 年代初期，亚马逊网站的内部开发团队遇到了问题。他们增加了很多软件工程师，尽管人数不断增加，但开发速度基本保持不变。主要问题是每个开发人员都在为每个项目设置新的、独特的计算、存储和数据库资源。信息技术团队意识到，如果他们能够标准化这些资源并简

图 2-24　云计算，作者格尔德·奥尔特曼（Gerd Altmann）在 Pixabay 上发布

化部署新信息技术基础架构的过程，他们或许能够加快开发速度。

2003 年，前亚马逊员工本杰明·布莱克（Benjamin Black）和他的老板克里斯·平卡姆（Chris Pinkham）为亚马逊创始人兼首席执行官杰夫·贝索斯（Jeff Bezos）写了一篇论文，它描述了亚马逊基础设施的愿景：该基础设施完全标准化、完全自动化，并广泛依赖网络服务来提供存储等服务。布莱克解释道："我们提到了将虚拟服务器作为服务出售的可能性。"

亚马逊管理团队开始考虑向其他公司提供这些信息技术服务。这个想法获得了内部的肯定并得以实施。2004 年，布莱克和平卡姆的团队着手实施这个项目，这个项目最终成为现在的亚马逊云科技。在 2006 年春季 S3 被推出之后，亚马逊云科技紧随其后，将简单队列服务投入生产，并在当年夏天推出了 EC2。

在随后的几年中，亚马逊的云迅速扩展了额外的服务和更多地区。2010 年，奈飞成为第一家公开宣布它将在亚马逊云科技上运行所有基础设施的公司。在此之后，更多客户开始注册，给亚马逊云科技带来了更大的市场份额，远远超过所有其他竞争对手。2020 年第一季度，亚马逊云科技的收入约占亚马逊总收入的 13.5%。

S3 存储是亚马逊的明星产品之一。S3 存储是一个用于保存和恢复文件的简单 API，是一种对象存储服务，提供行业领先的可扩展性、数据可用性、安全性和性能。各种规模和行业的客户可以使用 S3 存储和保护任意数量的数据，S3 存储能用于不同的案例，包括数据湖、云原生应用

图 2-25　云服务，插图作者查德·阿让（Chad Hagen）

程序和移动应用程序等。通过使用S3存储经济高效的存储类和易于使用的管理功能，客户可以优化成本、组织数据并配置精细调整过的访问控制，从而满足特定的业务、组织和合规性要求。

S3存储提供了多种功能，可供客户通过各种方式组织和管理数据，从而支持特定使用案例、实现高效率、实施安全性并满足合规要求。数据以对象的形式存储在名为"存储桶"的资源中，单个对象大小的上限为 5 TB。S3存储还提供诸多功能，包括将元数据标签附加到对象、跨S3 存储类移动和存储数据、配置并实施数据访问控制、防止未经授权的用户访问数据、运行大数据分析、在对象级别和存储桶级别监控数据，以及查看整个组织的存储使用情况和活动趋势。客户可以通过S3存储访问点或直接通过存储桶主机名访问对象。

全球交易量最大的股票特许经营企业纳斯达克证券交易所（简称纳斯达克）使用S3存储和Redshift 集群的新型"智能湖仓"架构实现计算和存储的独立扩展。纳斯达克以高成交量和高速度管理买卖双方的匹配，同时为电子化交易中的股票报价提供数据。纳斯达克依赖一个内部应用程序来捕获和存储所有受保护的交易所数据。"这些数据包括订单、报价、交易和取消信息"，纳斯达克软件工程部副总裁罗伯特·亨特（Robert Hunt）说。每天晚上，纳斯达克都会收到数十亿条记录，这些记录需要在第二天早上开市前载入计费和报告流程。

纳斯达克现在可以灵活运用其计算层来支持大量交易，在S3存储上构建的数据湖可以轻松支持数量和复杂性持续增加的数据。在使用S3存储后，纳斯达克比以前提前 5 h 达到 90% 的数据加载完成率。此外，通过优化其数据仓库，该公司运行 Redshift 查询的速度加快了 32%。"这些改进帮助我们加快了计费和报告流程,"亨特说,"例如,我们在收市后的一两个小时内就完成了数据接收,让我们在计费和报告方面有了先发优势。这对我们应对最近出现的业务量激增非常有帮助,同时也有助于我们满足或超出内部客户的最后期限要求。"

"凭借 S3 存储和 Redshift 的灵活性和可扩展性,我们每天能够处理的记录数量可以轻松地从 300 亿条跃升至 700 亿条,"亨特说,"我们能够跟上数据量激增的速度,并建立了必要的计费、报告和监督流程,以支持我们承担对市场的义务。"此外,纳斯达克还可以轻松快速地缩减其环境规模,以确保当市场再次调整时不会出现闲置产能。

EC2 是亚马逊云科技的另一项"明星产品",源于"弹性"服务器的创建。EC2 可以手动(使用控制面板)创建或使用 API;为特定任务添加临时服务器并在以后删除它们从而降低成本。在 EC2 中,客户端为总流量和 CPU 使用付费。EC2 提供广泛和深入的计算平台,拥有超过 500 个实例和最新处理器、存储、网络、操作系统和购买模式的选择,以帮助客户最好地满足工作负载的需求。亚马逊自称是第一家支持 Intel、

AMD 和 ARM 处理器的主要云提供商,是唯一具有按需 EC2 macOS 实例的云,也是唯一具有 400 Gbit/s 以太网的云;为机器学习培训提供最佳性价比。在亚马逊云科技上运行的 SAP、高性能计算(HPC)、机器学习和 Windows 工作负载比在其他竞争者平台上运行的都多。

EC2 在云中提供高度可扩展的计算容量,使公司能够在几分钟内而不是几小时或几天内增加和减少容量,客户覆盖各行各业的大中小企业,包括大众汽车、BlueJeans、Snapchat、奈飞、Pinterest 等。大众汽车和澳汰尔(Altair)工程顾问公司合作使用 EC2 来加速空气动力学的模拟和概念设计便是 EC2 为企业提供高效解决方案的成功案例之一。

要在考虑外观的同时改进车辆的空气动力学设计是一件耗费时间并且需要多方合作的任务。设计流程中的一个关键步骤是进行瞬态空气动力学模拟,以了解特定外观改动和设计对性能的影响。但是问题在于传统通过 CPU 计算的空气动力学模拟需要很长时间才能完成,而企业需要空气动力学家在短时间内评估新的外观设计并为设计师提供反馈。通过创新和颠覆性的计算来缩短开发周期,是汽车行业的一大需求。

大众汽车公司因此和澳汰尔公司合作,选择了在亚马逊云上使用英伟达 GPU 的计算流体动力学(CFD)求解器。ultraFluidX 是一种 CFD 求解器,利用先进的格子玻尔兹曼方法(Lattice Boltzmann Method, LBM)和英伟达 GPU 的强大功能提供空气动力学模型的计算。澳汰尔认为求解器可以帮助大众汽车将其模拟时间从几天缩短到几小时,从而可以更快地完成更大规模的设计研究和训练数据。

EC2 为这样的有需求高峰的应用程序提供了最佳的 GPU 资源,比如最新一代的英伟达 A100 Tensor Core GPU,并在云中提供最好的并行计算能力,非常适合机器学习和高性能计算应用程序。

图 2-26　亚马逊云科技

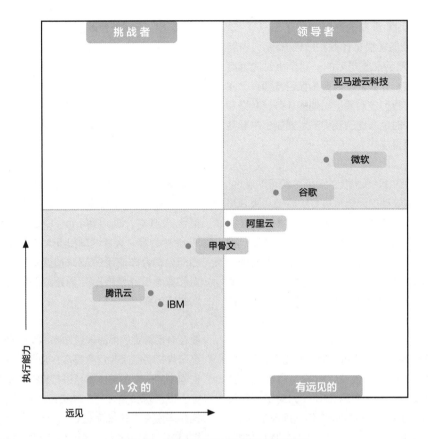

图 2-27　高德纳对 2021 年云服务市场的分析

大众汽车的研究团队十分满意 ultraFluidX 在亚马逊云科技上的高质量 CFD 结果，而且对其稳健性、自动化程度和周转时间赞不绝口。"我们能够在一个时间范围内运行 200 种汽车形状的变体，而这如果使用我们当前的操作工具只能进行几次运行，"大众汽车的本斯勒（Bensler）博士说，"我们认为，我们在亚马逊云科技上使用澳汰尔提供的硬件和软件组合非常适合为降阶建模等机器学习方法生成训练数据集。它将成为从单个模拟系统过渡到整个设计空间的交互式优化的支持技术——对我们提高开发效率和产品质量具有明显优势。"

亚马逊云科技上的英伟达 GPU 模拟被澳汰尔认为将改变汽车行业空气动力学模拟的局面。澳汰尔的团队相信，这种发展演变将有助于进一步优化燃油效率并提高电动汽车的续航里程，同时允许设计师在选择和改变外观设计时更灵活。由此可以实现的计算成本节省也很显著：根据初步测试，澳汰尔估计，通过在 GPU 上使用 ultraFluidX 的 CFD 求解器，大众汽车可以节省现有硬件高达 70% 的成本——100 次的模拟就能节省上万美元。

根据高德纳在 2021 年对云服务市场的分析，亚马逊云科技无论是在执行能力还是远见这两项衡量云服务公司未来发展的标准上都远远领先于竞争对手。

亚马逊云科技能在云服务市场上占有领先优势的原因有如下几点。

创新领导者：亚马逊云科技一直带领着市场的创新步伐，以新的技术帮助客户，并引导着其他供应链的路线。作为创新领导者，亚马逊云科技比竞争者能更好地与客户产生共鸣。例如，在 2014 年，亚马逊云科技开展了 AWS Lambda 的无服务器计算空间，让开发人员在没有供应或管理服务器的情况下运行代码。亚马逊云科技又在 2017 年建立了 SageMaker，提供了可以按原样部署的预训练机器学习模型，让开发人员和科学家们可以在没有任何相关经验的情况下使用机器学习。此外，SageMaker 提供了许多内置的机器学习算法，开发人员可以用自己的数据对其进行训练。

工程供应链：亚马逊云科技正在利用自己的工程实力在自主设计芯片领域进行深度创新，为一部分工作负载提供更高的性价比。在自主设计的芯片上的投资为亚马逊云科技提供了长期的供应链和工程优势。同时，亚马逊云科技拥有世界各地的基础架构，因此客户可选择在多个物理位置部署应用程序，将应用程序靠近最终用户以降低延迟并提升用户的整体体验。

功能多样性和灵活性：从基础架构技术，到机器学习和人工智能、数据湖及其分析等新型技术，亚马逊云科技将现有的应用程序移动到云端的速度更快，更容易，更具成本效益。亚马逊云科技还提供了广泛的数据库，这些数据库是针对不同类型的应用程序构建的，因此客户可以选择作业的正确工具，以获得最佳成本和性能。

经验和安全：亚马逊云科技已经向全球客户提供云服务十余年，是业内"龙头"，在各种用例上比其他云提供商更具有运营经验方面的优势。同时，亚马逊云科技还被认为是灵活和安全的云计算环境。亚马逊云科技的核心基础设施能满足银行和其他高敏感组织的安全要求，支持 90 个安全标准和合规性认证。在数据中心和亚马逊云科技全球网络中流动的所有数据在离开安全设施之前都会在物理层自动加密；此外，亚马逊云科技还有其他加密层，例如所有 VPC（虚拟私有云）跨区域对等互联，以及客户或服务到服务的 TLS（传输层安全协议）连接。也因为这一点，亚马逊在拿到企业的大数额合约上比同行更为有利。

不过，亚马逊云科技的弱点在于缺乏混合云部署的产品。大多数企业将追求混合云、多云战略，而紧随亚马逊之后的竞争对手微软 Azure 在这一领域有优势。

Azure 特别适合以微软产品为中心的组织机构。微软的投资重点是对 Azure 平台进行架构改进，并提供广泛的以企业为中心的服务。其业务地域多元化，客户多为大中型企业。企业选择 Azure 的一个重要原因是多年来建立了对微软的信任。与微软的这种战略合作使 Azure 在几乎所有垂直市场都具有优势。此外，与市场上的云提供商相比，微软拥有更广泛的功能集，涵盖了从 SaaS 到 PaaS 和 IaaS 的全方位企业信息技术需求。从 IaaS 和 PaaS 的角度来看，从 Visual Studio 和 GitHub 等开发人员工具到公共云服务，微软拥有相当出众的能力。但是相对于其竞争对手，Azure 过去一年中在 IaaS 和 PaaS 市场上的新颖创新相对乏力。此外，尽管微软 Azure 最初是作为应用程序 PaaS 的提供商打开市场的，但 Azure 在该领域的产品执行和采用情况参差不齐。

阿里云是亚洲云市场中的领导者。鉴于其对当地市场的了解和成为"电子商务桥梁"的能力，该公司有望成为新兴云市场（例如印度尼西亚和马来西亚）企业的云提供商首选。企业通常将阿里云视为实现数字化转型的途径和加强电子商务能力的渠道，这基于阿里云的大数据分析能力及其母公司。虽然目前的客户主要位于亚洲，基于其云和数据产品的成熟度，阿里云未来扩展到其他地域市场的潜力十分强大。

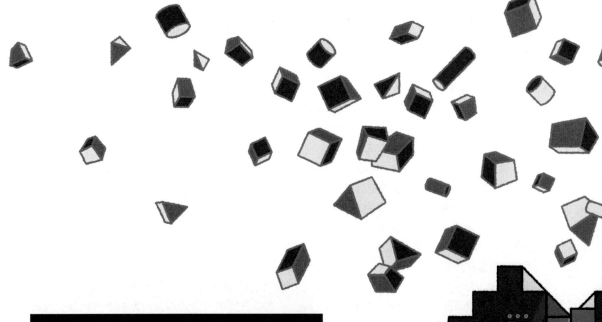

大数据时代下的隐私安全

社交媒体共享信息的便利以及依托于数据的人工智能同时引发了一种忧虑：用户们想弄明白社交媒体"巨头们"究竟知道多少关于自己的事情，而这些信息又被用在何处。

2018年3月的脸书泄露数据丑闻让社交媒体用户对于保护自己隐私的焦虑达到了顶峰。自此脸书和Cambridge Analytica深陷舆论漩涡，同时被指责通过非法手段取得5000万用户数据，从而影响了2016年的美国大选。这些用户数据的泄露方式简单得让人心惊。2014年Cambridge Analytica在脸书上推出了一款性格测试的小游戏，得到了27万游戏用户的详细资料。可怕的是，这个程序还自动获得了游戏用户所有好友的公开资料。脸书创始人马克·扎克伯格因此被迫参加了美国参议院的听证会。

但是无论是被用于政治宣传目的，还是广告商的目标营销，用户数据可能在不知情的情况下被泄露给第三方，隐私缺乏有效保护都是不争的事实。

大数据时代，插图作者尼桑特·乔克西（Nishant Choksi）

经过两年的讨论，GDPR于2018年5月25日开始生效。按照GDPR的规定，公司访问和转移用户数据时，在相关情况下必须遵循更高的标准来获得用户的同意，并在更大范围内尊重用户的个人权利。

eBay中负责用户数据的副总裁索埃罗·卡鲁（Zoher Karu）认为互联网未来最大的挑战就是数据隐私。他认为目前大部分互联网公司通过用户单向的数据分享而创造广告收入不再是可行的模式。互联网公司必须负责保护用户分享的数据，谨慎使用得到的信息，成为用户的一种信息伙伴，而不仅仅是用户数据的售卖商。这种双向模式必须是建立在客户在分享信息后得到某种回报的基础上。目前互联网生态离这种模式还相去甚远，在大部分情况下，用户都不知道自己还有什么样的个人信息被社交平台售卖给了第三方。

在连物品都要联网的时代，"人"作为个体是无法真正免于被记录的，但是如何在健全的法律内保护自己的数据安全，将是以后用户在使用社交媒体时的一大焦点。

除了个人用户之外，企业对于云计算平台的数据安全也存有疑虑。价值高达1730亿美元的网络安全行业的存在凸显了消费者、企业和政府在使用互联网时面临的数据保护和隐私问题之严峻。根据Fintech news，仅在2020年1月至4月期间，云网络攻击数量急剧增加了630%。因为新的工作方式产生了可供利用的新漏洞。在各种云提供商之间分散工作负载给企业机构带来了相当大的治理问题。尽管云在时间和金钱方面的效率是其最受欢迎的特性，但企业机构也意识到在云上过于投机取巧也会带来网络犯罪分子趁机而入的风险。

埃森哲调查发现65%的高级信息技术主管认为安全和合规风险是实现云优势的最大挑战。28%的企业在选择云供应商时认为安全是最重要的。

云计算在欧洲企业机构的市场普及率远远不及

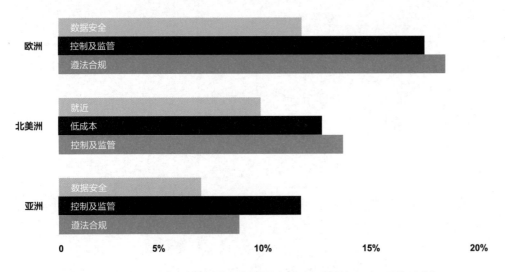

资料来源：2021年贝恩的调查（首席技术官构成为欧洲204名、北美洲365名、亚洲69名）

图2-28 首席技术官选择内部存储数据的三大原因

图 2-29 隐私保护

美国及亚洲，其中一个重要原因就是多数欧洲公司的首席技术官们对于将数据存于第三方平台有数据安全的顾虑。针对这些隐忧，一些企业机构开始购买云访问安全代理（CASB）。CASB 提供在云用户和平台之间运行的软件，以实施集中的安全措施，实施一致的管理系统。但还是有超过 50% 的组织没有为其云应用程序部署适当的安全管理系统，这对整体安全基础设施十分不利。

法律合规性也是企业发展云计算和人工智能的考虑要素之一。针对数据安全，各国/地区越来越多地效仿 GDPR，世界各地的监管立法将朝着加强对个人身份信息（PII）数据的控制以保护消费者隐私的方向发展。

随着新法规的全面出台，法律合规性直接影响了互联网和云计算的发展轨迹。在过去几年中就相继出台了 GDPR、《数字市场法案》（DMA）和《数字服务法》（DSA）。针对托管数据的隐私问题，2018 年美国通过了针对美国科技公司使用海外数据的法案《澄清域外合法使用数据法》（The Clarifying Lawful Overseas Use of Data Act，CLOUD）。

此外，欧洲法院 2020 年被称为"Schrems Ⅱ"的裁决让欧盟和美国政府之间的隐私保护框架失效。这让对国际云公司在欧盟国家提供服务的法律合规性更是多了一层不确定性。这些发展赶不上政策变化的局面给云服务买家和卖家都带来了负面影响。监管合规要求可能会迅速变化，不同的利益方关于什么是真正合规的，也可能会有法律上的争议。全球超大规模科技企业比小型的云计算企业拥有更庞大的法律服务团队，因此在这方面更占优势。自20世纪 10 年代进入市场以来，亚马逊网络服务、谷歌和微软就一直在逐步加大数据合规力度，给予新的物理数据中心和数据主权的额外保证。

在各国加大数据法律监管力度的同时，一个解决问题的新思路应运而生：数据信托（Data Trusts）。数据信托是一个独立的组织，作为数据提供者的受托人并管理其数据的正确使用。2016 年，美国耶鲁大学教授杰克·M. 巴尔金（Jack M. Balkin）在隐私数据保护领域，首次提出采用信托工具解释数据主体与数据控制人之间关系的主张，该主张迅速得到学界关注并被逐渐接受。

作为数据提供者的受托人设立的数据信托可以通过建立一种新的方式来管理数据的收集、处理、访问和利用，从而使公司更容易安全地共享数据。该法律和治理设置要求数据信任管理员（"受托人"）在协商和签订合同中，如遇提供访问数据以供数据消费者（例如其他私营公司和组织）使用时，需代表并优先考虑数据提供者的权利和利益。

除了加强网络安全，给有漏洞的互联网打补丁，也有人另寻思路，如果有一个不可破解的量子互联网会怎样？研究人员正在创建可以打造量子互联网的超安全通信网络。

2020 年 7 月，美国能源部发布了题为"建立全国量子网引领通信新时代"的报告，提出 10 年内建成全国性量子互联网的战略蓝图。美国能源部方面称，量子互联网利用量子力学定律，能比现有网络更安全地传输信息，"几乎不可破解"，未来将对科学、工业以及国家安全的关键领域产生深远影响。量子互联网由大规模分布的量子节点和连接各个节点的量子信道组成，用于实现各类量子增强的通信、计算和计量等技术。

原则上，量子互联网将能提供目前难以通过网络应用程序实现的强大功能。量子优越性（Quantum Supremacy）因此获评为 2020 年《麻省理工科技评论》"全球十大突破性技术"之一。

美国能源部的报告中提到，由于量子互联网具有特殊的访问方式，每一次访问都会留下不可磨灭的痕迹，因此其被称为"最安全的互联网"。从实际应用的角度来看，量子互联网的首要任务是以一种无条件安全的方式进行全球性的密钥共享，如果将随机产生的密码编码在光子的量子态上，依据量子不可克隆定理，一个未知的量子态不能够被精确地复制，一旦被测量就会被破坏。因此，一旦有人窃取并试图自行读取量子密钥，就一定会被发现。

量子互联网不仅可用来传输加密信息，还能支持基于云的量子计算，能在多个领域大显身手。对于发展量子互联网，科学家们一直致力于攻坚两个关键的技术问题，一是光子通过长距离光纤传输，在传播中的损耗会随距离增长呈指数级增长；二是光量子态的产生具有概率性。

解决这两个问题将提升量子互联网的实际运行效率。美国能源部的目标是创建一个基于量子"纠缠"或亚原子粒子传输的更安全的并行网络。芝加哥大学已与阿贡国家实验室合作，在芝加哥郊区共建了一个 52 英里（约合 83.7 km）的量子互联网原型并完成首次纠缠实验。

对于量子互联网是否真正有用并能广泛使用，研究人员的意见并不是一致的。也有人认为黑客攻击仍能攻击光纤终端点、交换机等薄弱环节。但可预见的是，在未来 10 年里，我们会继续看到关于数据安全的不同突破性技术，它们与信息技术的发展紧密连接、相辅相成。

密码技术助力隐私保护计算

郁 昱

上海交通大学计算机科学与
工程系教授

学术点评

信息技术给人们带来各种便利，却也伴生着各类隐私安全事件。例如脸书、谷歌、苹果等互联网巨头相继被爆出将数千万用户的隐私信息未经用户授权开放给第三方开发商或数据分析商使用。频发的数据安全事件引起了社会各界的高度重视，各组织机构、各国政府都制定了相关政策法律来保护数据的隐私安全，如欧盟的GDPR明确了企业告知用户数据收集行为及数据用途的责任和义务，我国近年来也密集出台了《中华人民共和国网络安全法》《中华人民共和国密码法》《中华人民共和国数据安全法》等信息隐私保护相关的法律法规。

除了从政策立法角度解决数据隐私泄露和侵权使用等问题，产业界和学术界一直共同致力于研究如何在技术层面实现数据资源的确权和在隐私保护前提下的数据开放流通和协同计算等。

传统的密码技术，如加密算法、数字签名、消息认证码等，只能保证信息在传输、存储等静态过程中的安全。在很多场景下，我们期望信息系统在提供便捷的数据计算、验证和交易等服务的同时，保证数据隐私泄露的最小化（即不泄露非必要的信息）。以机器学习为例，一方提供模型，另一方提供训练数据，隐私保护要求双方得不到除训练结果以外的其他信息。

密码学的安全多方计算（Secure Multi-Party Computation，MPC）技术为想要数据隐私泄露最小化的应用场景提供了不依赖第三方的解决方案。还有，零知识证明（Zero-Knowledge Proof，ZKP）技术作为与安全多方计算技术高度相关的密码技术，可在不泄露数据隐私的前提下证明其满足某个特定关系（如合规性、一致性、正确性等），同样具有广泛的隐私保护的应用场景，例如简洁非交互式零知识论证（zk-SNARK）已经成为区块链中核心的隐私保护密码技术。此外，全同态加密（Fully Homomorphic Encryption，FHE）可实现数据在加密状态下的计算任务外包，不可区分混淆（Indistinguishability Obfuscation，iO）技术可将代码中的敏感数据或是有价值的算法进行有效保护。以上这些密码技术为解决数据隐私保护和开放共享之间的矛盾提供了有效的技术手段，同时密码学的可证明安全理论为数据的隐私保护提供了严格且安全强度可量化的安全性保障。

以上提到的密码技术在理论上为数据的隐私保护计算提供了"通用"的解决方案。然而，相比数据在无隐私保护下直接"裸奔"计算，隐私保护计算通常需要产生额外的代价，如全同态加密的同态计算通常比正常计算慢好几个数量级，安全多方计算也比正常的分布式计算消耗更多的通信量。因此，目前我们在现实中能够落地的通常是实现特定计算的隐私保护方案和协议，例如电子投票选举、隐私保护机器学习、数据库隐私保护查询等，甚至是针对专门应用场景的密码方案和协议，如基于模糊提取器（Fuzzy Extractor）的隐私保护生物特征识别、隐私集合求交（PSI）协议等。

为了让隐私保护计算变得更加通用和实用，密码学家正探索设计更加高效实用的算法，工程师们也不断将这些方案和协议在实现层面进行优化和硬件加速。当然，也有一些方案通过泄露部分（不重要的）信息或是牺牲计算精度的方式换取更高的计算和通信效率。展望未来，我们相信随着密码技术和高性能计算的不断发展，隐私保护计算的密码技术将更广泛地应用到大数据、云计算和人工智能等技术中，更好地保护数据隐私，赋能数字经济。

学术点评

隐私保护计算：平衡隐私保护与数据价值挖掘

任 奎

浙江大学"求是讲席"教授
浙江大学网络空间安全学院院长

随着数字化技术的发展，各行各业都在利用大数据分析和挖掘技术来优化服务。个人或团体的隐私数据随之成为具有巨大商业价值的"潘多拉魔盒"，其中包括网络用户的访问信息、病人的医疗信息、公司的财务信息等。由于数字化信息使用虚拟化技术传播的特殊性，针对传统数据的线下保护方式失效，使得"在不泄露隐私的情况下提高大数据利用价值"的需求越来越迫切，促进了隐私保护计算技术的快速发展。隐私保护计算是一套密码学、数据科学等众多领域交叉融合的技术体系，其前沿技术也受到了《麻省理工科技评论》"全球十大突破性技术"的关注。其中，"完美网络隐私"代表"零知识证明"保密技术，因能让人们在上网时避免透露任何非必要信息而在2018年入选"全球十大突破性技术"；"同态加密"技术作为一种安全的数据处理方式，因可以鼓励更多企业使用云计算而入选2011年的"全球十大突破性技术"。这两个技术分别为解决大数据的两个关键环节——发布和存储的隐私保护问题奠定了基础。

零知识证明和同态加密作为两种新兴密码学工具，前者可以在不泄露其他额外信息的条件下向验证者证明某件事情，后者则为密态数据带来了可操作性。零知识证明的概念可以追溯到1982年，但早期的零知识证明系统一般都是交互式的，非交互式零知识证明在1988年由曼纽尔·布卢姆（Manuel Blum）等人首次提出。与交互式相比，非交互式零知识证明可支持一个证明者和多个验证者，支持证明者在验证者离线时发送证明并待验证者上线时进行验证，但它必须有一个初始化设置。同态加密

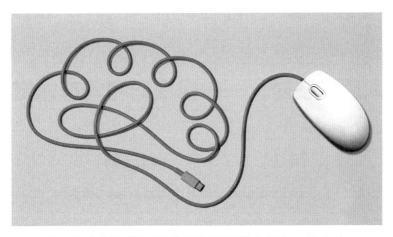

图 2-30 隐私保护计算，插图作者塞尔曼设计工作室（Selman Design）

技术对加密得到的密文执行运算，解密等同于对明文执行相应的运算。按照密文对运算的支持程度，一般将同态加密分为半同态加密、部分同态加密、全同态加密 3 类。其中，全同态加密允许不限次数地对密文执行各种运算，在 2009 年克雷格·金特里（Craig Gentry）提出第一个方案后，该技术已经过 4 轮迭代，产生了一批实际可行的方案，包括 BGV（Brakerski-Gentry-Vaikuntanathan, 由三位研究者名字简称命名）、BFV（Brakerski-Fan-Vercauteren, 由三位研究者名字简称命名）、CKKS（Cheon-Kim-Kim-Song, 由四位研究者名字简称命名）等。

在零知识证明中，交互式方法可用于身份认证（如 Schnorr 身份验证协议）等；非交互式方法可用于大规模的密码学应用上，如区块链系统。目前，针对非交互式零知识证明的研究主要朝着提升效率和增强安全性两个方向努力。构建简洁非交互式零知识证明是提高效率的重要方式，它的特点是证明的大小要小于输入的大小，因此往往依赖于知识假设，现有技术主要有 4 类：基于同态公钥密码体制、基于离散对数问题、基于交互式证明，以及基于安全多方计算。在许多非交互式零知识证明中，研究者往往理想化假定初始化装置是可信的，因此研究初始化装置是增强安全性的重要手段。一些非交互式零知识证明的设置中含陷门，一旦这些陷门泄露，攻击者可以任意伪造证明。

另外，同态加密为我们提供了一种全新的安全多方计算实现思路。在没有可信第三方的情况下，若多个数据持有方希望对数据进行共同加工，各方只需对密文数据进行处理即可，在数据解密之前，其隐私性不会受到破坏。同态加密为多方计算、外包计算提供了更加直观的解决方式的同时，相较传统安全多方计算协议也往往具有更小的通信量和通信轮次。基于格困难问题的假设，为全同态加密提供了抗量子计算的优秀性能。目前全同态加密的主要缺陷仍集中在计算效率，使得一些算力受限的平台（如移动端设备、物联网设备）难以承受其带来的性能开销。在处理对密文运算能力要求不高的任务时，半同态和部分同态加密方案仍然是合适的替代选择。尽管如此，从全同态加密方案的提出到现今，经过十余年的发展，我们见证了该技术的不断迭代，计算开销逐步得到优化。全同态加密的持续发展，将为隐私计算行业增添强大的关键工具。

隐私保护计算的研究和开发空间很大，需要综合地考虑效率和安全性，适应不同场景下的任务，做可靠的实现，用以在不泄露隐私的情况下提高大数据利用价值。

学术点评

加快进入后量子时代——格密码和同态加密

刘 哲

南京航空航天大学计算机
科学与技术学院/人工智
能学院/软件学院教授

杨 昊

南京航空航天大学博士生

张吉鹏

南京航空航天大学博士生

格密码近 20 年的发展历程

格密码是基于格上的困难问题进行构造的，最著名的格困难问题当属最短向量问题（SVP）、最近向量问题（CVP）和容错学习问题（LWE）。格密码目前被广泛研究的原因之一是其具有抗量子的特性，即能抵抗量子计算机的攻击。历史上出现过两类著名的格密码方案，分别是 GGH（Goldreich-Goldwasser-Halevi，由 3 位研究者名字简称命名）和 NTRU（Number Theory Research Unit，数论研究室）。其中 GGH 方案已证明存在安全缺陷，而 NTRU 方案及其变体至今仍在被广泛研究。除此以外，近年来还出现了一些更有趣的格困难问题变体，它们可更高效地构建格密码方案。

2005 年，奥代德·雷格夫（Oded Regev）给出了使用 LWE 问题来构建公钥密码方案的方法，并给出了安全性证明。但这一版本的密码方案效率较低，很难应用到现实场景中。

2010 年，瓦季姆·柳巴谢夫斯基（Vadim Lyubashevsky）等人为 LWE 问题加上了一个代数结构，得到了 Ring-LWE 问题，而基于 Ring-LWE 构造的密码方案比基于 LWE 构造的密码方案性能得到了很大的提升。著名的 NewHope 密码方案便是基于 Ring-LWE 问题构建的。

至此，格密码的运行效率已经能够满足现实应用场景的需求，谷歌公司甚至将 NewHope 方案集成到了 Chrome 浏览器中进行测试。2015 年，LWE 问题的又一变体诞生，阿德琳·鲁－朗格卢瓦（Adeline Roux-Langlois）等人提出了 Module-LWE 问题，而基于该问题构造的密码方案甚至比基于 Ring-LWE 构造的密码方案更优秀，NIST 后量子密码竞赛第三轮决赛算法中的 Kyber 方案便是基于 Module-LWE 构造的。

NIST 已于 2022 年上半年发布第一组标准化的算法，还将于 2024 年制定新一代后量子密码标准，而格密码在其中起到举足轻重的作用。如今 NIST 后量子密码竞赛进行到第三轮，第三轮的 4 个决赛算法中有 3 个均属于格密码算法，分别是 Kyber、Saber 和 NTRU。新标准诞生后，学术界和工业界将会积极研究、探索格密码在互联网协议中的集成和应用，如将其集成到 TLS 协议中进行测试和性能调优，从而使互联网安全协议能够抵抗未来量子计算的攻击。

同态加密应用场景蓬勃发展

如今，社交网络、物联网、智能电网、电子商务、医院、银行系统和其他领域每天都会产生大量数据，这一趋势一方面促进了机器学习的发展，另一方面也引发了人们对于传统机器学习潜在安全问题的关注。人们希望实现这样一种功能，即在密文上进行运算，解密等价于对明文进行计算。同态加密就是这样一种技术。然而，最初的同态加密方案支持的运算种类不够全面，允许的运算数量也受限。

2008年以来，IBM研究员克雷格·金特里（Craig Gentry）实现了突破，创建了一个理想的、允许任意数量密文运算的加密系统。巧合的是，这与在格上最初提出的后量子格密码方案具有相似的构造，本质上都是在明文上增加噪声扰动，而只有在给定方案解密密钥的情况下，才有可能计算出与明文最接近的元素，从而过滤掉先前的扰动，得到正确的解密结果。

然而，这种方案在实际应用时，随着密文上运算数量的增加，这个扰动引入的噪声也会更大，被扰乱的点离它的"正确"位置越来越远。每一个同态加法都会增加底层的噪声，而每一个同态乘法都会使它们成倍增长。因此，噪声的增加限制了可以完成的操作量，当噪声超过临界阈值时，解密就会出错。

克雷格·金特里的突破性工作允许任意一方在不知道加/解密密钥的情况下，对密文实现解密与重加密，来将噪声归位。具体来说，这个方法需要预先产生两组密钥，其中一组是另外一组的加密后的结果。这样就好比同态地解密密文并重加密，并且用户需要知道密钥的真实值，处理过程中也不会知道解密的结果。

此时，因为雷格夫提出的格上结构化的基于LWE的公钥密码方案简洁、高效的特性，也引发了学者们将雷格夫的方法往全同态方案上迁移的想法。于是，在2011年，兹维·布拉什科（Zvika Brakerski）和维诺克·瓦昆塔纳森（Vinod Vaikuntanathan）成功实践了这个想法并在提出方案的同时引入了一个层级的概念，这个层级定义了方案允许的同态乘法的数量，达到这个数量以后，就需要实施金特里的重加密方法来"刷新"噪声。

后续，为了更好地控制噪声，Brakersk提出了不同的明文编码，这个方法后续被范俊峰（Junfeng Fan）和弗雷德里克·韦科特朗（Frederik Vercauteren）实践并移植到更高效的、基于环上代数结构的Ring-LWE体制中。得到的方案与LPR加密系统具有相似的构造，基于一样的密码学底层困难问题，编码方案略有差别。

至此，全同态方案仍然只能提供整数的运算，直到2017年，金钟义（Cheon Jung Hee）等人提出了一种映射编码方法，可以通过编码浮点数，实现对浮点数的同态运算。这个方案一经提出，大幅拓宽了全同态方案的应用场景。

全同态方案，为机器学习提供了一种直接在密文上学习的新方式，从而实现了隐私保护。目前，许多场景都开始引入这种方案，基于全同态方案构造的隐私决策树、隐私集求交等应用正在蓬勃发展，为用于隐私保护的机器学习提供了全新的方向。

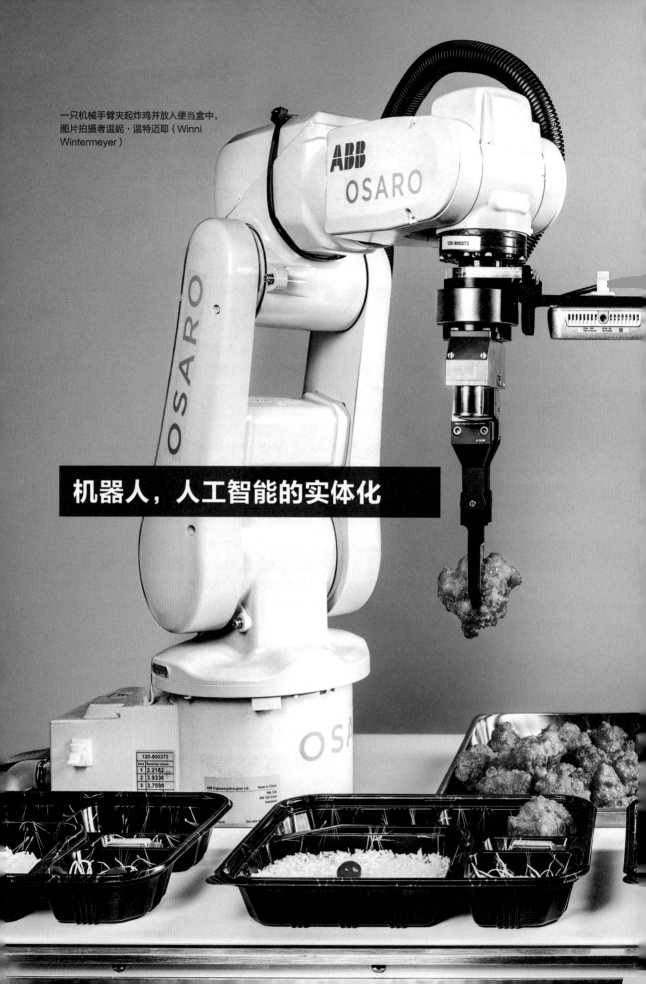

一只机械手臂夹起炸鸡并放入便当盒中，图片拍摄者温妮·温特迈耶（Winni Wintermeyer）

机器人，人工智能的实体化

最近几年，随着人工智能、物联网、无人驾驶、智能交通等新技术的兴起，机器人也逐渐开始以各种形式进入人们的日常生活，各种家用机器人、服务机器人层出不穷。家用扫地机器人因为价格适中而最先走进千家万户。家用扫地机器人具有一定的智能，可以自动在房间内完成吸尘、拖地等清理工作。2022年冬奥会上媒体餐厅由机器人完成的全智能炒菜送菜服务就大出了一次风头。情感机器人是近年出现的新类型，以算法技术赋予机器人以"人类的情感"，使之具有表达、识别和理解喜乐哀怒，模仿、延伸和扩展人的情感的能力，可以陪伴儿童和老人。著名的比如索尼公司的Aibo机器狗，还有软银集团的Pepper机器人。

现代机器人是一个由各种高科技子系统集成的复杂系统，一般包含处理器（Processor）、传感器（Sensor）、控制器（Controller）、执行器（Actuator），以及一般装在机器臂（Arm）末端的各种功能套件（Effector）等几个部分。机器人系统复杂，具有跨学科的技术特性，主要包括软件和硬件两大部分，基本囊括机械、电子、控制、制造加工等技术工程大类。最近机器人技术又延伸到了人工智能领域，变得能更自然地和人类交流，移动更灵活，功能越来越多样化，甚至与生物科技、神经科学等新领域相结合。

在过去的10年里，机器人领域有5项技术入选《麻省理工科技评论》"全球十大突破性技术"。

Rethink Robotics研发的Baxter蓝领机器人（the Blue-Collar Robot），学术上也称为协作机器人，具有安全廉价、极易编程和互动的特点，可以在制造业流水线上和人协同完成任务，是人类的好帮手。它的出现也意味着传统工业机器人技术发展的多个瓶颈被打破。

为保证工作人员安全，早期的协作机器人没有内在的动力来源，一般的动力是由人类工作者提供的。其功能是以与工作人员合作的方式，通过重定向或转向有效载荷来允许计算机控制运动。进化后的协作机器人则提供了有限的动力，而且添加了多个传感器来监控机器人和合作人员的状态，以保证人员的安全。虽然现阶段离实现具有优秀的通用性、人机友好、价格适中等目标还有非常多的挑战，但是协作机器人力图将人与机器人早期的服务关系变为伙伴关系，开启了机器人研究新的一页。这些研究也从一开始单纯的应用功能叠加，逐渐演化到追求工作关系和结构的改变。人和机器人的团队合作，相比人或者机器人单独工作，能大幅提高工作效率。

以Baxter为例，协作机器人技术的标志是柔性机械臂，具有摄像头、声呐、力反馈、碰撞检测等多种传感器，使人和机器人互动变得更安全。通过操作人员"手把手"的示范教学，降低了任务编程的门槛，使机器人可以更快、更容易地适应新任务，非常适合中小企业小批量生产和不断缩短的产品生

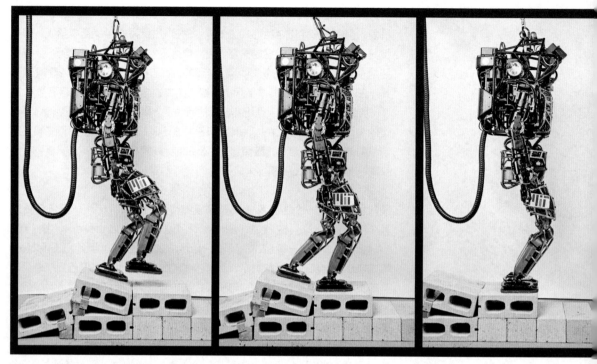

图 2-31　机器人可以相对较快地在不平坦和不熟悉的地面上行走，图片拍摄者韦布·查普尔（Webb Chappell）

产周期。它们的体积也较小，通常可以放在工作台旁边，帮助从业人员完成高度重复性的工作，如采摘、放置、包装、胶合、焊接等。最后，和传统工业机器人相比，协作机器人的价格也更低廉。

协作机器人代表了机器人技术的最新发展趋势，代表了人和机器人之间关系的进化，由工具变成真正的助手。协作机器人市场最近几年也被极度看好。据国际机器人联合会（IFR）的数据显示，2016 年全球工业机器人销量为 29.4 万台，全球工业机器人保有量为 182.8 万台。伯克莱资本预测，全球协作机器人市场将从 2015 的 1.16 亿美元增长到 2025 年的 115 亿美元，主要会被应用在物品挑拣、包装、流水线上的零部件组装、材料整备、操作其他机器等，预计会在中小规模的制造业、医药、电子零部件等领域大规模应用。

协作机器人的市场正处于高速爆发期，10 年内市场规模会远远超过上面的估计。这是因为协作机器人不光可以用在工业领域，更大的增长动力还来自非工业领域，或者说商业领域，即使具备实用价值的消费级机械臂短期内还不太现实。在不久的将来，非工业领域的销量就会获得巨大增长。

物流仓储和医疗是目前研究和产品化比较多的两个领域。在仓储物流领域中的拣货环节，目前主要有两种方案。一个是"货到人"，以亚马逊的 Kiva 机器人、英国 Ocado 的智能仓库技术为代表；另一个是使用移动机器人加上机械臂来代替工人完成固定货架的分拣，这也是亚马逊的机器人分拣挑战大赛（Amazon Picking Challenge）的主要内容，已经有团队使用了 FANUC 的 LR Mate 200 系列轻型机器人搭配 3D 视觉系统来做货架分拣。电商和智能物流仓储都是非常有潜力的市场。再一个是医疗康复机器人、义肢机器人，由于协作机器人比较安全，加上机械臂可以模仿人类手臂的灵活特性，它非

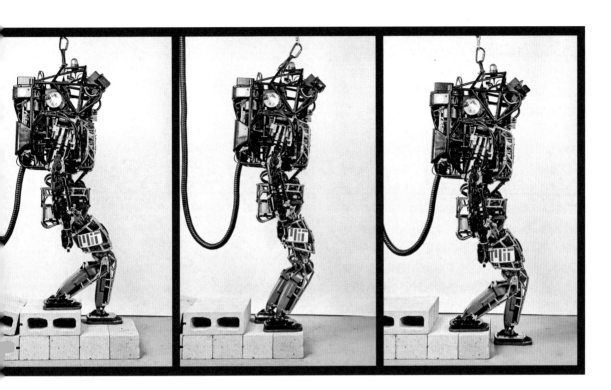

常适合用在这些场合。此外，诸如机器人做菜、做导游、做餐饮服务员等，都是很有潜力的应用方向，为我们提供了更多让机器人走入普通人生活的可能性。

但协作机器人技术发展的过程中也遇到了问题——不同硬件需要独立编程，研发耗时耗力导致造价偏高。工业机器人主要被应用于制造和生产，在流水线上各司其职，在特定工位可以准确完成任务。依照这种模式的机器人研发，必须为不同机器人开发独立的硬件，搭配相对的控制软件以给出具体和精确的指令，才能完成特定的任务。举个例子，一个末端具有多关节的多自由度的仿人手机器人拿起一个杯子，和一个末端只有两根"手指"的钳子机械臂拿起同一个杯子的具体的实现方式，肯定是非常不同的。

如果能让不同的机器人共享各自学到的技能，可以极大地减少重复的开发工作，快速推动机器人

的应用进程。机器人之间知识分享的新技术就是为了解决这个问题而取得的重大技术突破之一，其能使不同的技巧或技能更快地在机器人之间普及。

自从机器人间技能共享的技术提出以来，这个技术就一直是机器人技术的热点，产生了很多延伸技术，和人工智能等领域也有很多新的融合发展。2016年，谢尔盖·莱文（Sergey Levine）被《麻省理工科技评论》评为"35岁以下科技创新35人"之一，他辞去大学教职后加入谷歌继续研究，并在同年发表论文"通过大规模数据收集和深度学习，掌握机器人的手眼协调技能"（Learning Hand-Eye Coordination for Robotic Grasping with Deep Learning and Large-Scale Data Collection）。

谢尔盖·莱文发现，通过在很长一段时间内运用6个机器手各自练习抓取不同的物品，并共享抓取过程中控制手眼协调的神经网络的各个参数，

最大限度地增大训练数据库的规模，提升了训练和调试神经网络的效率。这项延伸技术的亮点是深度学习的人工智能和机器人硬件控制的结合，这会是未来一段时间内机器人技术领域非常有潜力的热点技术。

2017年5月，麻省理工学院计算机科学和人工智能实验室的朱莉·沙阿（Julie Shah）教授发布了CLEARN技术。这个新技术结合了传统的机器人示范教学和运动规划编程技术，通过给机器人提供如何抓取一系列典型物体的基础数据信息，然后只通过一次示范教学，就能让机器人自动学习到抓取一系列不同物品的技能。更重要的是，这些技能还能自动转化为其他机器人的技能，其他机器人并不要求和原来的机器人有着同样的移动方式和机械结构。

要使用CLEARN技术，用户首先要向机器人提供有关如何抓取具有不同约束条件的各种物体的信息知识库。例如，轮胎和方向盘具有相似的形状，但要将它们连接到汽车上，机器人必须以不同的方式配置它的机械臂和末端的工具套件才可以更好地移动它们。然后，操作员使用3D接口向机器人进行完成特定任务的演示，该演示包含一系列被称为"关键帧"的相关时刻。通过将这些关键帧与知识库中的不同情况进行匹配，机器人可以自动提供运动路线计划，以供操作人员视需求进行编辑。通过这个技术，Optimus双机械臂军用拆弹机器人成功将学到的技能，包括开门、移动物品等，教会给另一个6英尺（约合1.8m）高、400磅（约合181.4kg）重的人形机器人Atlas。

CLEARN技术有效地解决了传统机器人示范教学效率较低、耗时长，需要独立开发编程的问题，使人能更方便快捷地教会机器人新的技能。可以想象，当这类能让机器人更快速地学到新技能的技术被应用于上文提到的协作机器人时，机器人的功能必将快速增加，迅速适应更多的任务，被应用到更多的领域。

图2-32 在液压动力和多个传感器的加持下，波士顿动力公司的大狗（Bigdog）机器人可以在困难的地面上保持稳定，图片来源于波士顿动力

现在市面上占重要地位的协作机器人都没有人的外形，更像机器臂，主要目的是减轻人工作的负担，在严苛的环境条件下能进行重复工作。以人类自身为原型参照的仿人全身机器人是机器人研究中的尖端领域，也是机器人技术及人工智能的重大目标。可以用脚行走的聪敏机器人（Agile Robots）代表了机器人移动技术的重大突破，使得机器人终于摆脱了地形环境的限制，可以去到人能去到的地方。

这一技术的领导者是波士顿动力（Boston Dynamics）。波士顿动力研发出的双足和四足机器人具有出色的平衡性和灵巧性，可以在崎岖不平的复杂地面行走，可以去到世界上大部分轮式机器人去不了地方。要实现行走这一目标，机器人的每一步都需要动态平衡，需要对瞬间的

图 2-33　波士顿动力公司的大狗机器人在行走，图片来源于波士顿动力

不稳定性有极强的适应能力。这包括需要快速调整脚的着地点，计算出突然转向需要施加多大的力，更重要的是还要在极短的时间内向足部实施非常大而又精准的力，控制好机器人的整体姿态，在控制理论、系统集成和工程实现等多个维度都需要极高的"黑科技"。

波士顿动力研究的最新版本 Atlas，可以用于户外和建筑物内部，是专门为移动应用设计的。它采用电源供电和液压驱动，使用身体和腿部的传感器来平衡头部的激光雷达和立体声传感器，以避免障碍物，评估地形，帮助导航和操作物体。在 2021 年波士顿动力发布的最新视频里，Atlas 比过去更加小巧灵活，身高 1.75m，体重减到82 kg。Atlas 展示了惊人的"跑酷"能力，可以在狭窄的平衡木上快跑，在障碍物上跳跃，并

且还能从高处翻跟斗。能有这些出色的表现得益于波士顿动力世界领先的控制理论、系统设计和工程能力。Atlas 和其他公司的机器人一个重要的区别在于使用了液压系统进行动作控制，这样可以保证瞬时更大的控制动力输出和更精确的力传递。Atlas 机器人还得益于"仿生"的整体集成结构（Integrated Structure）设计概念。仿生机器人，就像真人一样，不仅有像骨骼和关节一样的支撑结构和油缸，也有像血管和神经一样的油路和电路。

最引人注目的是，除了灵巧性，Atlas 比在 2016年最初发布时，更像一个"人"了。在过去的演示中，它基本上是盲目的——需要环境固定，它才能做出成功的动作。但现在的视频里，它确实更多地依靠自己的感知来导航，根据它所看到的情景调整自己的动作。这意味着它比以前更少依赖预先设置的编程，而工程师不必为机器人可能遇到的所有情况都预先编程跳跃动作。

以前机器人普及的另一问题在于其灵活性很低。虽然机器人在受控环境中表现出色，但在不受控的环境中就不行了。例如，机器人能轻松地在工厂和仓库中执行人类无法轻易做到的操作，比如准确切割器材到毫分级尺寸，但不能在没有受过大量训练之前像人类那样简单地打开一扇门。但正如 Atlas 所展示的一样，机器人灵活性在人工智能的辅助下取得巨大进步。机器人科学家用来提高机器人灵活性的关键技术之一正是强化学习。强化学习让机器人随着时间的推移学习使用不同的技术处理物体并选择最好的技术。然后，机器人可用于在任何条件下执行所有可能的任务，并提高其灵活性。

提高机器人技术的灵活性后，机器人的用途将更为广泛，在与军事、废物处理、物流和交付、运输等相关的任务中都发挥重要的作用。相信用不了多久，科幻电影中的机器人将从大银幕走向现实生活。

智能机器人，
重构未来生产力

许华哲

清华大学交叉信息研究院
助理教授

无论是一个人形机器人拿着托盘把一杯咖啡礼貌地递给你，又或者是一个钢铁巨兽眼里闪着光芒企图毁灭人类，对于机器人，人类总是有着无穷的想象。"机器人"是一个古老而又新颖的词语：早在1921年，捷克剧作家便把剧本里流水线上的机械人类叫作"机器人"（Robot）；早在1941年，"机器人学"（Robotics）这个词就在科幻作家阿西莫夫发表的小说《环舞》（Runaround）中被首次提及。从科幻走向科学，机器人学走过了漫长的发展历程。如今，科学家逐渐让这些"铁家伙"用"手臂"操作物体、像狗一样"跑步"，甚至像人一样"双足行走"。在2022年这个人工智能逐渐成熟的时间段，机器人学研究和相关产业也开始焕发新的生机。

人工智能，尤其是其中的深度学习技术，对很多人来说已经不是什么新鲜事：手机里的人脸支付、自拍里的滤镜、网络广告的推荐系统都依赖深度学习，即从数据中学习模式，甚至生成数据。从人工智能科学家的研究视角来看，如今已经有了摄像头作为"眼睛"，语音处理技术作为"嘴巴"，那么下一步很自然地就是如何把智能的"手"和"脚"装上去。对于机器人学的研究者来说，如何给那些已经能完成跑跳控制的电子机械装置装上"大脑"，也成为最近的工作热点。

因此，人工智能和机器人的融合成为必然的趋势：人工智能机器人不仅可以像传统机器人一样完成指定的动作，同时结合了感知和环境中的变化，通过模型进行泛化，从而达到通用目的。这样的"强强联合"，孕育着最富有未来感的想象空间：机器人在非结构化的空间——人类真实生活的空间，可以只依赖传感器信息，完成一系列复杂的任务。例如你能想象在过春节的时候，一桌子年夜饭全是由一个机器人为你制作的吗？

当然，现在的人工智能机器人离我们想象中的那些有着相当智慧水平的硅基生物仍然有不小的距离。纵使如此，人类对更智能、更强大的机器人的追求从来没有停下来。2019年，"灵巧机器人"（Robot Dexterity）入选《麻省理工科技评论》"全球十大突破性技术"，相关论文中提及当年轰动一时的机器人研究——"机器人灵巧手Dactyl"项目。OpenAI公司的研究员们利用深度强化学习，让机器手在大量随机化的模拟器仿真数据中自主学习拧魔方的策略，并将该策略应用在真实的机械灵巧手上。该项目之所以影响力大，一是因为"强化学习"让机器人在没有明确人类指令的情况下学会了如何完成任务，这是更高级智能的一个指标；二是因为实现了从仿真环境到真实机器手的迁移，让我们看到了从完善仿真、改善算法，到现实部署这样一个清晰可行的路径。

无独有偶，来自苏黎世联邦理工学院和英特尔公司的机器人专家们，以类似的方式，让机械狗通过深度强化学习在仿真环境里进行了大量的训练。训练所获取的策略，最终用在了ANYmal机械狗上，从而使机械狗可以在多样、复杂，甚至从未遇到过的地面上行走。而此前，这一问题往往需要机器人科学家和工程师们针对不同地形进行大量人工的优化和整合。能够获得此次举世瞩目的结果，主要原因是在仿真环境中人工智能机器人早已见过多种多样更复杂、更崎岖的路面，所以应用到现实时便可以得心应手。

机器人与人工智能的结合，当然远远不止上述两例。谷歌的科学家让机器人（TossingBot）通过高速移动手臂完成物体的抛掷；加州大学圣地亚哥分校的研究者尝试让机器人（DexMV）可以从视频中学习人手的动作；斯坦福大学和麻省理工学院的研究者（即笔者所在的团队）试图让机器人（RoboCraft）可以操作柔性物体，甚至包饺子。如今的人工智能算法帮助机器人完成了一个又一个之前只有人类才能完成的多步骤、非规则的任务，机器人再也不单单是流水线上只会做单一指定动作的机械臂了，这不仅模糊了人工智能和机器人的边界，同时进一步解放了生产力，将人类从高危、重复的劳动中解脱出来。

当然，为了创造出有足够智能的机器人，目前仍然存在着十足的挑战。在算法层面，以深度学习为基础的一系列技术，都需要依靠神经网络的拟合能力，而稍有神经网络经验的研究者和创造者都曾经历过神经网络的"不靠谱"：神经网络极难达到100%的精确度。在智能解锁等应用场景中，如果神经网络"犯错"，可能只是造成了用户无法解锁手机，需要多次尝试的情况，但在机器人应用中，却极有可能威胁到人们的生命财产安全。与此同时，如何让机器人应对没见过的极端个例也是非常困难的，因为如果机器人在训练数据集或模拟器里没有经历过此类场景，在真实的世界里往往就会做出错误的判断。在硬件层面，高精度、大载荷的机器人往往是昂贵的、脆弱的，如何有效降低机器人硬件成本并使其走入千家万户，也是广大机器人研究者和创业者面临的重要课题。

另外，伴随着人工智能机器人的发展，机器人伦理学也逐步进入人们的视野。早在阿西莫夫的科幻小说中就提出了"机器人三定律"："第一，机器人不得伤害人类，或者不得置人类于危难中；第二，机器人必须服从人类命令，除非与第一定律矛盾；第三，机器人可以在不与第一、第二定律冲突的情况下维护自身存在。"我们可以感知到，人们对于机器人总是有着各种各样的担心。虽然现在离机器人的"觉醒"时刻尚远，但人们仍然应该思考许多伦理问题。例如，当机器人和人类对话时，是否会因为一些固有印象而使用错误的人称代词？大量的机器人是否会抢占一部分人类的工作岗位？每一次技术的爆发，都会伴随着相应的社会问题、伦理问题，这也是我们在技术与人类生活融合的道路上必须要思考和解决的。

我们可以获得什么样的技术？我们可以创造出怎样的机器人？拥有了这些机器人后人类的生活有怎样的变化？人类正在靠着自己的好奇心探索着未知的疆界，并一步一步地追寻着想象中的未来。在中国，我们已经见到家里的扫地机器人、餐馆里的服务机器人、遍地开花的自动驾驶（也可以看作交通轮式机器人）、工厂里的通用机械臂，在可以预期的未来里，这些机器人将会配备上更聪明的"大脑"、更合适的"身体"，完成更困难的任务。在人类的研究和合理约束下，机器人将会让人们的生活更加轻松惬意！

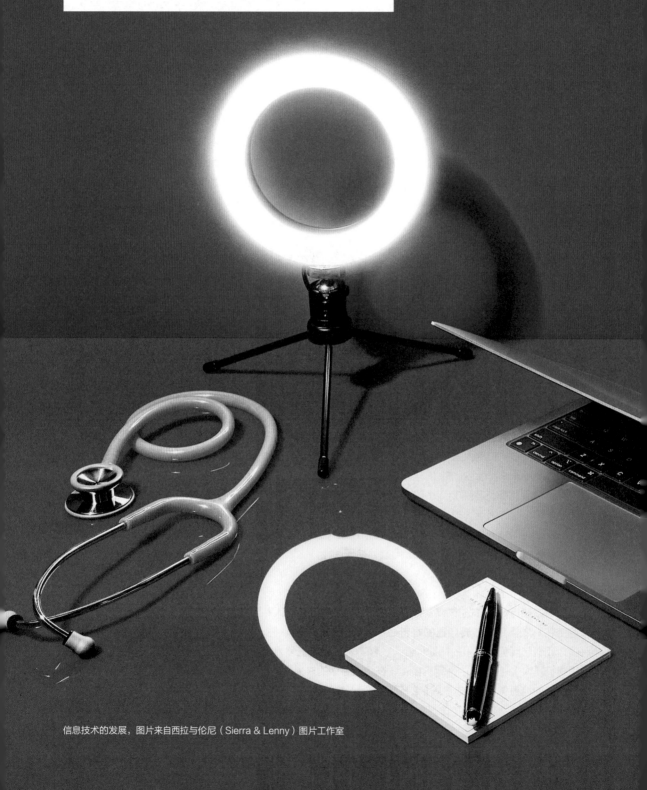

信息技术的未来十年

信息技术的发展，图片来自西拉与伦尼（Sierra & Lenny）图片工作室

展望未来10年，人工智能、量子计算和机器人将会引导着信息技术行业的趋势和进步。

人工智能产业从发展期向成熟期过渡，除AI芯片外的细分技术赛道产业会跨过高速增长阶段，步入稳步增长阶段。随着人工智能的成熟和不断扩展，它将支持新的应用程序和技术创新，响应更快速的开发周期。AI芯片作为底层算力资源的关键硬件，是整体产业规模增速的重要拉力，尤其是ASCI专用芯片的需求在未来10年仍会保持高增长率。同时，量子计算的发展将推动下一代人工智能的发展。高计算能力将可能带来材料、化学品和制药等行业的颠覆，成为自动化驾驶等产品高速发展、商业化并普及的关键。量子计算机使用不同的物理原理或量子力学来交流和处理信息，这是任何经典计算机都无法使用经典物理学实现的。经典计算机一次只能保存一位信息（0或1），而量子计算机中的量子位可以处于叠加态，同时具有0和1的状态，运算的结果也将处于叠加态，操纵叠加态以提取所需的答案属于量子算法的领域。与经典计算机相比，量子计算机就像飞机之于汽车。这意味着彻底的变革，毕竟无论汽车有多快，它都无法飞过河流，而量子计算机的突破可以将人工智能的发展带进一个新的加速时代，更快地进行药物和材料设计，信息通信方式也将迭代。除此之外，具备自我学习能力、可灵活配置的机器人也将推动人工智能应用到实体，工业机器人能够代替人工完成各类繁重、乏味或有害环境下的体力劳动，并重新配置劳动力。可以预见的是，政府和企业将面临解决人工智能和机器人自动化所带来的劳动力再就业问题，而且企业也需要重新考虑未来的人才配置。

数据安全的挑战会益发严峻，成为每个企业和国家在发展和使用信息技术时必须考量的前提。因此，具备更高安全度的区块链技术有可能会取得突破性的进展，并有潜力改变现有的互联网生态。世界经济论坛的一项调查表明，到2027年，全球GDP的10%将存储在区块链上。前几年区块链得到了大量投资。区块链初创企业的风险投资资金持续增长，在2017年就已达到10亿美元。领先的科技公司也在大力投资区块链：IBM拥有1000多名员工，并在区块链驱动的物联网（IoT）上投资了2亿美元。大量投资很有希望会在未来10年里带来区块链的更多应用和突破性技术。

到2025年，数字经济迈向全面扩展期，中国数字经济核心产业增加值预计占GDP比例达到10%，智能化水平会得到明显提升。发展信息技术，加快推动数字产业化并健全和完善数字经济治理体系会是国家经济发展策略的重中之重。

案例分析

仓储机器人，智能物流的领航者

———海柔创新库宝机器人

工业自动化已成为全球工业发展的共同趋势。随着技术的飞速发展和产品制造的复杂化，通过智能管理和相应的配套设备来优化工厂的生产效率，实现智能工厂和柔性制造生产，是自动化发展的最新方向。

无论工厂采用何种智能方式，智能物流都是关键技术之一。智能物流的落地可提高货物生产及流通效率，加强库存精细化管理，有效降低人工成本，实现生产的柔性化与个性化。过去几年，全球供应链和仓储物流市场出现了自动化转型的浪潮。根据 Logistics IQ 发布的市场报告，预计到

2026 年，仓库自动化市场价值将达到 300 亿美元，自 2019 年以来复合年均增长率约为 14%。其中仓储机器人市场在 2021 年价值约 98.8 亿美元，预计到 2027 年将达到 230.9 亿美元，并在预测期间（2022 年—2027 年）以 15.33% 的复合年均增长率增长。据灼识咨询公司评估，中国仓储机器人在 2021 年的市场价值约为 100 亿元。得益于电子商务行业的增长以及对高效仓储和库存管理的需求的日益增长，仓储机器人在中国市场未来 10 年里都会处于快速增长。

全球仓储机器人市场按产品类型可分为移动机器

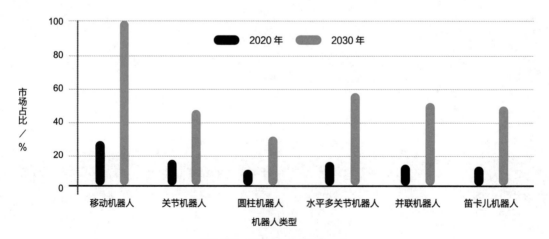

资料来源：Allied Market Research

图 2-34　全球仓储机器人种类

导航技术的发展，目前它们已经通过高位反光板和定位激光雷达解决了定位问题，不需要实体引导线。而AMR的概念出自机器人技术领域，它可以主动对环境中的光线产生反应，自主避让障碍物进行移动。

随着AI和机器人技术的发展，目前最先进的AMR可以自主识别周围环境，并可以根据传感器进行定位，根据实时情况进行路线确定，"聪明"地绕开障碍物，到达终点。

在过去的几年里，AMR在仓库中越来越受欢迎，因为使用它们时相关人员几乎不需要对仓库的现有基础设施进行任何改动。通过多种设计和选项，相关人员还可以对AMR进行编程以处理多种操作。它们的价格也很实惠，并且只需要少量的训练来处理运输、包装和包装等仓库工作。这些属性使移动机器人成为2021年及以后仓库中有吸引力的投资产品。

移动机器人可用于接管通常由传送带、手动叉车、手推车和牵引机处理的任务，还可用于包装和分类等。以往传送带是仓库中运输材料的常见设备，但小型移动机器人的便携式，且更便宜的"即插即用"解决方案有可能会取代庞大笨重的传统固定仓库系统。

AGV、AMR和智能配送系统可以帮助提高仓储效率，自动检索/盘点流程，优化订单，用于"最后一公里"运输，实现按需购物、拣货。此外，通过机器学习算法，可以实现货物计算路线的优化和质量控制，可以使用自然语言处理来加快注册速度；优化入库、分拣、拣货、订单确认等流程，减少库存浪费。如果能够在预测需求后提高灵活性和部署物流，还可以减少有效货运的数量、时间和能源消耗，节省大量建设自动化仓储系统的成本，满足前端的多样化需求。

近两年由于新冠疫情，机器人和自动化在管理疫情局势方面发挥着关键作用。这种情况也给

图2-35 一处新建成的位于美国新泽西州的亚马逊运营中心（Fulfillment Center）内，工作人员和机器人在一个高效率的系统中一起工作，图片拍摄者劳伦·兰开斯特（Lauren Lancaster）

人、关节机器人、圆柱机器人、水平多关节机器人、并联机器人和笛卡儿机器人。其中移动机器人市场份额最大，未来的增长率预测也更高。

得益于机器视觉、语音识别、激光传感技术、低速无人驾驶、5G等综合技术的发展，以AGV（Automated Guided Vehicle，自动导引运输车）、AMR（Autonomous Mobile Robot，自主移动机器人）为代表的智能移动机器人产品快速发展，吸引龙头企业深入布局。

早期的AGV只能通过地上的引导线移动。随着

市场带来了新的机遇。ABB 公司通过收购欧洲最大 AMR 提供商之一的 ASTI 集团，重点进军移动机器人市场，发展包括自动牵引车、"货到人"解决方案、单元式输送机和料箱搬运车等代表性产品，覆盖从生产到物流，再到消费等众多领域。

英国零售巨头 ASDA 与中国极智嘉（Geek+）公司合作，成功部署全柔性智能 AMR 分拣系统。该系统可赋能 ASDA 拥有更强的仓储物流能力，以支持不断增长的包裹收取及退货业务需求。英国在线杂货商 Ocado 将其仓储机器人技术和杂货送货上门技术提供给其他超市，收取许可费，开创了新的商业模式。

随着越来越多的终端客户需求智能物流转型以降低成本、提高效率，中国仓储机器人市场将进入产业化落地的高速发展期。中国仓储机器人行业目前在电商、快消、快递快运、医药、烟草、机场、汽车等领域应用较多。其中电商、快消行业订单量大，且业务量波动明显，对拣选的效率和准确率都有较高要求，为仓储拣选机器人提供了重要应用场景。

中国仓储机器人行业第一梯队（包括海柔创新、极智嘉、快仓等公司）目前优势比较明显，产品稳定性、生产能力、软件能力、产品质量和项目经验都比其他企业突出。

总部位于深圳的海柔创新（HAI ROBOTICS）成立于 2016 年，致力于通过机器人技术和人工智能算法，提供高效、智能、柔性、定制化的仓储自动化解决方案，为每个工厂和物流仓库创造价值。该公司最近获得了两轮新的连续融资，总额约为 2 亿美元。

海柔创新核心业务是箱式仓储机器人系统，推出了世界上第一个自主搬运机器人（Autonomous Case-handling Robot，ACR）系统——库宝机器人系统 HAIPICK，目前占 ACR 市场份额的 90%。其自主研发的库宝机器人可以在 5～7 m 高的货架上拾取和放置手提箱或纸箱，最多可承载 8 个负载，不断地为"货到人"的拣选站提供货物。它从类似的移动机器人中脱颖而出，能够搬运纸箱和单个手提箱，并且能够一次将多个箱子运送到拣选机或传送带上。利用该系统仅需一周即可实现仓库自动化，仓储密度提升 80%～130%，员工工作效率提升 3～4 倍。

库宝机器人系统可助力仓库进行自动化管理，实现智能搬运、拣选、分拣，接受定制化需求。现已在全球落地 300 多个项目，广泛应用于鞋服、3PL、电商、电力、3C 制造、医药、零售等各行业。海柔创新公司业务遍及五大洲，在日本、美国、新加坡、荷兰等设立分支机构，服务客户遍布 30 多个国家和地区。海柔创新最近进入澳大利亚市场，部署在该国最大的在线图书零售商"电子书乌托邦"（Booktopia）。库宝机器人在"电子书乌托邦"位于新南威尔士州利德科姆（Lidcombe）区的 14 000 m² 配送中心处理包装和配送订单，将其效率提高了 800%。

根据搜狐报道，红杉中国合伙人郭山汕认为："海柔创新团队定义了料箱机器人这个品类，在物流行业中创造了不少标杆案例。料箱机器人品类定位准确地把握了仓储物流操作的颗粒度变小的趋势，客户拣选需求增加，货流形态也逐渐从托盘式向料箱式演变。"

相信未来的技术创新，例如 5G、人工智能、云计算、传感器、物联网等技术与智能机器人的交互融合，会继续为机器人行业的各种仓储应用开发未知的潜力，同时实现最佳运营流程和最高物流效率，跨越不同的垂直行业。

大算力成智能社会主要引擎，创造前所未有智慧世界

宋春雨

联想集团副总裁

联想创投高级合伙人

随着信息技术的蓬勃发展，数字化与智能化的浪潮正在席卷全球，其汹涌之力带来了生产力与生产关系的深层次演进，引发新一轮科技革命和产业变革。

大数据、AI、云计算、5G等新一代信息技术深度融合到制造、交通、教育、金融、能源、医疗等各行各业，带来行业的智能化升级，大幅提升行业效率；智能家居、AR/VR、智能机器人、自动驾驶、生物计算，正加速构建万物互联、虚实融合、人机协作的智慧社会，带给我们更加美好的生活体验。

回溯历史，从最早深度学习（Deep Learning）、阿尔法狗（AlphaGo）、阿尔法元（AlphaGo Zero）自学习训练，到Transformer模型和GPT-3（Generative Pre-trained Transformer 3）模型，AI的发展态势突飞猛进，并不断在应用场景中落地。

AI的迅猛发展离不开大算力的支撑。例如生物计算领域，AI制药、预测化学分子、DNA计算都在算力的影响下极大地提高了生产力。算力已经成为支撑智慧社会的核心动能之一。日益优化的高性能计算与智能超算将让更多数据价值得以充分挖掘，推动人类社会朝着智能先进、便捷高效的方向演进，未来10年将迎来百倍算力增长。

最近一段时间，"元宇宙"和"虚拟人"概念非常热，这一新型数字环境对算力的需求呈现指数级提升。缺少算力的支撑，虚拟与现实融合的世界就无法真正实现。

在智慧交通领域，自动驾驶的实现更依赖算力的提升。自动驾驶涉及激光雷达、图像感知以及V2X（vehicle to everything，车辆的无线通信）等技术与解决方案，需要利用机器学习，来实时处理海量数据，稍有闪失便会产生严重后果。大算力芯片的支持变得不可或缺。事实上，一辆智能汽车的算力已经达到数据中心级别，因此智能汽车也被许多业内人士称为"轮子上的数据中心"。

此外，制造业的"智改数转"也与算力息息相关。传统制造业涉及的生产、检测、仓储、物流等环节，经智能化改造后，每天所"流转"的数据量可达TB（太字节）级别。算力作为基础，不仅需要保障机器人等生产工具上收集的数据，在边缘端得到有效处理，并通过AI算法，将决策传递给人与机器；也需要保障数据累积后自行优化，在各个生产环节更高效地流动，实现资源配置效率的不断优化。

图 2-36　日本艺术家德井直生用机器学习算法生成的虚拟街景，图片来自德井直生

纵观全球算力格局，美国在高端芯片设计和配套生态、EDA软件以及先进制程相关供应链领域处于领先地位，但中国正在加速追赶。以算力为核心的数字信息基础设施建设，在中国也已被提到前所未有的高度。目前，我国正在大力推进智能计算中心建设，打造新型智能基础设施。

越来越多的创业者涌现出来，在大算力SoC领域进行创新，比如多源异构处理器的研发就将软件和硬件效率提升到极致。2020年苹果率先发布了基于ARM架构自研的M1芯片。2021年，我们看到国内也出现了ARM SoC芯片创业团队——此芯科技。基于未来技术发展趋势，我们认为，ARM架构是未来10年非常有潜力的算力底层CPU架构，中国当前正面临绝佳的重建ARM CPU行业生态的机会。

中国最大的优势是制造业规模全球第一，同时也是全球最大的个人消费和电子消费市场。中国完整的产业体系，不仅为原创技术的发展提供了良好的创新土壤，也培养出一大批基于中国产业体系的优秀科研人员。与此同时，大量海外一流人才回国带来的工程师红利，将推动中国算力取得长足发展。我们可以看到，面对智能汽车、新能源变革、AR/VR、AIoT等新场景催生的新机会，中外已基本处于同一起跑线。

纵观人类社会的演进，聚焦在粮食和能源领域的世界级竞争，带来了生产力的极大提升和人类科学的进步，面向未来，算力将像水、电一样，成为智能社会的主要引擎。相信围绕大计算进行的布局和投资、支撑算力的半导体平台，以及应用导向的算力公司，将共同推动算力产业创新发展，抢占算力制高点，为智慧社会提供强劲支撑，助力我国产业高质量发展，为人们创造更美好的生活。

参考文献

[1] 贝恩公司.2021年中国高科技行业报告[R]. (2021).

[2] 商汤科技.商汤科技招股说明书[R]. (2021).

[3]McKinsey Global Institute.Artificial Intelligence:The Next Digital Frontier?[R]. (2017).

[4]Henry H. Eckerson, Eckerson Group.Deep Learning – Past, Present, and Future[R]. (2017).

[5]艾瑞咨询.2021年中国人工智能基础层行业发展研究报告[R]. (2021).

[6]艾瑞咨询.2021年中国人工智能基础层行业发展研究[R]. (2021).

[7]Allied Market Research.Warehouse Robotics Market[R]. (2022).

[8]Gartner Forecasts Worldwide Public Cloud End-User Spending to Grow 23% in 2021.Gartner Forecasts Worldwide Public Cloud End-User Spending to Grow 23% in 2021[EB/OL]. (2021).

[9]Cloud Market Share – a Look at the Cloud Ecosystem in 2022[EB/OL]. (2022).

[10]纳斯达克使用 AWS 率先在云中存储股票交易所数据[EB/OL]. (2020).

[11]S. Dixon.Facebook: number of daily active users worldwide 2011-2022[R].(2022).

[12]CompTIA.CompTIA IT Industry Outlook 2020[R]. (2019).

[13]AI outperforms humans in chip design breakthrough[EB/OL].(2021).

[14]Big Data: The 3 Vs explained[EB/OL].(2020).

[15]Bain & Company.Technology Report 2021[R].(2021).

[16]Roy Ikink.25 cloud trends for 2021 and beyond[EB/OL].(2021).

[17]Fortune Business Insights.Global Cybersecurity Market[R].(2022).

撰稿人：张昱衡、邹名之、林泽玲

意外溢出 7000 加仑污水的美国圣奥诺弗雷（San Onofre）核电站，图片拍摄者斯潘塞·洛厄尔（Spencer Lowell）

03

走向绿色低碳的
能源时代

全球气候恶化下的资源与能源危机

科幻电影《流浪地球》里说：起初，没有人在意这场灾难，这不过是一场山火、一场旱灾、一个物种的灭绝、一座城市的消失，直到这场灾难与每个人息息相关。气候变化带来的威胁在不知不觉中已然到来，如今，地球的环境在人类活动影响下已经发生了翻天覆地的变化。极端天气愈发频繁的今日，停下脚步思考如何避免生态灾难显得尤为迫切。

图 3-1　用来探测海洋温度的仪器，
图片拍摄者阿方索·杜兰（Alfonso Duran）

工业革命以来，大量的化石能源通过燃烧，将二氧化碳释放到了大气之中，相比于通过光合作用和地质运动积累化石燃料的数十亿年，人类工业化的进程只是短短一瞬，但二氧化碳浓度的爆发式增长使得地球温度上升速率显著增加，这一灾难性的后果使得地球气候剧烈变化：极端天气将会更加频繁，正如我们感受到的一样；冰川融化，海平面上升，甚至部分沿海繁华都市将会葬身大海，物种灭绝将会如同家常便饭一般……此外，大规模城市建设带来的环境破坏、化学工业污染、滥伐林木导致的水土流失和土地荒漠化等，都是现代人类需要面对的严峻环境问题。

为了应对气候变化，人类将不得不付出巨大的经济代价。一个显而易见的事实是——越来越热的夏季使得需要空调的地区越来越多，使用时间也越来越长，这背后也意味着应对气候变化所需付出的能源和资金消耗将显著增加。除非立即采取行动，否则科幻电影或科幻小说中描绘的极端灾难场景也可能会成为现实。

1824 年，法国科学家约瑟夫·傅里叶（Joseph Fourier）提出了"温室气体"的概念。1856 年，美国科学家尤妮斯·富特（Eunice Foote）在"美国科学与艺术"（*The American Journal of Science and Arts*）杂志上发表了一篇题为"影响太阳光热量的环境"（"Circumstances Affecting the Heat of Sun's Rays"）的论文，首次证明了二氧化碳和水蒸气会从太阳辐射中吸收热量，并提出它们的浓度变化可能与气候变化存在直接联系。1859 年，爱尔兰物理学家约翰·廷德耳（John Tyndall）也发现了该原理，而这一原理正是我们理解温室效应和气候变化问题的基石。太阳辐射以光的形式到达地球表面，大部分被吸收并通过各种方式转化为热量，最后以红外辐射的方式向外辐射，然而地球大气层中的二氧化碳会吸收红外线，阻止其通过，就像温室大棚的玻璃罩一样，这就是温室效应。20 世纪 60 年代，美国科普作家蕾切尔·卡逊（Rachel

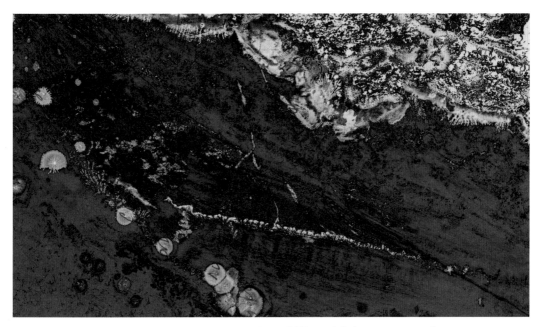

图 3-2　气候恶化造成洪水泛滥，插画作者斯蒂芬妮·阿内特（Stephanie Arnett）

Carson）的《寂静的春天》唤起了席卷全球的环保运动。20 世纪 80 年代至 20 世纪 90 年代，随着一系列环境与气候相关的联合国会议召开，1987 年 26 个国家签署了《蒙特利尔破坏臭氧层物质管制议定书》，后来全部联合国成员都加入了此协定，大幅降低氟氯烃的使用，以保护臭氧层——这是第一次由联合国全体成员通过的环保条约，人类通过技术与跨国政策合作，成功缓解了曾经相当严重的臭氧空洞问题。尽管人类在工业革命时期就发现了温室效应的原理，但直到 20 世纪后半叶，这个问题才得以重视，此时大气层中的二氧化碳浓度已经因一个多世纪的工业化进程而显著提升。

为了应对气候变化与相应的环境问题，联合国于 1988 年组织了 IPCC（Intergovernmental Panel on Climate Change，政府间气候变化专门委员会），并且自 1995 年起，联合国每年召开气候变化大会，世界各国政府首脑共聚一堂，探索人类文明的可持续发展之路。1997 年，约束发达国家碳排放的《联合国气候变化框架公约的京都议定书》（简称《京都议定书》）通过，人类踏出了遏制温室效应的第一步，然而该计划的执行情况却不容乐观。2016 年，全球 178 个缔约方在巴黎签署了《巴黎协定》，其长期目标是将全球平均温度较工业化时期上升幅度控制在 2℃ 以内，并努力将上升温度限制在 1.5℃ 以内，该协定明确了包括发展中国家在内的所有缔约方的减排任务。

为了解决气候恶化及其带来的问题，科学家们也研发出了许多关于资源、能源的创新技术。《麻省理工科技评论》评选出的 200 项"全球十大突破性技术"中，与资源、能源相关的技术共有 29 项，占比 14.5%。其中，关注和解决人类生存资源问题的技术如环境计量学、纤维素酶、超高效光合作用、人造肉汉堡、气候变化归因、除碳工厂等，正在帮助人类获取更多有利于生存的资源；纳米太阳能电池、固态电池、零碳排放天然气发电、绿色氢能、实用型聚变反应堆等一些能源领域的开创性技术，也正在为人类开拓更多可利用的绿色资源。

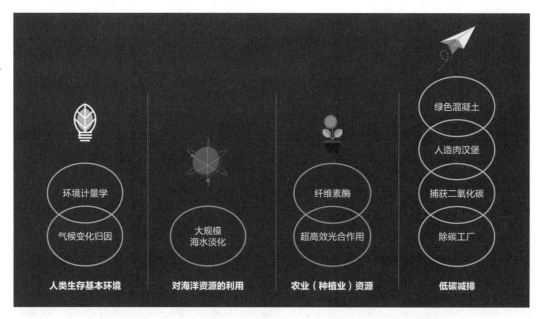

图 3-3　2001 年—2021 年"全球十大突破性技术"中，与资源、能源相关的技术和细类

提升资源利用率成为破题关键

2022 年初，IPCC 发布了一份长达 2000 多页的报告《气候变化 2022：影响、适应和脆弱性》（"Climate Change 2022: Impacts, Adaptation and Vulnerability"）指出，地球由于气候变化正在经历负向改变：更多物种濒临灭绝，动植物种群死亡或迁移正在改变着当地生态系统，亚马逊热带雨林和北极永久冻土正在从过去的碳汇转变为温室气体排放……

而打破这一局面、改善人类生存环境和资源条件，正是众多科研工作者的追求所在。从过去20 年的"全球十大突破性技术"评选来看，资源、能源领域相关的技术主要围绕四大类别展开，包括与人类生存基本环境相关的"环境计量学"和"气候变化归因"；对海洋资源的利用方面的"大规模海水淡化"；农业（种植业）资源相关的"纤维素酶""超高效光合作用"等（我们在第一章中，主要分析和讨论了"精确编辑植物基因"这一技术对于农作物和植物种植从源头进行的调整和优

化，这也正体现了生命科学领域技术对人类赖以生存的资源所产生的重大作用）；与低碳减排相关的技术有"绿色混凝土""人造肉汉堡""捕获二氧化碳""除碳工厂"。

其中，不少技术在发展过程中与生命科学、信息工程、工程制造等学科领域交叉互动地向前演进。正如"精确编辑植物基因"技术落脚于生命科学领域基因编辑技术。而从应用目标来看，我们将 2008 年入选的"纤维素酶"和 2015 年入选的"超高效光合作用"归纳在本书中主题为对资源进行更优利用的第三章中，主要强调以上技术革新对资源利用率的提升。

眼下，粮食危机、全球气候变暖、缺水等问题正在威胁着全球大量人口，与之对应的，农业增产和碳减排相关技术迎来可观的发展前景。除了对农作物进行基因编辑、光合作用效率的提升和生产流程中无所不在的"酶"的技术革新，更多的先进科技也被应用到了农业生产中，比如无人机的使用，正在成为智慧农业的标配。农业无人

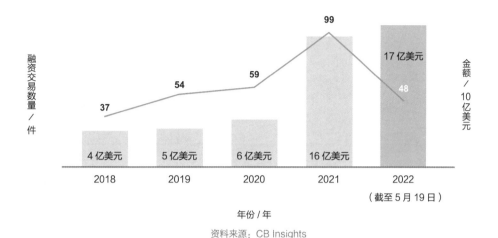

资料来源：CB Insights

图 3-4　2018 年 1 月至 2022 年 5 月 19 日气候科技领域的融资交易数量和金额

机拥有较强的负载能力和抗风性能，可以帮助实现不同的作业过程，包括药液喷洒、固体肥料播撒、种子精量播种等环节，不仅提高了作业效率，也降低了各方面成本。

在"对海洋资源的利用"方面，"大规模海水淡化"与信息工程等学科也存在交叉互通的地方。海水淡化技术是水资源增量技术，是解决沿海地区水源短缺问题的重要手段。数据显示，我国人均淡水资源仅为世界人均量的1/4，且国内淡水资源分布南北不均。

而"低碳减排"领域的相关技术则与工程制造板块联系紧密。在全球应对气候变暖的大背景下，减少碳排放成为全球各国的共同目标。

碳中和产业的发展和布局

为应对全球气候问题，越来越多的国家响应联合国减碳号召，继续采取减碳措施。在各国政策带动下，减碳脱碳产业也在快速发展，全球领先的科技公司都在布局碳中和产业。其中，在 2021

年，微软、亚马逊、谷歌三家企业在涉及交通、能源等的"脱碳"科技方面的投资高达 87 亿美元。其中最大一笔为电动汽车制造商 Rivian 于 2021 年 7 月 23 日完成的 25 亿美元融资，领投

图 3-5　气候危机，
插图作者安德烈娅·达奎诺（Andrea D'Aquino）

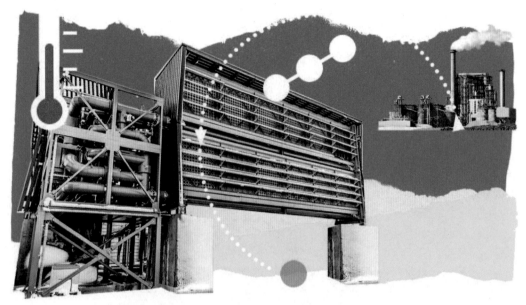

图 3-6　除碳工厂，插图作者安德烈娅·达奎诺（Andrea D'Aquino）

方为亚马逊、福特、索罗斯基金管理（Soros Fund Management）等。

根据 CB Insights 数据，2022 年开年至 5 月 19 日，"脱碳"科技的初创公司完成了 48 笔交易，融资金额高达 17 亿美元，已经超过了 2020 年全年融资。

在入选"全球十大突破性技术"的低碳减排技术中，"除碳工厂"和"捕获二氧化碳"的发展和应用备受关注。其中，"除碳工厂"是指能从空气中捕获碳的大型工厂。目前，由两名瑞士机械工程师成立的 Climeworks 已经开发出了大型的直接空气获取设备，旗下除碳工厂 Orca 已于 2021 年 9 月在冰岛启动。这座工厂每年能吸收 4000 t 二氧化碳，并将其转化成石头储存在地底下。2022 年 4 月 5 日，Climeworks 完成了 6.5 亿美元的新一轮融资，这是碳捕获领域企业有史以来募集到的最大金额。本轮融资由 Partners Group 和 GIC 领投，其他投资者包括 Baillie Gifford、M&G 和 Swiss Re。加上该轮融资，Climeworks 筹集的资金总额超过 8 亿美元。

与除碳工厂紧密相关的是"捕获二氧化碳"技术，这也是全球各国实现"净零排放"目标的关键手段。碳捕获是指从空气中直接捕获二氧化碳，吸走超量排放的温室气体。目前，碳捕集主要有 CCS（碳捕集与封存，Carbon Capture and Storage）技术和 CCUS（碳捕集、利用与封存，Carbon Capture, Utilization and Storage）技术。

根据 Global CCS Institute 发布的《全球碳捕集与封存现状报告 2020》（Global Status of CCS 2020），截至 2020 年年底，全球有 28 个处于运营阶段的商业化 CCUS 项目，其中美国 14 个、加拿大 4 个、中国 3 个、挪威 2 个，澳大利亚、沙特阿拉伯、巴西、阿联酋、卡塔尔各 1 个；运营项目捕集能力合计约 4×10^7 t 二氧化碳。截至 2021 年 9 月，全球商业化运行的 CCS 项目数量为 135 个，其中运营中 27 个、暂停运营 2 个、在建中 106 个；北美洲 78 个、欧洲 38 个，中国 6 个，可实现约 1.49×10^8 t 二氧化碳捕集和封存。

一处位于基伍湖（Lake Kivu）的天然气发电厂，
图片拍摄者贾森·弗洛里奥（Jason Florio）

未来城市中的新型建筑

建筑业是支撑基础设施建设高质量发展和城镇化进程快速推进的基础性行业，但同时也是能源消耗和碳排放大户。数据显示，2019 年全球建筑运营与建造阶段的碳排占总碳排 38%，超过三分之一。国际能源机构预测，2020 年及之后，伴随建筑电气化、电力系统清洁化的推进，全球建筑相关的间接排放会出现缓慢下降，直接排放基本保持不变的态势。目前，欧洲、美国等发达经济体已将住宅、公共建筑的绿色改造列为气候行动的重要事项，以此降低建筑碳排。

与传统建筑相比，绿色建筑具有生产周期短、人工成本低、建筑寿命长、环境污染小等优点，其中，新型建筑材料的应用尤为关键。科技迅猛发展为绿色建筑带来多种新型材料，石墨烯、碳纳米管、非晶合金、泡沫金属、离子液体等低碳、可循环绿色材料备受市场关注。

近两年，我国新材料行业融资活跃，数据显示，2020 年行业融资事件共有 184 起，2021 年有 219 起，2022 年 1 月 1 日至 5 月 20 日，已有 81 起融资事件。

迈入新能源时代

1. 传统能源转型进行时

为应对气候变暖、资源紧缺、环境污染等问题，推动能源结构向清洁低碳方向转型已成为全球共识。近年来，我国能源转型步伐加快，以风电、太阳能发电为代表的新能源发展迅猛。相较于传统的化石能源，太阳能、风能不仅具有清洁环保特性，还能从大自然中源源不断获取，是非常理想的可再生能源。

近几年，光伏、风电发展快速，是传统能源转型的主力军。根据国家能源局数据，截至 2021 年

11 月 29 日，我国风电并网装机容量突破 3×10^{11} W 大关，总量达 3.0015×10^{11} W，是 2020 年底欧盟风电总装机的 1.4 倍、美国的 2.6 倍，连续多年稳居全球第一。

在光伏发电方面，国家能源局数据显示，2021 年，全国光伏新增装机 5.488×10^{10} W，为历年以来年投产最多，其中，光伏电站 2.560×10^{10} W、分布式光伏 2.928×10^{10} W。到 2021 年底，光伏发电累计装机 3.06×10^{11} W。2021 年，全国光伏发电量 3.259×10^{14} Wh，同比增长 25.1%；利用小时数 1163 h，同比增加 3 h。

2. 氢能的产业化道路和前景

在全球应对气候变化、寻求减少碳排放路径的背景之下，氢能作为清洁能源之首，其发展前景可观。目前，欧盟已经发布了氢能战略"三步走"计划，将绿氢生产作为首要任务；美国也在加快推动氢能技术的研究和商业化步伐；日本则是氢能发展的积极推动者——燃料电池技术领先，推广家庭与车辆应用场景。在我国，自 2019 年 3 月氢能被首次写进政府工作报告以来，国务院、国家发展改革委等多个部门也陆续印发了支持、推动氢能行业发展的政策，内容包括氢能发展技术路线、氢能基础建设设施、燃料电池汽车等。

目前，氢气的主要市场应用是氢燃料电池汽车。过去几年，我国氢燃料电池汽车在政策带动下快速发展，氢燃料电池汽车产量逐年提升。数据显示，截至 2020 年年底，我国氢燃料电池汽车保有量为 7352 辆，预计到 2025 年氢燃料电池汽车保有量将为 5 万至 10 万辆。

2022 年冬奥会期间，河北省张家口市经国务院同意设立为可再生能源示范区，张家口部署实施了一批氢能项目，产业投资达 200 亿元，以氢能源车为代表的氢能设备在冬奥会期间广泛应用。

与此同时，随着氢能源车的应用的铺开，加氢站

工程也随之开展起来。数据显示，截至2021年年底，我国共建成加氢站218座，较2020年增加了100座。市场预计，2022年，我国加氢站将增长到287座。

3.可控核聚变

与传统的化石能源，乃至水能、太阳能、风能、氢能等新型能源相比，核能因其能量密度高、运行稳定等优势，被认为将在解决人类能源问题上发挥更大的作用，其中，核聚变相较于传统的核裂变反应，具有原料储量大、无强辐射和完全绿色的性能优势。

近几年，可控核聚变技术的发展越来越受关注。数据显示，2020年—2022年全球至少发生12起可控核聚变企业的融资事件，其中，2021年美国公司CFS就进行了一轮融资金额高达18亿美元的B轮融资。这也是截至目前核聚变领域发生的融资金额最大的一起融资，投资方包括微软、索罗斯、老虎环球基金、谷歌母公司Alphabet等。

我国关于可控核聚变的研究开始于1970年前后，经过30多年的发展，如今正在走向成熟。2020年12月，我国大型"托卡马克"装置"环流器二号"在四川省成都市建设落成，实现了小规模的持续性能源发电。

本章导读

节能减排、低碳生活，已经成为一股新的潮流，与此相关的种种先进技术如雨后春笋般不断涌现，将助我们一臂之力。减少传统化石能源碳排放和高效利用清洁新能源成为新时代的目标。

近20年来，新兴的环境科学技术不断涌现，助力人类应对气候变化的挑战。随着气候变化形势日益严峻，气候变化的计算机模式预测有了多样化的发展，气候变化背景下的农业技术也多有突破，卫星

遥感技术与气候模式预测、多种多样的人工固碳技术、节能减排技术等日新月异，人类在应对各种自然灾害以及实现可持续发展方面取得了长足进步。

清洁能源技术的开发亦成为各国政府和商业研发机构关注的重点。其中有一些技术经过发展，目前已经成功地走向市场，有的则依旧停留在实验室阶段，迟迟未能开启商业化的进程。二氧化碳捕获及转化技术得到了飞速发展，有望解决传统化石能源高碳排放量的世纪难题。在煤、石油、天然气等传统能源依旧占据能源主导地位的当下，这些技术的发展无疑具有里程碑式的意义。

从某种意义上说，科技的发展不仅代表着人类前行的脚步，更展示着人类敢于同残酷现实抗争的勇气。面对气候变化可能带来的严重后果，人类选择通过自己的努力说"不"。

环境、气候和能源领域一直是《麻省理工科技评论》关注的重点，过去的20年间，几乎每年都有环境、气候和能源领域的新科技入选"全球十大突破性技术"。这些技术主要集中在气候变化、人工固碳、核能新技术、太阳能的高效利用、智能电网和电池技术的飞跃。最近几年，气候变化归因、绿色氢能和碳捕获技术则成为其关注重点。

本章将梳理气候环境的观测方法及人类应对气候变化所做出的种种努力，然后从能源领域的现状展开，讨论传统能源的发展历程及其在碳捕获与转化技术帮助下的转型方向；接着介绍利用核能、太阳能、风能、地热能、潮汐能及氢能等清洁能源的开发技术更迭；最后探究以电池为代表的储能设备的发展过程以及智能电网技术的突破。笔者将在这几个部分仔细梳理各项入选技术的背景和原理，并讨论其发展现状和商业化前景，重点讨论目前仍然具有重要意义的技术，早年的稍显陈旧的技术则不做过多阐述。

气候环境与自然灾害：观测与模式预测

洪水灾害，插图作者乔恩·韩（Jon Han）

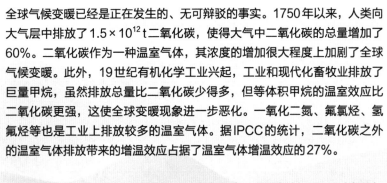

全球气候变暖已经是正在发生的、无可辩驳的事实。1750年以来，人类向大气层中排放了1.5×10^{12} t二氧化碳，使得大气中二氧化碳的总量增加了60%。二氧化碳作为一种温室气体，其浓度的增加很大程度上加剧了全球气候变暖。此外，19世纪有机化学工业兴起，工业和现代化畜牧业排放了巨量甲烷，虽然排放总量比二氧化碳少得多，但等体积甲烷的温室效应比二氧化碳更强，这使全球变暖现象进一步恶化。一氧化二氮、氟氯烃、氢氟烃等也是工业上排放较多的温室气体。据IPCC的统计，二氧化碳之外的温室气体排放带来的增温效应占据了温室气体增温效应的27%。

地球的大气层是一个复杂的系统，其中存在多种反馈机制，可以对全球气候进行有限度的调节，使之保持相对稳定的状态。但是巨量人为温室气体的排放会打破这种稳态。全球气温从20世纪初开始有明显的上升趋势，但是这一上升趋势在20世纪40至70年代似乎出现"反转"，直到1975年又恢复，其间虽有1991年菲律宾皮纳图博火山爆发事件使得变暖趋势暂缓，但整体变暖进程并未停下脚步，工业革命以来累计升温幅度已经达到了1℃。这也使得曾经在学界颇有影响力的"气候怀疑论"渐渐式微，全球变暖成为科学界一大共识，也引起了各国政府的重视。由全球变暖引发的两极冰川融化（导致海平面上升）、极端天气增多等恶果，使人类不得不采取行动来应对这些威胁。

为了应对全球气候变暖，联合国自1995年起每年召开全球气候变化大会，制定和完善UNFCCC（United Nations Framework Convention on Climate Change，联合国气候变化框架公约）。第一届全球气候变化大会在德国柏林召开。1997年京都会议讨论拟定了《京都议定书》，2007年《巴

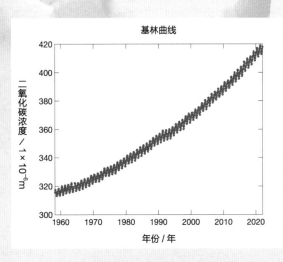

图3-7 二氧化碳浓度测量曲线——基林曲线

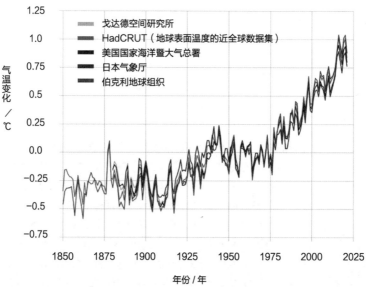

图 3-8　多种计算机模式拟合得出的 1850 年以来全球平均气温上升趋势

厘岛路线图》、2009年《哥本哈根协议》、2016年《巴黎协定》等一系列国际协定的签署，意味着各国为了应对气候变化而携手合作，逐步达成了一些共识。国际谈判过程漫长而艰难，随着气候与环境变化带来的各种迫在眉睫的挑战，发展相关科学技术的重要性不言而喻。

气候环境的变化具体表现在自然灾害的频率升高、灾害损失增加。随着全球气候的暖化，大气蕴含的能量逐渐上升，因此更加容易产生剧烈的波动，诱发各种气象灾害。

图 3-9　2016 年《巴黎协定》

美国国家海洋和大气管理局（National Oceanic and Atmospheric Administration，NOAA）统计，最近连续6年（2016年—2021年）的飓风活动强度都超过均值，2020年和2021年飓风数量都超过20个，历史上首次出现连续两年"命名表用尽"的情况。世界范围内，近年的极端天气和气候事件屡见不鲜，常常打破历史同期纪录，给许多人的生命财产安全带来严重威胁。如2016年东亚"极地涡旋"导致的"世纪寒潮"，2017年北大西洋飓风活动导致的经济损失打破历史纪录，2018年秋季美国加利福尼亚"坎普"山火，2019年西南印度洋气旋导致东南非洲国家人员伤亡和财产损失打破历史纪录，2020年澳大利亚山火、东非蝗灾，2021年美国得克萨斯州寒潮和暴风雪导致大断电，2021年我国郑州极端暴雨，2021年秋冬季美国东南部遭强龙卷风袭击，2022年年初的西欧冬季风暴与澳大利亚东部极端暴雨，等等。可以预见，倘若不及时加以应对，极端天气频发将为人类带来许多伤害。

图 3-10 海洋污染，图片拍摄者索芒娅·坎德瓦尔（Saumya Khandelwal）

如今应对自然灾害，我们已经有了很多成熟的观测预警系统。气象灾害的预报和预警系统日趋完善。气象观测方面，遍布近地轨道和同步轨道的气象卫星可以实时观测世界各地的天气情况，而在地面上也有数万个气象观测站组成了全球气象观测网。这个庞大的观测网络每天都要产生海量的观测数据，通过计算机模式计算，可以得到每日天气预报。对于台风、寒潮、高温、强降水等较大范围的极端天气，我们已经掌握了很多预报方法，可以提前数日发出天气提示。不过在对于如龙卷风、短时强降水等小尺度的极端天气的预报方面，目前的技术还存在诸多困难，亟待未来进一步研究。

除此之外，对于火山爆发、海啸、泥石流等地质灾害，目前人类已经有了较为完备的预报和预警系统；但对于地震，尚不能做到可靠的提前预报，只能在发生地震时，对和震中有一定距离的地区发布地震预警。

卫星遥感技术是目前地球科学领域至关重要的技术。1957 年，由苏联发射的人类历史上第一颗人造卫星就携带了温度计，虽然设计简陋，但足以说明卫星对气候研究的重大推动作用。1959年美国发射的"先锋 2 号"是第一颗进入太空的气象卫星，不过由于技术问题，这颗卫星并没能发挥出测量作用，次年发射的"泰罗斯 1 号"成为第一颗成功实现观测目标的气象卫星，首次从太空发回了拍摄到的地球照片。我国于 1988年成功发射首颗气象卫星风云一号 A 星，于1997 年成功发射第一颗地球同步轨道气象卫星风云二号 A 星。2016 年，新一代地球同步轨道气象卫星风云四号 A 星发射，标志着我国气象卫星发展的又一个里程碑。

随着技术的不断革新，一颗卫星上可以搭载的仪器越来越复杂，功能越来越强大。20 世纪 90年代末美国开始发射 A-train 卫星星座，其中Terra 和 Aqua 这两颗卫星搭载了至今仍然应用广泛的仪器——中分辨率成像光谱仪（MODIS），通过36个不同的光谱通道组合，它可以探测地表的云、气溶胶、海洋、植被、山火、雪地等诸多目标。气象卫星也逐步升级为包罗万象的"地球观测卫星"，根据发射电磁波波长的不同，可以探测多种多样的目标，而不再限于大气层，应用范围拓展到农业、海洋、地质和城市规划等众多领域，卫星遥感也成为一门交叉学科。

通过这种全方位、立体的遥感观测技术，科学家们获取了更为全面的观测数据，结合与时俱进的计算机数值模式，就可以展开天气预报和各种防灾减灾工作。各大气象中心还配备了功能强大的超级计算机，以运行各种预报模式、处理不断生成的最新观测数据。一些机构会提供大量专业的经过多层处理的气象数据，比如欧洲中期天气预报中心（European Centre for Medium-Range Weather Forecasts, ECMWF）将通过多种渠道获得的观测数据汇集整理后得出了诸如ERA系列等数值产品，供人们研究、学习使用。

如今，面向公众的每日天气预报已经非常专业而精细，可以覆盖世界各地，预报时间短则数小时，长则几日。而当我们将时间尺度拉长，空间尺度也相应放大，用于天气预报的模式就转化为气候预测模式。与具体到某片区域某段时间的天气预报相比，气候预测往往是利用全球大气环流模式（GCM）来进行的。气候变化因子，也被称为"辐射强迫""气候强迫"，是指可能对全球气候产生影响的重要因素，例如温室气体的排放，会对地球大气产生正的辐射强迫，使得地球平均气温上升；而沙尘、硫酸盐等气溶胶的排放，则一般会产生负的辐射强迫，抑制全球气温上升。2020年入选的气候变化归因（Climate-Change Attribution）技术，由"世界天气归因"（World Weather Attribution, WWA）项目开发，可以针对某一天气事件评估气候变化在其中的影响程度。2021年，诺贝尔物理学奖被授予日本科学家真锅淑郎（Syukuro

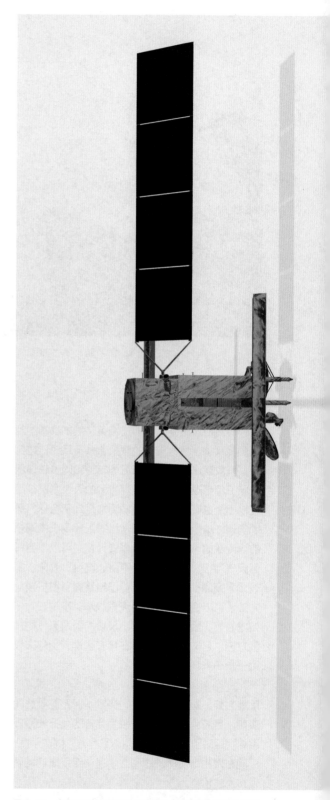

图 3-11　美国和法国联合研制的新一代海洋地形测绘卫星 SWOT 卫星，资料来源 NASA

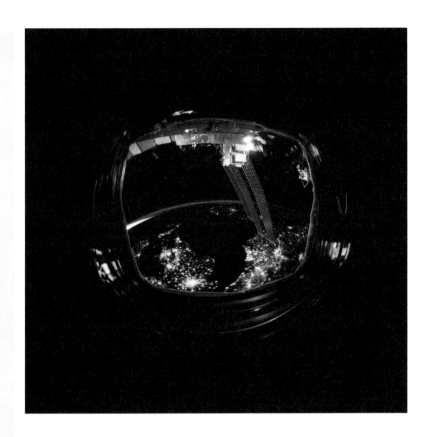

图 3-12　一个反射着地球灯光的宇航员头盔，资料来源 NASA

Manabe）与德国科学家克劳斯·哈塞尔曼（Klaus Hasselmann），奖励他们在构建气候变化的数理模式方面做出的开创性贡献，这是诺贝尔物理学奖第一次颁发给气候科学相关领域的科学家，由此可见国际社会对气候变化研究的日益重视。

全球气候模式（Global Circulation Model，GCM）或称大气环流模式（General Circulation Model，GCM）包括大气环流和海洋环流两个部分，它的构建始于20世纪50年代。美国气象学家诺曼·菲利普斯（Norman Phillips）利用数学物理方法于1956年构建出了第一个实用气候模式，用以描述月度、季度天气变化。到了20世纪60年代，美国地球物理流体力学实验室团队创造了第一个将大气与海洋系统成功耦合的数值模式，真锅淑郎正是团队领军人物之一。20世纪80年代至20世纪90年代，美国国家大气研究中心发展出社群研究模式，不断融合不同团队的各方面贡献，考虑的因素也更加全面，全球气候模式日趋成熟。21世纪以来，利用不断升级的计算机算力，各国研究机构都对气候模式进行了相应升级，气候模式囊括的内容越来越多，出现了包括陆地上各种系统以及不同化学物质的"地球系统模式"，还有博采众长、兼容各种气候模式的CMIP（Coupled Model Intercomparison Project, 耦合模式交互项目），迄今其已经发展到第六代（CMIP6），它将世界上众多科研机构提出的不同气候模式进行横向对比，并且收集了几十年来全球各地以及空间卫星观测的数据集，由此推导出对全球气候的预测结果。

海量的观测数据和丰富多样的天气与气候数值模式，为我们的日常生活提供各种即时天气和海洋预报产品以及灾害预警服务，同时也为气候环境方面的各项研究提供助力。

人类活动对气候变暖的影响毋庸置疑

孙 颖

中国气象局国家气候中心
研究员

全球气候变化研究是关系到人类社会可持续发展的重要科学问题。理解气候变化的原因，检测归因人类活动等外强迫的贡献，是当前气候变化研究的重大挑战之一。环境与气候是《麻省理工科技评论》关心的前沿科学问题，2020 年，"气候变化归因"因"使人们更加清楚地认识到气候变化是如何让天气恶化的，以及我们需要为此做出哪些准备工作"入选"全球十大突破性技术"。

气候变化归因的目的是揭示人为和自然外强迫以及气候系统自然变率对气候变化的影响程度。如果是由外部强迫引起的，其外部强迫比如温室气体排放等人类活动的贡献有多大？这一问题是认识气候为什么变化以及未来将如何变化的重要科学基石，是制定减排和防灾减灾策略的重要科学支撑，也是政府间气候变化专门委员会（IPCC）历次评估报告的核心内容。

两种类型的气候变化归因研究

气候变化归因意味着需要确定引起气候变化的原因是什么？是什么因子驱动了气候变化，它们的相对重要性怎么样？驱动因子可能是气候系统内部的因子，也可能是外部的人为和自然强迫。内部因子包括不同时间尺度的自然气候变率，如海温和海冰的变化等。人为强迫包括二氧化碳等温室气体的排放、气溶胶排放或土地利用变化；自然强迫包括太阳和火山活动。归因通常涉及观测数据的收集和质量控制、可能的驱动因素的识别、因果关系推断。

目前的气候科学研究中有两种类型的归因研究。一类是平均气候和极端指标长期变化的归因；另一类是特定极端天气和气候事件的量级或频率的归因。

对于第一类归因，即长期变化的归因，其研究的目的是确定平均气候和极端指标是否发生了变化，如果发生了变化，如何将其归因于某些特定的驱动因子。这一类归因广泛使用的方法通常是基于回归的方法，也被称为"最优指纹法"（Optimal Fingerprinting Method），该方法最早由2021 年诺贝尔物理学奖得主德国马普气象研究所（Max-Planck Institute for Meteorology）的克劳斯·哈塞尔曼（Klaus Hasselmann）提出，将观测结果回归到不同外部强迫条件下由气候模式模拟的预期气候响应。简而言之，该方法假设气候模式能够正确地模拟气候系统对外部强迫的响应，尽管响应模式的强度可能与观测结果不同。

图 3-13 一片被砍伐的热带雨林，
图片拍摄者杰里米·萨顿－希伯特（Jeremy Sutton-Hibbert）

有了这个假设，就有可能将观测结果回归到模式模拟的响应上，而检测和归因分析则简化为对回归系数或比例因子的统计推断。如果相应的尺度因子（即回归系数）显著高于 0，则可以声称检测到气候对某一特定外部强迫因子的响应，如果置信区间包括 1，并且可以排除其他外部强迫的影响，则可以声称归因。

对于第二类归因，即特定极端天气和气候事件的归因，回答的问题是人类活动是否影响了极端天气和气候事件发生的概率。极端事件归因已经成为一个独特的科学领域，相关研究几乎总是涉及在现实世界（已经存在的世界）和反现实世界（我们"从前工业化时代"开始就没有排放温室气体而可能存在的世界）中事件的规模或概率之间的比较。这些比较的方法取决于现实和反现实世界是如何构建的，以及问题是如何提出的。通过比较极端事件在现实和反现实世界发生概率的变化，可以推断人类活动是否影响了极端事件的发生。

人类活动对气候系统的影响

自 20 世纪 80 年代末以来，IPCC 的连续评估已经确定：人类活动的影响，主要是通过排放二氧化碳等温室气体，导致了全球变暖。

IPCC 于 1990 年发表的第一次评估报告（FAR）指出，人类使用化石燃料大大增加了大气中温室气体的浓度，导致变暖效应增强，并导致地球表面变暖。1996 年发布的第二次评估报告（SAR）证实，全球变暖"不太可能完全是由自然造成的"，人类活动对全球气候系统产生了"可识别的"影响。2001 年发布的第三次评估报告（TAR）提供了一个科学共识，即"过去 50 年观测到的大部分变暖可能是由于温室气体浓度的增加"。2007 年发布的第四次评估报告（AR4）得出结论称："气候系统的变暖是毋庸置疑的。""很可能的是，20 世纪中期以来的变暖是由人为温室气体的浓度增加造成"。

第五次评估报告（AR5）于 2014 年完成，报告指出"极有可能的是，人类活动是 20 世纪以来观测到的变暖的主要原因"，为《巴黎协定》提供了科学依据。2021 年发布的第六次评估报告（AR6），基于最新的观测和模式结果，系统评估了人类活动对大气和地表、冰冻圈、海洋、生物圈以及气候变率模式的影响。通过对这些变量的评估，第六次评估报告得出结论：毋庸置疑的是，自工业时代以来，人类的影响已经使得大气、海洋和陆地变暖。气候系统各圈层发生了广泛而迅速的变化，人类排放的温室气体等造成的人为强迫已经对气候系统造成了明显的影响。

秘鲁，一位淘金者站在乌黑的冰川旁，图片拍摄者迈克尔·鲁宾逊·查维斯（Michael Robinson Chavez）

应对全球变暖的有效手段：人工固碳

位于冰岛的世界上最大的直接碳捕集工厂 Orca，
图片拍摄者克里斯蒂安·马克（Kristján Maack）

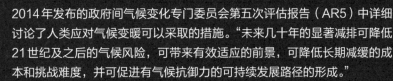

2014年发布的政府间气候变化专门委员会第五次评估报告（AR5）中详细讨论了人类应对气候变暖可以采取的措施。"未来几十年的显著减排可降低21世纪及之后的气候风险，可带来有效适应的前景，可降低长期减缓的成本和挑战难度，并可促进有气候抗御力的可持续发展路径的形成。"

为了抑制温室气体（主要是二氧化碳）浓度的增长，除了开展应用新能源和减少排放量的研究，科学家们还研发了不少人工固碳技术。所谓"固碳"，就是将大气中以气体形式存在的二氧化碳通过各种手段转化为可控的液态或固态物质或者利用特殊材料吸收、消耗，使得二氧化碳能被"固定"在可控的范围内，以期达到"零碳排放"乃至"负碳排放"的效果。

在地球大气系统中，二氧化碳是地球碳循环的一个重要组成部分。植物光合作用需要二氧化碳，而所有生物的呼吸作用都可以产生二氧化碳，地质活动可能产生二氧化碳，而海洋等水体可以吸收二氧化碳，当二氧化碳的吸收和产生大致达到一个平衡状态，就能维持二氧化碳浓度的稳定。释放二氧化碳的部分称为"碳源"，可以吸收二氧化碳的部分被称为"碳汇"。人类进入工业时代之后，人工排放成为一个足以打破大气二氧化碳浓度平衡的重大碳源。如今，为了遏制二氧化碳带来的温室效应，在"碳源"方面人们希望通过优化工艺、减少化石燃料使用，从而减少排放，同时也有很多学者在研究大规模增加"碳汇"的可行方法，使得已经排放到大气中的二氧化碳能够被回收利用，也被称为"碳捕集与封存"（Carbon Capture and Storage, CCS）技术。

数十年来，已经有很多研究试图通过吸收空气中的二氧化碳来抑制温室效应，而其中的一些方法确实具备现实中的可行性。水泥是目前最为广泛使用的建筑材料之一，若能设计出能够吸收二氧化碳的水泥并且普及，可以极大地助力减排，这在理论上是行之有效的。

2010年，"绿色混凝土"（Green Concrete）被选入当年《麻省理工科技评论》"全球十大突破性技术"。所谓绿色混凝土，就是一种能吸收二氧化碳的混凝土材料。当代基础设施建设每年需要消耗数十亿吨的混凝土，由于传统生产混凝土的工艺需要通过烧煤等方法将原料加热到1000 ℃以上，每年为了生产水泥而产生的碳排放量非常可观。统计表明每生产 1 t 普通波特兰水泥就会排放 650~950 kg 的二氧化碳。伦敦一家混凝土企业Novacem 的研究员尼古劳斯·弗拉索普洛斯（Nikolaos Vlasopoulos）发明了一种可以有效吸收二氧化碳的新型水泥，其吸收二氧化碳的总量可以抵消生产过程中产生的二氧化碳，从而达到零碳排放的目标。这种新型水泥是在传统的波特兰水泥配方基础上，加入了镁化合物，如氧化镁、硅酸镁等，这些物质可以充分吸收空气中的二氧化碳。

图 3-14　二氧化碳被捕获后，转化为固体碳酸盐矿物，图片拍摄者克里斯蒂安·马克（Kristján Maack）

绿色混凝土还有新的发展。2021 年，瑞典查尔姆斯理工大学教授唐路平（Luping Tang）及学生张晴楠（Qingnan Zhang）提出了"混凝土电池"的设想，可以将部分电力储存在建筑材料之中。亦有研究提出可以利用建筑水泥材料储热供暖。如果这些技术能够发展成熟并普及，对减少碳排放的意义非常重大。

2019 年，固碳方法"捕获二氧化碳"（Carbon Dioxide Catcher）入选《麻省理工科技评论》"全球十大突破性技术"。建造人工吸收二氧化碳的工厂的设想其实由来已久，理论上有很多种可行方法，但是经济上成本过于高昂。2011 年有研究估计每吸收 1 t 二氧化碳就需要花费多达 1000 美元，按照这个标准计算，要将人类一年的碳排放量（300 多亿吨）全部吸收就需要耗费 300 万亿美元！不过，来自哈佛大学的研究者戴维·基思（David Keith）近年提出了一种具备经济可行性的"二氧化碳捕手"工厂方案。他提出"直接空气捕获"的方法，可以将成本降低至每吨 100 美元或更少，捕获的二氧化碳

则可以用于其他工业，如有机合成燃料。工厂选址也没有特别的要求。这些优势使得"二氧化碳捕手"具备了一定的商业价值。一些设想是将这种新型的工厂设在核电站或其他新能源电站附近，直接解决能量来源问题，也有利于进一步降低成本。

2022 年，"除碳工厂"（Carbon Removal Factory）入选《麻省理工科技评论》"全球十大突破性技术"。这一次，它已经从设想成为现实。在冰岛首都雷克雅未克郊外，由 Climeworks 公司规划设计的一座名为 Orca 的除碳工厂"开动"了，巨大的风扇将空气吸入，通过特制的二氧化碳吸收材料，除去其中的二氧化碳；此后，再用水溶解吸收的二氧化碳，并泵入地下，与火山爆发产生的玄武岩反应。目前，它每年只能吸收 4000 t 的二氧化碳，大约相当于 900 辆车的年碳排放量。不过，加拿大的碳工程（Carbon Engineering）公司更具雄心壮志，计划在美国西南部沙漠地带建造一个年吸收量达到 1×10^6 t 的除碳工厂。此外该公司还与很多其

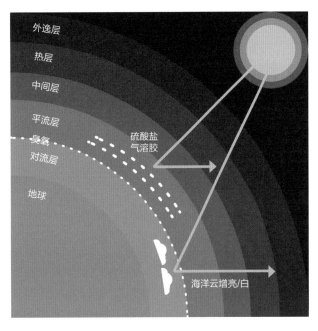

图 3-15 太阳地球工程的两种主要思路:(1)移除大气中的二氧化碳,降低大气的保温能力;
(2)反射更多的太阳光回太空,减少地球吸收的热量

他公司合作,在苏格兰地区和挪威规划类似规模的工厂。随着类似工厂逐步推广,企业可以通过实际应用效果来优化工艺流程、节约成本,Climeworks 公司估计可以在 2030 年把除碳成本从目前的每吨 600 ~ 800 美元降低至每吨 150 美元。一些大型企业(如微软等)也在花费大量资金意图减少碳排放。

戴维·基思早在 2000 年就发表了一篇评论文章,探讨针对气候的"地球工程"(Geo-Engineering)。自从全球变暖成为严重问题以来,国际上已经有不少利用工程手段抑制全球变暖的设想,除了前文介绍的"除碳工厂"和"绿色混凝土"这类削减温室气体排放的工程,还有一类期望打造"人工阳伞"减少入射太阳辐射的工程设想,也称"太阳辐射工程"。这种工程的理论基础在于通过向大气层特定位置注入大量可以反射阳光的气溶胶微粒(如水汽、硫酸盐),或者是在太空中放置大面积反光材料板,能够减少到达地表的太阳辐射,从而达到降温效果。

理论上,值得讨论的"地球工程"方法主要有 3 种。第一种是平流层气溶胶喷注,用飞机在平流层大量播撒硫酸盐气溶胶,这种气溶胶对阳光的反射能力很强,同时又不至于产生破坏平流层臭氧层的成分;第二种是从海上向低空喷洒海水雾,促进海面低空云的形成,从而增大对太阳光的反射量,这是因为海面颜色很深,对太阳辐射的吸收非常强,而云的存在可以大幅减小太阳辐射的吸收量;第三种则是减少高空中的卷云,卷云既可以反射阳光又可以大幅吸收其中的红外辐射,整体上会促进气候变暖,如果能减少高空中的卷云含量,就可以抑制地表升温。不过目前这些方法仍在理论研究阶段,还比较缺乏现实可行性。由于地球大气本身的复杂性,以人类目前的技术水平还不足以产生能够抵消温室气体增温效应的影响,而且目前对云和气溶胶物理学的了解仍然十分有限。相比而言,前述的"除碳工厂"等人工固碳方法更为现实可行。不过,气候工程仍然是值得探索的一个方向,当科学家对云和气溶胶有了更多了解时,这些手段就可能成为现实可行的选项。

175

案例分析

大疆农用无人机

中国农业市场生产端规模高达3万亿元，目前我国农业发展中存在农业机械化水平较低和农村人口结构变化两大问题。

农业机械是发展现代农业的重要物质基础，也是农业现代化的重要标志。当前，我国正处于从传统农业向现代农业转变的关键时期，推进农业机械化发展是解决目前种植效率低的重要途径。2015年，在我国农业耕、种、管、收四大生产环节中，管理环节（包括对水、肥、病虫害、农作物生长等的管理）的机械化水平仅7%。2020年小麦耕种收综合机械化率稳定在95%以上；水稻、玉米耕种收综合机械化率分别超85%、90%，较上年均提高2个百分点左右；全国农作物耕种收机械化率达到71%，较上年提升1个百分点。

机械化水平较低的同时，农村人口面临着结构变化的问题，农业无人化成为必然趋势。农村人口持续减少，农业用工难现象日渐凸显，可替代劳动力的智能化装备需求越来越大。预计5～10年内，大部分传统农业劳动力将被智能工具替代。中国农村人口占总人口的比例自2019年来大幅下降，下降比例约为24%，平均每年下降约1.3%。按照该趋势，2025年该比例将跌破30%。在农民数量快速减少的同时，农民的平均年龄也在不断增加。据农业农村部固定观察点对两万多户农户的观察，我国务农一线的劳动力

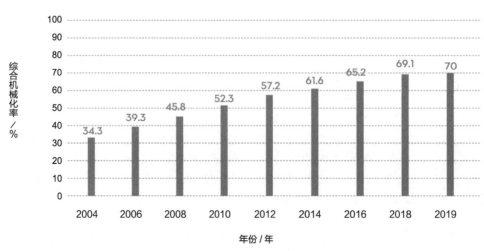

图3-16　中国农业综合机械化水平变化

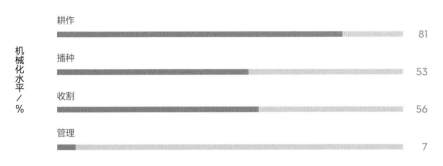

图 3-17 中国农业生产环节机械化水平分布（2015 年）

平均年龄在 53 岁左右，其中 60 岁以上的务农劳动力占到了 25%。预计 5 ～ 10 年后，这批农民将开始退出劳动力市场，但年轻一代却几乎无人补给。

在上述背景下，大疆从多个农业领域切入其中。以基于空间智能装备的数字农业解决方案持续提升农田管理全流程效率。

大疆创新致力于持续推动人类进步，自 2006 年成立以来，在无人机、手持影像、机器人教育及更多前沿创新领域不断革新技术产品与解决方案，重塑人们的生产和生活方式。

大疆创新自 2012 年开始将无人机技术应用于农业领域，并于 2015 年设立大疆农业品牌。基于领先的无人机产品与多年的技术积累，大疆联合合作伙伴，共同构建了以人才培养、产品提升、药剂优化、技术升级为核心的"飞防生态"。旗下的 T 系列植保无人飞机、MG 系列植保无人机、精灵 4 多光谱航测无人机、精灵 4 RTK 农田测绘无人机、大疆智图、大疆农服 App 等产品，在多个区域实现了应用，并获得用户广泛认可。截至 2020 年 10 月，大疆农业全球市场保有量为 8.5 万台，全球作业面积累计超过 9 亿亩，并培训超过 65000 名专业持证植保"飞手"。目前大

疆农业为全球 30 多个国家与地区提供数字农业解决方案，服务了超过 1000 万农业从业者。

大疆无人机在农业有四大应用方向。（1）植保作业：传统植保作业需要人工徒步穿越农田进行。无人机作业不受一般地形限制，提供数十倍于人工的作业效率，实现人药分离，同时通过出色的药液雾化效果，提升作业质量。（2）作物监测：农业从业者穿梭在田地中的监测方式耗时费力，容易受到密集植被影响；借助多光谱成像技术，可对农田进行科学准确的生长、病虫害及灌溉监测。（3）农田测绘：借助大疆航测无人机可对农田进行高效测绘，并可根据清晰的测绘图像进行植保作业规划。（4）播撒作业：农田地形复杂，不易穿行进行种子、肥料播撒作业，借助大疆农业播撒系统，能使播撒作业更为高效。同时，自动化的作业模式亦有助于提高播撒均匀度。

针对大田、果园、草原等各式作业场景，大疆农业提出相应智慧解决方案，可通过大疆农业智能解决方案大幅简化作业操作，借助无人机与高效工具，提高整体作业效率，推动产业升级。

三维航线规划方案可解决复杂地形作业难的问题。使用精灵 4RTK 进行高效测绘后，大疆智图将对作业区域进行数字化建模，随后区域内

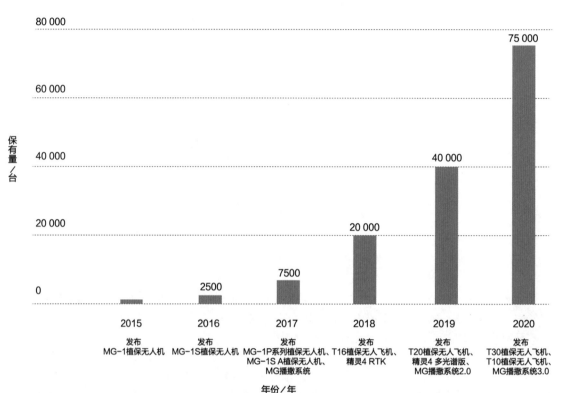

图 3-18 大疆植保无人机中国市场

的作物与非作物将被识别。以果园作业为例，软件在识别物体属性后，将根据每棵果树生长形态生成三维自动航线，任务经大疆农业服务平台分发到 T 系列植保无人飞机，即可执行高效药物喷洒工作。

精准农业解决方案可针对作业区域内作物长势差异，进行差异化施用量作业。使用精灵 4 多光谱版对农田进行多光谱图像采集后，配合大疆智图可以对农田生成多光谱图像，经后续处理生成农田处方图后，由大疆农业服务平台分发，T 系列植保无人飞机将根据处方图指引进行精准的肥料播撒或药液喷洒作业。

大疆农业已设立遍布全中国的售后服务点，为植保机的日常维护维修提供充足支持；售后服务点

覆盖 34 个省级行政区，用户可便捷地找到临近的售后服务点享受专业的售后服务。

大疆农业致力于推动数字农业，代表性服务案例有与江苏某农垦集团和新疆某棉花企业的合作。

2019 年，大疆农业在江苏某农垦集团的水稻田实验点通过部署地理信息系统、农机监管系统、精准种植管理系统，实现水稻精细管理，千亩增收 18 万元，省肥 10%，增产 10%。在该水稻田的"耕、种、管、收" 4 个环节，通过对农机作业质量进行监管，利用无人机巡田提升效率，进而实施变量播撒方案，从而实现降本增效。在巡田环节，过去人工巡田一天不到千亩，而今利用一台精灵 4 多光谱无人机，便可以实现 10 000 亩/天的巡田任务。目前，大疆农业通过整合已

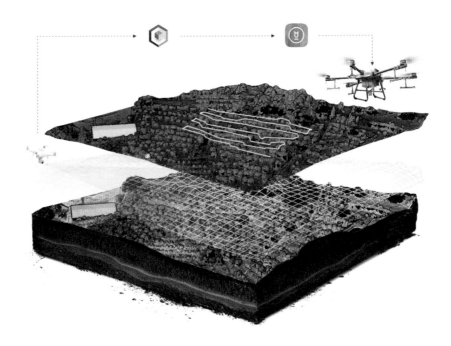

图 3-19 三维航线规划（果树模式）

有的设备与解决方案，能够在"土地平整、出苗分析、长势分析、无人机变量撒肥、产量监测"等环节，构建出一套效率更高的应用闭环，从而实现增产创收。

2020年，大疆农业与先正达集团中国智慧农业平台对接，为其客户新疆某棉花种植企业提供数字农业解决方案，部署精准种植管理系统，实现收益79 500元/万亩。所应用的数字农业方案包括出苗检测、株高监测、长势监测等，有效指导棉花水肥和化控精准施用、碱斑变量作业、与脱叶剂变量喷洒。方案应用结果显示，大疆数字农业方案可以大幅提升效率，提高生产种植效率3倍以上，节约成本，助力降本增收。

自2016年起，大疆农业将中国先进的飞防经验带到海外，为全球农业发展贡献中国智慧。目前，大疆农业在海外的保有量超过10000台，累计作业面积超过1亿亩，在日本、韩国、东南亚等地的市场占有率超过70%，并持续高速增长。随着市场份额的不断扩大，大疆农业在引导飞防行业规范发展的同时，更注重联合合作伙伴打造飞防生态圈，开展培训输送专业人才，应用技术赋能多种农业场景。同时，大疆农业不遗余力履行企业社会责任，积极投入非洲治疟、全球抗疫、援巴灭蝗等事业中，与全球用户一同让农业无人机的应用超越想象。

未来，大疆农业将继续投入技术与资源，并联同合作伙伴构建基于空间智能装备的数字农业解决方案，持续帮助农户提升农田管理水平，助力全球农业发展革新，持续推动人类进步。

负排放，正收益

张淑贞

澳大利亚 Carbon Zero
公司创始人

骆明川

莱顿大学玛丽·居里学者

李逢旺

悉尼大学讲师

自工业革命以来，科学技术的飞速发展和工业化进程的加快极大地提高了人类的生活水平。伴随而来的是人类社会对于化石能源的过度使用，打破了自然界原有的碳循环的平衡。煤炭、石油、天然气等化石燃料的燃烧将存储在其中的碳以二氧化碳的形式释放到大气中：其浓度从工业革命前的约280ppm 飙升至超过 400ppm；过去近百万年，大气二氧化碳浓度从未超过300ppm。二氧化碳是一种典型的温室气体，由此导致的全球气候变化已成为 21 世纪人类共同面临的重大挑战。

将大气中过量的二氧化碳回收、储存，甚至进一步转化为其他形式的碳可以帮助我们恢复碳循环的平衡，减小气候变化的不利影响。这是一种"负排放技术"。在多种技术路线中，"直接空气捕获"（Direct Air Capture，DAC）技术可以直接从空气中捕获低浓度的二氧化碳，并将其永久储存。它可以平衡来自长途运输和重工业等难以避免的刚性碳排放，也为遗留碳排放问题提供了解决方案。

在目前已经成功运营的DAC设施中，存在两种先进吸附技术。第一种以加拿大公司碳工程（Carbon Engineering）在美国得克萨斯州的捕集工厂的试点设施为代表，它使用液态吸收剂来捕获空气中的二氧化碳，因此也称为液体 DAC（L-DAC）。碳工程公司使用碱性溶液来捕获二氧化碳：首先使用风扇将空气吸入，使其与氢氧化钾溶液充分接触，发生酸碱中和反应，将二氧化碳以碳酸盐的形式捕获在水溶液中。二氧化碳的后续收集需要将碳酸盐从溶液中分离和高温煅烧，从而释放高纯度的二氧化碳以供后续存储或利用。这类技术的优势在于可以直接利用现有的、相对完善的工业设施体系，实现较低的操作成本。

第二种技术为固体 DAC（S-DAC），瑞士公司 Climeworks 是这条技术路线的先驱。他们在冰岛赫利舍迪建造的年捕获量达 4000 t 二氧化碳的工厂开发和使用小型的、模块化的捕集反应器，其中使用固体吸附剂。首先，用风扇将空气吸入收集器，二氧化碳能被收集器内部的高选择性过滤材料捕获。当过滤材料充满二氧化碳后，收集器关闭，随后升温至 80 ~ 100 ℃以释放和收集二氧化碳 。虽然这项技术目前成本较高，但仍然被认为具有相当大的潜力——Climeworks的模块化采集器系统具有相当高的灵活性，这些采集器的单个尺寸相当于一辆小型汽车，可以以任何数量的配置组装起来。

纵观整个碳捕获行业，近年来，DAC技术在规模扩大和技术优化方面取得了显著的进步。截至目前，全球已有18个DAC设施在加拿大、欧洲和美国成功运行。年二氧化碳捕获能力预计高达百万吨的大型DAC工厂也正在开发中。

DAC面临的最大挑战是成本居高不下。由于空气中的二氧化碳浓度较低，工艺运行需要大量的能量。当前DAC的实际运营成本大约是理论所需成本的 2 ~ 6 倍，很大程度上取决于所使用的能源。DAC与其他工艺的整合为降低成本提供了一些契机。在上述两种 DAC 技术中，S-DAC 的较低温度需求意味着它可以由可再生能源（比如地热能）提供。L-DAC 在释放二氧化碳工艺中的高温需求（高达 900 ℃）可与现有的天然气供热相结合。高碳排放行业的工业热能的整合和再利用有望进一步提高 L-DAC 工厂的碳去除潜力。此外，还可以通过接触器设计、新型吸附剂研发，以及吸附剂再生工艺的优化，进一步提升 DAC 工艺流程的效率和经济可行性。

除了优化技术以降低成本和能源需求，DAC的发展也需要相应的政策和资金支持。2021年底，在格拉斯哥举行的联合国气候变化大会（COP26）上，突破性能源催化剂计划承诺筹集高达 300 亿美元的投资，用来降低DAC、绿色氢气和长期储能等新兴技术的成本。这对于未来扩大DAC 项目的全球化部署来说是令人振奋的好消息。未来，DAC技术的发展和推广还需要考虑与其他技术的综合应用，例如与二氧化碳的清洁催化转化技术、可再生电力的整合等以进一步摆脱对化石原料的依赖。

总体来说，DAC的技术发展和全球化部署已经初见成效。通过工艺流程优化与新型吸附剂设计，有望破除技术本身的成本桎梏，迎来更为广阔的发展空间。DAC技术作为最直接有效的减排手段之一，将会与其他负碳排放技术整合发展、共同繁荣，在"零碳未来"扮演重要角色。

图 3-20　Climeworks 位于雷克雅未克城外的碳捕获和碳处理工厂 Orca

克服粮食危机的新途径：光电农业和人工光合作用

苏育德

中国科学技术大学苏州高等研究院
特任研究员

刘 文

中国科学技术大学光电子科学与技术
省重点实验室主任

太阳是地球上生命活动所需能量的根本来源，农业生产本质是人类通过劳动，利用植物的光合作用，将太阳能转化为生物能。经过育种及基因工程专家的多年努力，C3和C4两种类型植物的光合作用理论的光能转化效率已经分别提升到4.6%和6%，但典型农作物农田生产的实际效率仍然仅约1%。

提升光合作用光能转化效率的一条新的可行之路是通过采用光伏、LED、滤光膜等现代光电子技术手段实现对太阳光能的波长"搬运"和时空复用，通过光谱聚焦和光强均衡来实现光合能效大幅提高。目前，太阳能电池（光伏）的最高效率已经超过48%，大规模商用光伏的光电转化效率也已超过22%。由于中国光伏企业的贡献，采用晶硅材料制作的光伏系统发电成本已经低至0.13元/千瓦时。另外自2014年蓝光LED获得诺贝尔物理学奖以后，LED光源光效不断提高，目前用于植物照明的LED光效典型值已达3.0 μmol/J，电光转化效率超过70%。过去10年，同样主要由于中国LED企业的贡献，典型蓝光LED产品价格也已经降低到10年前的1/10。

如果采用现在已经成熟的光伏产品，北半球多数地方每亩地年发电量可达8×10^7Wh以上，可供一个占地1/20亩（$30m^2$）的小型植物工厂车间每年生产10000 kg蔬菜，其光合作用效率相当于普通农田的光合作用效率的一倍以上，如果采用最先进的光伏技术和最先进的LED植物照明技术，可以实现的光合作用效率至少还可以再翻一番。这种新型光电农业生产模式已经在安徽、河北雄安等地进入早期试验及示范阶段。

光电农业模式进一步提升光能利用效率，除了依靠材料提升光伏转化效率之外，还可以通过光学滤光膜先将太阳辐射中植物可吸收光谱成分精准透射，再将其他太阳辐射反射、聚光发电来实现。

中国科学技术大学刘文教授团队于2016年提出并利用低成本塑料光学膜实现了这样的APV（AgriPhtovolaic）系统，已经在中国安徽省和湖北省建立多个试验基地。APV系统是人口稠密地

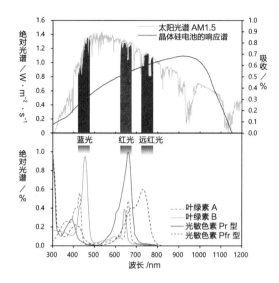

图 3-21 太阳辐射光谱与植物光合色素吸收光谱图。植物光合作用吸收的太阳光只占总太阳辐射很少一部分。如果我们先利用光伏系统接收太阳能并转化为电能，再利用不同 LED 的组合来精准匹配植物光合作用吸收光谱，就可以实现波长搬运，大幅提升光合作用能效。不仅如此，在农田生长的小麦、水稻和玉米等农作物每天在不同时段的光能利用效率（LUE）变化范围很大，中午 11 时至下午 2 时，由于光合"午休"，往往效率最低，甚至完全停止。通过二次光电转化的光电农业系统，可以智能化均衡植物光照时间和强度，始终保持光合作用效率处于最优。光伏发电多余部分则送到电网，可赚取额外收入，还可以在晚上从电网把光伏再换回来，继续光合作用，实现太阳能光合作用的时空复用。

区推广分布式光伏发电普及应用的一个重要发展方向，在全世界受到普遍重视。中国科学技术大学光谱分离型 APV 系统是 APV 技术的最佳实现方式，2017 年刘文教授团队因为该项目的研发工作获得了美国 R&D 100 奖。在这种 APV 系统下的植物栽培实验中，实验组的净光合速率在夏季还显著高于对照组，光合"午休"被避免；APV 系统通过光电转换产生的电能还能再通过 LED 在人工光植物工厂（Plant Factory with Artificial Lighting, PFAL）中实现电光转换，以红、蓝波长光子形式被植物再次吸收，这样就可以将光合作用综合能效再进一步大幅提升。由于 CPV（Concentrated Photovolatic）技术需要的光伏材料可以减少 90% ~ 99.9%，上述 APV 系统与 CPV 系统兼容，光伏发电成本也可以进一步降低。在不久的将来，农民可开着收割机在广阔的 APV 农场大获丰收的同时享受发电带来的红利，而电能驱动的 PFAL 又为都市人口就近供应蔬菜。

在提高农作物光合作用效率的同时，人们也在寻找其他途径以减轻粮食危机。近年来人们发现，当半导体吸光材料与溶液接触时，在光照下产生的电子与空穴可以转移到固液界面发生化学反应，将太阳能转化为化学能。由于参照了自然光合作用的原理，人们将这类过程命名为"人工光合作用"。理想的半导体材料在太阳光谱的各个波段均有较强的吸收能力，因此，人工光合作用的理论能量转化效率可达 10%，远高于典型农作物的 1%。这让人工光合作用成为解决粮食短缺、化石能源枯竭、二氧化碳含量升高等全球问题的潜在方案。

作为人工光合作用过程中的关键步骤，二氧化碳还原反应需要特定的助催化剂方能实现。二氧化碳还原反应的助催化剂分为合成催化剂和生物催化剂。其中，合成催化剂活性较高，但其对单一产物的选择性低，导致后续的产物分离困难。与之相比，生物催化剂兼具较高的活性和产物选择性，且容易获得多碳高价值产物。近期，加州大学伯克利分校的杨培东教授团队研发了一种由固碳细菌催化的人工光合作用体系，可以选择性地将二氧化碳还原为醋酸，法拉第效率接近 100%。通过优化细菌的负载、电极的构造等，该体系在一周时间内的人工光合作用效率可达 3.6%。近期，中国科学院天津工业生

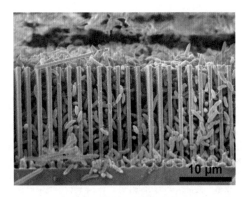

（a）电极的扫描电镜照片

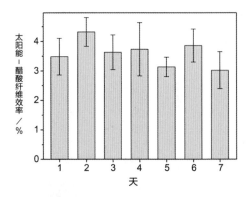

（b）在一周时间内实现效率达 3.6% 的太阳能至醋酸的能量转化

图 3-22　固碳细菌催化的人工光合作用体系

物技术研究所的马延和教授团队，通过耦合电化学二氧化碳还原和酶催化反应，构建了一条从二氧化碳到淀粉的人工合成途径。人工合成淀粉的速率约为玉米淀粉合成速率的 8.5 倍。在太阳能电池的驱动下，该体系的理论"太阳能到淀粉"的能量转化效率可达 7%，超过了 C3 和 C4 两类植物的理论光合作用效率。

未来，在化学、材料、生物、光学等多个学科的共同努力下，人工光合作用体系将展示更为优越的效率、稳定性和经济性，成为人类解决粮食危机和化石能源枯竭等全球性问题的"法宝"。

参考文献

[1] Zhu XG, Long SP, Ort DR. Improving photosynthetic efficiency for greater yield [J]. Annu Rev Plant Biol. 2010; 61:235-261.

[2] Liu, W.*, Liu, L., Guan, C., Zhang, F., Li, M., Lv, H., Yao, P., & Ingenhoff, J. A novel agricultural photovoltaic system based on solar spectrum separation [J]. Solar Energy, 2018, 162:84.

[3] Su, Y., Cestellos-Blanco, S., Kim, J. M., Shen, Y.-x., Kong, Q., Lu, D., Liu, C., Zhang, H., Cao, Y. & Yang, P.* Close-packed nanowire-bacteria hybrids for efficient solar-driven CO2 fixation [J]. Joule, 2020, 4: 800-811.

[4] Cai, T., Sun, H., Qiao, J., Zhu, L., Zhang, F., Zhang, J., Tang, Z., Wei, X., Yang, J., Yuan, Q., Wang, W., Yang, X., Chu, H., Wang, Q., You, C., Ma, H., Sun, Y., Li, Y., Li, C., Jiang, H., Wang, Q. & Ma, Y.* Cell-free chemoenzymatic starch synthesis from carbon dioxide [J]. Science, 2021, 373 (6562): 1523-1527.

未来已来：植物精准基因编辑技术

吕 建

先正达生物科技（中国）有限公司
高级科学家

许建平

先正达生物科技（中国）有限公司高级科学家

《麻省理工科技评论》在2014年将基因组编辑（Genome Editing）评选为"全球十大突破性技术"之一，同时在2016年将植物精准基因编辑（Precise Gene Editing in Plants）评为"全球十大突破性技术"之一。这些技术正在逐步落地，被学术界及企业应用以研发出能惠及人类的产品。未来已来，截至2021年，基因编辑已经应用于40多个作物的优良性状开发，例如抗病、改善品质、提高产量、耐除草剂等性状的改良。例如，通过编辑番茄DMR6基因可以广谱抵抗细菌和卵菌的侵染；对番茄果胶裂解酶（Pectate Lyase）的修饰可以增加果实的坚硬度，延长收获后的储存时间；通过编辑大豆脂肪酸通路关键酶FAD2，可以获得更健康的高油酸大豆豆油；最近，我国科学家通过染色体工程编辑小麦MLO（Mildew Resistance Locus O）基因，不仅提高了小麦对白粉病的抗性，同时又不影响小麦产量；在水稻中，通过基因编辑技术使染色体产生大片段到位而获得了对双唑草酮（Bipyrazone）类除草剂的抗性，使农业生产过程大大简化；而通过编辑玉米和水稻产量形成的关键基因KRN2，也能使玉米和水稻的产量分别提高8%和10%。我们的邻国日本是第一个将用基因编辑提高了对人有益的γ-氨基丁酸含量的番茄进行商业化的国家。

《麻省理工科技评论》指出，植物精准基因编辑技术能够精准、高效、低成本地进行植物基因组编辑，该点评到位且有前瞻性。植物基因编辑技术多种多样，应用也非常广泛。

目前，以获得诺贝尔奖的CRSIPR-Cas9为技术平台，科学家们开发了多种多样的基因编辑技术；尤其是最近开发的不以双链DNA断裂为基础的基因编辑技术具有非常广的适用范围，譬如单碱基编辑器CBE（Cytosine Base Editors），实现了C到T碱基对的精准自由转换；ABE（Adenine Base Editors），实现了A到G碱基的转换；更为灵活的技术为新兴的引导编辑（Prime Editing）技术，它不需要额外的DNA模板便可有效实现所有12种单碱基的自由互换，以及小片段的删除和插入，进一步提升了基因编辑的精准编辑的能力。 这种精准性还体现在脱靶率（Off-Target）的降低上，通过优化表达模式和gRNA设计可以大大降低脱靶率。农业上，速度极大地影响着效益，为了将优异的

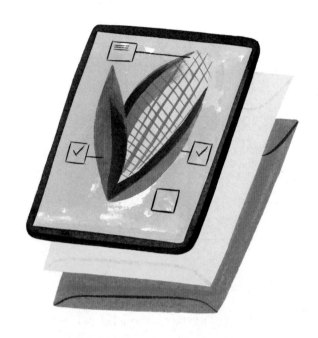

图 3-23　基因编辑作物，插图作者朱平（Ping Zhu）

性状快速且精准地应用于多种不同的品种，先正达集团开发了引起业界广泛关注的单倍体诱导耦合基因编辑的突破性技术——HI-EDIT（Haploid Induction Based Genome Editing）技术。它在实现单倍体诱导的同时又实现了精准编辑目标基因，使基因编辑的时间精确到了两个细胞分裂周期，并不受作物品种的限制。并且，基因编辑的时间特别精准，可大幅度降低基因编辑的脱靶率。这些突破性的进展有助于加快作物的遗传改良和定向育种，提高农业生产率。

自2001年《麻省理工科技评论》评选"全球十大突破性技术"以来，我们很欣慰地看到很多技术已经投入应用并且大大地推动了人类生存质量的提高和生态安全的发展。植物精准基因编辑技术自2016年以来，已经取得了如此辉煌的进展和突破。未来已来！我们也期待着将来《麻省理工科技评论》能评选出更多基因编辑技术方面的突破和进展。

CCUS技术助力实现
零碳未来

周小舟

Greenore 瀜矿科技 CEO

CCUS 技术与碳中和

2007年1月29日，IPCC在巴黎举行会议，历时5天的会议计划在2月2号结束后发表一份评估全球气候变化的报告。报告预测，到2100年，全球气温将升高2 ~ 4.5 ℃，全球海平面将比2007年上升0.13 ~ 0.58 m。2018年10月，IPCC发布报告，呼吁各国采取行动，为把升温控制在1.5 ℃之内而努力。为实现这一目标，人类需要在土地、能源、工业、建筑、运输等领域展开快速和深远的改革。

从实现路径来看，植树造林便是一个非常基础的方法。但一棵树龄10年的大树，平均一年只能吸收约22 kg二氧化碳。就个人而言，即使在生活中不用化石燃料，不用纸张，不用任何木质材料，更不能使用汽车或飞机这样的现代化交通工具，完全过原始人的生活，一年下来也要种12棵树才能做到碳中和。根据推算，如果想要通过种树的方法实现碳中和，全世界每年大约需要种1万亿棵树。由此可见，仅仅通过种树来实现碳中和，是不现实的。因此实现碳中和需要突破性的新技术。碳捕集、利用与封存（Carbon Capture,Utilization and Storage，CCUS）技术应运而生。

CCUS技术好比基于矿石的人造树，能够把大量的二氧化碳吸收并封存。根据已有研究的预测，到2050年，化石能源仍将扮演重要角色，占我国能源消费比例的10% ~ 15%。CCUS将是化石能源零排放利用的优势技术选择之一。同时，CCUS也是钢铁、水泥等难以减排行业实现深度脱碳的可行技术方案。对于企业来说，将CCUS技术应用到钢铁行业时还能够带来实际的经济效益：钢渣中能提炼出制造业所需的原材料，如高纯度碳酸钙，高纯度碳酸钙能够广泛应用到高精尖工业制造当中。据估算，每1 t废渣可产生1.3 t的可再利用材料，复合价值达到每吨150 ~ 200美元。

固废减量化、资源化是当今棘手问题

目前，钢铁产业的钢渣处理仍是一个棘手的问题。钢渣是铁矿石炼为钢铁过程中去除矿石杂质而产生的副产物，在全球范围，钢渣普遍被用作不同种类的建筑材料。但传统方法也不足以消纳如此巨大产量的钢渣。

另外，使用传统方法将钢渣直接添加到建筑材料中进行使用，无法保证建材的质量达标，从而限制了下游的应用，也造成了大量固体废物（简称固废）的堆积。根据国家发展改革委的相关数据，我国钢渣的历史堆存数量已经达到 2×10^9 t，同时每年仍在以 1 亿多吨的速度增长，这些固废堆存造成一系列环境问题，因此提高固废资源化利用率是解决固废环境污染的重要路径。

为了解决固废造成的环境问题，《中华人民共和国固体废物污染环境防治法》（以下简称《固废法》）于 1995 年首次颁布，之后总共历经了 2 次修订和 3 次修正，逐步由防治环境污染和保障人体健康向维护生态安全、推进生态文明建设、促进经济社会可持续发展的方向发展。

2022 年 1 月，国家发展改革委等部门发布了关于加快废旧物资循环利用体系建设的指导意见，对建立健全废旧物资循环利用体系，提高资源循环利用水平，提升资源安全保障能力，促进绿色低碳循环发展等有重要意义。

推动技术从实验室到产业落地

2016 年，我和赵黄经博士说服导师帕克教授（Dr.Park）共同创立了 Greenore 灏矿科技，并由美国哥伦比亚大学工程学院、哥伦比亚大学地球研究所和哥伦比亚大学的孵化办公室哥伦比亚大学风险技术中心共同孵化扶持。在美国的大学中，这种帮助学生将技术推向产业的孵化机构有很多。从产生的企业数量、上市的企业数量以及技术转让成交金额上来看，这些孵化机构侧重于材料与医药领域。

在这种孵化机制下的一个经典案例是著名生物医药企业药明康德。药明康德的创始人李革当年在哥伦比亚大学化学系与其导师共同创立了一家公司，该公司当时在纳克达斯上市，后来被一家大公司收购，这笔钱成为李革创立药明康德的"第一桶金"。

考虑了在实际市场进行技术工业化的可行性与效果，灏矿的创始人选择在中国首先落地推广 CCUS 技术。灏矿的初创团队于 2014 年在中国进行实际调研后发现，与碳减排与利用相比，中国还面临的一个现实问题是固废的减量化和资源化。于是，灏矿将 CCUS 技术根据中国当下最具挑战的问题——固废资源化，进行了定制化提升，把减碳与固废资源化相结合，从而使得技术的落地和应用能够获得更大的社会效益以及经济效益。

2015 年—2018 年，中美两国间签订了"中美绿色合作伙伴计划"，灏矿与上海商飞集团和美国波音公司荣幸入选。"中美绿色合作伙伴计划"项目提供的契机和平台，对于技术团队和公司的成立是十分重要的。在单独市场层面，从欧美推动技术到中国落地往往会面临技术专利纠纷的问题，因此在欧美发源的技术落地到中国的成功案例较少。从国家层面推动项目从实验室到产业化的落地工作，能够真正在专利保护上发挥作用，这样来看，政策方面的倾斜和国家层面的高平台的支持无疑可以帮助技术加快落地。

2019年，生态环境部公布了全国11个"无废城市"试点城市。"无废城市"建设就是生产过程和生活过程发展的模式变化，是一种通过形成绿色发展方式和生活方式，来推进固废源头减量和资源化利用的城市发展模式。在这一批试点城市当中，包头市位列其中，这也成为后来瀚矿选择与包钢合作的因素。

资源循环迈向环保产业的未来

2004年至2019年，中国环保产业营收总额由606亿元增加到1.78万亿元左右，增长了29倍，复合年均增长率达25.5%。中国环保产业一直保持着快速增长态势。在2020年《固废法》的最新一次修订中，明确了固废污染环境防治坚持减量化、资源化和无害化原则。从实际层面考虑，固废处理的减量化和资源化重点是资源化。对于企业来说，环保科技公司的未来将是"资源型绿色高科技公司"，实现"资源循环"是其核心目标，CCUS技术只是实现这一目标的其中一个途径。在未来，我们还可以持续开发其他非常规资源（Unconventional Recourses），包括工业固废、锂电池等，全方位将绿色可持续理念深入社会的方方面面。

图 3-24　绿色可持续，插图作者朱平（Ping Zhu）

传统能源的十字路口

化石能源的现状

自工业革命以来，人类对于能源的需求与日俱增。炼焦技术的发展使得大规模冶炼钢铁成为可能，这也开启了煤炭大规模使用的进程。作为最早使用的化石能源之一，煤炭为人类工业化的进程做出了不可磨灭的贡献。1861年，里海旁的巴库建成了世界上的第一座炼油厂，标志着石油作为一种重要的燃料进入人类的视野，而内燃机的发明则使得石油大规模使用。时至今日，从石油中提取的汽油和柴油依旧驱动着全球数亿辆汽车，保障着人们的交通出行。早在西周时期，《周易》中就已有了"泽中有火"的文字记载，说的正是位于巴蜀地区的天然气井。自19世纪开始，欧美国家开始广泛使用天然气进行道路照明，加快了天然气的商业化进程。而随着大量的天然气田被发现，液化天然气（LNG）技术也逐渐成熟，天然气正逐步成为与煤炭、石油并肩的三大能源之一。由于天然气的燃烧产物相比于煤炭和石油更加清洁，因此它的使用比例也在逐年上升。在目前的能源结构中，以煤炭、石油和天然气为代表的传统化石能源牢牢占据着主导地位。

随着工业化进程的加速，人类所需的能源总量也与日俱增。化石能源作为一次能源的不可再生性带来了能源匮乏的隐忧。人类不得不开始思考如何保证充足的能源供应，以避免能源危机的到来。尽管随着勘探技术的提升，人类会发现更多的油气田，但这些来源于远古生物残骸的化石能源终究是有限的。更为重要的一点是——石油不仅是一种可供发电的能源，还是重要的化工原料，这使得石油的价格随着它的潜在稀缺性一路"水涨船高"。这也是火力发电通常使用煤炭和天然气而不是石油的重要原因。高昂的油价促使新技术的诞生，在21世纪前20年里，能源领域爆发了一场盛大的"页岩气革命"，这场革命改变了世界能源格局，对世界政治、经济活动造成了颠覆性的影响。

美国得克萨斯州的风力发电厂，
图片拍摄者桑迪·卡森（Sandy Carson）

页岩气革命

波斯湾地区蕴藏着世界一半以上的石油和天然气，波斯湾周围的中东国家因为这丰富的油气矿藏，堪称"石油王国"。20世纪70至90年代，中东地区的3场战争使得石油和天然气的生产、运输过程受到极大影响，石油价格飙升，甚至引发了全球经济危机，作为当时世界上能源消耗的头号大国，美国遭受了经济重创。为了解决这一能源安全隐患，美国政府开始推动本土页岩气产业的发展，在高昂油价的支撑下，美国爆发了一场颠覆世界能源格局的页岩气革命。

页岩气是指存在于富含有机质页岩中的非常规天然气，其主要成分是甲烷。作为最早发现页岩气的国家，美国在促进页岩气勘探与开采技术研发、推动页岩气商业化的过程中发挥着重要的作用。与其他国家页岩气多储藏于高山峡谷间相比，美国的页岩气则广泛分布于平原地区相对较浅的地层中，开采成本低，作业难度小，而且储量丰富，供气稳定。20世纪80至90年代，米歇尔能源开发公司（Mitchell Energy & Development Corp.）在沃斯堡（Fort Worth）盆地开发了水力压裂和水平井技术，实现了Barnett页岩气的商业化开发，这在页岩气开发历史上具有里程碑式的意义。页岩气通常需要横向开采，采用水平井，其中使用的关键技术是水力压裂技术，即利用高压将压裂液注入页岩层中，将页岩层压裂，从而使其中的页岩气释放出来。与常规天然气不同的特点使得页岩气开发通常需要大面积、规模化开采，还需要连续钻井。此外，在米歇尔能源公司技术基础上开发的水平井多段压裂、重复压裂技术以及新型压裂液和支撑剂等新型技术也促使页岩气的单井产量进一步提升。

2002年，美国页岩气产量仅仅为开采天然气总量的1%，10年之后，其占比已经提升至37%，数据表明美国页岩气产量以年均40%以上的速度爆发式增长。截至目前，美国的能源消费结构中，煤炭消费占比已经缩减至32%，天然气比

例则扩大至32%，以页岩气为主的天然气即将取代煤炭成为仅次于石油的第二大能源。根据美国能源信息署（EIA）《2011能源展望》，2035年美国页岩气产量将占天然气总量的45%。目前美国对进口石油的依赖度已经大幅降低，已由世界上最大的能源进口国转变为能源出口国，这对国际地缘政治格局造成了深刻的影响。

美国页岩气革命的成功，也激起了全球范围内对于页岩气勘探开发的热潮。沙特阿拉伯、阿根廷、加拿大等国都启动了页岩气的勘探和开发工作。中国尽管具有非常丰富的页岩气储备，但由于其多分布于崇山峻岭之间，地质情况复杂，考虑到页岩气开采对于环境破坏的巨大风险，中国政府正采取谨慎的态度，努力发展相关技术，以实现资源开发与环境保护和谐可持续发展为目标，稳步推进页岩气的开发工作。

值得一提的是，页岩气的开发也带来了一个不可忽视的潜在隐患。2020年，斯坦福大学地球系统科学教授罗伯特·杰克逊（Robert Jackson）的一项工作登上了《自然》杂志：过去的20年间，甲烷的排放量均值增加了9%，约5×10^7 t。而甲烷正是页岩气的主要成分，同时甲烷与二氧化碳一样也属于温室气体，其单位质量的全球变暖潜能值（GWP）约为二氧化碳的86倍，这意味着大气中1 t甲烷对全球变暖造成的潜在影响，相当于大约86 t二氧化碳造成的。增加5×10^7 t甲烷所带来的增温潜力，与德国的二氧化碳总排放量相当。畜牧业和天然气生产正是甲烷排放上升的两大罪魁祸首。康奈尔大学生态学家罗伯特·W.豪沃思（Robert W. Howarth）通过追踪大气中甲烷的碳同位素发现：2008年以来，页岩气中的甲烷正是全球甲烷总体排放量上升的主要部分。在页岩气开采过程中，甲烷的泄漏几乎不可避免，无利可图的废弃油气井也在不断排放大量甲烷。这值得人们密切关注，如果忽视甲烷，仅仅控制二氧化碳，应对全球变暖的努力恐怕只能化为一场美丽的白日梦。

图 3-25　美国得克萨斯州的一处油井，如今已被风力涡轮机包围

碳中和

化石能源的广泛使用为人类社会"驶入"工业化的"快车道"提供了充足的燃料。这些有机物与氧气发生的剧烈氧化还原反应如同放大版的细胞呼吸作用，为人类社会的正常运转提供着充足的能量。数亿年前，生活在地球上的古生物通过光合作用和食物链的传递，将地球大气中大量的二氧化碳以有机物的形式固定了下来，它们死后的残骸经过掩埋和长时间的地质作用，形成了煤炭和油气。相比于这些能源形成的漫长历史，人类使用化石能源的几百年只不过是短短一瞬而已，这不仅意味着人类在短时间内使用了亿万年积攒的太阳能，还意味着亿万年间积攒的二氧化碳在短期内进行了爆发性释放。二氧化碳浓度的剧增带来的影响是相当显著的，幸运的是，人们已经意识到了这个问题的严重性并积极采取措施遏止这一趋势。

在人类大规模地使用化石能源之前，地球上的碳循环一直保持正常运转，二氧化碳和无机物中的碳元素与有机物中的碳元素量一直保持着微妙的平衡。自然界的光合作用与呼吸作用保证了这一点，直到人类以燃烧巨量化石燃料的方式进行额外的"呼吸作用"打破了这一平衡。维持地球生态系统的稳态无疑需要保持二氧化碳浓度的相对稳定，自然界已为人类指明了解决方案——增强光合作用或者人工模拟光合作用，将大气中多释放的二氧化碳重新固定下来。这正是碳中和的实际内涵。碳中和并不意味着一刀切地不再使用化石能源或者禁止排放二氧化碳，而是指我们需要通过植树造林，或通过使用太阳能、核能、氢能等不排放二氧化碳的清洁能源，以及通过利用物理和化学技术捕获、固定大气中的二氧化碳，增加光合作用或增加人工模拟光合作用，使人类活动排放的二氧化碳总量减少，直至实现吸收与排放正负相抵，相对为零。这是一个规模空前庞大

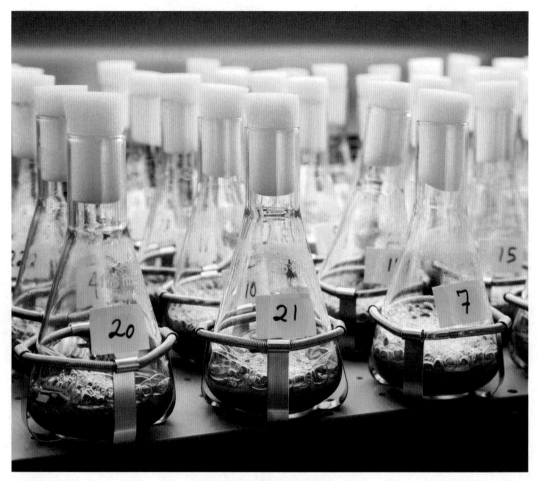

图 3-26 焦耳生物技术的实验室

的任务，但也是人类必须背负的使命，为的是我们的子孙后代依旧能生活在一个繁荣富饶、生机勃勃的绿色星球上，不必受气候问题的困扰。

人工模拟光合作用固定二氧化碳一直以来都是科学研究中的热门领域。早在 2010 年，一项名为"太阳能燃料"（Solar Fuel）的技术就入选了当年《麻省理工科技评论》公布的"全球十大突破性技术"。名为焦耳生物技术（Joule Biotechnologies）的公司发现了一种微生物，他们通过基因工程对其基因组进行了改造，使得该微生物能够通过光合作用直接将二氧化碳和水转化为汽油和柴油。与正常的光合作用将二氧化碳和水转化为糖分，再将糖分发酵形成酒精等生物质燃料相比，这个过程更加高效，其效率相当于常规生物质燃料生产方法的 100 倍，理论成本低达 2 元/升。尽管这家公司并没有走得太远，而是倒在了产业化和规模化生产的路上，但人工固定二氧化碳、变废为宝的技术一直在向前发展。

2021 年，《科学》杂志报道了中国科学院天津工业生物技术研究所与大连化学物理研究所的科研人员一起设计的一条利用二氧化碳和电解产生的氢气人工合成淀粉的路线，使用该路线合成淀粉的能量转化效率比使用自然路径提升了 3.5 倍。

团队利用不同种类的酶组成的重组酶系统，将二氧化碳成功转化为淀粉，是一个现代催化化学与合成生物学结合的精彩案例，这项突破性技术将会为未来更多的研究铺平道路，有助于解决我们未来面临的重大问题。

碳捕获技术与化石能源的未来

目前世界上二氧化碳排放最多的行业并不是制造业，而是发电行业。火力发电排出的尾气是目前世界上最主要的碳排放来源，因此一直以来，火力发电的尾气处理问题都备受科学家和工程师们关注。分离并收集尾气中的二氧化碳的技术被称为"碳捕集与封存"（Carbon Capture and Storage, CCS）技术，该技术被视为降低大气中二氧化碳浓度最主要的手段之一。传统的碳捕获技术主要通过气体分离、收集、净化、加压等一系列过程分离并富集发电厂尾气中的二氧化碳，但这些方法通常都是补救性质的，并不能完成所有二氧化碳的分离，通常会有10%的二氧化碳无法捕获，随尾气排放。此外，该方法也会导致发电成本的显著上升，约增加50%～70%。

2018年，初创公司"净动力"（NET Power）的"零碳排放天然气发电"（Zero-Carbon Natural Gas）入选了当年《麻省理工科技评论》"全球十大突破性技术"。"净动力"公司抛弃了传统的碳捕获技术，采取的是完全不同的策略，他们设计了一种全新的天然气发电热力学循环"Allam循环"：通过高压、闭合回路等技术将二氧化碳的身份由需要排放的尾气转化为推动涡轮机发电的高效工质，取代了传统的水蒸气。这个循环采用了一种特殊设计的小型汽轮机，在充满高温高压的超临界二氧化碳的燃烧室中，使纯氧和天然气充分混合后燃烧。

超临界状态是不同于气、液、固的第四态，它是一种特殊的流体，密度与液体接近，黏度远低于

图 3-27　捕获二氧化碳

研究人员通过将化学与生物催化结合的策略，从约7000个生化反应中提取出只有11步主反应的人工固碳路径，与自然界生物合成淀粉经历的60余个步骤相比，反应复杂程度显著降低，能量转化效率显著提高。论文第一作者蔡韬谈到：在能量充分供应的情况下，按照目前的技术参数，$1\ m^3$的生物反应器每年生产的淀粉总量相当于5亩玉米地，这为利用工业化的淀粉生产车间替代农业种植提供了一种可能。如果未来该系统的成本能显著降低，将可以节省大量的耕地和淡水资源，同时减少农药、化肥等对环境的影响。美国工程院院士、瑞典查尔姆斯理工大学教授延斯·尼尔森（Jens Nielsen）也表示，该

液体，扩散系数则接近气体。一般来说，当物质处于超临界状态时都会有很好的溶解其他物质的性能，超临界二氧化碳就是这样一种很好的溶剂。

燃烧室中的燃烧过程会产生大量的热量、二氧化碳和水，这些高温高压的混合物会推动汽轮机叶片发电，起到与传统的水蒸气一样的效果。通过汽轮机后，混合物的温度会降低，其中的二氧化碳会被分离，部分二氧化碳被压缩至超临界状态补充至初始的燃烧室中以保证系统有稳定的物质循环，剩余的纯二氧化碳则会被封存出售或用于帮助开采原油。混合物中的水蒸气则会冷凝成干净的水。

与传统天然气发电站60%的能量转化效率相比，"净动力"公司采用的"Allam循环"具有显著的优势，其热转换效率非常高，可以将天然气80%的化学能转化为电能，这一优势使其可以弥补碳捕获过程所消耗的能量，从而不会导致成本飙升。2018年5月，由"净动力"公司建设的位于美国得克萨斯州拉波特县的天然气电站已经成功点火，验证了技术的可行性。

根据"净动力"公司的预计，待几座商业化规模的发电厂建成之后，它的发电成本将低于标准天然气发电厂的成本，理论上有望实现每度电的成本仅为0.009美元。该技术的发明使得传统的化石能源利用过程也可以变得低碳、清洁、廉价、高效，有望改写全球碳排放和碳交易市场的整体格局。这家初创公司用技术创新为全人类指明了一条绿色、高效利用化石能源的康庄大道。

除了控制碳排放，如何降低大气中现有的二氧化碳浓度对于实现控制全球温度的目标来说也至关重要。2021年9月，迄今为止最大的二氧化碳处理工厂在冰岛开机，这家名为Climeworks的公司通过大型风扇用空气过滤器捕获二氧化碳，与这家公司合作的Carbfix公司再将二氧化碳与水混合泵入地下，与玄武岩缓慢反应，最终

图 3-28　绿色混凝土

以石头的形式固定下来。它们依靠地热发电进行工作，每年可以处理约4000 t二氧化碳。规模更大的除碳工厂也正在建设之中，这一成就入选2022年《麻省理工科技评论》"全球十大突破性技术"。据Climeworks公司估计，到2040年，处理每吨二氧化碳的成本将会由目前的600 ~ 800美元降低至100 ~ 150美元。此外，研究人员还研发了一种绿色混凝土，减少了水泥生产过程中的碳排放（传统水泥的生产过程中需高温加热石灰石获取石灰，这一过程会排放大量的二氧化碳）。英国一家名为Novacem的初创公司通过调整水泥的配方，采用镁硅酸盐取代传

统的石灰石，研发了一种能够吸收二氧化碳的新型绿色混凝土。生产每吨新型水泥可以减少100 kg的二氧化碳排放，而生产每吨传统水泥则需要排放650kg ~ 920 kg二氧化碳。另外镁硅酸盐不仅在加工制造过程能耗更小，二氧化碳排放更少，而且在硬化过程中还能够吸收大量的二氧化碳，这就使得这种绿色混凝土在其整个生命周期中能像植物一样吸收二氧化碳。Novacem公司的该项技术成功入选2010年《麻省理工科技评论》"全球十大突破性技术"。

与CCS技术单纯将二氧化碳加压封存于地下相比，碳捕集与循环（Carbon Capture and Recycling，CCR）技术无疑更加明智：捕获并富集空气中的二氧化碳后，将二氧化碳作为化工原材料，转化为甲醇及其衍生物、烷烃等精细化工产品。二氧化碳中碳的化合价是正四价，电子结构非常稳定，一般情况下很难将二氧化碳还原成上述的甲醇等产物。基于此，化学家们提出了用光催化和电催化还原二氧化碳的方法——设计特定结构的催化剂，在光或电的作用下，降低二氧化碳参与氧化还原反应的势垒，从而通过反应得到一系列的有机化合物。这一策略不仅可以降低大气中二氧化碳的浓度，也为人类以清洁的方式制备精细化学品提供了一条全新的路径。

图 3-29 地热能的利用，图片拍摄者亚当·马布尔斯通（Adam Marblestone）

新型能源的时代浪潮

一名操作员在麻省理工学院核反应堆实验室的控制室里工作，图片拍摄者乔舒亚·马修斯（Joshua Mathews）

核能——物理学家的时代礼物

19世纪末20世纪初，物理学的新发现仿佛时代的礼物般接踵而至；

1896年，贝克勒耳（Becquerel）发现了发射性现象；

1898年，居里夫人发现了首个放射性元素钋；

1902年，居里夫人发现了放射性元素镭；

1905年，爱因斯坦提出了著名的质能转换公式$E=mc^2$；

1914年，欧内斯特·卢瑟福（Ernest Rutherford）发现了质子；

1935年，詹姆斯·查德威克（James Chadwick）发现了中子；

1938年，奥托·哈恩（Otto Hahn）用中子轰击铀原子核，发现了核裂变现象；

1942年，美国芝加哥大学建设了世界上第一座核反应堆。

人类开始意识到，小小的原子核之中，蕴藏着前所未知的巨大能量。这种不同于化石能源的新能源具有诸多独特之处：它不需要空气助燃，在地下、水中甚至太空中都可以正常使用；一次装料就可以长时间使用。核能的发现时刻正值第二次世界大战，轴心国和同盟国都在致力于尽快结束战争，研发一种威力巨大的武器摧毁对方的信心成为双方共同的选择。以美国为主导的同盟国执行了"曼哈顿计划"，制造出原子弹并轰炸了日本广岛和长崎。升腾而起的巨大蘑菇云昭示着核能的巨大威力。战后，安全地利用核能并为生产生活服务成为目标。1954年，苏联建成了世界上第一座商用核电站——奥布灵斯克（Obninsk）核电站，这标志着人类翻开了和平利用核能的崭新一页。半个多世纪过去了，世界上已有数百座核反应堆在正常运行，总发电量占到了世界发电总容量的16%，其中法国的核电站发电容量更是占到了全国发电总量的70%以上。

目前核电站的核心装置——核反应堆已经经过了3代发展，其安全性、经济性和稳定性都已显著提升。但是核燃料利用率低、核废料难以处理的问题一直难以解决。核矿石经开采之后，必须经过提炼、浓缩等一系列过程加工成核燃料才能使用，但核电站的核反应过程实际上只会消耗一小部分的核燃料。通常每隔18～24个月，核燃料棒就需要进行更换，此时只有部分核燃料被使用，尽管剩余的核废料中仍有不小的能量，但也必须被废弃。这一过程不仅危险，同时也是核电站运营过程中成本最高的环节。这些核废料中含有大量的放射性物质，在长达数百万年的半衰期中，它会持续不断地对环境造成放射性污染，因此必须封存在特定的废弃地点。提高核燃料的利用率不仅可以降低成本，还能减少产生的核废料，这对于减少环境污染等来说都具有非常重要的意义。

2008年，比尔·盖茨投资了一家名为"泰拉能源"（Terra Power）的公司，他们开发了一种叫作"钠冷快中子堆"的技术，凭此技术开发的第四代核反应堆被称为"行波反应堆"（Traveling-Wave Reactor）。这一技术成功入选2009年《麻省理工科技评论》"全球十大突破性技术"。传统的核反应堆多为轻水堆，核燃料为经过浓缩的3%～4%的铀235（剩余部分为铀238废料，铀238不能直接由中子轰击而裂变释放能量），效率很低。

在早期实验中，科研人员发现在核反应中，也有少量的铀238会吸收中子变为铀239，由于铀239极不稳定，会快速衰变为钚239，而钚239也是一种和铀235性质接近的重要核燃料。如果加大核反应中中子产生的量，就可以使无用的铀238转化为钚239，实现核燃料的增殖，这就是快中子堆的实现原理。在快中子堆中没有慢化剂（轻水堆中水是慢化剂，使中子减速），因此需要使用中子散射截面更小、导热性更好、工作温度更高（沸点达886.6℃）的钠作为冷却剂。

在泰拉能源公司设计的行波反应堆中，存在新燃料区、燃烧区和乏燃料区。新燃料区为天然铀和贫铀（大部分为铀238），燃烧区一般为浓缩铀（3%～4%的铀235，剩余部分为铀238），行波反应堆的增殖波会像点蜡烛一样从一端移动到另一端，因为燃烧自动分区，主燃烧区和乏燃料区不重叠，主燃烧区内的快中子都会被易裂变元素充分利用，不会被裂变产物过分消耗，所以行波反应堆的燃料转化率和燃烧率都很高，核

燃料的利用率可以提升约30倍，反应堆寿命大大延长，同时降低了成本，更为经济。2015年，泰拉能源与中国国家核电集团签署协议，共同推进第四代核反应堆落地中国，他们计划在2024年完成首座行波反应堆的建造。

除了泰拉能源公司，加拿大的陆地能源（Terrestrial Energy）公司也在积极推动第四代核反应堆的开发，并已经与电力公司建立合作关系，力争早日并网发电。除此之外，位于美国俄勒冈州的NuScale公司则致力于小型模块化反应堆的开发，这些小型反应堆产生的电力通常为数十兆瓦，而传统的大型核反应堆一般产生的电力在一千兆瓦左右。反应堆的小型化可以节约建造资金成本，也可以减少环境污染。这些公司开发的核反应堆共同入选了2019年的《麻省理工科技评论》"全球十大突破性技术"，评论表示它们引领了核能新浪潮（New-Wave Nuclear Power）。

相比于核裂变反应，核聚变反应所释放的能量更

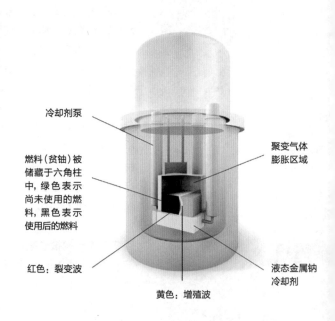

冷却剂泵

聚变气体膨胀区域

燃料（贫铀）被储藏于六角柱中，绿色表示尚未使用的燃料，黑色表示使用后的燃料

红色：裂变波

黄色：增殖波

液态金属钠冷却剂

图3-30　行波反应堆结构示意

图3-31 1964年，一名工程师在检查熔盐反应堆，资料来源橡树岭国家实验室（Oak Ridge National Laboratory）

多，放射性污染物也更少。早在1920年，天文学家阿瑟·埃丁顿（Arthur Eddington）就在《恒星内部构造》中提出包括太阳在内的恒星是由氢原子的核聚变提供能量的。1938年，汉斯·贝特（Hans Bethe）描述了核聚变反应，他认为太阳的能量来自其内部氢原子核发生核聚变变成氦核所释放的能量，即热核反应。这一突破性贡献使他获得了1967年的诺贝尔物理学奖。

1952年，第一颗氢弹爆炸，人类成功实现了核聚变反应，在埃尼威托克环礁（Eniwetok Atoll）上留下一个巨大的火山口。但此时核聚变反应是不受控制的，难以利用其释放的能量为人类造福。几十年来，实现核聚变发电一直都是科研人员的梦想。为了实现可控的核聚变，科研人员设计了两大类约束方式：激光约束核聚变和磁约束核聚变，即著名的托卡马克（Tokamak）装置，它的名字Tokamak来源于环形（Toroidal）、真空室（Kamera）、磁

（Magnit）、线圈（Kotushka）。最初是由位于苏联莫斯科的库尔恰托夫研究所的阿齐莫维齐等人在20世纪50年代发明的。其中托卡马克装置被认为是最有可能实现核聚变的装置，它的原理是通过电流产生的巨大螺旋形磁场将氘和氚加热至等离子体状态，使之发生核聚变反应，并约束在腔体中。托卡马克装置也被称为"人造太阳"。

2021年12月，中国科学院合肥物质科学研究院等离子体物理研究所中一台全超导托卡马克核聚变实验装置（EAST）实现了在7×10^7℃下，1056 s的长脉冲高参数等离子体运行，创造了世界纪录。除了实验室研究的稳步推进，核聚变发电的商业化进程也在逐步推进。2021年6月，Helion能源（Helion Energy）公司宣布它已经成为第一家能将核聚变等离子体加热至1×10^8℃的私营核聚变公司，这无疑是核聚变商业化发电史上的里程碑。2021年9月，联邦核聚变系统

（Commonwealth Fusion Systems）公司的研究者利用一块10 t的D型电磁铁实现了20T（特斯拉）的场强，创造了纪录，而强磁场对于托卡马克型核聚变反应堆来说是必需的。这家初创公司正在建设一个工厂，生产用于核聚变反应堆的磁铁，他们期望在21世纪30年代实现核聚变发电。这些技术与实用型聚变反应堆（Practical Fusion Reactors）共同入选了2022年的《麻省理工科技评论》"全球十大突破性技术"。

经过一个世纪的发展，人类在利用核能的道路上已经前行了很远，实现核聚变能量的可控利用有望彻底解决能源危机和气候危机，开辟通向零排放电力的道路。尽管路途是曲折的，但科研人员正不懈努力向这个能源领域的"圣杯"迈进。我们相信飞跃式的技术突破总有一天会到来，带领人类社会进入新的文明时代。

太阳能——来自太空的馈赠

太阳内部的核聚变不断地向太空释放着光和热。来自太阳的光，8 min后就会到达地球，为地球提供源源不断的光能和热能。地球上的绿色植物作为生产者，利用光合作用将光能转化为有机物中的化学能，为生态系统中的能量和物质循环奠定了基础。可以说，地球上包括人类在内的大部分生物所利用的能量的源头都是太阳。现代社会广泛使用的化石能源本质上也是远古动植物所积累的太阳能。没有太阳，人类将无法生存。

1839年，法国物理学家安托万·亨利·贝克勒耳（Antoine Henri Becquerel）发现将两片金属浸入溶液构成的伏打电池，在受到阳光照射时会产生额外的伏打电势，即光生伏特效应。1883年，查尔斯·弗里茨（Charles Fritts）发现当光照射半导体时会产生电动势，他在硒半导体上镀上一层金制成了金属半导体结（肖特基结），从而制备了第一块太阳能电池，虽然效率仅有1%，但这标志着人类翻开了历史上利用太阳能的崭新一页。

太阳能电池最早使用在人造卫星上，在太空中，太阳能是最容易获得的能源。航空航天领域的巨额资金投入使得太阳能电池技术快速发展。1973年的石油危机使得世界各国都意识到了开发其他能源的重要性，太阳能电池技术受到了高度重视，开始进入民生领域。此后的短短二三十年间，太阳能电池的效率节节攀升，成本迅速下降，装机容量也不断增加。1995年，全世界的太阳能电池的总装机容量仅2×10^8 W，差不多相当于一座小型的燃煤火力发电站，而20年后，全世界累计的太阳能电池的总装机容量就已经超过了5×10^{11} W，增长了2500多倍。几十年的时间里，科研人员在太阳能电池领域不断进行技术革新，取得了许多突破性的进展，发展了一系列新型太阳能光伏电池，这些成果受到了《麻省理工科技评论》的热切关注，多次入选"全球十大突破性技术"。

目前应用最广泛、装机容量最大的太阳能电池当属硅太阳能电池，蓝色的硅太阳能电池板的印象早已深入人心。硅是一种常见的半导体材料，在硅晶体中掺入硼、磷等元素可以很容易地制造P型半导体或N型半导体。当P型半导体和N型半导体结合到一起时，在两种半导体的交界面就会形成PN结，当光照射到这个交界面时，PN结中N型半导体的空穴会往P型区移动，而P型区中的电子则会往N型区移动，从而形成从N型区到P型区的电流。这会造成在PN结中形成电势差，相当于制造了一个电源。因此，理论上只要有光照射到PN结上，就可以源源不断地把光能转换为电能。但实现这一点的困难之处在于太阳到地球的距离非常遥远，所以地球表面上能接收到的太阳光相对来说非常有限，这导致单位面积地球表面能接收的太阳辐射能量很小。为了尽可能利用这些能量，必须使太阳光在抵达PN结时所损失掉的能量尽可能小。如果使用光滑的硅，其表面会反射掉很多太阳光，因此工业生产过程中通

图 3-32 "净动力"（NET Power）公司

常会通过镀上一层减反射膜（反射系数非常小的保护膜）或通过碱处理使硅晶体表面粗糙，形成绒面，减少太阳光的反射，增加太阳光的吸收，通过这些方式尽可能地利用太阳光辐射的能量。

单晶硅太阳能电池是目前商业化的太阳能电池中光电转换效率最高的，其技术也最为成熟，在实验室中的最高光电转化效率达24.7%，接近硅材料理论上的最高光电转化效率25%。规模化生产时，其光电转化效率维持在18%左右。由于单晶硅成本较高，因此降低单晶硅太阳能电池的成本非常困难，这促使企业开始关注成本更低的多晶硅太阳能电池和非晶硅太阳能电池。多晶是指由多个晶粒组成的晶体，而单晶表示只有一个晶粒。生产多晶硅比生产单晶硅工艺更简单，因此多晶硅太阳能电池的成本更低，而且随着生产技术的提高，规模化生产的多晶硅太阳能电池的光电转化效率目前也与单晶硅太阳能电池的光电转化效率接近，这使得多晶硅太阳能电池逐渐占据了太阳能电池的主流。非晶硅太阳能电池虽然成本更低，但由于其光电转化效率不高，因此未得到大规模应用。

由于硅材料本身光电转化效率存在理论极限，在规模化生产的硅太阳能电池的光电转化效率已经接近该极限的今日，通过进一步技术改进提升其实际效率意义已经不大。研发光电转化效率更高的新材料，将其用于制作新一代的太阳能电池已成为必然选择。硅是一种间接带隙半导体，在吸收光的能量时，部分能量会被声子带走，而对于直接带隙半导体来说，则不会损失这部分能量，因此光电转化效率要高很多，砷化镓就是这样一种直接带隙半导体材料。此外它还具有塑性强、耐温性好、弱光性好等一系列优势。2012年，Semprius公司使用砷化镓材料制造了光电转化效率高达34%的太阳能电池，超高效太阳能（Ultra-Efficient Solar）技术成功入选当年《麻省理工科技评论》"全球十大突破性技术"。不过与存在于沙子的硅元素相比，砷元素和镓元

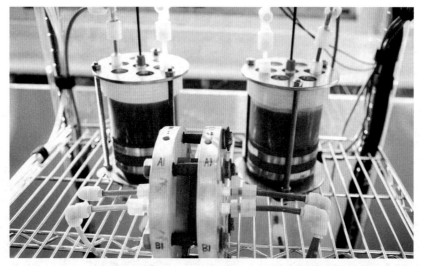

图 3-33　哈佛大学迈克尔·J. 阿齐兹（Michael J. Aziz）教授等人研发的
非金属液流电池，资料来源迈克尔·J. 阿齐兹

素的储量都捉襟见肘，这导致砷化镓太阳能电池的成本一直居高不下。

尽管目前太阳能电池的成本已经大幅降低，但是其价格还不足以与火力发电进行完全市场化的自由竞争，目前还必须依赖相关政策的支持。对于包括硅太阳能电池在内的大多数太阳能电池而言，半导体材料本身占据了成本的大头，减少材料的使用可以大幅降低其成本。Semprius 公司采取的策略是"聚光光伏"的策略，即用放大倍数为 1100 倍的玻璃透镜将太阳光聚集到只有 600μm 宽、600μm 长、10μm 厚的"光吸收装置"上，通过这种方式减少砷化镓材料的用量，从而降低成本。即便如此，与硅太阳能电池的成本和转化效率相比，砷化镓太阳能电池光电转化的单价仍不占优势，加之如何应对砷元素的潜在毒性也是一种挑战，所以到 2018 年，这家公司倒闭了。但是这并不意味着砷化镓太阳能电池被淘汰，只能说 Semprius 公司所研发的砷化镓太阳能电池光电转化效率并未达到这种材料的理论极限。2014 年，由法国原子能和替代能源委员会

（CEA）旗下的技术研究所 Leti 和德国的夫琅和费太阳能系统研究院（Fraunhofer ISE）组成的研究团队，制造了效率高达 46% 的多结聚光砷化镓太阳能电池，创造了纪录。在效率重要性高于成本的航空航天领域，砷化镓太阳能电池早已得到大规模应用。

除了采取聚光的方式，减小太阳能电池的厚度从而减少光电转化材料的用量也是一种理想的方式，因此，"薄膜太阳能电池"的概念一直颇受欢迎。这种太阳能电池可以使用价格低廉的陶瓷、石墨、金属片等不同材料基板来制造，核心光电转化材料的厚度通常只有几微米，这样一来，太阳能电池还能做成柔性结构，甚至可用于非平面结构的建筑物，成为建筑体的一部分。这使其应用更为广泛。上文提到的砷化镓材料就可以制成薄膜太阳能电池。目前，铜铟镓硒薄膜太阳能电池光电转换效率居各种薄膜太阳能电池之首，接近晶体硅太阳能电池，而成本则是晶体硅太阳能电池的三分之一。

由于薄膜太阳能电池核心光电转化材料的厚度

与太阳光的波长接近，使得大量的太阳光，尤其是近红外波段的太阳光很难被吸收，这导致薄膜太阳能电池的实际光电转化效率并没有理论预计的高。为了解决这个问题，早在2010年，澳大利亚国立大学的凯莉·卡奇普尔（Kylie Catchpole）就提出了一个方案，她在薄膜太阳能电池的表面沉积了一层银纳米颗粒，当太阳光照射到电池表面时，就会产生表面等离激元（光子与金属表面自由电子耦合而形成的一种沿着金属表面传播的近场电磁波），使得更多的光被薄膜太阳能电池吸收，从而提升电池整体光电转换效率。通过在表面沉积银纳米颗粒，电池光电转换效率提升了30%。光捕捉式太阳能发电（Light-Trapping Photovoltaics）入选了2010年《麻省理工科技评论》"全球十大突破性技术"。但由于该技术一直未能实现规模化、高效、低成本的生产，因此一直未能实现商业化生产，但卡奇普尔一直致力于改进技术以实现这种太阳能电池的大规模使用。

由于不同的半导体材料对于太阳光的吸收存在差异，对于某种特定的半导体材料而言，它总是对特定频段的太阳光吸收较多，而对其他频段则吸收较少。这使得使用单一材料制造的太阳能电池无法利用所有的太阳光进行发电，造成效率下降。很容易想到的一个解决方案就是将多种半导体材料堆叠在一起，形成"级联"，让它们吸收互补频段的太阳光，从而使电池整体吸收全频段的太阳光，进而提高效率。该方法虽然可行，但是生产工艺过于复杂，不利于大规模推广。为了解决这个问题，2012年，美国加州理工学院的哈利·阿特沃特（Harry Atwater）教授率领的研究团队发明了一种多频段超高效太阳能（Ultra-Efficient Solar Power）技术，他们设计了一种分光器，将不同频段的太阳光分开，分别让不同的半导体吸收，避免级联太阳能电池的复杂加工过程。这一技术凭借太阳能电池光电转化效率的大幅提升成功入选了2013年《麻省理工科技评论》"全球十大突破性技术"。为了更

图3-34 太阳能电池板

加高效地利用不同频段的太阳光，麻省理工学院的伊夫琳·王（Evelyn Wang）教授有一种全新的思路：光转热再转电——先将全频段的太阳光转化为热能，再通过特定温度的热辐射将热能转化为特定频率的光，这样一来几乎所有的光都能被太阳能电池所使用。伊夫琳·王研发的这项"太阳能热光伏电池"（Hot Solar Cells）技术大大提升了太阳能电池的效率，理论效率超过60%，有望实现高效且廉价的太阳能电力供应。该技术入选了2017年《麻省理工科技评论》"全球十大突破性技术"。

另外，值得一提的是，近几年来，钙钛矿太阳能电池因其创纪录的高效率、低廉的制造成本而成为太阳能电池研究领域的"新宠"。钙钛矿有特殊的晶体结构，其分子通式为ABO_3，最常用的钙钛矿太阳能电池的核心材料是甲胺碘铅。一般钙钛矿太阳能电池有6层结构，从上到下依次是用于封装的玻璃、氧化铟锡导电玻璃（FTO玻璃）、电子传输层（一般使用二氧化钛）、钙钛矿材料光敏层、空穴传输层（一般使用PEDOT：PSS等固态空穴传输材料）和金属电极。当受到太阳光照射时，钙钛矿材料光敏层首先吸收光子产生电子空穴对。由于钙钛矿材料激子束缚能的差异，这些载流子会成为自由载流子或激子（电子空穴对）。这些未复合的电子和空穴会分别被电子传输层和

图3-35　太阳能热光伏电池的光热转换装置，
黑色部分为碳纳米管

空穴传输层捕获，最后通过连接FTO玻璃和金属电极的电路而产生光电流。钙钛矿材料较低的载流子复合概率和较高的载流子迁移率使得载流子的扩散距离和寿命较长，这也是钙钛矿太阳能电池性能优异的原因。从2009年第一篇提出钙钛矿太阳能电池概念的文章发布，短短的10多年里，钙钛矿太阳能电池的效率从最初的2%提升到了29.8%。钙钛矿太阳能电池用10年走完了硅基太阳能电池花60年走过的路，具有巨大的发展潜力。但是钙钛矿材料自身的稳定性问题及难以大面积生产的短板也成了制约其大规模应用的"拦路虎"，科研人员正致力于通过材料的改性和电池结构的创新解决这些问题。

实验室中的技术创新使得太阳能电池的效率越来越高；实验室之外，太阳能电池的商业化进程和规模化生产过程也在如火如荼地进行。2008年，一家专门发展家用光伏发电项目的公司太阳城（SolarCity）在美国加利福尼亚州福斯特城成立。2014年，太阳城公司用于生产太阳能电池的超级工厂正式动工。2016年，太阳城超级工厂（SolarCity's Gigafactory）入选了当年《麻省理工科技评论》"全球十大突破性技术"。同年，埃隆·马斯克主导特斯拉公司收购了太阳城公司，建设了新的"超级工厂2号"，并于2017年正式投产。以太阳城公司为代表的大型太阳能电池生产商通过持续改进工艺、进行规模化生产以降低成本、提升太阳能电池效率开启了太阳能电池大规模使用的进程。太阳城公司成立之后的10年里，太阳能电池在全世界范围内的装机容量飙升了10倍，使得太阳能在目前能源格局中占据了不可忽视的位置，更是走上了千家万户的屋顶，让绿色环保、可持续发展的理念深入人心。在中国，以无锡尚德、常州天合等为代表的一大批光伏企业完成了从原材料生产到光伏设备安装和调试的全产业链建设，显示了巨大的生产潜能，逐步主导了国际市场，市场占有率从25%增加到了50%左右。2021年，中国新增光伏发电并网装机容量达$5.3×10^{10}$ W，连续9年稳居世界首

位。总装机容量更是突破了 $5.3 \times 10^{10}\,W$，分布式光伏发电设备容量也突破了 $3 \times 10^{10}\,W$，占据了三分之一的份额。光伏行业的迅猛发展和光伏设备的规模化安装与使用为碳中和政策的落实做出了卓越的贡献，也为能源安全提供了一道安全闸门。

随着技术的进一步发展，效率更高、价格更低的太阳能光伏设备将会使人类社会享受更加廉价、更加可持续发展的绿色电能。伴随着当太阳能发电占据更加重要的位置，火力发电的份额逐渐减少，二氧化碳减排的目标也会逐步实现，碳中和将会在人类社会的不懈努力下成为现实。

风能、地热能与潮汐能——地球的宝藏

除了太阳能，地球上可发展的可再生能源还有许多种，比如风能、地热能和潮汐能，这些都是地球赐予人类的宝贵财富。风在地球表面几乎无处不在，风能是指空气流动所产生的动能，它其实是太阳能抵达地球后的一种转换形式。太阳辐射导致地球表面各部受热不均匀，因此对应地区大气层中压力分布会不平衡，在水平气压梯度的作用下，空气沿水平方向运动，就会形成风。风能的总储量很大，分布很广，但是能量密度很低，而且不稳定。早在中世纪，人们就开始利用风能，风车的发明使得人们可以利用风能提水灌溉，提高生产效率。现代生活中，空气经过风力发电机时，会推动发电机的扇叶转动，通过电磁感应就可以把风的动能高效地转化为电能。在中国的东南沿海及西部的一些地区，风力资源非常丰富，具有非常大的开发潜力。目前陆上风电的成本从2010年到2018年已经下降了35%。平均价格仅比火电平均价格贵1倍左右，为每千瓦时0.5 ~ 0.6元。但从趋势上看，随着技术的进步，风力发电成本还会进一步下降。未来的风力发电机的尺寸将会不断增大，将更多的风能转化为电能。根据 IRENA（International Renewable Energy Agency，国际可再生能源机构）预测，到

2050年风电装机量占总发电装机量的比例将达到30.22%。

由于风力的不确定性和突变性，接纳风力发电站的电网在风电负荷预测技术出现之前不得不大量使用火力发电作为风力突然减弱时的补充，并在风力突然增强时让发电机空转，避免电网过载。2015年，美国通用电气公司开发了一套基于云计算的智能数字风电场系统。这套系统不仅可以收集和分析数据，还能通过机器学习提高分析能力，并实现实时调节风机以获得最优结果的功能。随着风力预报技术的发展，美国科罗拉多州（该地的风能资源极为丰富）的能源供应商埃克西尔（Xcel）的电力供应中可再生能源的比例达到了40%，既保护了环境，又产生了经济效益。

风能存在于地球的表面，而地球的内部也蕴藏了丰富的能量。地幔占据了地球总质量的67%，岩浆是地幔的主要构成部分，部分岩浆会随着地壳运动到达离地表较近的位置。高温的岩浆会加热附近的地下水，使其以高温水蒸气的形式喷射出地表。这些地热蒸汽中蕴含的能量被称为地热能，是一种非常清洁的能源。地热发电是利用地热能的重要方式，实际上其就是把地下的热能转变为机械能，然后将机械能转变为电能。地热发电不像火力发电那样需要配备庞大的锅炉，通过将地下的天然蒸汽和热水引入汽轮发电机组，就可以非常方便地利用地热能发电。冰岛是地热能开发最好的国家，雷克雅未克早在1928年就建成了世界上第一个地热供热系统，现今这一供热系统已发展得非常完善。由于没有高耸的烟囱，冰岛首都已被誉为"世界上最清洁无烟的城市"。地热能在中国的西部地区也非常丰富，西藏的羊八井地热电站就是利用地热能的典范。

海洋覆盖了地球上约71%的面积，其中蕴含了丰富的能源。月球的引力会导致海水周期性地升降，这种周期性的涨落现象被称为潮汐。潮汐引

起的潮水流动具有非常丰富的潮汐能，在涨潮的过程中，汹涌而来的海水动能很大，随着海水水位的升高，海水中的巨大动能就转化为了势能；在落潮的过程中，海水水位逐渐降低，势能又转化为了动能。如果在海湾、河口等有利地形，建造水堤，筑成水库，大量蓄积海水，并在坝中或坝旁建造水力发电厂房，通过水轮发电机组就可以进行发电。1966年，法国建成了当时世界上最大的朗斯潮汐电站，采用灯泡式水轮机组，装机容量2.4×10^8 W，年发电量5.4×10^{11} Wh。位于浙江乐清湾的江厦潮汐电站是中国最大的潮汐发电站，装机容量3.2×10^6 W，年发电量可达1.07×10^{10} Wh。

风能、地热能、潮汐能都是非常重要的可再生能源，它们都具有非常可观的能量储备，进一步研发利用这些绿色清洁能源的技术，提高它们在能源格局中的占比，对于实现可持续发展有非常重要的意义。

氢能——清洁的未来能源

1766年，化学家亨利·卡文迪什（Henry Cavendish）发现了氢元素，其名字取自希腊语，意为"生成水的物质"。氢气与氧气燃烧生成水，放出大量的能量，不排放额外的污染物，这使得氢能被认为是最清洁的能源。另外通过电解水就可以制备氢气，而地球上存在大量的水，这也使得氢能成为最丰富的能源之一。氢气可以燃烧转化为热能，也可以通过氢氧燃料电池直接转化成电能，转化效率很高。氢能有着如此之多的优点，理论上它早就应该走进千家万户，被广泛使用了，然而事实却并非如此。

氢气具有非常宽的爆炸极限，当氢气在空气中的体积浓度在4.1%~74.8%区间内，极易被引爆，这意味着氢气的存储需要格外注意安全问题。目前存储氢气主要有三类方式：第一类是气态存储，即将氢气加压存储于专门的储氢罐中，这种

图3-36　风力发电场的涡轮机，图片拍摄者桑迪·卡森（Sandy Carson）

存储方式成本最低，技术也最成熟，目前使用最为广泛，但是考虑到氢气的易燃、易爆属性，运输过程必须按照危险品对待，因此运输能力相对有限；第二类是液态存储，即将温度降低至氢气沸点以下，约零下253℃，这种方式虽然可以极大地提升储氢的能量密度，但是维持氢气处于液态所需的能耗也是非常惊人的，且更加不利于运输，目前液氢主要用于航空航天燃料，规模较小；第三类是化学储氢，即将氢气与特定物质反应，将氢能储存起来，使用时再进行可逆反应，释放氢气，储氢金属就属于这一类。

20世纪60年代，科研人员发现一些金属和合金具有很强的捕获氢的能力，它们能捕获氢分子，并将其分解成氢原子，再将氢原子储存在它们的晶格空隙中，氢原子与它们发生反应形成金属氢化物。合金在吸收氢气时会放出大量的热量，在加热存满氢气的合金时，氢气又会被释放出来，并伴随明显的吸热效应，相当于一个储存氢气的"容器"。这种金属合金材料被称为"储氢合金"，$LaNi_5$和Mg_2Ni都是常见的储氢合金。储氢合金的金属原子之间缝隙不大，但储氢能力却比普通的储氢钢瓶强很多。具体来说，相当于储氢钢瓶重量1/3的储氢合金，其体积不到钢瓶体积的1/10，但储氢量却是相同温度和压力条件下气态氢的1000倍。储氢合金不仅储氢量大，也更加安全，在存储和运输方面都具有巨大的优势，但生产储氢合金所用到的金属元素中有些是稀土元素，储量有限，成本较高，这制约了储氢金属的大规模使用。

尽管在存储和运输方面存在一定的限制，但是氢气仍被视为21世纪最具发展潜力的清洁能源，各国政府也进行了相应的政策倾斜以支持氢能的相关科研。奥运会历来都是展示新技术的重要舞台，氢能也在奥运会上大放异彩。2020年东京夏季奥林匹克运动会首次使用氢气作为主火炬燃料来源；2022年北京冬季奥林匹克运动会（简称冬奥会）无论是主火炬还是接力火炬都使用了氢气，1000多辆氢燃料电池汽车保障着赛事的正常进行。在北京冬奥会赛事交通服务用车中，节能与清洁能源车辆在小客车中占比100%，在全部车辆中占比85.85%，为历届冬奥会最高。北京和张家口冬奥会赛区共建设了4座加氢站，具备70MPa加氢能力，保证了氢燃料的正常供应。

氢能最有望商业化的领域还是电动车领域，氢氧燃料电池汽车被视为可以同锂电池汽车一决高下的"对手"。日本是全球氢能源领域的领军者，日本政府对于氢能源产业的发展非常重视，大力扶持了氢燃料电池汽车的研发。2014年，丰田推出了第一款商用氢动力汽车——丰田Mirai；2020年，第二代丰田Mirai正式在日本市场推出，最高续航里程可达850 km。与锂电池汽车较长的充电时间相比，氢氧燃料电池加氢的速度则快得多，与燃油车加油所花的时间相当。而且氢燃料电池汽车在低温下续航也不会衰减，具有一定的优势。

氢氧燃料电池是氢能源电动车的核心，其工作时向负极提供氢气，向正极提供氧气，氢气在负极上催化剂（通常是贵金属铂）的作用下分解成氢离子和电子，氢离子进入电解液中，而电子则沿外电路到达正极。在正极上，氧气获得电子与氢离子结合形成水。通过这个电化学反应，大部分的化学能都转变为电能，与利用氢氧燃烧产生的热能相比，化学能直接到电能的能量转化效率要高很多，达到80%及以上。因此使用氢氧燃料电池的汽车相比于传统的使用内燃机的汽车有着更高的能量利用效率。随着燃料电池技术的发展，氢气制备、储存和运输成本的降低，氢氧燃料电池汽车有望在不久的将来真正走进大众生活。

目前人们使用的大多数氢气是通过煤等化石燃料与高温水蒸气反应制得的，由于这个过程中有二氧化碳排放，因此这种氢气也被称为灰氢；而利用天然气与高温蒸汽催化重整并使用碳捕捉技术捕获分离二氧化碳获得的氢气则被称为蓝氢；使用太阳能、风能、核能等可再生能源电解水制备的氢气，由于完全没有碳排放，所以称为绿氢。目前绿氢的成本是灰氢的3倍左右，随着太阳能等可再生能源利用技术的发展，绿氢的成本有望大幅降低，成为未来的核心燃料。国际能源署（International Energy Agency）预测，到2050年，氢气可提供全球能源需求的10%以上，每年可提供1.1×10^{16} Wh以上的能源。绿色氢能（Green Hydrogen）成功入选了2021年的《麻省理工科技评论》"全球十大突破性技术"。

智能风能和太阳能，实现零碳目标

张 达

清华大学能源环境经济研究所副教授

清华三峡气候与低碳中心副主任

黄俊灵

中国长江三峡集团国际清洁能源
研究室主任

清华三峡气候与低碳中心副主任

过去10年，风能和太阳能发电在世界各地都实现了高速发展。风能和太阳能装机规模大幅提升：风能在全球的装机量在过去10年增长了3倍以上，太阳能的全球装机量增长了20多倍。相应产业的发展也十分迅速，在中国，陆上风电项目单位千瓦平均造价下降了约30%，光伏发电项目单位千瓦平均造价下降了约75%。陆上风电和光伏发电项目目前均已实现电量平价上网。尽管如此，现有的风能和太阳能技术还存在出力波动性强、效率偏低、成本偏高的问题。要支撑实现1.5 ℃温升控制目标，智能化是风能和太阳能的未来趋势。

波动性限制了风能和太阳能更大规模的消纳利用，而智能存储输配可以平抑风能和太阳能波动性。通过精确预测风能和太阳能出力和电力负荷，可以运用储能技术和电网技术为电力提供时间和空间灵活性。未来还可能出现智能移动储能这样的新技术形态，通过道路、铁路，甚至水路运输储能电池进行充电放电、缓解输电阻塞，结合电力供需信息和交通信息，进一步减少风能和太阳能波动性给供电可靠性带来的影响。

智能运行与维护可以降低风能和太阳能的使用成本。风能和太阳能厂站位置特殊，集中式光伏和风电通常远离城市，分布式光伏则分散在多地。日常运行和维护需要人员现场作业，有时还需要高空作业。通过运用场站智能选址、天气预测与预警、设备自动清洗维护、关键设备状态远程在线智能监测、故障预防与诊断等技术，可以减少对现场人员的依赖，降低运行维护成本和事故风险。

智能研发制造可以提高风能和太阳能的使用效率。尽管目前风能和太阳能的能量转换效率已经明显提升，不过未来仍有很大的效率提升潜力。例如，高性能模拟工具的运用，可以高效优化迭代风机叶片形状和太阳能材料结构的设计，进一步提高能量转换效率；制造环节的智能化管理，可以提高原材料的使用效率；智能控制系统的运用，可以实现对风力和光照方向的自动追踪，提高能源利用效率。

智能化还可以支持新的商业模式。分布式光伏电量的点对点交易、共享储能、需求响应等模式探索都需要基于用户的指令甚至行为习惯进行分析，做出智能调度交易决策。智能电表和加密技术的运用，可以实现对风能和太阳能的环境价值的准确计量，实现对其环境价值和电力价值的分割并支持其进入市场，进行高效安全的交易。

正如我们在10年前无法想象风能和太阳能可以达到今天的发展水平，准确预测风能和太阳能的未来也是十分困难的。以上内容只是笔者根据有限知识进行的初步展望，我们相信更多颠覆性的解决方案正在不断酝酿、孵化中，我们也期待见证风能和太阳能以更多创新的形式支撑新型电力系统、助力实现零碳未来。

图 3-37 位于科罗拉多州北部的风力发电厂

张 汉

清华大学核能与新能源技术
研究院副教授

国家级高层次人才青年项目
入选者

新一代先进核能技术掀起核能发展新高潮

民用核能是一种清洁、安全的绿色能源，是20世纪人类最伟大的科学发现之一，也被认为是未来能有效应对气候变化、环境保护和能源需求等全球问题的尖端技术，因此，其必然是世界各国竞争的"国之重器"和"战略制高点"。福岛核事故后，针对国际社会对核能更高、更严格的安全性要求，世界核能界正在积极探索和研究新一代先进核能技术，现已取得一系列重要进展，正掀起核能发展的新高潮。2019年，"核能新浪潮"（New-Wave Nuclear Power）入选《麻省理工科技评论》"全球十大突破性技术"，撰稿人在评述文章中总结和评论了核能领域最新的突破技术。在笔者看来，这些突破技术主要包括：第四代先进核能系统、小型模块化反应堆和可控热核聚变反应堆。其中，第四代先进核能系统、小型模块化反应堆属于基于核裂变反应的裂变反应堆技术，而可控热核聚变反应堆则是核聚变技术。

针对核能发展的新需求，在美国能源部倡议下，21世纪初美国、英国、法国等9个国家的核能科学家和政府高级代表建立了第四代核能系统国际论坛（The Generation Ⅳ International Forum，GIF），旨在协调全球顶尖科研力量，共同探索核能技术创新和先进核能系统研发。迄今为止，参与此论坛的成员已扩展到20余个核能国家组织。中国、美国、俄罗斯、欧盟、日本等核能国家（组织）均制定了相应的新一代核能系统发展战略。2019年，美国颁布了支持下一代先进反应堆的《核能创新能力法案》（Nuclear Energy Innovation Capability Act，NEICA）和《核能领导法案》（Nuclear Energy Leadership Act，NELA），旨在加强核能技术创新和研发新一代核能技术，巩固其在全球民用核能领域的领导地位。类似地，俄罗斯联邦政府颁布了《俄联邦"核工业综合体"发展国家纲要》。欧洲原子能共同体设立欧洲可持续核工业倡议，在欧盟战略能源技术计划框架下，共同研发第四代核能技术。

在GIF论坛框架下，全球核能科学家推选了6种第四代反应堆堆型，分别是超临界水冷堆、（超）高温气冷堆、钠冷快堆、铅冷快堆、气冷快堆和熔盐堆。其中，高温气冷堆作为一种先进的第四代核能系统，具有杰出的固有安全性，从物理机理上避免了类似于日本福岛核事故的发生，被称为"不会熔毁"的反应堆，是国际核能领域的研究前沿和热点。同时，高温气冷堆具有效率高和用途广泛等优点，能够代替传统化石能源，与氢能等新能源系统进行耦合，从而有效减少碳排放，实现能源、经济和环境的协调发展。由清华大学自主研发设计的高温气冷堆核电站示范工程也已于2021年并网发电，是世界上第一个实际建成的第四代核电系统，奠定了中国在该领域的世界领先地位。同时，在世界范围

图 3-38 由美国三阿尔法能源（Tri Alpha Energy）公司建造的核聚变反应堆原型，
图片拍摄者朱利安·伯曼（Julian Berman）

内，钠冷快堆、铅冷快堆、熔盐堆、加速器驱动次临界系统等先进核能技术也取得了蓬勃发展，中国在这些领域做出了重要贡献，并将在未来做出更多重要贡献。

近年来，小型模块化反应堆研发同样广受关注，其特点是反应堆功率较小，只有传统反应堆的三分之一左右；同时采用模块化设计，系统和组件可以在工厂进行预组装。因此，小型模块化反应堆具有安全性好、建造周期短和投资成本低等优点，适用于海洋平台、远洋运输、偏远地区等特殊环境下的电力或动力供应需求，以及海水淡化、石油化工、船舶动力，甚至是太空探测等应用场景。世界各地正在蓬勃开展小型模块化反应堆研发设计，已经开发了 70 多种商业堆芯设计。与裂变反应堆技术相比，商业规模的可控热核聚变反应堆还面临更多挑战，可能短期内较难实现。但作为人类的终极理想能源，可控热核聚变反应堆的科学研究一直在稳健推进。

总体来看，当前核能的发展与其应发挥的作用相比还有很大发展空间，亟待通过发展新一代先进核能系统来挖掘其潜力。随着人类科学技术不断进步，未来的核能必将能以其独有优势在能源需求、环境保护和经济发展等世界性问题中发挥独特且重要的作用，服务于人类的和平美好生活。

装备智能电网的现代农场，插图作者戈尔登·科斯莫斯（Golden Cosmos）

储能设备的飞速发展

能源的存储是与能源的开发同等重要的课题。现代社会使用最为广泛的能源是电能，无论是通过化石能源燃烧发电，还是将核能、太阳能、风能等可再生能源转化为电能，人们生活中最常使用的和用量最大的还是二次能源——电能。因此电能的存储和传输显得尤为重要。作为电能的载体，电池和电网是用于存储和传输电能的基本单元。自第二次工业革命开启了电的时代，一个多世纪以来，电池和电网相关的技术都得到了迅猛发展，人类社会也发生了翻天覆地的变化。信息技术的发明使电池的使用更加合理，延长了电池的使用寿命，也使得电网更加智能，传输电力更加高效、节能。本节将讨论电池的发展历程和未来的发展趋势，以及智能电网技术对于人们生活的影响。

锂电的时代与电池的未来

1800年，意大利物理学家亚历山德罗·伏打（Alessandro Volta）用锌片、铜片和盐水发明了伏打电堆，这就是最原始的电池。随着第二次工业革命的进行，电池技术迅猛发展。1859年，法国人雷蒙德·加斯顿·普朗特（Raymond Gaston Planté）制造了最早的铅酸蓄电池。1868年，法国科学家勒克朗谢（Leclanché）发明了锌锰电池。1887年，英国人赫勒森（Hellesen）发明了最早的干电池。1899年瑞典科学家瓦尔德马·容纳（Waldemar Jungner）发明了镍镉电池。

铅酸电池由于具有廉价、易维护、安全、使用条件限制少等优点，至今仍占据着很大的市场份额，被广泛运用于车载蓄电池。锌锰电池经过一系列改良成为目前广泛使用的5号电池（碱性锌锰电池）。镍镉电池作为最早的可充电电池之一，能量密度相对较高，循环性能及高温性能均表现良好，自20世纪90年代起便被广泛用于小型移动电子设备。但因为镍镉电池不耐过充、过放与大电流快充、快放，具有记忆效应，还具有一定毒性，从21世纪初镍镉电池就逐渐被淘汰了。

随着社会的发展，人类对于以电池为代表的储能设备提出了更高的要求。以铅酸电池、镍镉电池为代表的早期电池已不能满足人们的需求。在这种情况下，发展能量密度更大、充放电速率更快、电压更高的电池显得越发重要。锂电池就这样走入了人们的视野。

锂是密度最低的金属，仅0.534 g/cm^3，这使得使用锂作为负极的电池具有很高的能量密度，理论容量高达3860 mAh/g，并且锂的电势很低，简直就是理想中的电池负极材料。但是由于锂又是非常活泼的碱金属，与水和氧气都容易发生剧烈反应，因此很长一段时间内，使用锂制作电池一直只存在于人们的设想之中。

锂电池最初是由斯坦利·惠廷厄姆（Stanley Whittingham）发明的，他使用硫化钛做正极，以金属锂为负极，制成了史上第一种锂电池。但在这种锂电池的充放电过程中，其负极极易产生大量枝晶而导致电池短路，存在非常严重的安全隐患，所以未能得到大规模的推广使用。差不多在同一时间，日本松下公司发明了一种以氟碳化物为正极、锂为负极的电池，这可以说是第一个真正意义上商业化的锂电池，理论容量达

865mAh/g，放电电压和功率都相当稳定，但是这种电池倍率性能不好，难以充电，因此也未能实现大规模应用。1987年，加拿大一家公司Moli Energy推出了商业化的$Li\text{-}MoS_2$电池，该电池顿时在全世界范围内受到追捧，但在1989年春末，Moli Energy公司的锂电池发生了爆炸事故，引起了大范围的恐慌，这家公司只好宣布召回所有产品并对受害者进行赔偿，这也直接导致Moli Energy公司破产。1990年，日本电气股份有限公司（NEC Corporation）收购了Moli Energy公司。开始时，锂金属电池被公众认为是非常危险的产品，于是研究人员将精力用于探索其他的技术路线，但不久之后，研究人员发现锂离子具有可嵌入石墨的特性，而且该过程快速、可逆，这使得将嵌锂的石墨作为电池负极的方案被摆上台前。与以金属锂作为负极的锂电池相比，这种锂离子电池更加安全、可靠。解决了负极材料的问题，科研人员开始寻找能够产生更高电压的正极材料。

约翰·古迪纳夫（John Goodenough）教授是讨论锂离子电池正极材料时避不开的人物，他也是电池史上的传奇人物，30岁入行，以一己之力发现了锂离子电池体系中最重要的3种正极材

图3-39　约翰·古迪纳夫教授

料：钴酸锂、锰酸锂、磷酸铁锂。这3种材料目前广泛应用于锂离子电池中。1976年，古迪纳夫成为牛津大学无机化学实验室的主任，在这里，他开始研究电池。他将目光放在了一种层状材料钴酸锂上。古迪纳夫教授发现在这种氧化物材料中，锂离子可以嵌入和脱出，那么这种材料或许可以取代金属锂，作为锂电池中锂离子的提供者。与金属锂相比，这是一种安全系数极高的电池材料，很快古迪纳夫就申请了专利。1986年，在日本旭成公司工作的吉野彰首次利用钴酸锂、焦炭和 $LiClO_4$ 电解液制成了第一个现代意义上的锂离子二次电池。凭借这个贡献，他和约翰·古迪纳夫、斯坦利·惠廷厄姆一起获得了2019年的诺贝尔化学奖。不久之后，日本的索尼公司发明了用于负极的石墨材料，他们注意到了古迪纳夫教授的专利，认为这就是与之匹配的理想正极材料，二者一拍即合。这种以钴酸锂为正极、石墨为负极的锂离子电池容量大、电压高、循环寿命长，可以快速充放电，一上市就受到了广泛好评，一直被广泛应用到现在。目前所使用的锂离子电池中，钴酸锂电池依旧占据着很大比例。

尽管具有很多优势，但由于钴资源并不丰富，钴酸锂的价格日趋高昂，因此很多研究人员开始寻找钴酸锂的替代材料。不久之后，古迪纳夫教授在研究锰酸锂尖晶石材料的过程中，发现这种材料在嵌锂的过程中会发生尖晶石结构和岩盐结构的转变，具有扬－特勒（Jahn-Teller）效应。这一特性使得锰酸锂非常适合用来制作正极材料，它具有低价、稳定的特性。由于它的分解温度高，且氧化性远低于钴酸锂，因此即使出现短路、过充电，也能够避免燃烧和爆炸的危险，安全性好。相关研究人员在此基础上发展了 Li（NiCoMn）O_2 三元正极材料体系，三元锂离子电池也是目前商业化的锂离子电池中非常重要的一员。即使连续发现两大正极材料体系，古迪纳夫教授也并未停下他研究电池的脚步。

1997年，古迪纳夫教授发现了磷酸铁锂材料，这种材料具有橄榄石结构，同时具有很高的稳定性，价格也非常低廉，其理论容量达170 mAh/g，缺点在于其电压相对钴酸锂体系而言较低。另外，由于 $LiFePO_4$ 与 $FePO_4$ 结构上的相似性，$LiFePO_4$ 在充放电过程中较为稳定，结构不会发生巨大变化，因此也具有较好的循环寿命。磷酸铁锂低廉的成本使得这种材料很快就被商业化了。美国的 A123 系统公司依靠生产磷酸铁锂材料，一度成为全球锂离子电池产业的"霸主"，中国的比亚迪公司也是磷酸铁锂电池的主要生产商之一。

钴酸锂、锰酸锂、磷酸铁锂这三大正极材料体系的发展都与古迪纳夫教授有着密不可分的关系，他为锂离子电池的发展做出了卓越的贡献。尽管锂离子电池目前已成为电池技术的主流，人类也迎来了属于锂电池的时代，但这并不意味着现有的锂离子电池就是十全十美的。目前大多数锂离子电池采用的都是液态电解质，通常是有机物，这使得当电池受到外力影响发生破损或工作在大电流下而产生锂枝晶时，极易发生燃烧、爆炸等安全事故。为了研发更加安全的锂电池，研究人员将目光投向了使用固态电解质的锂离子固态电池，古迪纳夫教授也是其中的一员。固态电池由于采用了石榴石等陶瓷材料作为固态电解质，安全系数更高，因此可以使用金属锂直接作为负极。一方面可以减小电池体积和质量，另一方面可以极大提升电池的能量密度。

固态电池的独特优势使得它迅速吸引了许多投资人的目光，商业化的进程也格外快速。2007年，安·萨斯特里（Ann Sastry）成立了一家名为 Sakti3 的公司，致力于研发固态锂电池。他们采用薄膜沉积技术生产了高质量的固态电解质，这种固态电池具有良好的稳定性和较长的使用寿命，该项技术成功入选2011年《麻省理工科技评论》"全球十大突破性技术"。2015年3月，真空吸尘器的发明者、英国戴森（Dyson）公司创始人詹姆斯·戴森（James Dyson）向 Sakti3 公司投资了1500万美元。同

图3-40　美国通用电气公司生产新型储能电池

年10月，戴森以9000万美元收购了Sakti3公司，并将其创始人兼技术研发工程师萨斯特里收入麾下，以继续研发固态电池技术。2018年，QuantumScape公司展示了一款还处于实验室阶段的单层锂金属固态电池（Lithium-Metal Batteries），它可以在15 min内充电至80%以上的电量，而且在0 ℃以下也能正常工作。该公司表示，这种电池将使电动汽车的行驶里程提高80%以上，现在一次充电可以行驶250英里（约合402.3 km）的汽车，使用这种电池后可以行驶450英里（约合724.2 km）。凭借这项突破性的技术，QuantumScape公司受到了众多汽车集团的广泛关注，锂金属电池也成功入选了2021年《麻省理工科技评论》"全球十大突破性技术"。2022年1月，美国固态电池初创公司Factorial Energy宣布获得梅赛德斯－奔驰和斯特兰蒂斯（Stellantis）集团的2亿美元D轮融资，以加速其固态电池的商业化生产和部署。与传统三元锂电池相比，Factorial Energy公司的固态电池每次充电可延长50%的续航里程，且成本也比传统的三元锂电池更有竞争力。Factorial Energy公司拥有FEST技术（Factorial电解质系统技术），用于研发专用的固体电解质材料，并通过高压和高能量密度的电极实现安全可靠的电池性能。这种技术与传统技术相比更安全，而且可将续航里程增加20%～50%，同时具备嵌入式兼容特性，可以轻松集成到现有的锂离子电池制造基础设施中。除了这些公司之外，还有众多的初创企业和资金正涌向固态锂电池领域，大家都对这一有望改变电池格局的技术充满了期待。毋庸置疑的是，固态锂电池就是未来电池最主流的技术路线。

智能超级电网

作为电能的传输者和最为关键的能源网络，电网在人类社会中起到了举足轻重的作用。电能依靠一根一根的电缆从发电厂传递到千家万户，形成了非常庞大的网络。发电厂中通过其他能源转化

而来的电能大部分都被直接输送到了电网中以满足我们的日常生活需求。整个电网仿佛一个巨大的能量传输物流网络，根据人们的需要，以近乎光速将电能输送到各个电力消费终端。由于人类社会每时每刻需要的电能并不完全一致：夜晚的高峰期几乎家家用电，凌晨的一些时候可能几乎无人用电——这意味着电网必须根据人们的需求及时调控输出的电能，因为本质上电能输出的多少是通过调控电网频率进行控制的，如果"供求不平衡"，极易导致电网设备发生故障，进而导致大规模停电，给经济活动造成重大损失。因此一直以来稳定都是各国电网系统的第一要务。

在新能源的浪潮到来以前，人们都是根据所需电能的具体情况通过控制发电厂产生的电力多少进行调控的。例如火力发电厂会在电力晚高峰到来之际增加燃料进行燃烧，水电站会开大闸门让更多的水流通过发电机组进行发电，晚高峰之后再调整回来。总体而言，一天当中，人类社会的电

图 3-41　智能变压器

力需求通常是有规律可循的，发电厂可以根据这个规律制定好发电方案，使得电力"供求平衡"。但随着新能源发电技术的发展，这一平衡开始被打破。人类无法控制太阳光照射的时间窗口，也无法决定风何时吹过发电机叶片，这就使得发电的时间变得不受控制，产生的电能也无法预计。早期新能源发电所占的比例不大时，这个问题还可以通过多种方式灵活调节，但随着气候危机的到来，人类社会开始逐步减小传统化石能源发电的比例，新能源发电的地位也显得越来越重要。随着新能源发电所占的比例上升，一些地区的电网开始不堪重负，一场关于电网的技术革命蓄势待发。

早在2003年，研究人员就提出了"机电一体化"（Mechatronics）的概念，旨在通过将机械技术与微电子技术和信息技术有机地结合为一体，实现整个发电和电力控制系统的最优化。"机电一体化"入选了当年的《麻省理工科技评论》"全球十大突破性技术"。要实现这一目标，就必须对变压器、断路器等电网的核心组件进行技术更新。电网中的变压器主要起到将发电厂发出的低压交流电转变成高压交流电送上电网，并在居民端将高压交流电转化为低压交流电的作用。简而言之，传统的变压器只需要完成电压的升降工作就足够了。但是新能源发电比例的快速上涨"呼唤"着变压器的技术革新，使变压器能够发挥更多的作用。2011年，北卡罗来纳州立大学的亚历克斯·黄（Alex Huang）教授设计了一种新型的智能变压器，它采用了高频变压器和逆变器（一种将直流电转换为交流电或者将交流电转变为直流电的装置），与传统的变压器仅仅转换交流电的电压不同，这种智能变压器在降压过程中，会先将高压的交流电转化为直流电，再将直流电逆变为高频的交流电，最后降低其频率以降低其电压。在这个过程中，对电流的信息进行采集并实现了联网通信，通过数字化的手段对智能变压器进行调控，从而实现了对电网的智能控制。这种小型化的高效电力控制装置在用户与电网之间形成了缓冲，降低了电网的过载风险，使其能够保持稳定。该智能变压器（Smart Transformers）成功入选了2011年的《麻省理工科技评论》"全球十大突破性技术"。对于这种智能变压器，市场前景十分广阔。根据相关机构预测，全球智能变压器的市场规模有望在2025年达到5亿美元，目前亟需解决的是成本问题，相信随着技术的发展，在不远的将来，智能变压器商业化道路上这一最大的难题必定会被解决。

直流电与交流电几乎诞生于同一时代，直流电的发明者是托马斯·爱迪生（Thomas Edison），而交流电的发明者是尼古拉·特斯拉（Nikola Tesla）。由于直流电在长途输电的过程中通常损耗更大，因此后来交流电逐渐占据了主导地位。但是直流电损耗更大是建立在较低电压的前提下的。随着现代科技的发展，电网输送的电压越来越高，直流输电的损耗与交流输电相比，反而更小了，高压直流输电技术具有成本低、可靠性高、容量大、无频率选择性等优势，缺点在于设备较多、结构较为复杂、技术难度大。其中的一个技术难点就是断路器，即电网的"开关"。当电网中某个部分用电异常时，就需要将这部分电路断开检修。由于可用于直流输电的可靠断路器一直未能研发出来，所以特高压直流输电之前一直停留在理论阶段。传统的断路器通常使用机械开关或可控半导体，前者操作反应速度太慢，后者虽然反应速度快，但需要一直连在电路中，电力损耗大，也不能满足高压直流输电的要求。2013年，ABB公司成功研发了世界上第一个可用于直流输电的高压断路器，才使得直流输电真正得以并网。这种断路器名叫"混合直流断路器"（Hybrid DC Breaker），既能可靠又迅速地将故障电路断开，又没有过大的

损耗。它将传统的机械开关和可控半导体结合到了一起，集成了两者的优点，避免了两者的缺点。其开关频率高达200 kHz，能在5μs内将故障电路断开，解决了直流输电断路器灭弧困难等技术难题。ABB公司的发明使得真正意义上的"超级电网"（Supergrids）得以实现，这一成就入选了2013年的《麻省理工科技评论》"全球十大突破性技术"。不久之后，中国也于2016年研发出了高压直流断路器，中国的特高压直流输电技术处于世界前列。

由于电网只能传输电能，并不能存储电能，所以如果电能没有被及时使用，而是在电网中不断传输损耗将造成巨大的能量损失。为了解决新能源波动式发电带来的问题，研发廉价的储能设备显得越来越关键。这种位于电网关键节点的长时电网储能设备能将新能源发电位于峰值时产生的多余电能存储数小时甚至数天，在电网中缺少电力时进行补充，通过调峰提高电网的整体稳定性。一般最常用的储能电池是液流电池，这是一种特殊形态的电池：它分别采用不同价态离子的溶液作为正极和负极的活性物质，通过外接泵将原本储存在各自电解液储罐中的电解液泵入电池堆体内，使其在不同的储液罐和半电池的闭合回路中循环流动，采用离子交换膜作为电池组的隔膜，电解质溶液平行流过电极表面并发生电化学反应，通过双电极板收集和传导电流，将存储在溶液中的化学能转化为电能。这个可逆的反应过程使电池可顺利完成充电、放电和再充电。最常用的液流电池是钒系电池。2021年，总部位于美国俄勒冈州的ESS公司，推出了一款可以储存4 ~ 12 h的电能的铁基电池；总部位于马萨诸塞州的Form Energy公司则研发了一款储能时长达100 h的铁基电池。与钒相比，铁更廉价，毒性也更低，应用前景广阔。Form Energy公司表示，他们研发的电池最终的成本可能仅为每千瓦时20美元。这项长时电网储能电池（Long-Lasting Grid Batteries）技术入选了2022年的《麻省理工科技评论》"全球十大突破性技术"。但是

图 3-42　2022 年《麻省理工科技评论》"全球十大突破性技术"：长时电网储能电池

他们仍需解决一些问题：铁基电池的效率通常很低，在不断充放电的过程产生的副反应会使得电池退化，造成电池容量下降。

随着太阳能光伏设备的大量安装，分布式的发电设备也越来越多，每一个屋顶都可以成为一个发电中心，通过与家用用电设备组网，就可以形成一个小型的微电网。这种分布式的小型电网不仅可以减少向一个用电有限区域进行电力配送所需的物资建设与能量损耗，也在一定程度上使得偏远地区也能用上廉价的电力。在印度和非洲的许多地区，电力的紧缺都是令当地政府非常头疼的问题。2011年，由印度人尼基尔·贾辛哈尼（Nikhil Jaisinghani）和布赖恩·沙德（Brian Shaad）共同创立的梅拉高电力（Mera Gao Power）公司改写了印度偏远农村无法通电与用电的历史。梅拉高电力公司抓住了太阳能电池板和LED成本下跌的机会，建立了能够提供清洁照明和手机充电的廉价太阳能微电网。微电网的优势在于其安装成本可以由许多村民分摊，从而降低运行成本。2011年夏天，梅拉高电力公司部署了第一个商业性的微电网，此后又有8个村庄加入进来。只需花费2500美元，分成15组的100户家庭就能连接到两个发电枢纽站，每个发电枢纽站由一组太阳能电池板和一个电池组构成。电网自始至终都使用24 V的直流电源，并使用更加廉价的铝线替代铜线。在铺设电网之前，梅拉高电力公司绘制了村庄的地形，以确保配电线路的分布最有效。制图和设计是这家公司最大的创新。这家公司具备独特的商业理念，成功实现了扶贫成就。太阳能微电网（Solar Microgrids）于2012年入选了《麻省理工科技评论》"全球十大突破性技术"。2017年，梅拉高电力公司融资250万美元，目标是为50000户家庭带去光明。

虽然目前大部分的电力传输过程都是有线传输，但这并不意味着无线传输电力是不可能的。2016年，一项名为"空中取电"（Power from the Air）的技术入选了《麻省理工科技评论》"全球十大突破性技术"。这项技术实现了一种无源Wi-Fi设备，无源是指没有直接连接的电源，这种设备无须连接电源，只需获取环境中Wi-Fi信号的能量，就能实现两个设备之间互相通信。然而这种方式获得的能量非常有限。

现在，无线充电技术已经大规模应用在手机和可穿戴电子设备中，以苹果公司MagSafe磁吸无线充电为代表的产品已广为人知。无线充电技术主要采用电磁感应的原理，通过充电座的送电线圈产生磁场，再通过受电线圈将磁场的能量转化为手机存储的电能。但这种无线电力传输方式其实并不是我们想象中的真正意义上的无线传输方式，因为充电座的送电线圈和手机中的受电线圈必须保持非常近的距离，距离太远就会导致电能损耗增加，充电效率急剧下降。其实早在100多年前，特斯拉就已经开始研究无线电力传输，他在美国纽约长岛建起了一座从未正式启用过的无线电力传输塔，希望能大规模地传输电能。虽然未能实现，但他的理想早已被后辈的科研人员所继承，相信在不久的将来，大功率、大规模、远距离的无线电力传输将成为现实，彻底改变人类社会使用电能的形式。想象一下，如果电动汽车可以边充电边行驶，永远不用担心电力不足，那该是一种多么美妙的场景。

过去的20年间，《麻省理工科技评论》关注了200多项技术突破，能源领域的新技术几乎年年入选。20年过去了，这些先进科技的一部分已经深刻地改变了我们的生活，另一部分可能在不久的将来会重塑我们的生活方式。科学家和工程师们用他们锲而不舍的努力不断推动着社会的进步，为我们创造了更加美好的生活。尽管过去的一个多世纪里，人类排放了大量的二氧化碳，给全球气候带来了近乎灾难式的影响，但是亡羊补牢，为时未晚。随着低碳科技的逐步应用、可再生能源开发技术的革新、储能设备飞跃式的进步，可以相信低碳和绿色将永远是这个时代的能源主题，我们的后代将继续生活在一颗繁荣的"绿色星球"上。

案例分析

隆基专注技术，以创新推动产业进步

隆基是一家专注于技术的太阳能科技型公司，21年来，隆基每一项重大技术都成为光伏产业的风向标，引领产业发展方向。

隆基是一家专注于技术的太阳能科技型公司，21年来，隆基每一项重大技术都成为光伏产业的风向标，引领产业发展方向。隆基坚持第一性原理，洞察事物核心本质。隆基坚定地锚定光伏产品LCOE（Levelized Cost of Energy，平准化度电成本），以可靠创造价值为基本理念。

专注于技术，坚守单晶路线至今

2000年—2005年，隆基探索方向，摒弃非主业"诱惑"开辟发展主航道。隆基认为，做好一件事已经很不容易。在战略上做减法，心无旁骛可以多一份笃定。在发展过程中，隆基放弃初创阶段的硅材料处理业务，专注做好单晶硅棒、硅片主价值链。

2004年德国修订《可再生能源法》，欧洲、美国、日本等发达地区和国家的太阳能光伏市场开始启动，隆基看到了太阳能光伏市场的增长潜力。从2006年开始，隆基将战略重心转移到光伏领域。此时光伏还处于产业化发展的早期，技术路线有晶硅和薄膜：晶硅又分为单晶和多晶两大技术路线，单晶有P型和N型（HIT、IBC等）；薄膜中有硅基薄膜、碲化镉、铜铟镓锡等。另外，还有聚光电池。

隆基决策层深入调研了各种技术路线，洞察到：光伏行业的本质是度电成本的不断降低。支撑度电成本下降的核心在于转化效率。原因是电池在系统成本中的占比仅为25%左右，转换效率的提升能够同时摊薄组件和BOS成本。单晶由于其完美晶格的特点，电池的转换效率更高、发展空间更大，每千克方棒成本还有较大下降空间。多晶铸锭虽然每千克方棒成本低，但电池转换效率较低，无法支撑未来更高发电性能的光伏产品。

隆基做了一个极致的推演：即使多晶铸锭每千克成本为0，单晶也会有竞争力。在大部分企业选择多晶路线，或者单、多晶"两条腿"走路时，隆基在单晶道路上坚持自己的技术选择：从单晶生长到金刚线切片、P型PERC技术和双面发电技术，隆基始终在单晶主航道上拓展与精深。近5年，隆基累计研发投入63.56亿元（截至2020年上半年），每年研发投入占营业收入的5%～7%。

单晶硅片价格在 10 年前是每片 25 元左右，现在每片只有 3 元多。专注技术，面向前沿，隆基坚守单晶路线至今，始终致力于成为"全球最具价值的太阳能科技型公司"。

通过技术创新，引领产业进步

2013 年，欧美"双反"给全球光伏市场带来重创，光伏企业面临生死考验，单晶技术路线更是面临被边缘化的危机。在订单有限的情况下，单晶硅片客户往往选择成本更低的多晶产品。而这个阶段成为隆基加速技术创新的关键时刻。

2014 年，随着技术的发展，多晶铸锭炉一次投料量从早期的 200 kg 逐步增加到 800 kg ~ 1500 kg，而拉晶单炉投料量一般只能增加到 200 kg ~ 300 kg，与多晶投料规模存在差距，造成多晶铸锭环节比单晶长晶环节成本较低，这是多晶硅片成本相对较低的主因。而隆基确认走单晶路线后，就坚定地选择在这条路线深耕。为了降低成本，隆基持续加大在拉晶方面的研发力度，有五大技术革新。

（一）大装料。设计更大尺寸的热场增加装料量，有助于缩小单、多晶之间的成本差异。

（二）高拉速。CZ 法拉晶降低成本的有效手段之一是提高长晶速度，增加硅棒单位时间产出。目前，单晶拉速已从早期的 0.6 mm/min 提高到 2 mm/min 左右，先进企业甚至实现了更高拉速。由于改善了晶体热历史（热历史指聚合物在相态转变、热处理或冷却等过程中产生的热积累），高拉速还能带来品质上的提升。

（三）多次、连续拉晶。多次拉晶工艺是在传统的一炉拉一根晶棒工艺基础上，拉完第一根后，通过二次加料工艺向坩埚内重新装料，进而拉制第二、第三甚至更多根晶棒的过程。这种工艺减少了停、拆、装炉时间，从而降低了分摊到每千克晶棒的拉晶时间，同时一埚多棒的更高投料量摊薄了坩埚成本。RCZ 技术（多次装料拉晶技术）已从研发阶段进入大规模推广应用阶段；CCZ 技术（连续拉晶技术）已经从研发阶段向小试阶段过渡。这两项技术的推广应用，将缩小单、多晶生长环节在装料量方面的差距。

（四）新材料的使用。拉晶使用的非硅原辅材占整个成本的 30% 左右，因此，延长非硅原辅材的使用寿命是降低拉晶成本的又一个重要手段。比如，使用碳－碳复合材料可有效提高热场使用炉数，采用新型热场保温材料可有效降低电耗成本，而坩埚涂层技术的应用则能够大幅延长坩埚使用寿命，使其更好地适应多次拉晶。

（五）自动化与智能化。采用自动化、智能化手段控制单晶炉以减少长晶过程人为干预，提高成晶率，正在成为未来技术发展趋势。逐步实现的车间"无人化"操作将很大程度改变单晶生产模式，提高有效产能并大幅减少用工数量，提高晶体生长过程的一致性。

隆基在 2016 年开始大规模量产 PERC 电池与组件，带动了单晶 PERC 的产业革命。现在单晶 PERC 已经成为光伏产业的主流技术，使得单晶 PERC 电池的产业化转换效率从 2016 年的 20.8% 提高到现在的 23% 及以上，加快了光伏系统成本的下降速度。

2017 年，本着为客户创造价值的理念，隆基将双面发电技术导入电池和组件，推出了基于双面 PERC 电池的双面双玻组件，此后坚持推广双面组件。自双面组件问世起，在设计上即采用 2 mm+2 mm 双面玻璃控制组件重量，有框设计可有效避免双玻组件安装与长期使用过程中的破损问题。边框无 C 面可降低对组件背面发电的影响，奠定了此后双面组件的设计基调。

隆基双面组件坚持使用双玻而不采用透明背板。隆基认为，双玻可以带来更为可靠的保障：双

图 3-43　光伏产业，插图作者查德·阿让（Chad Hagen）

玻可以提升防火等级，有效减少火灾的损失；双玻的对称结构可以有效阻止组件变大所带来的内部应力增加，提升机械载荷性能；双玻的阻水能力，能有效提升抗 PID 能力和漂浮项目组件可靠性；双玻较透明背板有更好的透光性能，在背面发电量上也表现出优势。

隆基双面组件坚持使用边框。边框能有效减少组件在承压情况下的变形量，降低组件隐裂率，提升机械载荷性能；同时边框与夹块的接触，相较玻璃与夹块直接接触，避免了组件玻璃与夹块接触处应力集中导致的破裂情况。

在双面技术的基础上，隆基叠加半片技术使电池工作电流减半，降低了组件内部热损耗，同时热斑温度显著降低，为未来电池尺寸的适度增大留下了空间。半片技术可以改善阴影遮挡、受光不均时的组件发电表现，还可提升高辐照时的组件发电量。

隆基在全国各地联合第三方建设户外实证电站，在不同的应用场景下，向客户和业界验证双面发电技术的价值。结果表明，通常场景下双面发电技术可以给客户带来8%～15%的发电增益。

在国内平价项目、竞价项目中，双面组件已经成为标配；在海外大型地面电站项目中，双面组件也成为主流，有力地推动了度电成本的降低。

高瞻远瞩，拓展光伏应用场景新篇章

中国建筑节能协会能耗统计专业委员会发布的《中国建筑能耗研究报告（2020）》显示，2018年全国建筑全过程能耗总量为21.47亿吨标准煤当量，占全国能源消费总量比例为46.5%。2018年全国建筑全过程碳排放总量为49.3亿吨，占全国碳排放的比例为51.3%。建筑节能和减排已经成为实现全面节能减排的重中之重。

2020年，隆基重磅发布首款BIPV产品"隆顶"。"隆顶"实现了工商业建筑屋顶与光伏发电的高效融合，是兼具优异建材性能和稳定发电表现的绿色建材。除传承隆基组件可靠、高效发电性能之外，"隆顶"更加重视BIPV屋面的安全、可靠。"隆顶"以建材属性为基础，具备了良好的防火、防水、抗风揭特性及超强的表面刚性，双A级防火认证和四重防水处理强于一般彩钢屋顶建材，30年的超长使用寿命也远远超出普通工商业屋顶建材。装配式建材的定位，也让"隆顶"具备了高度可定制、一体装配式安装、施工快捷便利等优点，可以适配新建工商业厂房和老厂房改造项目。

屋顶使用BIPV产品是建设绿色工业建筑的最直接

方式，是推动可持续发展的有效手段，有利于促进工业经济高质量发展，为工商业主持续进行工业绿色转型带来了机遇。随着BIPV投资成本持续下降、行业标准陆续完善、认证资质不断完备，BIPV有望成为光伏产业的新兴热点和未来清洁能源的主力军。

技术引领，隆基再造"行业神话"

2021年4月，经世界公认的权威测试机构德国哈梅林太阳能研究所（ISFH）测试，隆基单晶双面N型TOPCon电池的转换效率达25.09%，这是基于商业化尺寸硅片的TOPCon电池的转换效率首次突破25%，刷新世界纪录。

2021年6月，经ISFH测试，隆基单晶双面N型TOPCon电池实现高达25.21%的转换效率，再度刷新世界纪录；商业化尺寸单晶双面P型TOPCon电池的转换效率在行业内率先突破25%，实现25.02%的世界纪录，是目前商业化尺寸P型电池的最高转换效率；隆基新技术研发中心研发的商业化尺寸单晶HJT电池的转换效率达到创纪录的25.26%，实现了企业在HJT电池技术研发上的跨越发展，隆基成为全球HJT技术的领跑者。

2021年7月，经ISFH测试，隆基电池研发中心研发的单晶P型TOPCon电池实现高达25.19%的转换效率，将基于CZ硅片商业化尺寸P型TOPCon电池的转换效率提升至全新高度。

2021年10月，经ISFH测试，隆基硅基HJT电池转换效率接连实现了25.82%、26.30%的突破，创造了一周之内连续两次打破世界纪录的"神话"，再次刷新了全球晶硅FBC结构电池的最高效率。

拥抱绿色新能源技术变革

王 勇

上海绿然环境信息技术有限公司
董事长

2006年艾伯特·戈尔主演的纪录片《难以忽视的真相》（*An Inconvenient Truth*）推动了人们对气候变暖的觉醒，就如1962年蕾切尔·卡逊的科普读物《寂静的春天》推动了全球对环境问题的重视。气候变化带给人类的感官冲击部分来自美国好莱坞的灾难片，如《2012》《世界末日》《后天》等。

自19世纪的工业革命以来，人类受惠于地球几十亿年的恩赐——石油、煤、天然气、页岩气……这些化石能源被源源不断地从地球深部被挖出，不仅给人类带来了光明、动力和舒适，还提供了人类日常生活用品的源泉——原材料。西方不仅在一定程度上主宰了基于化石能源的工业和技术体系，引领了第一、二、三次工业革命，同时也将副产品——环境污染——散播全球，随之而来的是CO_2及其他温室气体的大量排放。尽管1824年工业革命前的法国人就发现了温室气体，然而直到半个世纪前的1972年，在"只有一个地球"的感召下，人类在瑞典斯德哥尔摩召开了联合国人类环境会议，通过了《联合国人类环境会议宣言》，但气候变化还没有摆上议事日程。1992年联合国环境与发展会议才批准《联合国气候变化框架公约》。1997年签署了《京都议定书》，各国同意应对气候变化承担"共同但有区别的责任"，但西方国家的承诺没有一以贯之，发展中国家的忧虑也没有消除。时针拨向2015年12月，全世界终于达成《巴黎协定》，为全球应对气候变化做出具体行动安排，计划于21世纪中叶（2050年）将地球气温升幅控制在2 ℃以下，力争控制在1.5 ℃以下。

放眼全球，要应对气候变化，绿色发展离不开低碳及零碳技术。短期来看，我们仍然依赖传统的化石能源，超低排放技术、可再生能源（太阳能、风能、地热能、潮汐能等）的利用技术已日趋完善，基于数字化和人工智能的迭代技术将为绿色能源的安全、有效开发和使用"安上翅膀"。长期来看，创新的新能源技术（如氢能技术，尤其是常温常压下的氢制造、分离与储存技术）、可控核聚变技术将为人类带来绿色能源的终极解决方案。要实现碳中和的目标，我们仍需开发碳的利用、捕集与封存技术（CCUS），如生物固碳与地质碳汇技术是投入少、减污减碳协同增效的系统工程技术，值得进一步发展。可喜的是，经过多年的努力，对于基于绿色低碳的新能源技术，无论是水电、光伏发电、风能发电、核能发电等发电技术，还是超高压直流输变电的长距离输电技术，甚至是终端用户的储能技术，中国都站在了世界的领跑线上。

1879年克鲁克斯（Crockes）就发现了放电管中的电离气体，1928年欧文·朗缪尔（Irving Langmuir）给它起了个响亮的名字——等离子体。等离子体，又称"电浆"（Plasma），是不同于

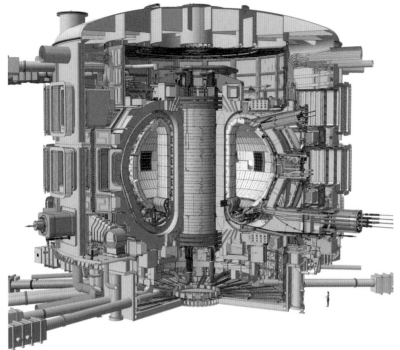

图 3-44　掀起革新的聚变反应堆 ITER

固体、液体和气体的物质第四态，广泛见于自然界，尤其是太阳表面。20 世纪 60 年代后，等离子体技术，尤其是高温等离子体技术，已广泛应用于危废处置、贵金属再利用等领域。近年来，科学家越来越关注将等离子体应用于制氢、可燃气，以及新材料的技术开发。核聚变，俗称"人造太阳"，很有可能是人类能源的终极来源。核聚变将两个质量较小的氢原子同位素氘和氚进行核聚合反应产生氦原子和大量的能量。这样的反应在太阳上已经持续了 40 多亿年。中国聚变工程实验堆（CFETR）和位于法国南部的国际热核实验堆（ITER）模拟太阳的核聚变过程，这几年已取得了可控技术的突破，并将为可控核聚变的商业化提供技术支撑。中国的核聚变研究始于俄罗斯的硬件和技术，近年来不断打破超高温度下等离子体运行时间的世界纪录。同时，核聚变研究的进步，推进了相关材料技术的突破，比如超导材料的生产能力也因此显著增加。

不容置疑，绿色低碳的新能源技术将带来下一代的材料技术革命，环保、节能已然成为绿色技术革命和低碳产业的主要驱动力。可以预计，氢能、可控制核聚变、铝／钠电池、催化剂等领域的技术和产业化突破，将为人类贡献福祉。

投资前沿清洁能源技术，
造福世界各国人民

刘宇环

中经合集团董事长

2022年的夏天，全球大部分地区持续高温干旱。这种极端反常气候，使有识之士的危机感愈加强烈：人类过去长期消耗化石能源带来的巨量二氧化碳排放，已经酿成苦果！再不大力发展清洁能源，再不聚集起全球资本投资和培育新能源科技，我们的地球将越来越"热"，人类的生存和发展将受到严重威胁。

幸运的是，世界主要经济体对此已经达成共识。就中国而言，投资界对清洁能源的热情空前高涨，风力发电、太阳能发电、地热发电、生物质发电、氢能源、储能和新能源汽车等产业及相关技术成为资本追逐的热门"赛道"。

清洁能源的产业链条较长，涉及的专业众多，而且受各国的政策影响较大，投资回报周期也长，投资人需要既有热情又保持理性。在中国，直接投资于成熟的新能源生产企业的大多是各类国有资本，水电、风电产业就是如此，在光伏发电产业，国企、民营企业均有投资。在新能源相关技术的投资上，民营企业和外资机构则是主力，青睐早期硬科技项目的VC机构更是对此类技术项目特别关注，他们投资较密集的技术类公司涉及新型动力电池研发、储能技术、氢能源研发和利用技术、CCUS技术、碳排放规划咨询等。我创立的中经合集团作为一家有着近30年历史的VC机构，一直对投资各国的新能源技术项目抱有浓厚兴趣，至今已投资了包括新能源整车公司在内的数十家相关公司。最令我自豪的是，我们还投资了一家研究核聚变技术的公司Alpha Ring，目前是这家公司的第一大股东。VC机构投资核聚变项目，这样的案例并不多见。

核聚变是业界、学界追捧的人类终极能源解决方案。世界上研发此技术的基本是"国家队"，此前的投资方也以国家资本或世界资本巨头为主，但是随着核聚变研发技术的进步和世界能源状况的演进，这几年投资核聚变的民营资本呈增多趋势。中经合集团在2016年投资可控核聚变公司Alpha Ring时，全球该领域的民营企业不超过10家。而至2022年，据FIA统计，可控核聚变民营企业数量已达到33家。2022年，中国也开始出现民营核聚变技术研发初创公司并获得融资。

虽然学术界对于核聚变技术已有数十年的研究，但目前仍面临着技术和工程化方面的较大难题。例如，核聚变反应炉庞大且造价高，多国合力打造的"国际热核实验堆"（ITER），其研发过程就遭遇了能量平衡和能否长时间运转的挑战。那为何充满技术挑战、可能有更长投资回报周期的核聚变技术，会获得风险投资的青睐？

图 3-45　运行中的 Alpha Ring 核聚变反应装置，
图片来自 Alpha Ring 公司

首先，从中经合集团近30年全球风险投资经验来看，该技术本身的颠覆性价值有机会带来巨额的资本回报。作为《麻省理工科技评论》选中的"全球十大突破性技术"之一，核聚变技术具有的本身安全性、无污染、近乎"源源不尽"的巨大潜能等技术优势，使其未来有机会颠覆全人类的能源体系及应用。

其次，对比其他清洁能源技术发展趋势，核聚变技术的研发已到了一个新的机会点。多年以来，核聚变技术的研发团队以各国"国家队"、科研院校为主力，而风险投资的加入将加速研发进程并推进技术产业化落地。以中经合集团投资的核聚变公司 Alpha Ring 为例，最初，我是被一位70多岁的全球知名物理学家打动的，不仅因为他颠覆未来能源格局的理想，还因为其数十年核聚变科研积累缔造了独特的技术，能够降低库仑势垒，从而降低产生核聚变的门槛，这让我看到这一颠覆性技术突破困境的机会，因此我决定支持其创立 Alpha Ring 公司并投资。之后，为了加速研发产业化，我们为 Alpha Ring 引入全球顶级科学家、知名企业家及科研、产业、供应链资源。如今，公司已成功研发新一代核聚变技术，已有约70项全球专利正在申请中，反应炉样机已实现桌面级尺寸且能量增益为正。未来希望能够将公司技术快速商业化，创造市场价值。

中经合集团成功投资 Alpha Ring 的案例表明，资金支持、顶尖科学家实验室联合研发、产业化资源协同等，是颠覆性技术实现商业化的前提。诚如本文开头所言，碳排放已经使我们生存的这个星球愈来愈热，我们必须联手自救。在这一过程中，我非常期待有更多的资本能关注和投资于像 Alpha Ring 这样的公司。我承认，这类投资风险较大，但是身为投资人，这是我们能回报社会的最好方式。何况，一旦投资成功，这类项目的回报可能就是投入的百倍、千倍！既然如此，为什么不去试一试呢！

参考文献

[1] Mandel, Kyla. This woman fundamentally changed climate science—and you've probably never heard of her. ThinkProgress. Center for American Progress Action Fund. 2018.

[2] Tyndall, John. VII. Note on the transmission of radiant heat through gaseous bodies. Proceedings of the Royal Society of London[J]. The Royal Society, 1859, 10: 37-39.

[3] Bowker K A. Barnett shale gas production, Fort Worth Basin: Issues and discussion[J]. AAPG bulletin, 2007, 91(4): 523-533.

[4] EIA A E O. with Projections to 2035[J]. US Energy Information Administration, Washington, DC, 2011.

[5] Schiermeier Q. Global methane levels soar to record high[J]. Nature, 2020.

[6] Jackson R B, Saunois M, Bousquet P, et al. Increasing anthropogenic methane emissions arise equally from agricultural and fossil fuel sources[J]. Environmental Research Letters, 2020, 15(7): 071002.

[7] Howarth R W. Ideas and perspectives: is shale gas a major driver of recent increase in global atmospheric methane?[J]. Biogeosciences, 2019, 16(15): 3033-3046.

[8] Allam R J, Palmer M R, Brown G W, et al. High efficiency and low cost of electricity generation from fossil fuels while eliminating atmospheric emissions, including carbon dioxide[C]. Energy Procedia. Elsevier B.V., 2013, 37: 1135-1149.

[9] Cai T, Sun H, Qiao J, et al. Cell-free chemoenzymatic starch synthesis from carbon dioxide[J]. Science, 2021, 373(6562): 1523-1527.

[10] Allam R, Martin S, Forrest B, et al. Demonstration of the Allam Cycle: An Update on the Development Status of a High Efficiency Supercritical Carbon Dioxide Power Process Employing Full Carbon Capture[J]. Energy Procedia, 2017, 114:5948-5966.

[11] Tollefson J. Innovative zero-emissions power plant begins battery of tests[J]. Nature, 2018, 557(7706): 622-624.

[12] Temple J. Potential Carbon Capture Game Changer Nears Completion [EB/OL]. MIT Technology Review, 2018.

[13] Henry C. Carbon capture from ambient air: a brake on climate change?[M]. Standing up for a Sustainable World. Edward Elgar Publishing, 2020.

[14] Massachusetts Institute of Technology. Technology Review: Storing carbon dioxide in cement: Green Concrete. 2010.

[15] Song Y, Chen W, Wei W, et al. Advances in clean fuel ethanol production from electro-, photo-and photoelectro-catalytic CO_2 reduction[J]. Catalysts, 2020, 10(11): 1287.

[16] Goldberg S M, Roener R. Nuclear Reactors: Generation to Generation[M]. American Academy of Arts and Sciences, 2011.

[17] Hejzlar P, Petroski R, Chestham J, et al. Terra power, LLC traveling wave reactor development program overview [J]. Nuclear Engineering and Technology, Korean Nuclear Society, 2013, 45(6): 731-744.

[18] Jackson N. How I t Works: Traveling-Wave Reactor [EB/OL]. The Atlantic, 2010.

[19] Wikipedia. Traveling wave reactor [EB/OL].

[20] Leigh P. New wave nuclear power [EB/OL]. MIT Technology Review, 2019.

[21] Artsimovich L A. Tokamak devices[J]. Nuclear Fusion, 1972, 12(2): 215.

[22] Leslie M. Start-ups Seek to Accelerate Path to Nuclear Fusion[J]. 2021 .

[23] Fritts C E. On a new form of selenium cell, and some electrical discoveries made by its use[J]. American Journal of Science, 1883, 3 (156): 465-472.

[24] International Energy Agency (IEA). Snapshot of global photovoltaic markets[R]. 2017(T1-31:2017).

[25] Riordan M, Hoddeson L. Origins of the pn junction[J]. IEEE spectrum, 1997, 34(6): 46-51.

[26] Green M A. Solar cells: operating principles, technology, and system applications[J]. Englewood Cliffs, 1982.

[27] Green M A. The path to 25% silicon solar cell efficiency: History of silicon cell evolution[J]. Progress in photovoltaics: research and applications, 2009, 17(3): 183-189.

[28] Carlson D E, Wronski C R. Amorphous silicon solar cell[J]. Applied Physics Letters, 1976, 28(11): 671-673.

[29] Eckert K. Manufacturing of high-efficiency solar modules[J]. Advanced Manufacturing Technology, 2012, 33(7): 9-10.

[30] New world record for solar cell efficiency at 46%-French-German cooperation confirms competitive advantage of European photovoltaic industry [EB/OL]. Fraunhofer Institute for Solar Energy Systems ISE, 2014.

[31] Lee T D, Ebong A U. A review of thin film solar cell technologies and challenges[J]. Renewable and Sustainable Energy Reviews, 2017, 70: 1286-1297.

[32] Kaelin M, Rudmann D, Tiwari A N. Low cost processing of CIGS thin film solar cells[J]. Solar Energy, 2004, 77(6): 749-756.

[33] Ouyang Z, Pillai S, Beck F, et al. Effective light trapping in polycrystalline silicon thin-film solar cells by means of rear localized surface plasmons[J]. Applied physics letters, 2010, 96(26): 261109.

[34] Cnops K, Rand B P, Cheyns D, et al. Enhanced photocurrent and open-circuit voltage in a 3-layer cascade organic solar cell[J]. Applied Physics Letters, 2012, 101(14): 143301.

[35] Callahan D M, Munday J N, Atwater H A. Solar cell light trapping beyond the ray optic limit[J]. Nano letters, 2012, 12(1): 214-218.

[36] Lenert A, Bierman D M, Nam Y, et al. A nanophotonic solar thermophotovoltaic device[J]. Nature nanotechnology, 2014, 9(2): 126-130.

[37] Bierman D M, Lenert A, Chan W R, et al. Enhanced photovoltaic energy conversion using thermally based spectral shaping[J]. Nature Energy, 2016, 1(6): 1-7.

[38] Jung H S, Park N G. Perovskite solar cells: from materials to devices[J]. small, 2015, 11(1): 10-25.

[39] Kojima A, Teshima K, Shirai Y, et al. Organometal halide perovskites as visible-light sensitizers for photovoltaic cells[J]. Journal of the american chemical society, 2009, 131(17): 6050-6051.

[40] Park N G. Perovskite solar cells: an emerging photovoltaic technology[J]. Materials today, 2015, 18(2): 65-72.

[41] Rong Y, Hu Y, Mei A, et al. Challenges for commercializing perovskite solar cells[J]. Science, 2018, 361(6408): eaat8235.

[42] Kolar J W, Huber J E. Fundamentals and Application-Oriented Evaluation of Solid-State Transformer Concepts [J]. (6).

[43] Condliffe J. China is installing a bewildering, and potentially troublesome, amount of solar capacity [EB/OL].

[44] Darwish A S, Al-Dabbagh R. Wind energy state of the art: present and future technology advancements[J]. Renewable Energy and Environmental Sustainability, 2020, 5: 7.

[45] Feng J, Shen W Z. Modelling wind for wind farm layout optimization using joint distribution of wind speed and wind direction[J]. Energies, 2015, 8(4): 3075-3092.

[46] Bullis K. Smart Wind and Solar Power[J]. MIT Technology Review, 2014, 117(3): 44-47.

[47] Lund J W, Boyd T L. Direct utilization of geothermal energy 2015 worldwide review[J]. Geothermics, 2016, 60: 66-93.

[48] Neill S P, Hashemi M R, Lewis M J. Tidal energy leasing and tidal phasing[J]. Renewable Energy, 2016, 85: 580-587.

[49] Niaz S, Manzoor T, Pandith A H. Hydrogen storage: Materials, methods and perspectives[J]. Renewable and Sustainable Energy Reviews, 2015, 50: 457-469.

[50] Singh A K, Singh S, Kumar A. Hydrogen energy future with formic acid: a renewable chemical hydrogen storage system[J]. Catalysis Science & Technology, 2016, 6(1): 12-40.

[51] Rusman N A A, Dahari M. A review on the current progress of metal hydrides material for solid-state hydrogen storage applications[J]. International Journal of Hydrogen Energy, 2016, 41(28): 12108-12126.

[52] Ozawa A, Kudoh Y, Murata A, et al. Hydrogen in low-carbon energy systems in Japan by 2050: The uncertainties of technology development and implementation[J]. International Journal of Hydrogen Energy, 2018, 43(39): 18083-18094.

[53] Shabani B, Andrews J. Hydrogen and fuel cells[M]. Energy sustainability through green energy. Springer, New Delhi, 2015: 453-491.

[54] Taylor P. Energy Technology Perspectives[J]. International Energy Agency, 2010.

[55] 程少群. 化学电源 [M]. 北京:化学工业出版社, 2008.

[56] Marom R, Amalraj S F, Leifer N, et al. A review of advanced and practical lithium battery materials[J]. Journal of Materials Chemistry, 2011, 21(27): 9938-9954.

[57] Whittingham M S. Lithium batteries: 50 years of advances to address the next 20 years of climate issues[J]. Nano Letters, 2020, 20(12): 8435-8437.

[58] Ozawa K. Lithium-ion rechargeable batteries with

LiCoO$_2$ and carbon electrodes: the LiCoO$_2$/C system[J]. Solid State Ionics, 1994, 69(3-4): 212-221.

[59] Bruce P G, áRobert Armstrong A, Gitzendanner R L. New intercalation compounds for lithium batteries: layered LiMnO$_2$[J]. Journal of Materials Chemistry, 1999, 9(1): 193-198.

[60] Eftekhari A. LiFePO$_4$/C nanocom-posites for lithium-ion batteries[J]. Journal of Power Sources, 2017, 343: 395-411.

[61] Hu Y S. Batteries: getting solid[J]. Nature Energy, 2016, 1(4): 1-2.

[62] Fergus J W. Ceramic and polymeric solid electrolytes for lithium-ion batteries[J]. Journal of Power Sources, 2010, 195(15): 4554-4569.

[63] Xia S, Wu X, Zhang Z, et al. Practical challenges and future perspectives of all-solid-state lithium-metal batteries[J]. Chem, 2019, 5(4): 753-785.

[64] Massachusetts Institute of Technology. Technology Review: High-energy cells for cheaper electric cars Solid-State Batteries. 2011.

[65] Bindra A. Electric vehicle batteries eye solid-state technology: prototypes promise lower cost, faster charging, and greater safety[J]. IEEE Power Electronics Magazine, 2020, 7(1): 16-19.

[66] Freedman D H. Smart Transformers[J]. MIT Technology Review, 2013(June 2011): 24.

[67] Davis S. Are Solid-State Transformers Ready for Prime Time? [EB/OL].

[68] Grand View Research. Solid State (Smart) Transformers Market Analysis By Product, By Component (Converters, High-frequency Transformers, Switches), By Application, By End-use, By Region, And Segment Forecasts, 2018 - 2025[R]. 2018.

[69] 杨一鸣. Supergrids 超级电网[G]. 2013: 229-233.

[70] Skyllas-Kazacos M, Chakrabarti M H, Hajimolana S A, et al. Progress in flow battery research and development[J]. Journal of the electrochemical society, 2011, 158(8): R55.

[71] Wharton School. How Innovative Business Models Can Bring Cheap Energy to Poor Communities[M]. 2018.

[72] Harris M. Power from the Air [EB/OL].

[73] 政府间气候变化专门委员会. 气候变化2014综合报告[R].（2015）.

[74] 中国国家气候中心.2020 年度气候报告[R].（2021）.

[75] 盛裴轩，毛节泰，李建国，等. 大气物理学[M]. 北京：北京大学出版社, 2013.

[76] 叶笃正，李崇银，王必魁，等. 动力气象学[M]. 北京：科学出版社，1988.

[77] 廖国男. 大气辐射导论[M].郭彩丽，周诗健，译.北京：气象出版社，2004.

[78] 陈渭民. 卫星气象学[M]. 3版.北京：气象出版社，2017.

[79] 张通，俞永强，效存德，等. IPCC AR6解读：全球和区域海平面变化的监测和预估[J]. 气候变化研究进展，2022, 18(1): 12-18.

[80] Climate Change 2021: The Physical Science Basis[R]. IPCC AR6, 2021.

[81] Manabe S, Wetherald R T. Thermal equilibrium of the atmosphere with a given distribution of relative humidity[J]. 1967.

[82] C. D. Keeling, S. C. Piper, R. B. Bacastow, M. Wahlen, T. P. Whorf, M. Heimann, and H. A. Meijer. Exchanges of atmospheric CO$_2$ and ^{13}CO$_2$ with the terrestrial biosphere and oceans from 1978 to 2000. I. Global aspects, SIO Reference Series, No. 01-06, Scripps Institution of Oceanography, San Diego, 88 pages, 2001.

[83] IPCC, 2013: Climate Change 2013: The Physical Science Basis. Contribution of Working Group I to the Fifth Assessment Report of the Intergovernmental Panel on Climate Change [Stocker, T.F., D. Qin, G.-K. Plattner, M. Tignor, S.K. Allen, J. Boschung, A. Nauels, Y. Xia, V. Bex and P.M. Midgley (eds.)]. Cambridge University Press, Cambridge, United Kingdom and New York, NY, USA, 1535.

[84] Seinfeld J.H., Pandis S.N. Atmospheric Chemistry and Physics[M]. 3rd ed. New York: John Wiley & Sons, Inc. 2006.

[85] Jacob D J. Introduction to atmospheric chemistry[M]. Princeton University Press, 1999.

[86] Smith, P. Architecture in a Climate of Change[M]. Elsevier, 2005：206.

[87] Zhang E Q, Tang L. Rechargeable concrete battery[J]. Buildings, 2021, 11(3): 103.

[88] Singh V P, Kumar M, Srivastava R S, et al. Thermoelectric energy harvesting using cement-based composites: a review[J]. Materials Today Energy, 2021, 21: 100714.

[89] Keith D W, Holmes G, Angelo D S, et al. A process for capturing CO$_2$ from the atmosphere[J]. Joule, 2018, 2(8): 1573-1594.

[90] Keith D W. Geoengineering the climate: History and

prospect[J]. Annual review of energy and the environment, 2000, 25(1): 245-284.

[91] Shepherd J G. Geoengineering the climate: science, governance and uncertainty[M]. Royal Society, 2009.

撰稿人：杨一鸣、刘兴强、林泽玲

阿斯麦（ASML）的 EUV 光刻机，图片拍摄者克里斯托弗·佩恩（Christopher Payne）

04

蓬勃发展的
工程制造技术

工程制造支撑前沿技术发展和普及应用

从第一次工业革命开始，每一次制造业的革新总会带来新的生产力，蒸汽机的改良实现了棉纺织工业的完全机械化，电力等新能源的广泛应用促进了重工业的大踏步发展。

21世纪以来，工程制造业伴随着第四次工业革命的"春风"，在各国科技发展进程中飞速发展。其中，以消费电子、航空航天以及新能源产业的需求为主要推动力，工程制造中的半导体材料技术、航空航天材料技术、增材制造技术、锂电池以及新材料技术正蓬勃发展，很多技术如今已经投入工业生产，也有很多仍处于实验室的优化阶段。

在《麻省理工科技评论》"全球十大突破性技术"评选中，我们也能频频见到它们的身影。在过去20年时间里，共有31项工程制造领域的技术入选，除了上文提到的技术之外，还有柔性晶体管（2001年）、硅光子学（2005年）、3D晶体管（2012年）、神经形态芯片（2014年）等。入选的技术也反映过去20年间工程制造产业的发展与趋势：在"数智时代"，作为智能电子产品的"心脏"，芯片和半导体技术也正在经历变革，进入"后摩尔时代"，硅光技术的发展，让渐显瓶颈的硅电芯片获得曙光；石墨烯等新型半导体材料的出现，也为芯片性能的进一步提升创造了更多可能；碳中和背景下，新能源汽车与锂金属电池正在相互推进着往前发展。

后摩尔时代的技术演进

1. 硅光芯片打破摩尔极限，技术与产业高速发展

硅电技术在过去多年中，持续占领着集成电路领域的统治地位，科研人员和行业制造商逐步缩短芯片制程，集成电路的性能一再跃迁。然而，随着传统硅电芯片微电子器件尺寸的进一步缩小，

算力逐步增强的同时，我们所面临的能耗和数据传输带宽问题日渐凸显。此时，硅光芯片因其具有微电子尺寸小、成本低、集成度高的特点，又能充分发挥光子高宽带、高速率、多通道的长处，被推崇为打破摩尔极限的关键技术。

硅光技术自1969年由贝尔实验室提出之后，在发展至今的50多年中，大致经历了"概念提出与技术探索（1969年—2000年）""技术突破与性能爬升（2000年—2008年）""集成与应用（2008年至今）"3个阶段。

如今，硅光产业正处于集成与应用阶段，即将迎来光电融合，包括美国、日本等多个国家都推出了光子产业发展计划。2008年以来，包括Intel、IBM等公司也陆续推出商用级硅光子集成产品。IDC数据预测，在5G、云计算、人工智能等数智应用快速发展的背景下，到2025年全球数据总量将达到175ZB，硅光芯片也有望迎来快速发展。目前，硅光芯片已经在大型数据中心传输等领域迎来商业化落地。

根据DeepTech报告《2022先进计算七大趋势》，2020年全球硅光芯片市场规模达到4.54亿美元，其中数据中心硅光模块市场规模达到8400万美元。报告预计，到2026年，硅光芯片全球市场规模将超过10亿美元。其中，光互连板块的市场规模将超过数据中心硅光板块，达到4.78亿美元；数据中心硅光模块的市场规模将达到4.54亿美元，光子计算板块将达到1.15亿美元。

作为确定性的技术发展趋势，硅光"赛道"也迎来了海内外巨头公司的积极布局。目前，海外科技巨头包括Intel、思科等通过自研或收购等方式，在这个赛道具有一定的领先优势。过去几年里硅光技术主要进展包括：2019年Intel推出400 Gbit/s硅光子收发器，新加坡公司CompoundTek推出硅光芯片工艺设计工具库；2020年，加拿大公司Ranovus推出硅光平台Odin，Intel集成了硅光引擎和交换机。

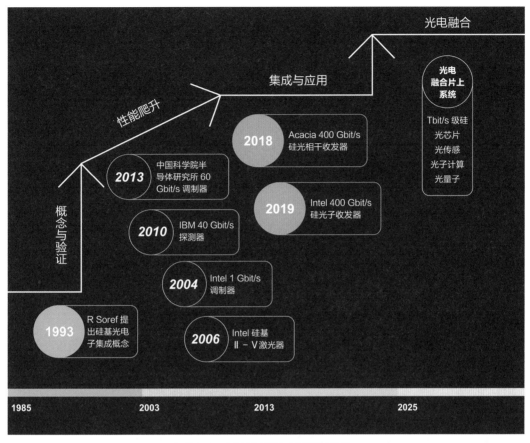

图 4-1　硅光技术已进入大规模集成阶段

在国内，硅光赛道也在快速发展。上市公司如光迅科技、新易盛、天孚通信等企业都在布局硅光领域。除了上市公司之外，创业公司也先后"到场"，并已做出不错的成绩。

比如，成立于2017年的曦智科技在2019年就发布了全球首款光子芯片原型板卡，该款产品成功地将当时占据半个实验室的整个光子计算系统集成到常规大小的板卡上，验证了以光子替代电子进行高性能计算的构想。2021年12月，曦智科技发布了其最新高性能光子计算处理器PACE（Photonic Arithmetic Computing Engine，光子计算引擎），该产品验证了光子计算的优越性。

资本自然也不会"缺席"硅光赛道。过去10余

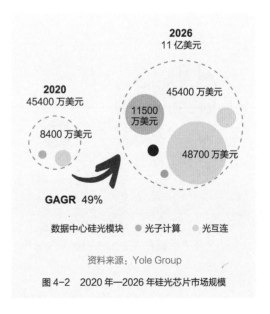

图 4-2　2020 年—2026 年硅光芯片市场规模

年间，硅光产业融资、收购事件不断，其中，美国思科分别在2012年、2018年和2019年前后收购了3家公司，比较有代表性的是2019年以26亿美元收购Acacia公司。国内企业如华为在2013年收购比利时硅光子公司Caliopa，并在英国建立了光芯片工厂以发展硅光技术。

另外，硅光芯片则被认为将助力我国在工程制造领域实现"换道超车"，因此，我国在积极引导布局硅光子产业。

工信部在2017年底发布的《中国光电子器件产业技术发展路线图（2018年—2022年）》指出，目前高速率光芯片国产化率仅3%左右，要求2022年中低端光电子芯片的国产化率超过60%，高端光电子芯片国产化率突破20%。

在过去几年里，国家层面出台了多个利好硅光技术发展的政策，多地政府也积极响应号召发展硅光芯片产品。其中，2017年11月28日，工信部正式批复同意武汉建设国家信息光电子创新中心；2017年，上海市政府将硅光子列入首批市级科技重大专项，布局硅基光互连芯片的研发和

生产；湖北省、重庆市、苏州市等都将硅光芯片列为"十四五"期间的重点发展产业。

在国内政策的大力支持下，硅光芯片领域相应的成果也不断出现。2018年8月29日，中国信息通信科技集团有限公司宣布我国首款商用"100Gbit/s硅光收发芯片"正式投产；2019年9月，联合微电子中心有限责任公司实现了8英寸硅基光电子技术工艺平台的通线；2021年12月，国家信息光电子创新中心、鹏城实验室在国内率先完成了1.6 Tbit / s硅基光收发芯片的联合研制和功能验证，实现了我国硅光芯片技术向Tbit / s级的首次跨越。

2. 新材料助力中国工程制造弯道超车

"石墨烯"应用前景广泛

石墨烯是由一个碳原子与周围3个近碳原子结合形成蜂窝状结构的碳原子单层，由于具有很多强大的性能，石墨烯也被称为"新材料之王"。石墨烯很薄，因为只有一个原子层，且具有比钢大200倍的强度，同时具有很好的导电和导热性能，其电导率是银的1.6倍，热导率是铜的13

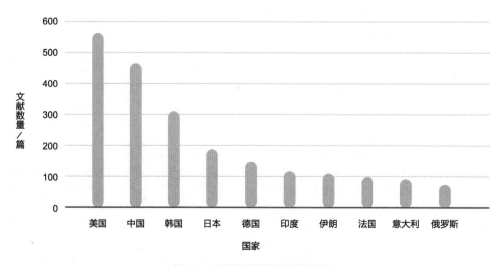

图4-3　石墨烯晶体管核心文献国家分布

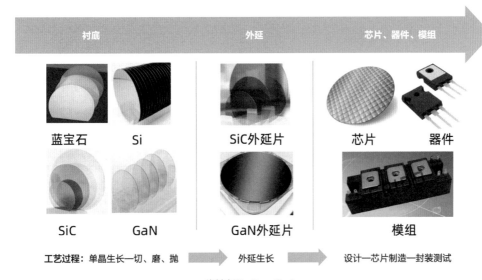

工艺过程：单晶生长—切、磨、抛　　外延生长　　设计—芯片制造—封装测试

资料来源：DeepTech

图4-4　第三代半导体材料主要技术环节

倍。因此，石墨烯具有十分广阔的应用前景，它可以用于触摸屏、集成电路，以及航天航空领域的隐形飞机、隐身材料等。

目前，全球石墨烯市场尚处于萌芽状态，不过，石墨烯材料在诸多细分应用领域的市场前景被广泛看好。其中，在集成电路领域，石墨烯场效应晶体管是近几年的研究应用热门，也是工程制造领域的关注焦点。

2008年"石墨烯晶体管"入选"全球十大突破性技术"，也正是在当年前后，关于石墨烯晶体管的研究热度逐年上升。根据WOS平台数据，2000年—2021年的核心期刊文献信息中，与关键词"Graphene Transistor"（石墨烯晶体管）相关的文献信息共计2172条。相关文献数量在2014年达到高峰，共217篇，之后文献数量有所下滑。

按文献数量对国别进行排序，可以看出，美国在石墨烯场效应晶体管方面的研究成果较多，中国的研究成果也较为丰富。

第三代半导体成为新焦点

第三代半导体材料是指带隙宽度明显大于Si（1.1 eV）和GaAs（1.4 eV）的宽禁带半导体材料，主要包括Ⅲ族氮化物（如GaN、AlN等）、碳化硅（SiC）、氧化物（如ZnO、Ga_2O_3等）半导体和金刚石等宽禁带半导体，当前具备产业化条件的主要是SiC和GaN。

眼下，第三代半导体材料正成为半导体产业的新焦点。在摩尔定律瓶颈渐显、能源危机与环保压力日益严重，以及国家亟需建立自主可控集成电路产业的背景下，以新材料、新结构和新工艺为特征的"超摩尔定律"成为产业发展的新方向。研发第三代半导体材料成为各国制造业发展、提升未来核心竞争力的重要手段和重要支撑。我国的第三代半导体材料已经形成了比较完整的技术链，部分关键技术指标达到国际先进水平。

表 4-1　中国第三代半导体材料相关政策

发布时间	政策名称	主要内容
2015 年	《中国制造 2025》	提出发展第三代半导体材料的任务和要求
2016 年	《"十三五"国家科技创新规划》	发展先进功能材料技术，重点是第三代半导体材料
2019 年	《重点新材料首批次应用示范指导目录（2019 年版）》	GaN 单晶衬底、功率器件用 GaN 外延片
2019 年	《长江三角洲区域一体化发展规划纲要》	加快培育布局第三代半导体等一批未来产业
2020 年	《新时期促进集成电路产业和软件产业高质量发展若干政策》	在新一代半导体技术领域推动创建各类平台
2021 年	《中华人民共和国国民经济和社会发展第十四个五年规划和 2035 年远景目标纲要》	推进 SiC、GaN 等宽禁带半导体材料发展

资料来源：各部委网站，DeepTech 整理

第三代半导体材料和技术在 5G 通信、新能源汽车、高效智能电网、自动驾驶、工业电源、消费类电子产品等领域迎来应用前景，预计未来将形成万亿美元级别的应用市场。

从全球范围来看，SiC 与 GaN 市场规模在 2020 年底已达 8.5 亿美元，预计 2029 年将达 51 亿美元，其中 SiC 占据超过 70% 的份额。其中，新能源汽车领域的应用最被看好。市场数据预测，应用领域层面，SiC 与 GaN 在新能源汽车领域的市场规模在 2029 年将超 21 亿美元，占比大于 40%。

在我国，第三代半导体材料在国家和地方政府的大力支持下获得迅速发展。国家各部委相继出台了《"十三五"国家科技创新规划》《"十三五"国家战略性新兴产业发展规划》等多项重要规划，均布局了第三代半导体材料相关内容。面向"十四五"，第三代半导体材料相关内容已经写进"十四五"国家发展规划。

地方层面，北京、深圳、广东、福建、江苏、浙江、湖南等地先后出台相关政策，第三代半导

体技术和产业发展均被纳入地方"十三五"和"十四五"相关领域规划内容。各地依托当地优势研究机构和企业，通过推进技术成果转化、资本投资等多种形式，推动第三代半导体产业发展。

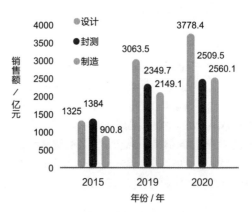

资料来源：中国半导体行业协会、CB Insights

图 4-5　半导体产业销售额

我国自主设计生产的集成电路正在快速发展，根据中国半导体行业协会数据，2020年，中国集成电路产业销售额为8848亿元，其中，芯片设计板块销售额为3778.4亿元，同比增长23.34%；芯片封测板块销售额为2509.5亿元，同比下滑6.80%；制造板块销售额为2560.1亿元，同比增长19.12%。可以看到，在产业链条上最为核心的芯片设计板块，出现了较为乐观的增长态势。

市场调查机构全球半导体行业协会（SIA）发布的《2022国际半导体业报告》显示，2021年全球半导体销售额为5559亿美元，创历史新高，同比增长26.2%。中国半导体市场的销售额为1925亿美元，同比增长27.1%，也是全球最大的半导体市场。可以预见，在中国半导体市场强劲的态势面前，第三代半导体产业也将迎来强劲的发展前景。

柔性电子技术产业化触手已及

1. 纳米材料

纳米材料被认为将成为21世纪可持续发展技术主流之一，基于其特殊结构而具有的力学特性、热学特性、电学特性等，其在多个领域拥有很好

的应用前景。过去20年来，对纳米材料的研究逐渐在学术界流行起来，从WOS的数据来看，2000年—2021年的核心期刊文献中，与关键词"Nano-Architecture"（纳米材料）相关的文献共计15566条。根据WOS平台数据，相关文献信息数量平稳上升，纳米材料的研究热度高涨。在生物医药、航空航天、环境能源、微电子等关键领域，纳米材料也逐渐得到广泛的应用。

按文献数量对国别进行排序，发表核心期刊论文最多的前5个国家分别为：中国（4342篇）、美国（4013篇）、印度（1183篇）、韩国（718篇）和德国（706篇）。可以看出，中国在纳米材料研究方面走在世界前列。

2. 柔性电子产品应用场景丰富多样

大约在20世纪80年代，柔性电子概念被提出，人们试图用有机半导体替代硅等无机半导体材料，从而使有机电子器件具备柔性特点。与传统电子产品相比，柔性电子产品拥有柔软、轻薄、便携、可大面积应用等特性，因而具有广泛的适用范围和适用环境。

目前，柔性电子产品中最为大众所熟知的当属折叠屏手机，在2010年之后，智能手机厂商

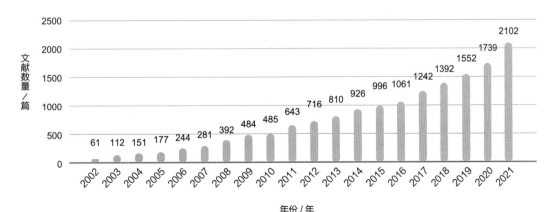

图4-6 近20年纳米材料相关文献数量

好的发展势头。IDC公布的最新报告显示，今年上半年在国内智能手机整体市场呈现低迷状态的情况下，折叠屏细分领域保持了高速增长态势，其中，华为以63.6%的市场份额稳居第一，排名第二的OPPO的市场份额为18.3%，之后分别为三星（9.3%）、荣耀（6.0%）和vivo（1.8%）。

柔性电子材料的用武之地不仅仅限于折叠屏手机，其因"轻、薄、柔、小"的特性广受智慧医疗市场关注。目前在临床诊疗中，柔性电子材料和技术被应用于生理检测、疾病筛查、药物检测等场景；在个性化健康管理、慢性疾病预警、康复跟踪监测中，可嵌入贴身衣物、贴附于人体皮肤表面或紧密贴合人体器官的柔性医疗产品亦有实际应用，并可解决人体生理参数连续监测和植入式器械的柔性化等问题。此外，在微创医疗器械、植入式医疗器械等领域，柔性电子材料也展现出巨大潜力。

《2020智慧医疗发展研究报告》显示，2020年我国智慧医疗行业规模已突破千亿元大关，预计2022年将达到1576亿元，进入智能化、高效化、规模化发展的高速增长期。

除了消费电子产品和智慧医疗，柔性电子产品在智能交通、智能家居等领域也具有可观的应用前景。其中，在智能交通领域，车载市场就是柔性屏和柔性电子产品较大的应用场景。在智能家居领域，基于全柔性显示和全柔性传感技术的智能音箱、智能照明等也在快速发展。

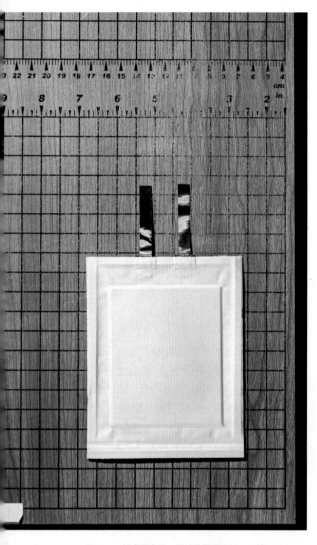

图 4-7　锂金属电池，图片拍摄者温妮·温特迈耶（Winni Wintermeyer）

锂电材料突破技术型壁垒

全球范围内，锂金属电池产业正在高速发展。基于环保节能、高效、使用寿命长等性能优势，锂金属电子材料被越来越广泛地应用于新能源汽车和电子产品之外的诸多领域。中国电子信息产业发展研究院编写的《锂离子电池产业发展白皮书（2021版）》指出，2020年全球锂离子电池出

们就纷纷在"折叠屏"领域加大研发投入。国际知名市场调研机构IDC的数据显示，2021年全球可折叠手机（包括翻盖手机和折叠屏手机）出货量总计达到710万部，同比增长了264.3%。IDC预测，到2025年全球可折叠手机出货量将达到2760万部，2020年—2025年复合年均增长率在70%左右。

进入2022年，中国折叠屏手机市场也呈现出较

货量达到294.5 GWh，其中，车用动力电池数量达到158.2 GWh。2020年全球锂离子电池市场规模约为535亿美元，较2019年的450亿美元同比增长19%。

在中国，由于政策带动和下游市场的需求拉动，锂电池产业也呈现出迅猛的发展态势。新能源汽车作为锂电池的一个核心应用场景，在新能源趋势带动下，发展迅速。根据DeepTech《2022中国关键新材料技术及创新生态发展图景研究报告》，2020年中国新能源汽车销售额占全球新能源汽车销售额的40.7%，仅比欧洲少3.1个百分点。而在销量方面，2021年中国新能源汽车销量为352.1万辆，连续7年销量位居全球第一。

锂电材料产业是中国新能源汽车发展的关键，中国锂电池产业的发展得到了政府政策的大力支持，在十几年间各部委出台了一系列多元化鼓励锂电材料产业的政策。《中华人民共和国国民经济和社会发展第十四个五年规划和2035年远景目标纲要》中提到，突破新能源汽车高安全动力电池、高效驱动电机、高性能动力系统等关键技术，并在《重点新材料首批次应用示范指导目录（2021年版）》中，将三元材料及前驱体作为重点材料公示。

在下游新能源汽车蓬勃发展、产业政策大力支持的背景下，中国锂电材料技术开始迅速发展，在多个领域实现了国外技术壁垒的突破。

除了新能源汽车之外，消费电子市场也成为锂电池市场发展的关键动力。电池是消费电子产品的重要模组，而锂电池又是其中主要的电池种类，因而，消费电子产品（包括智能手机、笔记本电脑等）的发展，也为锂电池带来很大的应用空间。

目前来看，全球智能手机出货量仍处于增长阶段。IDC统计数据显示，2021年全球智能手机出货量达13.548亿，同比增长5.7%。从2011年—2020年全球智能手机出货量来看，虽然自2018年以来有所下滑，但整体出货量尚处在一个较高位，现有的市场容量也足以为锂电池的发展提供不小的支撑。

本章导读

工信部数据显示，在过去的十余年里，我国制造业增加值从2012年的16.98万亿元增加到2021年的31.4万亿元，占全球比例从22.5%提高到近30%。工程制造业的发展，是我国构建现代化产业体系的基础。伴随着技术的快速发展和智能时代的到来，我国制造业也实现了转型升级。无论是在基础材料、基础软/硬件等方面，还是在重大的装备、工程方面，我国制造业都展现出越来越强大的竞争力。

参考文献

[1]中国电子元件行业协会.中国光电子器件产业技术发展路线图（2018—2022年）[R]. (2018).

[2]The Semiconductor Industry Association.[EB/OL].（2022-2-14）[2022-8-22]

[3]安世半导体.国际第三代半导体发展现状及趋势.[EB/OL]（2021-12-30）[2022-08-22]

[4]中国电子信息产业发展研究院.锂离子电池产业发展白皮书（2021版）[R]. (2022).

[5]DeepTech.2022中国关键新材料技术及创新生态发展图景研究报告[R]. (2022).

乘着消费电子的春风，追赶摩尔定律

计算机可以说是 20 世纪世界上最伟大的发明之一，随着其与我们的联系日益密切，计算机对人类的生产活动和社会活动产生了极其重要的影响。最初，计算机主要应用于军事领域。如今，计算机已遍及学校、企事业单位，进入寻常百姓家，成为信息社会中必不可少的工具。随着电子科技不断地升级，拥有多种强大功能的芯片和电子产品也如雨后春笋般涌现出来，形形色色的电子产品进入我们的生活，也改变了我们的生活。

电子产品利用不同功能的电子芯片来满足不同的应用场景需求。其中，芯片是集成电路的载体，其最基本的组成单元就是各种类型的电子元器件，其中三极管最具有代表性。它有别于电阻器、电容器和电感器这些基础电子元器件，三极管将"控制"带入了电子电路中，可以实现一个电路的通断。简单来说，三极管就是一个可控的电子开关，并且这个开关可以把微弱信号放大成幅值较大的电信号。第一个三极管诞生于1906年，李·德·福雷斯特（Lee de Forest）在二极管的灯丝和板极之间巧妙地加了一个栅板，能够控制部分通过二极管的电流。它不仅反应更为灵敏、能够发出音乐或声音的振动，而且集检波、放大和振荡3种功能于一体。它使得收音机、电视和其他消费类电子产品从只停留在想象中到成为可能。因此，许多人都将三极管的发明看作电子工业的起点。

英特尔前任总裁戈登·摩尔（Gordon Moore）通过观察和对整个电子工业界发展的预测，在1965年4月19日的《电子学》（*Electronics*）期刊上发表了著名的"摩尔定律"——集成电路上可容纳的元器件的数量，每18 ~ 24个月便会增加一倍，性能也将提升一倍。理论上来说，一个晶体管之于整个集成电路是一个可控变量，而一个系统中存在的变量越多，那么这个系统可以变换出的形态也就越多。对于芯片这个系统而言，形态也就意味着功能。自"摩尔定律"提出后的近60年间，电子工业界的无数技术人员和研发专家都以该定律为目标，努力追赶"18个月"的步伐，使得

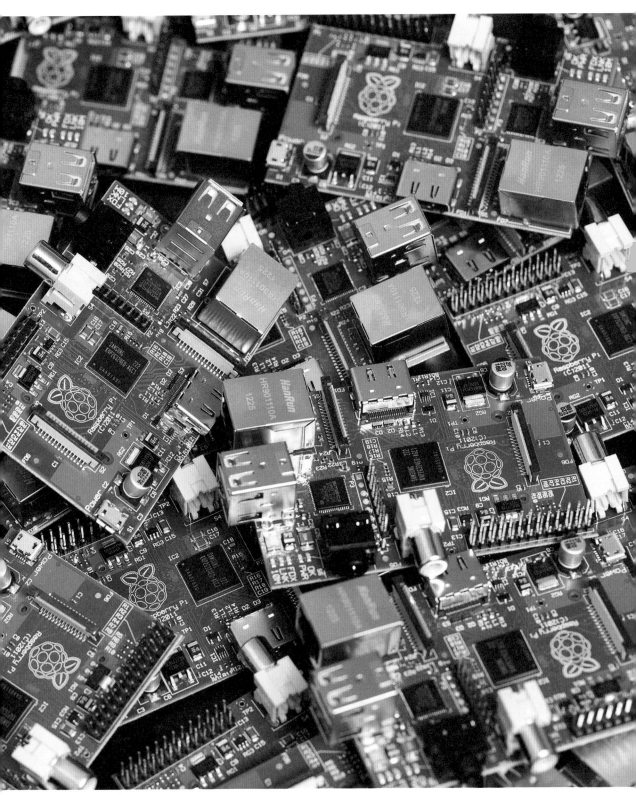

卡片式电脑树莓派，图片拍摄者亚历克斯·德黑兰尼（Alex Tehrani）

图 4-8　寒武纪公司生产的专门为人工智能云应用设计的新型芯片，图片来自寒武纪

晶体管的特征尺寸越来越小，单位面积上的晶体管数目越来越多，从而使得我们如今的消费电子产品越来越集成化、便携化和多功能化。

现在，很多科研人员已经在研制 1 nm 和 3 nm 尺寸的晶体管，我们手机上搭载的芯片大多在 5 ～ 10 nm 制程内，例如苹果较新的手机处理

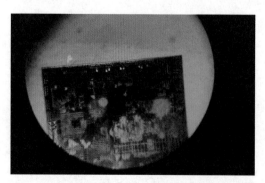

图 4-9　清华紫光展示了显微镜下的芯片视图，
图片拍摄者吴瀚冠（Ng Han Guan，音译）

器"A15"和华为"麒麟9000"芯片采用的都是 5 nm 工艺，而 2022 年年初上市的主流安卓智能手机上搭载的"骁龙8Gen1""天玑9000""天玑8000"已经用上了 4 nm 的工艺。在 20 多年前，我们刚刚踏入 21 世纪，晶体管的特征尺寸才到 180 nm。晶体管的特征尺寸是如何一步一步到达 4 nm 甚至更小尺寸呢？科研人员想到了至少 4 条路线：制程工艺升级、器件原理革新、寻找新材料和采用新芯片架构。

一般而言，电子工业中的芯片制造主要包含晶圆加工、氧化、光刻、刻蚀、离子注入、薄膜沉积、互连制作和封装等半导体工艺。其中光刻技术被誉为半导体工艺"皇冠上的明珠"，也是制约半导体制程向更小尺寸更新换代的主要门槛。光刻工艺是指利用旋涂在晶圆上的光刻胶发生光化学反应，经过曝光、显影等工序，在半导体晶圆表面将设计好的电子电路图形"画"上去。然后通过刻蚀、离子注入工艺对特定部分进行物性

表 4-2　五代光刻机与对应的波长

分类	光源	波长 /nm	对应设备	最小工艺节点 /nm
第一代	g-line	436	接触式光刻机	800 ~ 250
			接近式光刻机	800 ~ 250
第二代	i-line	365	接触式光刻机	800 ~ 250
			接近式光刻机	800 ~ 250
第三代	KrF	48	扫描投影式光刻机	180 ~ 130
第四代	ArF	193	步进扫描投影浸没式光刻机	130 ~ 65
			步进扫描投影光刻机	45 ~ 22
第五代	EUV	13.5	极紫外光刻机	22 ~ 7

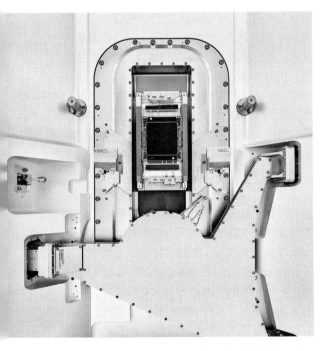

图 4-10　阿斯麦（ASML）的 EUV 光刻机掩模版细节图，图片拍摄者克里斯托弗·佩恩（Christopher Payne）

调控，最终形成了拥有强大功能的芯片。由于刻蚀和离子注入等工艺无法针对小尺寸区域进行材料的改性，光刻工艺就成了唯一能够高精度将芯片电路结构"画"出来的技术。随着晶体管的特征尺寸缩小，半导体工艺对于光刻机的分辨率要求也越来越高，简单来说，用于光刻工艺的光都是紫外光、深紫外或极紫外光，波长在 400 nm 以下。

如今的半导体工艺节点已经来到了几纳米，用这么粗的"笔"能够"写"出几纳米的字吗？显然是不行的。从物理学上说，正入射的光束无法聚焦到小于自身波长二分之一的距离中，并且还要考虑到聚焦的技术。一般而言，用于光刻工艺的光刻机所能达到的分辨率是由所用光的波长和光学系统的数值孔径决定的，更短的波长意味着更精细的加工精度，可以匹配更小尺寸的工艺；更大的数值孔径相当于找了一个更大的透镜，可以更集中地聚焦光线，也能够带来更好的分辨率。

图 4-11　极紫外线光刻机

除了采用更小波长的光，我们也能够通过改善光路来使光聚焦更加集中，最终达到分辨率变高的目的。如今的光刻机需要聚焦到几个纳米级别，采用的技术已经升级为极紫外（Extreme Ultra-Violet，EUV）光刻技术，采用的光是波长为 13.5 nm 的紫外光。随着晶体管尺寸越来越小，光刻机的光路和激光器的开发变得越来越难，能不能找另一条路呢？

在此背景下，2006 年，来自哈佛大学电子工程系的肯尼思·克罗泽（Kenneth Crozier）和费德里科·卡帕索（Federico Capasso）创造性地将纳米尺度的光学天线应用于激光器中，他们成功使红外光聚焦到了 40 nm 的尺度，相当于其波长的二十分之一。如果此项技术能够适用于更短波长的光，那么不止光刻技术可以突飞猛进，光学检测技术也将日新月异。从原理上来说，该项技术是将纳米尺度的光学天线放置在激光前，从而创造了一个等离子体的器件。他们在仿真中展示了该技术：两个类似环形跑道的是

金纳米天线，它们中间有 20 nm 的空隙，而光就被它们夹在了这 20 nm 的空隙中。在此之后，肯尼思·克罗泽和费德里科·卡帕索也在实验中实现了这一结果，他们将该成果以论文的形式发表，该技术也被称为新型光聚焦技术。

因该技术拥有能够大幅度提高聚焦分辨率的巨大潜力，一经发表就得到学界高度重视。2007 年，新型光聚焦技术（A New Focus for Light）入选《麻省理工科技评论》"全球十大突破性技术"。肯尼思·克罗泽和费德里科·卡帕索在文章的最后写道："该技术能够为广大的应用场景改善光聚焦的状况，例如光学成像、光学显微镜和光谱仪、新型生物探针、激光辅助工艺、光镊技术等。"这样的认知其实也不能说是保守，毕竟费德里科·卡帕索教授的主攻方向并非是与电子工业界很相关的光刻工艺，且仅仅是实验室中实现的技术。如果要用于光刻工艺，激光器的功率和传统半导体工艺之间的兼容性也是一个绕不开的问题。

学术点评

硅光子技术的发展及展望

甘甫烷

中国科学院上海微系统与信息
技术研究所研究员

人工智能、大数据等技术的爆发式发展，以及日益增加的数据存储计算、信息传输需求，对芯片的性能提出越来越高的要求。然而，集成电路性能的进一步提升遇到了瓶颈，芯片上能承载的晶体管已经接近物理极限，芯片性能的增加正在受到限制，除非出现颠覆式的技术创新，否则摩尔定律很有可能无法延续。

硅光子技术是一种颠覆式的创新技术，它用光子取代传统集成电路中的电子，来传输信号、进行计算，这便是所谓的"以光代电"。不同于集成电路芯片需要将大量微电子元器件（晶体管、电阻器、电容器等）集成在一起，硅光子芯片基于绝缘体上硅（SOI）衬底技术，将信息吞吐所需的光源、调制器、探测器等光电子器件和集成电路全部集成在硅光芯片上。利用硅的强大光路由能力，通过持续的激光束驱动硅光子元件，来实现光信息的发射、传输、检测和处理等功能。这使得硅光子芯片具有高集成、高带宽、尺寸小的优点，其集成度比 III、V 族元素技术高几个量级。高度集成化后的芯片在数据、信息的传输速率和处理性能上会有极大的提升。硅是沙石中最常见的元素之一，利用硅作为基础材料实现的硅光子技术，原材料成本非常低，能够充分利用现有的 CMOS 工艺和整个生产链，不需要额外高昂的建设芯片产线的成本。

目前硅光子的产品化在原理上已经没有障碍，但还存在一定挑战。首先片上激光器和隔离器还是世界难题，尤其在量产 CMOS 商用工艺线上实现集成困难重重。光电单片集成和共封装技术，由于高端芯片领头企业的垄断性，未能形成"百花齐放"的大发展。硅光子封装也面临挑战，如何摆脱传统光产业封装方式，采用集成电路的封装技术，是加速硅光子技术成熟的关键。此外，从开始大规模采用 CMOS 工艺研发硅光子，距今经历了约 20 年，时间并不是很长，工艺和设计两股力量强耦合可以推动技术发展。上述问题仍需学术界和产业界学者们共同努力解决。

伴随着近 20 年，各国政府和学术界、产业界纷纷投入研发，硅光子技术取得了突飞猛进的进展。2004 年英特尔在《自然》发表硅基调制器的成果，开创了集成电路工艺实现硅光子技术的新纪元。2008 年起，美国国防高级研究计划局（DAPPA）资助了一系列项目，开发和 CMOS 兼容的光子技术，并将其用于高通量的通信网络。2014 年，美国成立了"国家光子计划"产业联盟，支持发展光学与光子基础研究与早期应用研究计划开发。2015 年美国麻省理工学院等高校联合研制出了光电微处理器，在同一芯片上集成了 850 个光电器件和 7000 万个晶体管，使用电信号进行计算，用光来传

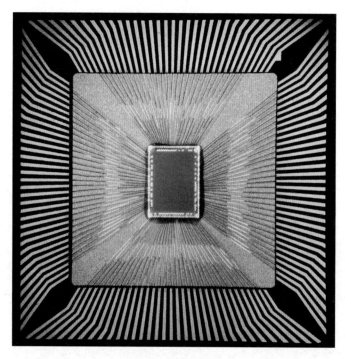

图 4-12　由 IBM 公司在 2011 年制造的电脑芯片，图片来自 IBM

递信息，是迄今为止最大规模的光电集成芯片。世界各国也纷纷投入巨资建立研究所，建立了 IMEC、IME、AIM 等硅光子研究所。同时世界各大晶圆制造厂先后投入开发，2022 年格罗方德半导体股份有限公司（Global Foundries）推出 Fotonix 工艺平台，实现光电单片集成芯片，TowerJazz、台积电等也纷纷推出硅光子工艺平台。硅光子从实验室昂首挺进产业界，开始了新的一轮技术革新。

硅光子芯片在多种场景中得到应用。首先随着人工智能、元宇宙突飞猛进的发展，互连瓶颈问题凸显，硅光子被广泛用于机柜间互连到芯片间共封装光学（Co-Packaged Optics）技术。短距离数据中心和长距离相干模块已经大规模发货，硅光子共封装技术是近几年的研究热点，在可插拔模块之外为大型数据中心运营商提供了新的选择，特别受大型数据中心公司的青睐。近年来电动汽车的兴起也赋予了硅光子行业更多的可能性，硅光子芯片级激光雷达为纯固态芯片级激光雷达硬件提供了行业解决方案，将来会逐步取代机械和 MEMS 激光雷达。硅光子芯片还被用于生物传感，在运动手环的传感器中，集成了探测用户血液中糖、酒精等物质的浓度信息的硅光芯片光谱仪。另外，面向未来的计算系统，利用光子计算替代传统电子计算的光计算芯片也被认为是解决当前算力、功耗问题的最具潜力的途径之一。目前已有的光子芯片可以实现超传统芯片 1000 倍的计算速度，但功耗只有传统芯片的 1%。此外量子计算芯片、中红外天文探测、工业过程控制、中红外安防系统、空间光调制、物联网、车联网等许多领域都将出现硅光子芯片的身影。

硅光子是最有希望让光走进千家万户，并能够实现相关产品大规模量产的一种技术。它在"后摩尔时代"迎来了大好的发展机遇，将提供一个拥有"无限可能"的技术平台。

案例分析

曦智科技，
以光子技术突破集成电路产业边界

——释放光子计算的能量

2017年，沈亦晨博士以第一作者身份在《自然光子》（*Nature Photonics*）期刊发表封面论文，首次将集成光子计算的新起点展示在世人面前。他同年就将科研成果带向市场，成立曦智科技，致力于将光子学的前沿技术转化为可落地的

图 4-13　世界首款光子芯片原型板卡

图 4-14　曦智科技发布最新光子计算处理器——PACE

计算芯片解决方案，在以指数级提升算力的同时，突破传统电子芯片在能耗和发热方面的瓶颈。2019年，曦智科技发布了全球首款光子芯片原型板卡，成功将当时占据半个实验室的整个光子计算系统集成到常规大小的板卡上，验证了以光子替代电子进行高性能计算的开创性想法。

作为光子计算的世界级创领者，曦智科技目前在全球拥有超过200名全职员工，研发人员比例约80%，截至2022年3月累计融资超过2亿美元。目前曦智科技在波士顿、上海、杭州、南京等地都设有办公室及实验室。在光计算这个赛道，曦智科技不管是从团队规模、技术实力、商业进展，还是融资规模，都是全球最领先的公司之一。

2021年12月，曦智科技发布了其最新高性能光子计算处理器——PACE（Photonic Arithmetic Computing Engine，光子计算引擎）。单个光子芯片中集成超过10000个光子器件，运行1 GHz系统时钟，运行特定循环神经网络的速度可达当时高端GPU的数百倍。PACE成功验证了光子计算的优越性，是曦智科技在集成电路产业的又一重大突破。它对全球半导体行业和算力技术研发的重要里程碑意义在于，首次验证了光子计算的优越性，也是首次展示了光子计算在人

工智能（AI）和深度学习之外的应用的案例。

基于光执行矩阵向量乘法的时延极低的基本原理，PACE通过重复矩阵乘法和巧妙利用受控噪声组成的紧密回环来实现低延迟，为伊辛（Ising）问题和最大割/最小割（Max-cut/Min-cut）问题提供了高质量的解决方案，从而验证了光子计算的优越性。这些困扰了全球数学家近50年的难题，属于NP完全问题（NP-Complete Problem，多项式复杂程度的非确定性问题），即在多项式时间尺度下无法通过数学方法解决的问题。而一旦一个NP完全问题得到解决，则可以相对容易地将解决方法应用到其他NP完全问题上去。

在多领域紧密的协同努力下，曦智科技成功在PACE上将自研的硅光芯片和CMOS微电子芯片使用定制化的3D封装技术进行倒装堆叠，从

图4-15　曦智科技研制的硅光芯片

图4-16　曦智科技光子计算处理器PACE

而最大限度地激发其优越性能。

PACE包含64×64的光学矩阵，核心部分由一块集成硅光芯片和一块CMOS微电子芯片以3D封装形式堆叠而成。对于每个光学矩阵乘法，输入向量值首先从片上存储中提取，由数模转换器转换为模拟值，通过电子芯片和光子芯片之间的微凸点应用于相应的光调制器，形成输入光矢量。接着，输入光矢量通过光矩阵传播，产生输出光矢量，并达到一组光电探测器阵列，从而将光强转换为电信号。最后，电信号通过微凸点返回到电子芯片，通过跨阻放大器和模数转换器返回数字域。

AI、5G、物联网等新兴领域的蓬勃发展带动了全球数据的爆炸式增长，对算力的需求增速远高于摩尔定律所预测的算力供给增速，传统的电子芯片只能通过增大面积与功耗来完成更多的计算，已逐渐无法满足日益增长的数据处理与节能要求。用光代替电解决部分计算问题成为突破现有瓶颈的有效途径，光子芯片凭借高通量、低时延、低功耗等特点，或将拥有更广阔的市场发展空间。

曦智科技创始人兼首席执行官沈亦晨博士表示："PACE的发布具有里程碑式的意义。它成功验证了光子计算的优越性，为集成电路产业提供了新的发展路径。此外，它还充分展示了光子芯片与传统电子芯片无缝协同的运作方式，而这一切要归功于曦智科技光电封装团队的3D封装创新。"

曦智科技工程副总裁莫里斯·斯坦曼（Maurice Steinman）表示："PACE已经成功验证了我们产品路线中的光计算技术模块。而另一重要模块则是光互连。我们的光互连技术可用于多种传输介质，包括光缆，以及芯片、中介层和晶圆层面集成的波导，并提供高通量、低时延和高能效的数据传输和互联。光互连和光计算的成功结合将为面向加速器、服务器和数据中心需求的高性能产品奠定坚实的基础。"

图 4-17 新兴领域的蓬勃发展对算力的需求激增，插图作者哈里·坎贝尔（Harry Campbell）

从技术解决方案上看，曦智科技在可预见的未来范围内都将采用光子芯片与电子芯片深度结合的光电混合产品，和客户的交互都是通过电子芯片来完成的，所有的指令集编译器和SDK都承载在电子芯片上。光芯片相比于电子芯片，更多是承接主要任务的处理器，包括线性计算和数据网络这两部分。由电芯片发出指令的好处之一是它和目前现有的市场环境、软件环境可保持兼容。

在商业落地方面，曦智科技计划先切入大数据的应用场景，包括云计算、智能驾驶、金融上的量化交易、生物药物研发等，目前已和一些全球顶级的云服务供应商、主要金融机构等展开深度合作。

沈亦晨博士说道："未来，曦智科技将通过一个高集成、低功耗、不受摩尔定律限制的平台进一步为数据中心、云计算、金融和自动驾驶等领域提供前所未有的算力，让世界因'光'而不同。"

让世界因"光"而不同

沈亦晨

曦智科技创始人兼首席执行官

目前电子芯片的发展有三个主要瓶颈：算力、数据传输和存储。在算力和数据传输方面，我们认为光是最适合突破这些瓶颈的底层技术方式。一方面，在数据搬运上，光已在光通信领域充分证明其领先性和优势。目前所有的长距离通信，包括数据中心里服务器和服务器之间的数据传输都是通过光纤代替铜导线进行的，光进入芯片去做传输是一个必然的方向。另一方面，目前的大数据人工智能运算绝大部分是线性运算，我们恰好也发明了用光高效做线性运算的方法，这是在目前的算力需求下，光能够突破电芯片物理极限的另一个重要优势。

不过这并不意味着要将光电混合的芯片应用到所有的计算应用场景中，比如像操作系统、手机芯片、编解码等场景，就不在我们考虑的范畴。我们更多会针对比如大数据等需要更大算力的应用场景。现在的电子芯片市场足够大，就算有像英伟达、英特尔、AMD等巨型公司，在计算方面也还有很多可以切入的垂直应用场景，对于光子计算也有容量和空间。

未来光子计算走向商业化一定会是个持续且漫长的过程。从向第一个客户送样，销售第一个产品，到大规模商业化，通用性的产品发布，可能会经历比较长的时间，正如第一个智能手机从诞生到普及就花了10年时间。我们认为不久就可以生产出光电混合的计算芯片的第一个商用化产品，也许在未来一年以内，就会有第一个商业化的产品可以送到客户手上。未来，它的商用化产品可能会先从对算力、功耗、延时需求特别强烈的客户开始，然后慢慢扩大受众范围，进一步丰富它的应用场景。整个过程可能会持续相当长的一段时间，甚至光电混合计算芯片和纯电的计算芯片可能会在相当长时间内共存。

五年以前，全球范围内几乎没有研发光子计算的企业和团队，曦智科技成立初期，行业内只有一两家企业，但是现在已经出现了十几家愿意投身研发光子计算的初创公司，包括国际上的大公司也慢慢开始布局光子计算。这个行业目前越来越受到大家的认可，有越来越多的人愿意参与进来，而这种热情是有助于整个产业链生态发展的。

当然好的行业生态还需要更多时间去培养，我们首先往现有生态上去靠，在软件方面兼容现有的生

图 4-18 共创产业新生态，插图作者塞尔希奥·门布里利亚斯（Sergio Membrillas）

态。另外也期待更多合作，大家联合一起把供应链慢慢做成熟。曦智科技已经和一线晶圆厂、封装厂建立了战略合作，培育行业生态。传统的光通信晶圆需求数量比较小，对于供应链不那么有吸引力，也只有光子计算这样的场景才能够加速行业生态的发展。同时，不只光子计算，现在还有包括固态的激光雷达、视觉传感等在内的很多方向值得关注。

目前，硅光生态全方位兴起，不同的应用场景或许会一起推动这个生态成长。所以，曦智科技欢迎有更多公司参与进来，最理想的状况是大家先在这个阶段一起把行业生态培养出来，找到自己想要切入的点后，一起发展。

科技革命新机遇——硅光技术

米 磊

中科创星创始合伙人

中国"硬科技"概念提出者

随着以电子为信息载体的技术已趋近物理极限，其进一步提升的难度与时间成本都非常高，面临难以跨越的"功耗墙""访存墙""I/O墙"这3座"大山"。在面向"后摩尔时代"的潜在颠覆性技术里，光子技术基于强大的物理属性优势，能够有效突破传统集成电路物理极限上的瓶颈，不仅能够满足新一轮科技革命中人工智能、物联网、云计算等产业对信息获取、传输、计算、存储、显示的技术需求，同时基于低能耗优势，有望将数字产业能耗降低至使用电子芯片时的千分之一，意义重大。

与电子相比，光子作为信息载体具有先天的优势：超高速度、超强的并行性、超高带宽、超低损耗。一是在传输信息时光子具有极快的响应时间，信息速率可以达到每秒几十个太比特，性能能够提升数百倍。二是光子具有极高的信息容量，比电子高3～4个量级。采用光交互系统的新型使能技术可以实现低交换延迟和高传输带宽。三是光子具有极强的存储和计算能力，能以光速进行超低能耗运算。四是光子具有极强的并行和互连能力。光子是玻色子，不同波长的光可用于多路同时通信。五是光子具有超低的能耗。对于1 bit信息的能耗，光子器件比电子器件低3个数量级，仅为电子器件的千分之一。

科技发展史印证了一个事实：谁能掌握一个时代的革命性技术，谁就能够成为一个时代的领航者。英国利用机械革命实现了对古代中国的超越，美国利用电子技术实现了对英国的超越。20世纪70年代，中国科学院西安光学精密机械研究所首任所长龚祖同院士率先在国内呼吁发展光子技术。钱学森教授提出光子技术是一种革命性技术，并认为光子技术的一个肯定要推进的方向就是以集成光路为底层支撑的光子计算机，其运算能力可以为电子计算机的百倍、千倍乃至万倍。集成光路有望成为继集成电路之后，又一个新的时代革命性技术。

硅光技术便是研究和开发以光子为信息载体的大规模集成技术，能够实现像用芯片控制电子产品那样可靠地控制光子。硅光制造技术与传统COMS集成电路大部分工艺制程兼容，工艺已经十分成熟，研发和设备投入不高，约为先进集成电路工艺制程的十分之一，100亿元投资大于硅基集成电路制造技术1000亿元投资带来的技术创新效果。

信息时代的基础设施是集成电路，"人工智能时代"将更多地依托集成光路。未来，硅基光子技术在科技产品中的占比将逐渐增加。基于此，2016年我们提出了"米70定律"，认为未来光学成本将占所有科技产品成本的70%。从现实发展情况来看，这一判断已在很多领域得到验证。例如，目前通信

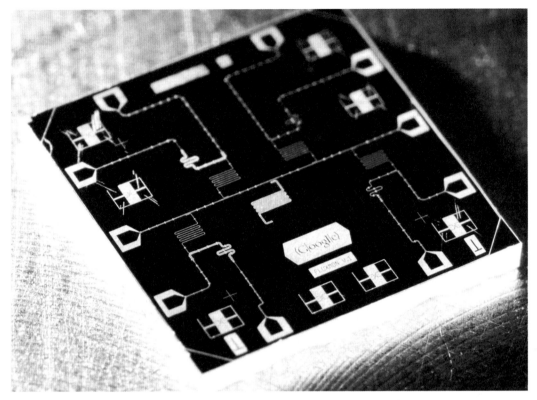

图 4-19 一个实验性的芯片被冷却到接近绝对零度以产生量子效应

网络建设成本中的70%是光学成本,包括光学设备和系统的采购成本;无人驾驶汽车公司已将70%的资金投入激光雷达等光学器件;在显示领域,液晶面板中光学成本也占到了70% ~ 80%的比例。

当前,全球光子技术基本处于同一"起跑线",欧美发达国家/地区正在加快构建硅光技术创新生态,英特尔、思科等国际巨头也投入大量资源开展研发布局。近几年,我国硅基光子集成技术也取得了快速突破,如曦智科技设计出了全球首款光子计算芯片原型板卡,最新的单个芯片可集成12000个光子元器件,对一些算法的实测性能已超过英伟达GPU的100倍。

基于硅光制造技术的集成光路,是中国半导体领域60年一遇"换道超车"的重大机遇,需要国家以科技革命的战略眼光看待硅基光子集成技术,以国家意志推动产业发展和生态建构,抢抓新一轮科技革命,主导技术发展先机。

石墨烯晶体管与 3D 晶体管，迈向更先进的半导体器件

第三代半导体材料，指带隙宽度明显大于 Si（1.1 eV）和 GaAs（1.4 eV）的宽禁带半导体材料，主要包括Ⅲ族氮化物（如 GaN、AIN 等）、碳化硅（SiC）、氧化物（如 ZnO、Ga_2O_3 等）半导体和金刚石等宽禁带半导体。当前具备产业化条件的以 SiC 和 GaN 为主，AIN、ZnO、Ga_2O_3、金刚石等宽禁带半导体大多处于实验室研究阶段，产业化尚需时日。

第三代半导体材料性能更加优异。相对于 Si、GaAs 和 InP，第三代半导体材料具有高击穿电场强度、高热导率、高电子饱和率、高漂移速率以及高抗辐射能力等优越性能，这些优越性能有望大幅降低装置的损耗和体积/重量，因而第三代半导体材料在高功率、高频率、高电压、高温度、高光效等条件方面具有难以比拟的优势和广阔的应用前景。

硅基材料受益于易获得性及优异的性能，广泛应用于现代半导体器件中，加之一系列的历史发展因素，其成为现代半导体产业发展最为成熟的工艺。在硅基器件进入先进制程后，继续沿着更快、更小、成本更加低廉的方向发展，不断地缩小晶体管特征尺寸，提升晶体管的开关速度。然而，传统硅基技术已逼近其物理及工艺极限，由于掺杂原子的统计分布波动以及自发扩散的自然属性，难以在纳米尺度内制作超陡峭的异质结，导致晶体管的热耗散增加，严重影响芯片工作的稳定性和可靠性。因此，除了需要解决工艺上光刻的难题，也需要从材料及器件物理方面着手，研制基于新材料的新原理、新功能器件，与硅基半导体器件应用形成互补格局。在新材料方面，Ⅲ～Ⅴ族化合物半导体和 SiC 等宽禁带半导体材料，与硅相比，具有击穿电场高、热导率高、电子饱和速率高、抗辐射能力强等优势，因此适用于高压、高频应用场景，且具有良好的高温稳定性和极低功率耗散的特性。新材料中，也有着"明星材料"——石墨烯。我们都知道石墨是导体，中学也有使用铅笔线验证电阻特性的实验。但是石墨烯是一种很"神奇"的半导体材料，单层石墨烯的厚度只有 0.335nm，将其 20 万片薄膜叠加到一起，也只相当于一根头发丝厚。

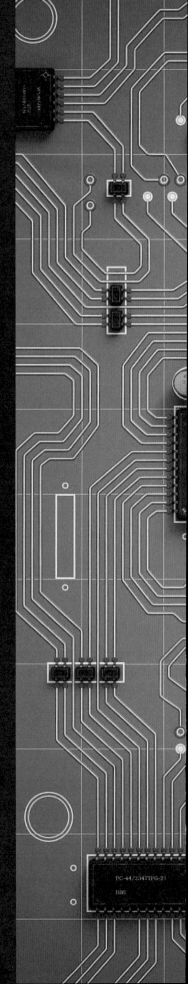

迈向更先进的半导体器件，资料来源 veer 图库

表4-3　传统半导体材料与第三代半导体材料电学参数比较

参数	量和单位	Si	SiC	GaN	金刚石
禁带宽度	E_g（eV）	1.12	3.26	3.37	5.45
介电常数	ε_r	11.8	10	9.5	5.5
迁移率	μ_n（$cm^2 \cdot V^{-1} \cdot s^{-1}$）	1350	800	1250	4500
击穿电场	E_r（$10^6 V \cdot cm^{-1}$）	0.3	3.0	3.3	10
饱和漂移速度	v_{sat}（$10^7 cm \cdot s^{-1}$）	1.0	2.5	2.2	2.7
热导率	λ（$W \cdot cm^{-1} \cdot K^{-1}$）	1.3	4.9	2	20

表4-4　几款高频材料电子特性对比

材料	热导率（$W \cdot cm^{-1} \cdot K^{-1}$）	电子迁移率（$cm^2 \cdot V^{-1} \cdot s^{-1}$）	饱和电子承移速度（$\times 10^7 cm \cdot s^{-1}$）
Si	1.5	1200	1
InP	0.68	4600	–
SiC	4.9	600	2
GaN	1.5	1500	2.7
Graphene	50	200000	10

2004年，英国曼彻斯特大学物理和天文系的安德烈·K.海姆（Andre K. Geim）教授和科斯佳·诺沃肖洛夫（Kostya Novoselov）研究员采用机械剥离的方法制备出了原子级别厚度的单层石墨烯，开创了石墨烯的研究，他们也因此获得了2010年的诺贝尔物理学奖。

石墨烯导不导电呢？石墨烯的带隙宽度为0，作

为对比说明，金属没有带隙，绝缘体带隙很宽，也就是说石墨烯是临界导电的，也被称为"半金属"（Semi-Metal）。在一定条件下，石墨烯是电的良导体，并且电子在其中运动时阻碍十分小，有着远超半导体的迁移率（超过1000000 $cm^2 \cdot V^{-1} \cdot s^{-1}$）。从理论上来说，石墨烯可以是半导体，并且导通电阻比硅材料小很多，可作为完美的半导体材料。此外，石墨烯本身就是一个良好的导热体，可以很快地散发热量。石墨烯的优良特性引起了很多科学家的注意，并开创了一个新材料领域——二维层状材料（包括MoS_2和黑磷等）。材料的维度到达二维之后，其量子特性受限于二维平面内，具有可类比于相对论狄拉克费米子的线性狄拉克锥状带结构。在电学性能方面，它属于半金属态，具有超高电荷迁移率、高导热系数、高透光率；在光学性能方面，虽然石墨烯很薄，但它可以在较宽波长范围内有优异的光吸收率，且层数越多，光吸收率越高。这些独特的物理性质使其在高速电子、光电器件和柔性可穿戴器件等方面具有重要的应用潜力。

基于如此优异的性能，石墨烯晶体管以石墨烯作

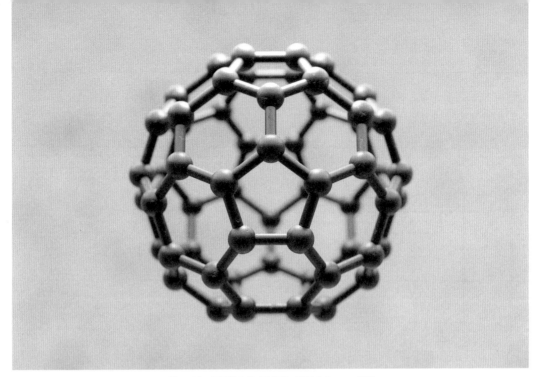

图 4-20　石墨烯 C60 巴克球，图片来自 veer 图库

图 4-21　惠普所产的硅晶圆上的忆阻器特写，图片来自惠普

为沟道材料，一般采用背栅、顶栅和双栅 3 种器件结构。理论上，由于石墨烯良好的迁移率，石墨烯电子器件具有较高的截止频率以及较小的功率损耗，使其非常适配于高频电路，很好地填补了太赫兹频段的空缺。因此，石墨烯器件被广泛应用于模拟电路和射频（RF）电路中。2008 年，《麻省理工科技评论》颇具前瞻性地将石墨烯晶体管（Graphene Transistors）评为当年"全球十大突破性技术"之一。2010 年 IBM 公司托马斯·J. 沃森研究中心（Thomas J. Watson Research Center）科学家林育明领导的团队展示了基于石墨烯的晶体管能在 100 GHz 的频率上运行。然而，良好的导电特性也是一把双刃剑，基于石墨烯的晶体管导通和关断的电流差别不是很大，未能达到数字电路逻辑门器件的标准，应用大大受限。

芯片的量产是一个复杂的工业难题，牵涉到芯片架构、设计、制造和封装等方面。石墨烯作为一种新兴的二维半导体材料，其合成方式五花八门、标准不一，所对应的后续工艺也不够成熟。另外，硅基半导体器件经过几十年的发展，已完

261

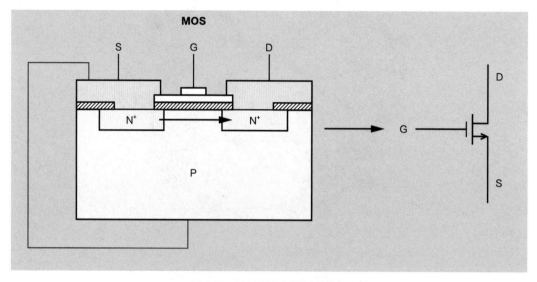

图 4-22　MOSFET 内部结构及符号

成了从石英砂到成熟产品的全部工艺流程的优化，方寸之间，包含数十亿个晶体管，单管的制造成本相对低廉。因此，虽然石墨烯具有很好的电学特性，但是石墨烯芯片的量产以及石墨烯能否取代硅都还是一个未知数。如果要开发新的适配石墨烯的工艺，耗时耗财，是工业界"难啃的硬骨头"。此外，石墨烯的工艺与传统硅基工艺的兼容性也是一个绕不开的难题。两条路都不好走，如今的石墨烯芯片制造仍旧没有提上日程，石墨烯在半导体工业界之中还没有找到用武之地，石墨烯的芯片之路道阻且长。

在摩尔定理的推动下，晶体管的特征尺寸不断缩小，能够在集成电路上集成更多的晶体管。从2002年的200 nm工艺到如今的3 nm工艺，大家似乎都没有"失约"。我们都知道，导体能导电，绝缘体不导电，而半导体介于两者之间。晶体管是基于半导体材料的一种电子元器件，我们可以通过晶体管来实现电路的开关，且能够实现检波、整流、放大、稳压、信号调制等多种功能。如今常见的晶体管为场效应晶体管（Field Effect Transistor），由栅极（Gate）、漏极（Drain）、源极（Source）以及衬底（Bulk）构成。以硅基MOSFET为例，漏极和源极之间存在一部分衬底材料（多数载流子为电子或者空穴的轻掺杂硅），在栅极不施加电压的情况下不导通。当我们在栅极加上控制电压时，在电场作用下衬底能在与栅介质层接触的表面形成一层超薄的反型层，也就是我们常说的沟道。我们再在源极和漏极加上电压，就能形成导通电流。如果不在栅极加电压，则整个器件就呈现关断的状态。以上就是MOSFET的工作原理。

特征尺寸不断缩小，对工艺的要求也更高，硅材料也越来越接近其物理极限。为了获得性能优良的小尺寸器件，需要对晶体管的横向结构尺寸和纵向几何尺寸同步按比例缩小。对于横向结构尺寸缩小来说，这意味着沟道会越来越短，短沟道会使得栅极对沟道的控制能力严重下降，源极和漏极之间的横向电场也会对沟道形成严重影响，导致漏电流上升，即使在器件处于不导通状态时，也会有少量电流"泄漏"

通过沟道，那么栅极的控制就名存实亡了。当漏电达到一定程度的时候，就相当于晶体管一直处于开启状态，那么整个芯片就会失去功能，并且漏电流也会一直产生热量，直接导致 CPU 发热量上升。温度的上升又会再次刺激漏电流的增大，如此循环，整个电子芯片就会停止工作或者造成损害。这也是摩尔定律在进入 21 世纪之后遇到的难题之一，最直接的解决方法就是加强栅极对于沟道的控制能力。

在这样的背景下，加州大学伯克利分校的胡正明（Chenming Hu）教授发明了 3D 晶体管（3D Transistors）。3D 晶体管又被称为"FinFET"，因为竖起来的沟道很像鱼鳍（Fin）。其实，从本质上来看，漏电流的出现是由于源极和漏极距离太近，一旦源极和漏极两端加上电压，在远离栅极的那一侧就会出现另外一个导通沟道，这是栅极控制不到的范围。而 3D 晶体管把原本平面的源极和漏极加高，使沟道处于栅极的包围中，这样就可以从栅极的 3 个方向对沟道进行控制，就能有效减小因沟道变短而产生的漏电流。FinFET 的研究历史可以追溯到 1989 年，最早由日立（HITACHI）公司的久本大（Digh Hisamoto）等人提出概念。直到 1996 年，加州大学伯克利分校的胡正明教授等人拿到了美国国防高级研究计划局（Defense Advanced Reseorch Projects Agency，DARPA）资助的科研经费，开始研制器件，并于 1999 年发布了第一款 45 nm 的 FinFET。

胡正明教授将器件导电的通道由二维变成三维，而其独特的器件设计有利于增强控制器件的导通特性。这是半导体器件发展历史上又一个里程碑，它改变了半导体工艺、表征、器件和电路设计，甚至摩尔定理的走向。由于 FinFET 将器件的结构改成了"三维"型，之前平面器件的工艺就不能完全与之匹配了。当时工业界的制造水平还停留在 200 nm，大多数人认为 35 nm 将是摩尔定律的尽头。实验室的器件是一种理想型的器件，而与工业匹配的量产型就

图 4-23　3D 晶体管，
图片拍摄者安娜·达·科斯塔（Anna da Costa）

是另一个故事了。

英特尔花了 10 年左右的时间，才将 FinFET 量产化。在增加了刻蚀步骤之后，将额外生产成本降低到了 32 nm 平面晶体管的 2% ~ 3%，才正式于 2011 年 5 月向世界宣布对 22 nm 的 3D 晶体管进行量产。它不仅可以提升芯片的计算速度、减少错误，还能极大地降低能耗。胡正明教授的 45 nm 的 FinFET 器件性能优良，他预测该器件能将摩尔定律推广到 20 nm 以下，而他的预言也在十几年后得到了验证。FinFET 开创了摩尔定律的新时代，晶体管尺寸也得以继续减小至 20 nm 以下，成功追赶上摩尔定律的步伐。

发展到现在，半导体的工艺节点已经迈向 3 nm 甚至 1 nm，3D 晶体管的结构毫无疑问是我们紧跟摩尔定律的阶段性的方法。在如此精细的小尺寸加工工艺中，3D 晶体管是否仍然适用呢？接下来的方式其实十分工程化。简单来说，FinFET 通过附加的两个方向增加对沟道的控制，而新的器件设计则再增加一个方向——环

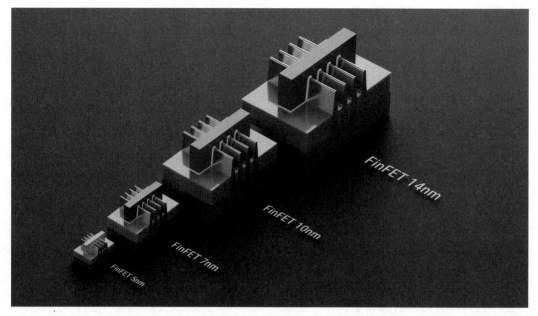

图 4-24　环栅型器件

栅型器件（Gate-All-Around）。

半导体技术的发展其实是一个复杂的课题，从材料生产、晶圆生长、半导体工艺、半导体设备技术以及封装技术等，单一技术革新都会进一步推动整个技术领域的进步。在整个技术的背后其实是我们对于电子设备、产品越来越多，也越来越具体的迫切需求。

我们希望电子产品能够大范围地进入我们的工业生产、日常生活等应用情景之中，希望其功能能够越来越丰富，希望我们能够越来越方便地使用它们。从理论上来说，功能就直接对应芯片上的变量，而一个电子晶体管能够提供的就是"0"和"1"的二进制变量，因此更多的功能需求也就需要更多的晶体管。

在全球性芯片短缺和电子工业界产业变革的当下，世界上的两大半导体代工厂三星和台积电之间的"技术战"和"商战"也愈演愈烈，你追我赶。2021年，采用三星5 nm制程的高通"骁龙888"就出现运行过程中严重的散热问题，被广大用户戏称为"火龙"，性能和口碑都输给了台积电5 nm制程的苹果A14、M1芯片。今年初刚上市的安卓智能手机中搭载了3种不同的CPU：由三星代工的高通"骁龙8Gen1"、由台积电代工的联发科"天玑9000"和"天玑8100"，均采用4 nm节点工艺。目前测试的机型中，各大评测方都是偏向性能更加优越的"天玑9000"和性价比极佳的"天玑8100"。以上三星和台积电的5 nm和4 nm工艺都采用了FinFET技术。对于3 nm工艺，三星计划在2022上半年推出，将分为两个阶段：第一代的3GAE（3 nm-GAA-Early）与第二代3GAP（3 nm-GAA-Plus）。三星官方表示与5 nm节点制程相比，其首颗3 nm制程GAA技术芯片面积将缩小35%，性能提高30%或功耗降低50%。并且3 nm制程良率正在逼近4 nm制程，预计2023年推出新一代3GAP技术。相比之下，台积电的步伐就显得更为稳健，台积电仍然采用FinFET架构，其技术研发已经完成，近期已开始进行3 nm测试芯片的测试量产。

学术点评

石墨烯电子器件，推动
当代半导体集成技术发展

廖 蕾

湖南大学半导体学院院长

在现代信息社会中，智慧城市、智能交通等新兴物联网应用需要对海量数据进行识别、存储、处理、传输，并将这些数据输出为有价值的信息，用以优化经济生活中的资源配置，推动效率提升。因此，迫切需要提升计算机的性能。在过去的半个多世纪里，随着硅基金属－氧化物－半导体场效应晶体管（MOSFET）尺寸的持续小型化，其工作频率和集成密度不断提高。摩尔定律驱使着计算能力是指数级增长和成本的降低，推动了半导体芯片应用场景的创新与发展。同时，它也驱动了集成电路产业的快速发展，发挥了半导体技术对社会发展的极大支撑作用，促进了人工智能等新技术的发展。国际半导体器件与系统路线图指出随着集成电路晶体管密度越来越接近物理极限，单纯依靠提高制程来提升集成电路性能变得越来越困难，需要寻找新技术、新方法和新路径，发展"后摩尔时代"的集成电路技术。

石墨烯作为sp^{2}杂化碳的最基本形式，是2004年被安德烈·海姆（Andre Geim）教授和科斯佳·诺沃肖洛夫（Kostya Novoselov）分离出来的最新的碳基同素异形体。石墨烯的发现比饭岛澄男（Sumio Iijima）发现纳米管晚了10年，比R.E.斯莫利（R.E.Smalley）及其同事发现C60晚了近20年。不过，作为一种单原子层超薄半导体材料，石墨烯具有特殊的电学性能（原子厚度，比表面积，透明度，导热系数，电导率，电荷密度，载体的机动性、强度、灵活性和柔韧性），也具有广阔的应用前景。在过去的几年中，它已经成为纳米技术的一个热门研究课题，被物理学家、化学家和材料科学家等深入研究。

尤其值得注意的是，石墨烯的迁移率可达1×10^6 cm$^2 \cdot$ V$^{-1} \cdot$ s^{-1}，比硅基材料高2～3个数量级。它可以使晶体管在更高的频率工作。因此，石墨烯电子器件的出现实现了特殊半导体器件技术的创新与变革。同时，二维结构的石墨烯更易于利用平面半导体加工技术进行超大规模集成电路（VLSI）制造。美国IBM公司的林育明等在两英寸的晶圆上制造出来了截止频率达100 GHz、栅极长度为240 nm的高性能石墨烯场效应晶体管，其频率超越了相同栅极长度的硅基MOSFET的频率，是石墨烯应用的重要里程碑。其后，研制出的晶圆级石墨烯宽带射频混频器件，频率高达10 GHz，推动了石墨烯集成电路的发展。

利用石墨烯极高的载流子迁移率可以获得较大的跨导，实现射频模拟器件的应用。然而由于其零带隙的特性，开关比通常低于7，无法实现有效关断。通过掺杂、面内尺寸剪裁或应变工程扭曲本征晶格结构，能够诱导出一定的带隙，实现了逻辑电子器件的应用，但仍面临器件开关比不高、带隙打开较小、带隙分布不均等问题。因此，即使石墨烯具有优异的电学性能，但在不久的将来，其也不可能完全取代硅基器件，而是更倾向于与硅基技术形成互补格局，推动当代半导体集成技术的发展，并实现更先进的电子器件制造。

新市场的需求
——柔性电子与储存技术

近几年在手机市场上刮起了一阵"曲面"风暴——很多手机厂商纷纷开始尝试推出具有折叠屏的智能手机，更不用说采用曲面屏的智能手机和超高清电视了。消费电子产品在我们的生活中的存在感越来越强，电子工业也会停下来"听听"市场的"声音"，并开发相关的发展方向。坚硬而脆弱的半导体晶圆、平整化的芯片结构及坚实的芯片封装都在表示消费电子似乎不能"服软"，而"弯折"似乎是每个电子产品的"痛"。柔性电子的出现打开了消费电子的另外一个维度，它具有更大的灵活性，能够在一定程度上适应不同的工作环境，满足设备的形变要求，适用于一些特定的应用场景，例如曲面高清电视采用有机LED（OLED）技术，可以有效地优化用户的观看体验，可以优化常见于传统电视的边缘畸变等，也更加适合人们环形视角中的感官。更多的是，柔性电子开启了可穿戴电子产品的大门。

在21世纪初，柔性电子以导电聚合物的身姿展现在世人面前。其中，美国科学家艾伦·J. 希格（Alan J. Heeger）、艾伦·G. 马克迪尔米德（Alan G. MacDiamid）和日本科学家白川英树由于在导电聚合物领域的开创性工作获得2000年诺贝尔化学奖。在生活中，塑料是我们熟悉的聚合物，它们的可塑性很强，能够弯折和延展，但是塑料基本是不导电的，而导电聚合物既能导电又能以一定程度弯曲。美国《科学》杂志将该项技术列为2000年世界十大科技成果之一，与人类基因组草图、生物克隆技术等重大发现并列。

简单来说，柔性电子就是将有机或无机材料电子器件制作在柔性或可延性基板上的新兴电子技术。与传统电子相比，柔性电子具有更大的灵活性，在弯曲、折叠、拉伸、扭曲、压缩甚至变形成任意形状的形态下，依然可以保持高效的光电性能、可靠性和集成度。

因为"轻薄柔小"的特点，又因为柔性电子产品能够使用与人体适配性很好的有机物，柔性材料和柔性电子产品得以进入智慧医疗产品中，它们可

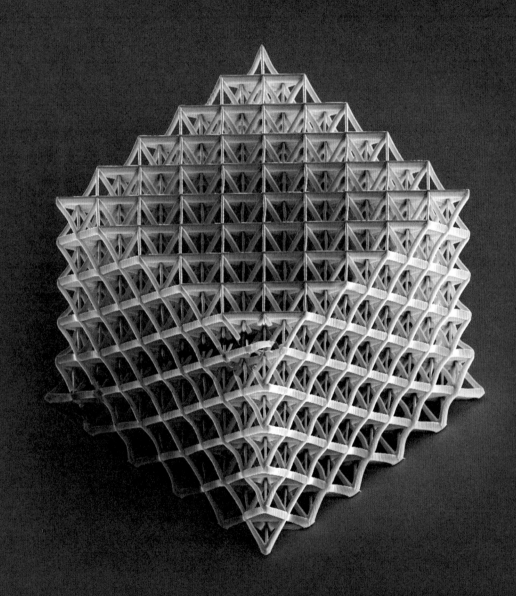

一个每面面积大约 50 μm² 的陶瓷立方体，图片来自朱莉娅·R. 格里尔（Julia R. Greer）

以嵌入贴身衣物，可以依附于人体皮肤表面进行健康监测，甚至进入人体中满足应用需求。它们的应用场景包含个性化健康管理、慢性疾病预警、疾病诊断与治疗、康复跟踪监测等智慧医疗应用。此外，如今的柔性电子已经涉及显示技术、能源技术、计算、医疗健康应用、人机交互以及电子织物等应用技术与场景。

何谓电子产品呢？电子产品是具有一定功能的、使用电能驱动的系统。基本上其结构能够拆解为：计算处理模块、能源模块以及功能驱动模块。其中，计算处理模块应当说是整个产品的"大脑"，能够给功能驱动模块"下达"指令，使其完成一系列动作以实现整个产品的功能，其组成基本就是我们所说的芯片。芯片应当具有一定的计算和处理能力，也会具有一定的存储功能。随着功能的复杂化和芯片的集成化，芯片对于存储功能的需求也水涨船高，新型的存储技术亟待出现。

专家预测，到2025年，普通人每天与联网设备的互动次数将达到4800次。当下是大数据的时代，人机交互和信息交换的频率越来越快。世界上所有的信息都将推动机器学习、自然语言处理和人工智能等技术的发展，而它们的发展也对存储技术提出了新的要求，需要更大、更稳定的存储器，也需要读写速度快的存储器，能够将数据交付到需要实时处理的地方。

最开始我们采用的便携存储设备和固定存储设备的容量都比较小，例如现在已经很少见的软盘，其容量相较于现在的移动硬盘和机械硬盘等已经不在一个数量级。固态盘技术的出现在20世纪初计算机的发展中处于很重要的地位，固态盘在一定程度上改变了计算机存储的形式和架构，甚至现在也有"换固态盘就能使得老旧的电脑复活"之类的说法。的确，相较于传统存储设备，固态盘的存储原理是通过单个的晶体管进行电信号的写入、读取和擦除。伴随着半导体技术的发展，存储容量越来越大，存储设备也越来越集成化。

固态存储技术一种是采用闪存作为存储介质，另外一种是采用动态随机存储器作为存储介质，最新还有英特尔的 XPoint 颗粒技术。

除此之外，还有很多新兴的存储技术出现，例如磁性随机存取存储器和巨磁阻技术等。自旋电子大师斯图尔特·帕金（Stuart Parkin）教授也向我们展示了他的作品——赛道内存（Racetrack Memory）。这是 10 年前就能与现在的存储技术相媲美的存储技术，有着巨大的存储空间和与闪存一样的使用寿命，并且读写的速度也是非凡的，它被人们预言在 10 年内将成为市场上主流的存储技术。

赛道内存的研究和开发要追溯到 2002 年。当时，IBM 将旗下的存储事业部出售给了日本日立公司。其中，研究了大半辈子磁性存储材料的斯图尔特·帕金院士正面临何去何从的境地。他决定开发一款全新的存储设备，拥有磁性硬盘的超大容量，也有电子闪存的耐久性，并且读写的速度还要超过这两种存储设备，而这就是赛道内存。当时，不仅仅是帕金院士的职业道路处在风口浪尖，整个半导体行业也面临着巨大的挑战。被摩尔定律"折磨"着的半导体工艺工程师和研究者都在苦思冥想如何赶上甚至超越摩尔定律。但是，随着半导体器件特性尺寸的缩小，半导体及相关材料的物理极限已经近在眼前，传统的工艺已经没办法跟上摩尔定律了。

20 世纪末，胡正明教授提出的 FinFET 给了人们耳目一新的感觉，他将传统的半导体器件从二维搬到了三维。这种全新的 3D 器件成功规避了一些因为半导体器件尺寸缩小带来的问题。存储器件的情况也很相似，当时大量使用的磁性存储设备或固态存储设备，采用的都是平面型的半导体器件，即仅仅靠单层材料来实现数据的存储功能。磁性随机存储器和巨磁阻技术已经发展了将近 50 年，也即将在之后的 20 年内达到极限。

这时，帕金院士带着自己开发的赛道内存出现了。

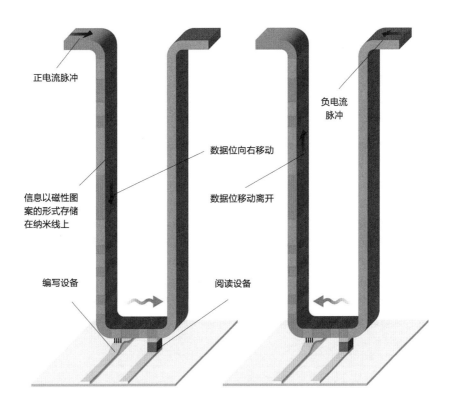

正电流脉冲

负电流脉冲

数据位向右移动

信息以磁性图案的形式存储在纳米线上

数据位移动离开

编写设备

阅读设备

图 4-25 赛道内存器件的结构

这也是一种 3D 半导体器件，采用 U 形的磁性纳米线作为存储器件。纳米线上有很多不同的区域，它们有着不同的磁极性，而边界上的磁畴壁就代表存储的"0"和"1"。向纳米线通入自旋极化电流时，电流中以特定方向旋转的电子就会受到纳米线中不同区域磁场的影响，从而变换旋转方向。依次通过纳米线之后，电流中就带有了纳米线中全部的磁畴信息。那么，读出通过纳米线的电流就能知道整条纳米线上所存储的数据，这种读取的速度从方式上就比传统的磁性储存设备要快。这种方式十分像赛车依次通过终点线，这也是"赛道内存"名称的来源。

通常，纳米线的尺寸为 200 nm 长、100 nm 厚，当电流通过纳米线时，磁畴经过邻近的磁性读写头，借磁畴的改变来记录信息。将尺寸如此小的纳米线赛道垂直或水平排列在硅晶片表面，可以形成赛道存储阵列，每个赛道存储集合芯片上可以排布上百万甚至上亿万个单个赛道，从而使得赛道内存能以较小的功耗做到数据的高速读取。2008 年，帕金院士带领他的团队成功开发出 3 位版本的赛道内存原型，并将自己的成果以论文的形式发表在《科学》期刊上。2012 年，第一个采用 90 nm CMOS 工艺的整合式赛道内存原型诞生了，它能实现读写与移动磁畴的功能。

当下是纳米材料最好的时代

彭斯颖

西湖大学工学院纳米光学材料
实验室主要研究者（PI）

物理学家理查德·费曼（Richard Feynman）在 1959 年说："There's plenty of room at the bottom"（微观世界有无垠的空间）。当时，费曼想象通过操控原子的技术能让制造更密集的计算机电路和原子尺度分辨率的显微镜成为可能。如今，费曼在微观尺度的许多想象都已经实现，纳米材料与各科技领域交叉融合并在实际应用中扮演着不可或缺的角色。2015 年，纳米结构材料（Nano-Architecture）入选《麻省理工科技评论》"全球十大突破性技术"，该项技术的突破性进展在于材料的结构在纳米级别实现了精确控制，制造出来的纳米晶格坚固、柔韧、轻盈，材料更轻也更加节能，应用更广。

图 4-26　鸟类羽毛中的结构色，资料来源：Pixabay

笔者的主要研究方向为微纳光子学，即光与材料在纳米尺度的相互作用。光是一种电磁波，光与材料的相互作用在宏观尺度上的常见体现包括光被镜面反射、光被墙面散射等。这些宏观尺度上的性质是微观尺度上光-材料相互作用的体现。举一个例子，当一面光滑的银镜子在纳米尺度不再平整的时候，光能与银中电子气的集体运动模式发生耦合，产生表面等离子共振效应。表面等离子共振能改变光的反射、透射、相位等性质。最著名的表面等离子共振的应用是1700多年前罗马人制造的莱克格斯酒杯。光从杯子里面照明时杯子显出红色，光从杯子外面照明时杯子显出绿色。莱克格斯酒杯在里外两面光的照明下产生不同颜色的原因是制造杯子的玻璃材料中有纳米金属颗粒和可见光发生了表面等离子共振：绿色光的吸收造成了内部照明透射出的红色光，绿色光的散射造成了外部照明的绿色光。

自然界中的生物，比如蝴蝶和鸟类，它们身上有漂亮的颜色。它们的颜色来源有两类：材料中的天然染色剂和结构色。染色剂分子容易受环境影响而被氧化造成褪色，来源为结构色的颜色则不会褪色。具有结构色的蝴蝶翅膀中有百纳米尺度的结构，其尺寸与光的波长相仿，这种亚波长结构的材料具有光子晶体的性质。光子晶体能调控光的性质，比如蝴蝶翅膀上呈现周期性排列的鳞片结构分别对红色光、绿色光、蓝色光具有全反射的性质，所以我们就会看到翅膀上的不同颜色。这些微结构在不同区域里呈现的细微的结构参数的差别使得蝴蝶翅膀有颜色鲜明的图案。进一步，光子晶体还能调控光的角度、相位等性质，使得蝴蝶翅膀的颜色随着角度而发生变化。因此，与天然染色剂相比，微纳结构产生的结构色不仅更加稳定，性质还更加丰富。

纳米材料已经被广泛地应用在我们的生活里，代表性领域包括生物医药和电子器件。以纳米孔测序仪器为例，纳米孔测序仪器的核心是将单个DNA或者RNA分子通过纳米孔阵列，产生可被实时读取的电信号并且对信号进行实时分析，该技术使对病毒或环境监测等样品的快速处理和实时结果显示成为可能。对于未来的个性化医疗，个性化的便携式检测是必然趋势。如何将较复杂的检测集成于芯片是其中的一个重要方向。我们完全可以想象在不久的将来，我们能直接在家里完成所有的检测步骤并借助智能手机读取检测数据。纳米光子学在制造、信号读取等切入点均有所贡献。比如回音壁谐振腔通过纳米材料结构的共振，能将信号放大几万倍甚至百亿倍，大大提高检测的灵敏度。

在电子器件领域，纳米技术在当下的半导体工艺里无处不在。比如，用于自动驾驶的集成化激光雷达芯片，现在应用于自动驾驶的机械式激光雷达芯片存在体积大、量产难等问题，且较难达到车规的要求。纳米技术能将聚焦、衍射、光束扫描的光学元件以百纳米的厚度集成到芯片上，具备集成度高、价格低、稳定性好等优势。

除此之外，纳米材料还可应用于航空航天、能源等众多领域。现在是纳米材料最好的时代，相信纳米材料在未来5年内会在大众生活中大放异彩。

锂金属电池广泛应用于电动汽车中，插图作者维克托·哈奇曼（Viktor Hachmang）

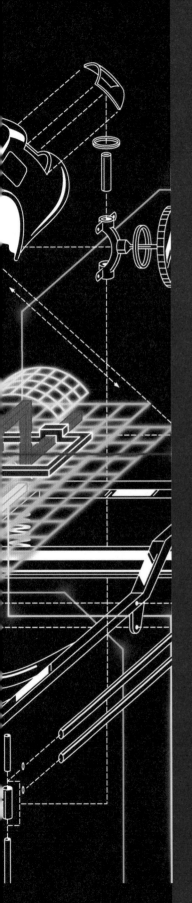

消费电子的生命线——锂电池

我们在挑选电子产品的时候，特别是挑选手机时，除了会比较在意处理器、显示器的性能等，通常还会考虑到续航能力。锂电池的出现，适时地解决了移动端的能源供给问题。由于锂电池有较大的能量密度，所以更加适合高集成度的移动端电子产品，现在各种便携式和拥有移动应用场景的电子产品基本都用上了锂电池。

这是一项足以改变人类生活的技术，在2019年的10月诺贝尔化学奖评选结果揭晓，将此奖项颁发给约翰·B.古迪纳夫（John B. Goodenough）、M.斯坦利·惠廷厄姆（M. Stanley Whittingham）和吉野彰（Akira Yoshino），以表彰他们在电池领域的重要创新，这基本是众望所归。其中，古迪纳夫是公认的"锂电池之父"，正是他所领导的创新使锂电池迈向体积更小、容积更大、使用方式更稳定的商业化过程，同时开启了电子设备便携化的革命。2021年，《麻省理工科技评论》将"锂金属电池"（Lithium-Metal Batteries）列为"全球十大突破性技术"之一。

锂电池作为最主要的便携式能量源，为人类的日常活动提供动力，影响着我们生活的方方面面。如果没有锂电池，就不会有如今的便携式可穿戴设备。锂电池产业已经接近年产几十亿美元。锂电池还曾和晶体管一起被视作电子工业中最伟大的发明，而晶体管的发明人巴丁（Bardeen）也荣获诺贝尔奖。

索尼在1991年采用古迪纳夫理论后，制作出了世界上第一款商用锂电池，从此手机、照相机、手持摄像机乃至电动汽车等领域各自步入了"便携式新能源时代"。早期的锂电池用金属锂作为电极材料，在电池使用过程中极易燃烧和爆炸，因此无法被广泛使用。为解决这一问题，古迪纳夫提出锂离子嵌入、脱出的工作机制，以钴酸锂、锰酸锂和磷酸铁锂替代金属锂作为稳定的电极材料，既解决了电池的安全性问题，又降低了电池的制造成本，实现了锂离子电池技术的革命性突破，极大地推动了这一技术在其他领域的广泛应用。

表4-5　磷酸铁锂与三元材料性能参数（资料来源：GGII、CNKI）

材料种类		分子式	晶格结构	克容量（mAh·g^{-1}）	电压平台（V）	合成工艺	安全性能	循环性能
磷酸铁锂		LiFePO$_4$	橄榄石结构	130~140	3.2	容易	优秀	≥ 2000 次
三元材料	镍钴锰	LiNiCoMnO$_2$	层状结构	155~164	3.5	较难	较好	≥ 800 次
	镍钴铝	LiNi$_x$CoyAlzO$_4$	层状结构	140~190	3.7	难	较差	≥ 801 次

锂离子电池通过电池正负极处的锂离子嵌入和脱嵌来实现充放电功能，正极材料作为锂离子的来源，能够决定电池的性能。同时，优化并产出正极材料也是电池材料中规模最大、产值最高的环节，占电池材料成本的比例为40%～44%。

从分类来看，目前商用的锂离子电池正极材料主要分为：锰酸锂、钴酸锂、磷酸铁锂和三元材料等。其中，磷酸铁锂和三元材料是目前正极材料市场主流的研究方向。从各材料优势来看，三元材料容量领先，磷酸铁锂以成本和寿命见长。由于三元锂电池在能量密度上占据优势，近几年其在乘用车领域得到广泛应用；磷酸铁锂以成本与寿命领先，使用磷酸铁锂电池的车型具备长寿命、高安全性、高性价比等优势。

锂电材料将持续向低成本、高性能、高安全性的方向发展。在过去的十几年中，中国的锂电材料产业发展迅速，多种材料产业从无到有，从弱到强，从进口依赖到国产替代，直到现在大部分材料技术和产能均能与国际同行相匹敌，占据了全球锂电材料产业的"半壁江山"。伴随着新能源汽车等行业的发展，锂电材料也随之进入了新的发展阶段。

图4-27　量子景观：锂离子电池（左）和锂金属电池（右）

学术点评

王雪锋

中国科学院物理研究所
特聘研究员

可望暂不可及的锂金属电池

随着社会电气化、智能化、便携化的不断推进，电动交通工具（包括汽车、轮船、飞机）和设备的持续发展要求电池具有更高的能量密度、更长的循环寿命、更低的成本和更高的安全性能。目前，锂离子电池具有相对成熟的技术，已经广泛应用于日常生活中，成为人们的必需品之一。经过30多年的发展，基于插层化学的锂离子电池能量密度已趋于理论极限。进一步地提高能量密度需要打破原有电极结构束缚，发展基于电化学转化反应的锂金属电池。2021年，《麻省理工科技评论》将"锂金属电池"（Lithium-Metal Batteries）列为"全球十大突破性技术"之一，入选理由为"锂金属电池能量密度高、充电速度快，而且安全可靠，使电动汽车像汽油汽车一样方便和便宜"。

金属锂具有较高的理论比容量（3860 mAh · g^{-1}）和较低的工作电位（−3.04 V，相对于标准氢电极），被认为是锂电池的理想负极材料。锂电池实验开始于1912年，由美国物理化学家吉尔伯特·N.刘易斯（Gilbert N. Lewis）负责。早期的锂电池一般为一次性电池，采用金属锂为负极，MnO_2、$SOCl_2$、$(CF)_n$等为正极，非水溶剂为电解液。然而，不可控的锂枝晶生长引发的安全隐患和事故迫使人们一度放弃金属锂负极，采用石墨作为锂离子的载体，从而开始了锂离子电池黄金时期。为了超越锂离子电池的能量密度，未来高能量密度电池需要重新考虑选择金属锂负极，引发了当前锂电池研究热潮。

与其他负极材料相比，金属锂具有更高的反应活性和更大的体积膨胀率，这也导致其具有更严重的问题（粉化、死锂）和更差的电池性能（效率低、寿命短）。解决这些问题的前提在于全面了解金属锂的电化学行为，包括离子传输、电荷转移、形核生长和溶解等多个过程。这就要求发展能对于金属锂特定物理性质和化学性质进行研究的表征手段，如冷冻电镜、中子衍射、核磁共振、滴定气相色谱等可用于原位/非原位、定性/定量地跟踪金属锂的微观结构演变并掌握其生长规律的方法。与此同时，一些新的重要发现仍值得我们关注和思考，如金属锂形核生长过程中非晶到结晶的转变，活性锂被固体电解质界面（SEI）膜包裹会失去有效电接触成为"死锂"，有益的SEI膜应富含无机物。根据不同的问题原因和失效机制，应采取相应的策略实现可控的锂沉积，提高金属锂的电化学可逆性和稳定性，如优化电解液、构建三维集流体、人工界面层、亲锂诱导层、采用固体电解质等。纳米银颗粒修饰集流体不仅可以诱导金属锂可控沉积，而且可以维持表面SEI膜的完整性。最近，美国初创公司QuantumScape发布了性能优异的单层全固态锂金属电池。这个令人兴奋的结果说明锂金属电池是极具应用前景的，但离实际应用还有一些距离，有待进一步发展。

锂金属电池是未来高能量密度电池的关键技术，目前仍处于实验室研发阶段，还需要学术界和工业界的共同努力和持续发力才能实现真正的实际应用。

参考文献

[1] 张强，郭玉国.蓬勃发展的金属锂负极[J]. 物理化学学报，2021，37 (1).

[2] Lin, D，Liu, Y，Cui, Y. Reviving the lithium metal anode for high-energy batteries[J]. Nat Nano, 2017, 12 (3)：194-206.

[3] Wang, X，Pawar, G，Li, Y，et al. Glassy Li metal anode for high-performance rechargeable Li batteries[J]. Nat. Mater，2020, 19 (12)：1339-1345.

[4] Fang, C，Li, J，Zhang, M，et al. Quantifying inactive lithium in lithium metal batteries[J]. Nature，2019, 572 (7770)：511-515.

[5] Zhang, S，Yang, G，Liu, Z.，et al. Phase Diagram Determined Lithium Plating/Stripping Behaviors on Lithiophilic Substrates[J]. ACS Energy Letters，2021, 6 (11)：4118-4126.

[6] Lee, Y.-G，Fujiki, S，Jung, C，et al. High-energy long-cycling all-solid-state lithium metal batteries enabled by silver carbon composite anodes[J]. Nature Energy，2020, 5 (4)：299-308.

[7] Liu, J，Bao, Z，Cui, Y，et al. Pathways for practical high-energy long-cycling lithium metal batteries[J]. Nature Energy，2019, 4 (3)：180-186.

图 4-28 锂金属电池极具应用前景，插图作者丹尼尔·岑德尔（Daniel Zender）

案例分析

消费电子的典型应用

——光场摄影术与 360° 全景相机

除了一步一步地解决了底层的半导体工艺、材料、器件问题，我们还要花心思解决硬件层的芯片、存储和能源管理等问题，然而电子产品还需要针对应用场景和需求做结合。例如，因为有着十分惊艳的功能展示而入选《麻省理工科技评论》"全球十大突破性技术"的光场摄影术（Light-Field Photography）和 360° 全景相机（The 360-Degree Selfie），这两项技术都关注人们对于摄影的需求，但其究竟是昙花一现还是细水长流，要回到整个产品的定位和工程技术之间的适配与妥协，有时候想法是好的，但是硬件和软件跟不上也会有遗憾。例如，光场摄影术并没有做到技术和现实的适配，也没有完全赶上硬件和软件发展的"春风"。而反观 360° 全景相机就做了一些折中的处理，硬件上行不通的，就通过软件和降低标准来达到既能满足需求又能充分挖掘硬件潜力的目的。

光场摄影术

早期拍摄照片时，经验不足的摄影师也许会遭遇镜头跑焦之类的麻烦。如今，相机不论从硬件上还是软件上都有了长足的进步，但摄影依然是一门技术活。2012 年 3 月，Lytro 公司的创始人吴义仁（Ren Ng）博士针对相机对焦这一过程，开发了可以在拍摄之后进行再次对焦的光场相机，也将光场摄影术带入人们的视野。这是一种基于"光场"（Light Field）技术的摄影技术。运用这种技术，我们能够将场景内的所有光线信息记录下来，在拍照结束后改变焦距，进行再对焦，从而获得具有完美效果的照片。

吴义仁博士总结了斯坦福大学的 128 台相机阵列方案和麻省理工学院推出的 64 台相机阵列方案，在硬件上采用微镜头阵列的方式复刻多相机阵列采光，软件上利用微处理器统筹并计算处理通过微镜头的光场信息，计算出整个景象中物体的光场。就这样，一台 iPod nano 大小的 Lytro 初代光场相机诞生了。它的形状就像一个单筒望远镜，方便携带，一头是可触摸的屏幕，一头是摄像镜头，使用的图像传感器仅有 1100 万像素，与同时期的单反相机相比，这一点显然不够，更别说它最终输出的有效像素只有 500 万像素，甚至比一般的智能手机的相机还差。而这样一台相机的售价居然高达 399 美元，性价比不高。但毕竟光场相机采用的硬件和软件都是创新产品，并且性能要求都不低，成本高是正常的。初代机仅仅只是 Lytro 朝未来光场相机方向迈出的第一步。吴义仁博士将希望放在了未来，Lytro 获得的首轮融资就有 5000 万美元，而次轮融资也达到了 4000 万美元。

Lytro 公司改造了相机，期望以最新的光场技术改变摄影市场的格局。实际上，Lytro 只推出了两款光场相机——Lytro 初代光场相机和次代光场相机Lytro Illum，以及第三代与VR结合的光场摄像设备Immerge。光场摄影仍没有成为主流的摄影技术，吴义仁也走马卸任。光场相机作为一款消费类电子产品，终究没有在市场中找到自己的位置。总的来说，Lytro的相机都是光场相机的不成熟产品。虽然Lytro Illum采用4000万像素镜头和f/2.0大光圈来提升照片的质量，但是，Lytro Illum的画质并没有明显改观，因为超过一半的有效像素都浪费在多次相片的拼接上了。而软件部分，一方面，图像处理算法与内置的微型处理器之间没有形成很好的匹配，导致处理速度过慢；另一方面，专业软件的操作也让很多用户感到不便捷。如今，Lytro已经宣布倒闭，不再开发新产品。

技术创新固然难得，但为新技术找到刚需、海量、高频的应用场景，才是商业化的关键。光场是很好的创新型技术，可用于全景视频、VR/AR等产品中，谷歌也在积极吸纳光场的技术人才，用于支持VR技术的开发。而光场相机作为消费类电子产品，避不开的还是用户体验和性价比。这两者都没有优势，在市场中肯定会遭遇失败。

360° 全景相机

自从手机上出现摄像头以来，拍照和自拍就逐渐走入了人们的日常生活。随着手机摄像头的更新换代、如雨后春笋般出现的摄影App以及照片社交共享的出现，手机已经成为我们记录生活中点点滴滴的最方便工具。如今，手机摄像头的像素已经可以和一些单反相机媲美，而便捷的操作以及与网络实时相连的功能也让大多数人把手头的相机放下，转而使用更加方便的手机来摄影。其实，这样的发展趋势也反映了大多数消费者的心理——倾向于更加方便的摄影方式。

2016年，各大相机制造厂商的开发者瞄准消费者的需求，开发出炫酷的全景拍照功能，能够拍摄360°全景照片的相机横空出世。它的

历史要追溯到1840年：美国光学设计师亚历山大·沃尔科特（Alexander Wolcott）制造了一台使用凹面镜成像的照相机Wolcott，曝光时间为90秒，比当时采用单片透镜的相机有更大的通光量。一年后，33岁的维也纳大学教授约瑟夫·马克斯·佩茨瓦尔（Josef Max Petzval）用计算方法设计出了著名的佩茨瓦尔镜头，使摄影者可以拍摄一些运动缓慢的物体，也就是动态抓拍。1843年，奥地利人约瑟夫·普希伯格（Joseph Puchberger）已经拿出了自己的作品——一台手持的全景相机，能够拍摄150°视角的照片，用多个视角下的照片合成出最后照片，但是图片拼接的精准度不够好。又过了一年，弗里德里希·冯·马滕斯（Friedrich von Martens）在其故乡德国发明了世界上第一台转机，并以此制造了一台名为"Megaskop"的全景相机。该相机的光轴在垂直航线方向上从一侧到另一侧扫描时，依靠镜头的转动可以拍摄全景照片，比约瑟夫的手持相机的效果要好，而这也是我们现在公认的第一台全景相机。有趣的是，全景相机出现的时间和相机问世的时间相差不大，从本质上说，这样拍摄的全景相机没有3D立体效果，只能在二维方向上移动。到了现在，360°全景相机的开发也是基于这样的原理，前后两个甚至多个超广角的镜头同时拍摄，然后通过算法进行拼接。许多相机制造厂商先后发布了最新产品——廉价的360°全景相机，它们能提供十分出色的360°全景拍摄，这将开启摄影的新篇章，也将改变人们分享故事的方式。据统计，2015年—2017年发布的360°全景相机的价格都没有超过500美元，例如，拥有1200万像素的柯达Pixpro SP360 4K相机的售价仅为499美元，定位都是"消费级的便携照相机"。全景相机于2017年获得"国际消费类电子产品展览会创新技术奖"（CES Innovation Awards）。

事实上，全景相机能为虚拟现实提供丰富的素材。与虚拟现实的联结其实是全景相机最直接的拓展应用，也将是今后几年全景相机市场增长的

动力，毕竟供需关系才是第一推动力。脸书的子公司 Oculus 的首席技术官约翰·卡马克（John Carmack）预测："未来，人们使用虚拟现实的时间中只有一半是玩游戏，另一半则是使用虚拟现实观光或是做一些现实的事情，例如参加一场虚拟的婚礼。"这其实是最大的趋势。虚拟现实正是实现这二者最好的平台，能让用户在高科技的支持下体验不一样的游戏和人生。那么，不论对哪一个部分而言，全景相机都能提供大量的素材，它们甚至可以直接应用于游戏以及软件的场景中。虽然虚拟现实还没有真正平民化，但是世界上许多大公司，如微软、脸书以及谷歌都在大力发展虚拟现实技术，全景相机作为其硬件的组成部分和提供素材的重要渠道，没准能乘势而上，打开自己的市场。

在这个信息量爆炸的时代，人们对信息需求的日益增长也体现在拍照上。对于摄影，除了追求高像素以体现真实感，人们还渴望能够非常方便地获得稍纵即逝的场景，再加上日渐成熟的社交网络，摄影作品的分享也成为摄影的需求之一。这些因素都推动着移动端摄影技术的进步，而手机端的摄影也逐渐成为主流，全民都在拍摄、拍照记录生活和分享生活，配备了千万级像素镜头的智能手机随处可见，而操作方便、功能奇特的手机摄影 App 也使得用户群体不断增加。在这样的市场中，全景相机算是开了个好头，其精准定位为手机端摄影拓展设备，依托广大的手机用户群体，开发广大的市场。

总的来说，360° 全景相机的意义是斐然的，它不仅改变了相片的形式，还改变了人们分享故事和记录事件的方式，它把我们的世界与手机、网络以及虚拟现实联系在了一起。现在，360° 全景相机的市场依旧火热，Insta360 公司也在一年年推出新产品，GoPro 也推出了全景相机，甚至有些监控设备也朝着全景模式进发。360° 全景相机的出现适时地迎合了消费者的需求，将硬件技术和软件技术做了很好的有机结合，充分挖掘了硬件的特点，并且很全面地使用软件进行优化，虽然鱼与熊掌不可兼得，但是软件可以在一定限度内对硬件的缺陷进行补偿，例如高像素和全景模式之间的选择，全景模式是全新的模式，也是更加有趣的模式，如果其像素能够达到某一个使用户能够接受的阈值，两者可以有一个很好的结合，而这也是光场摄影机开发者并没有想到的，或者说在那时，硬件和软件并没有足够的条件来进行这样的操作。

参考文献

[1] 王佳华. 新型聚焦型光场探测技术及应用研究［D］. 北京：国防科技大学, 2019.

[2] 杜悦宁, 陈超, 秦莉, 等. 硅光子芯片外腔窄线宽半导体激光器［J］. 中国光学, 2019, 12(2): 54-66.

[3] 赵瑛璇, 武爱民, 甘甫烷. 基于 CMOS 平台的硅光子关键器件与工艺研究［J］. 中兴通讯技术, 2018, 24(4): 12-18.

[4] 郭进, 冯俊波, 曹国威. 硅光子芯片工艺与设计的发展与挑战［J］. 中兴通讯技术, 2017, 23(5): 11-14.

[5] 贾昇, 卞曙光. 柔性电子技术发展现状及趋势［J］. 科技中国, 2021, 280 (1): 23-26.

[6] 陈君. 碳纳米材料超级电容器电极和柔性器件的制备及性能研究［D］. 南京：南京邮电大学, 2020.

[7] 于翠屏, 刘元安, 李杨柳, 等. 柔性电子材料与器件的应用［J］. 物联网学报, 2019, 3(10): 03 106-114.

[8] 高凤仙. 柔性功能高分子材料及器件的设计与应用［D］. 北京：中国科学技术大学, 2017.

[9] 蔡依晨, 黄维, 董晓臣. 可穿戴式柔性电子应变传感器［J］. 科学通报, 2017, 62(7): 23-37.

[10] 娄世菊, 李晨. 新能源汽车用动力磷酸铁锂电池正极材料研究进展［A］.

[11] 娄世菊. 自主创新、学术交流——第十届河南省汽车工程科学技术研讨会论文集［C］//河南省汽车工程学会. 2013: 338-340.

撰稿人：杨一鸣、林泽玲

Sidewalk Labs 与多伦多湖滨开发公司（Waterfront Toronto）联合建造的智慧社区，图片来自多伦多湖滨开发公司

05

数字技术构筑
智慧生活

数字技术变革构筑未来生活新图景

科技的进步正在让科幻小说中的场景——变成现实，例如出现在很多小说和电影中的智能系统，已经进入无数家庭或其他场合，协助人们提升生活或工作效率；让法拉第等数位科学家魂牵梦萦的电生磁理论，也以"无线充电技术"为载体影响着我们的生活；全方位的人机交互技术、深度挖掘感官的虚拟现实和增强现实技术都让我们眼前一亮。这些都要感谢电子技术和软件算法的更新迭代，让电子设备以各式各样的形式、搭载五花八门的功能出现在我们的生活中，它们更加集成和便携，功能也更加贴近生活，更加精细。

当然，电子产品最终还是要为真实世界服务，即使研究人员开发它们的初衷可能并非出于为生活场景服务。比如，计算机最开始的任务是计算军事中的弹道；而如今个人计算机已经是生活中的必需品，它能够搭载各种的软件，实现诸多功能。

总的来说，电子技术的进步能够让电子产品搭载功能更强的芯片，充分开发其计算能力，使其更新迭代的速度跟得上我们生活的节奏。新材料技术也催生了各式各样的传感器，从而使得人机交互变得越来越精密、顺畅，人们能够更加详细地向机器"诉说"自己的需求，机器也能够及时且更全面地了解人们的需求，并最终顺利执行。

另外，柔性材料的出现也助力了柔性电子技术和可穿戴电子产品的发展，使得电子产品能够更加便携化。在能源消耗方面，研究人员使用能量密度更大的锂电池技术，并辅以无线充电技术，消除导线对于设备的局限。好马也要配好鞍，好的硬件也需要好的软件来配合。人工智能和大数据技术的出现让体验的升级和迭代更加系统和迅捷，促进着便携式设备的智能化进程，现在便携式智能化的设备逐渐融入我们的生活中，改变着我们的生活方式。

图 5-1　智慧生活，图片来自西拉与伦尼（Sierra & Lenny）图片工作室

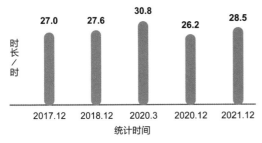

图 5-2 网民人均每周上网时长

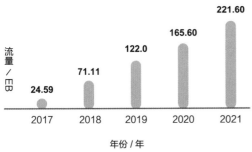

资料来源：工信部

图 5-3 移动互联网接入流量

在过去20年里，智慧生活领域共有29项相关技术被《麻省理工科技评论》评为"全球十大突破性技术"，占比14.5%。这29项技术中，很多是与前面4章中的技术交叉融合并应用于实际生活中，比如"万能翻译""智能手表""自动驾驶货车"等就是人工智能技术在具体场景中的交叉应用。

自新冠肺炎疫情出现以来，人们的生活日趋线上化、数字化，数字技术与其他学科的交叉也给人们的生活方式带来重大改变，包括线上办公、线上学习、线上就医以及交通疏导、政务咨询等服务，让人们更加适应线上数字生活，也带动了更多智慧生活服务需求的产生。

便携人生

1.手机承载移动生活

智能手机已成为人们工作生活中不可或缺的一部分，移动互联网络也随着技术的发展，进一步向

更广泛人群普及。根据中国互联网络信息中心（CNNIC）发布的第49次《中国互联网络发展状况统计报告》，截至2021年12月，我国网民规模达10.32亿，较2020年12月增长4296万，互联网普及率达73.0%。此外，我国网民人均每周上网时长为28.5小时，较2020年12月提升2.3小时。

流量方面，2021年我国移动互联网接入流量高达$2.216×10^{11}$ GB，较上年增长33.9%。可见，移动互联网络承载着越来越多与生活、工作相关的功能，从最基础的即时通信、搜索，到在线办公、在线学习、在线医疗，再到网络支付、网络娱乐等，多方面、多层次的功能已经嵌套在移动互联网之上。

在这个过程中，移动互联网技术也在快速更新迭代。2019年6月6日，工信部向中国电信、中国移动、中国联通、中国广电发放5G牌照，中国正式进入"5G商用元年"。5G具有高速、低时延等特点，被认为是新一代信息技术发展方向和数字经济的重要基础。

经过过去3年的发展，我国5G技术已经进入规模化应用关键期，并向6G演进。根据《中国移动互联网发展报告（2022）》，截至2022年4月，我国已建成5G基站161.5万个，成为全球首个基于独立组网模式规模建设5G网络的国家；5G终端用户超过5亿户，占全球80%以上。

在5G产业不断成熟的同时，6G也在越走越近，尤其是大国科技博弈的背景之下，6G的发展更是备受关注，全球多个主要国家、地区都在加速布局。其中，欧盟在2021年就启动了6G研究的旗舰项目Hexa-X，该项目的团队包括诺基亚、爱立信、Orange、Telefónica、TIM、西门子、英特尔等重量级公司；美国众议院则在2021年12月通过了《未来网络法案》，要求FCC建立"6G Task Force"推动6G技术发展；日本政府已计划为6G研究与产业化建立总计超

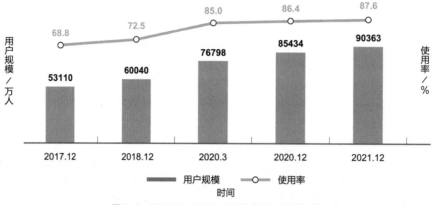

图 5-4 2017.12—2021.12 网络支付用户规模及使用率

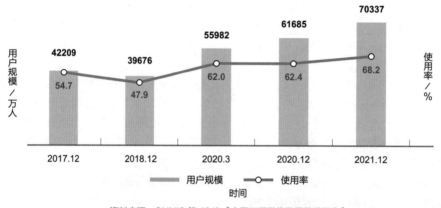

资料来源：CNNIC 第 49 次《中国互联网络发展状况报告》

图 5-5 2017.12—2021.12 网络直播用户规模及使用率

过 500 亿日元的研究基金。

2019 年 6 月，我国工信部牵头成立了 IMT-2030（6G）推进组，标志着我国 6G 研发正式启动。之后在 2021 年 6 月，IMT-2030（6G）推进组发布了《6G 总体愿景与潜在关键技术白皮书》，阐述了对 6G 发展所涵盖的应用场景、潜在关键技术的思考，也对我国 6G 产业的发展起到很好的引导作用。

2. 移动支付和在线消费

随着线上支付场景的多样化以及对支付服务要求

的提高，支付方式也在更新迭代，诸如人脸识别、虹膜识别等生物技术，都被应用到移动支付中。移动支付（Apple Pay）和刷脸支付（Paying with Your Face）分别在 2015 年和 2017 年入选"全球十大突破性技术"。

CNNIC 第 49 次《中国互联网络发展状况统计报告》显示，截至 2021 年 12 月，我国网络支付用户规模达到 9.04 亿，较 2020 年 12 月增长 4929万，占网民整体的 87.6%。

2020 年以来，移动互联网网络支付使用率一直在 85% 以上，网络支付业务量整体保持稳定增长。数据显示，2021年前3个季度，银行共处理网上支付业务745.56亿笔，金额总计1745.9万亿元，同比增长分别为17.3%和10.5%。

近些年，抖音直播、在线娱乐等线上交易的快速发展也进一步推动了线上支付的繁荣。根据CNNIC报告数据，截至2021年12月，短视频用户规模达9.34亿，较上年增长6080万，占网民整体的90.5%；网络直播用户规模达7.03亿，较上年增长8652万，占网民整体的68.2%。

短视频、直播间的迅猛发展，与农产品销售、文旅产业推广等深度融合，带动了线上经济。数据显示，2021年1月至10月，快手有超过4.2亿个农产品订单经由直播电商从农村发往全国各地，农产品的销售额和订单量与2020年同期相比，分别增长了88%和99%。诸如此类的线上交易活动无疑是移动支付的一大发展推力。

3. 移动能源需求增大

随着移动互联网络和移动电子设备的大范围普及，对移动电源的需求也越来越大，无线充电技术应运而生。目前，无线充电技术主要有电磁感应式、磁共振式、无线电波式、电场耦合式4种。与传统的充电方式相比，无线充电技术在安全性、灵活性和通用性等方面更具优势，在智能手机、可穿戴设备、汽车电子、家用电器等领域具备广阔的应用前景，市场潜力巨大。

我国已出台了多项与无线充电行业发展相关的规范文件，包括《信息技术 电子信息产品用低功率无线充电技术规范》《家用电器 无线电能发射器》《无线充电设备电磁兼容性要求和测量方法》《短距离及类似设备电磁照射符合性要求（10 Hz~30 MHz）》《无线电源设备技术要求和测试方法》等。

在数字社会发展和智慧城市建设过程中，无线充电技术将在机场、车站、餐厅、酒店等多场景得以应用。数据显示，2015年我国无线充电市场规模为13.06亿元，2021年我国无线充电规模增至87.68亿元，复合年均增长率达37.35%。

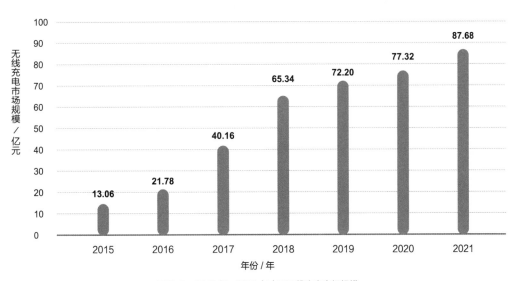

图5-6　2015年—2021年中国无线充电市场规模

可穿戴设备的深度交互

可穿戴设备在日常生活中并不少见，随着技术的发展，它们也在进一步深入包括健康管理、智能家庭、语音助手等多个领域，实现实时检测、记录，即时回应、反馈等功能。

IDC数据预测，全球可穿戴设备的出货量将从2020年的4.5亿台增长到2025年的近8亿台；其中，耳戴式设备或"智能耳机"，出货量预计将从2020年的2.65亿台强劲增长到2025年的5.04亿台，复合年均增长率为13.7%。

中国市场方面，根据IDC《中国可穿戴设备市场季度跟踪报告，2021年第四季度》，2021年第四季度中国可穿戴设备市场出货量为3753万台，同比增长23.9%。2021年中国可穿戴市场出货量近1.4亿台，同比增长25.4%。预计2022年，中国可穿戴市场出货量超过1.6亿台，同比增长18.5%。

IDC数据显示，2019年—2022年，我国智能耳机、儿童智能手表、成人智能手表需求量均持续增加。其中，智能耳机数量最多，2021年出货7898万台，同比增长55.4%。预计2022年将达1亿台。

其中，智能手表（Smart Watches）早在2013年就成为《麻省理工科技评论》"全球十大突破性技术"之一；带有实时翻译功能的巴别鱼耳塞（Babel-Fish Earbuds）在2018年被评为《麻省理工科技评论》"全球十大突破性技术"之一。

1. 进入健康管理新时代

随着社会经济和科技的快速发展，人们生活水平极大提高，人们越来越关注自身健康。为了更早发现潜在疾病，医学界和科学界越来越重视可穿戴移动设备在监控疾病方面的潜力。市场分析报告指出，2018年全球可穿戴医疗设备市场规模为245.718亿美元，预计到2026年将达到

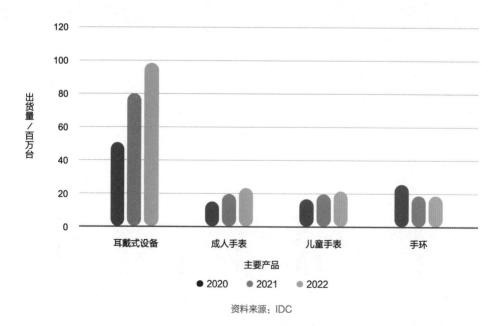

资料来源：IDC

图 5-7　2020 年—2022 年中国可穿戴设备主要产品出货量

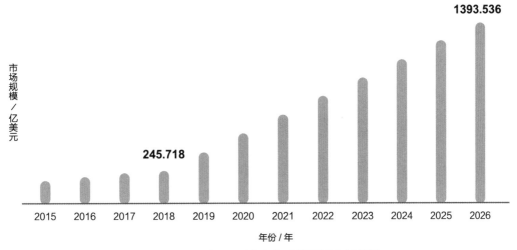

图 5-8　2015 年—2026 年全球可穿戴医疗设备市场规模

1393.536亿美元，在预测期（2019年—2026年）内的复合年均增长率为24.7%。

在中国，可穿戴医疗设备也展现出良好的发展势头。《"健康中国2030"规划纲要》指出，未来15年是推进健康中国建设的重要战略机遇期，而科技创新将成为提高健康水平的重要手段。

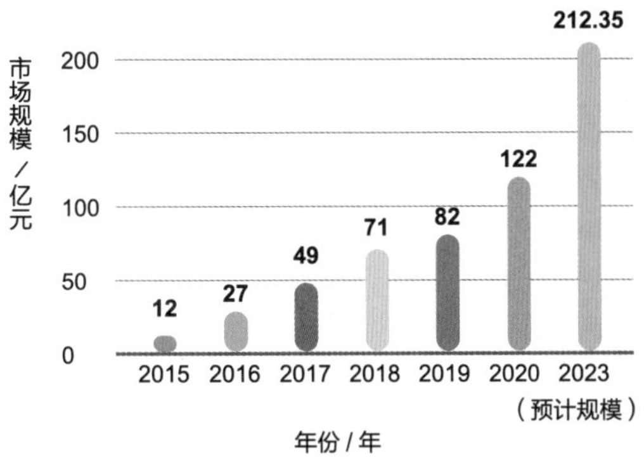

《"十四五"国家老龄事业发展和养老服务体系规划》也提出要研发穿戴式动态心电监测设备和其他生理参数检测设备，发展便携式健康监测设备、自助式健康检测设备等健康监测产品，开发新型信号采集芯片和智能数字医疗终端。

据IDC统计数据，中国可穿戴医疗设备市场规模从2015年的12亿元人民币增长到2020年的122亿元，到2023年该数值将超过200亿元。

目前市面上的可穿戴医疗产品有两种类型，一类是移动耳镜、健康手环、智能睡眠系统、皮肤传感器等消费级健康硬件；另一类是智能检测器、无创血糖监测、血压计、血糖仪、血脂检测仪等专业级的医疗硬件。

2.智能家居赛道仍待逐鹿

移动互联网和智能电子设备的日益普及，加之人们越来越注重生活质量和生活体验，智能家居也随之迎来快速发展。通过智能可穿戴设备与智能音箱、门锁、空调、电视等进行互动，已成为人们对智慧生活的一致期待。

资料来源：IDC

图 5-9　2015 年—2023 年
预计中国可穿戴医疗设备市场规模

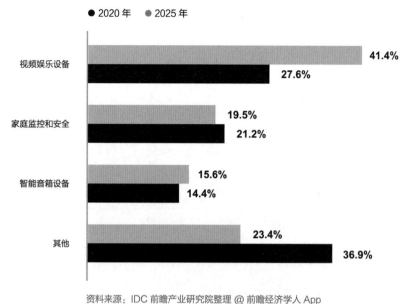

● 2020 年　　● 2025 年

视频娱乐设备	41.4% / 27.6%
家庭监控和安全	19.5% / 21.2%
智能音箱设备	15.6% / 14.4%
其他	23.4% / 36.9%

资料来源：IDC 前瞻产业研究院整理 @ 前瞻经济学人 App

图 5-10　2020 年与 2025 年全球智能家居设备细分市场出货量占比预测对比

根据 Markets and Markets 预测报告显示，全球智能家居市场规模预计将从 2021 年的 845 亿美元增长到 2026 年的 1389 亿美元，从 2021 年到 2026 年，智能家居市场复合年均增长率预计将达 10.4%。

在智能家居设备细分市场中，与视频娱乐相关的设备出货量占比最大，其次是家庭监控与安全和智能音箱设备。其中，视频娱乐设备 2020 年出货量占比达到 27.6%，预计 2025 年将达到 41.4%。

3. 语音助手再度进化

智能手机的进一步发展以及人们工作生活节奏的加快，使得越来越多的人不再经常通过键盘输入的方式在手机上进行搜索，因为使用触摸屏进行文字输入在某些场合会变得十分麻烦。相比之下，语音接口显得更为实用和有效，能让人们更便利地与身边的设备进行互动。

目前，语音识别正逐渐成为非常值得信赖的技术，语音控制也变得更为实用。2016 年，语音接口（Conversational Interfaces）入选了《麻省理工科技评论》"全球十大突破性技术"。语音接口将成为一种能更简单地进行信息搜索的方法，对着智能设备说几句话，就能立刻查找信息、播放歌曲、建立购物清单等，这也节省了我们学习新设备、新接口所花费的精力。

语音助手不光要满足人们随时随地沟通的需求，还要满足人们与不同语种人群沟通交流的需求。全球约 200 个国家和地区有 7000 多种语言，智能翻译助手类的设备已经成为人类的一大帮手，近实时翻译已经不再是动画片和科幻片里才有的产物了。"耳朵里的翻译官"——巴别鱼耳塞在 2018 年被评为《麻省理工科技评论》"全球十大突破性技术"之一。现在，许多公司正在积极投入近实时翻译这一技术的发展，将智能语音、翻译等服务引入各种硬件当中。

"元宇宙"经济

1.VR 和 AR 设备快速迭代，迎来新拐点

2021 年以来，在"元宇宙"热潮的带动下，曾经让资本为之"疯狂"的 VR/AR 也再次回到聚光灯下。VR/AR 设备被视为进入元宇宙世界的接口，正如电影《头号玩家》中所展示的一般，主人公穿戴上相应设备就可以进入另一个世界中。虽然元宇宙还是个遥远的世界，但 VR/AR 设备的应用场景却日渐丰富起来，从电影、游戏到社交，VR/AR 设备正在快速渗透普及。

IDC 数据显示，2021 年全球 AR/VR 头戴显示器出货量 1123 万台，同比增长 92.1%。其中 VR 头戴显示器出货量达 1095 万台，突破年出货量 1000 万台的行业重要拐点。

市场融资方面，2019 年全球 VR/AR 领域共发生融资并购事件 214 起，规模达到 336 亿元；在 2020 年出现了一定回落，2021 年发展态势迅猛，该年共有融资并购事件 340 起，规模达 556 亿元。2022 年上半年，全球 VR/AR 产业融资并购规模总额为 312.6 亿元，较 2021 年上半年同比增长了 37%；融资并购事件数量为 172 起，较 2021 年增长 17%。

现阶段来看，VR 技术现在已经足够清晰、便宜，拥有巨大的潜力。VR 对于电话会议、电影游戏、在线购物、在线旅行等诸多娱乐形式，将是一个十分吸引人的工具。当用户使用 VR 设备时，会感觉自己仿佛置身于那些虚拟世界之中。无论是俯身观赏虚拟的花朵，或是抬头仰望虚拟的天空，都能体会到身临其境之感。

2014 年，VR 设备 Oculus Rift 头戴式显示器入选了《麻省理工科技评论》"全球十大突破性技术"。事实上，在某些领域 VR 技术已经使用多年。比如一些外科医生经常使用 VR 技术来练习手术，而一些工业设计师则使用该技术来查看他们的设计。更为真实的混合现实技术 Magic Leap 在 2015 年被评为《麻省理工科技评论》"全球十大突破性技术"之一，这是一项能使虚拟物体与现实世界融合的技术，让幻想中的事物和真实的事物一道出现在现实场景中。

2.人机融合何时到来？

信息技术的快速发展，正在变革人类社会的生产力，人与机器智能的融合交织，被认为是未来技术的发展方向。所谓人机融合智能，简单理解就是充分利用人和机器的长处，形成一种新的智能形式，它是一种物理性与生物性结合的新一代智

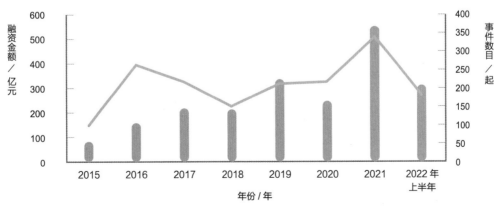

图 5-11 近年 VR/AR 领域融资涉及金额与数量

能科学体系。它兼具人类智能的意向性和人工智能的计算性，可以灵活地协调人机融合智能问题中的各种矛盾和悖论。

总体来讲，人机融合智能研究仍然处于起步阶段，虽然发展历史不长，但速度却相对较快。目前来看，国内外学者主要研究以脑机接口为代表的神经技术以实现脑机融合一体化。脑机接口本质上可打通机器与人的大脑的通路，实现人机融合共生。

全球多个主要国家和地区都已经出台了发展脑机接口、人机结合的相关计划。其中，美国在2013年提出"尖端创新神经技术脑研究计划"，欧盟于同年推出"人类大脑计划"，日本在2014年开始"大脑研究计划"，韩国在2016年开始"大脑

科学发展战略"。我国则在2018年提出"科技创新2030-'脑科学与类脑研究'"，并将其上升到战略发展高度。

脑机接口被也认为是比VR/AR更合适的进入元宇宙的方式。在元宇宙热潮带动下，脑机接口有望成为下一代人机交互技术，成为进入元宇宙的关键路径。

智慧交通正在变为现实

1. 自动驾驶和车路协同

自动驾驶技术又称无人驾驶技术，是一种通过先进的通信、计算机和网络对汽车实现实时连续控

中国消费者对于自动驾驶呈更加开放的态度

您是否对与具有完全自动驾驶功能的汽车在道路上共同行驶感到放心？受访者比例（%）

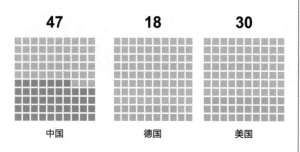

中国消费者置换汽车时也更关注自动驾驶功能

在下一次置换汽车时，更好的自动驾驶功能是否会成为您未来购车及更换现有车辆品牌的关键因素？受访者比例（%）

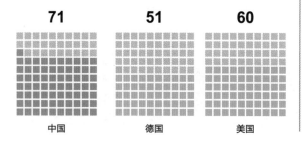

中国消费者的付费意愿较高

您愿意支付多少费用以获得自动驾驶功能？受访者比例（%）

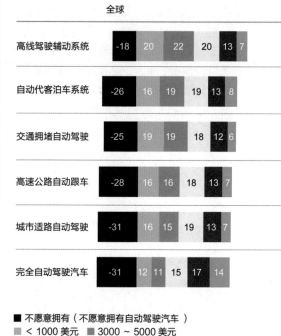

图5-12　中国消费者对自动驾驶的消费态度，资料来源：麦肯锡未来出行问卷调研（2019年及2021年）

制的技术。早在20世纪50年代，欧美国家就开始试水自动驾驶，我国也于20世纪80年代开始对自动驾驶的研究。2016年，特斯拉自动驾驶仪（Tesla Autopilot）入选当年"全球十大突破性技术"；2017年，自动驾驶货车（Self-Driving Trucks）入选当年"全球十大突破性技术"。发展自动驾驶，将为社会提供一种全新的服务模式和生活方式，给人们带来更好的出行体验感；同时有助于带动相关产业环节的发展。从产业链来看，自动驾驶会设计硬件和软件两大类配套设施，具体包括车载摄像头、高精度定位系统、AI芯片、5G移动通信设备、操作系统、AI算法与软件等。

目前，全球自动驾驶产业进入发展的"快车道"，技术创新日益活跃，产业规模不断壮大，商用探

索迈入新阶段。作为中国产业"智能化"核心之一的自动驾驶，在监管、技术和商业化等多方面合力推动下正在迈入发展快车道。

2020年，国家发展改革委、工信部等11个国家部委联合印发了《智能汽车创新发展战略》，并制定了一系列目标，包括到2025年，实现L3级自动驾驶规模化生产和L4级自动驾驶特定环境下市场化应用；到2025年，LTE-V2X实现区域覆盖，5G-V2X在部分城市、高速公路应用，高精度时空基准服务网络全覆盖；到2025年，中国标准的智能汽车体系基本形成。

此前，麦肯锡发布的一份报告预测，到2030年，自动驾驶相关的新车销售及出行服务创收将超过5000亿美元，中国很有可能成为全球最大的自动驾驶市场。

麦肯锡报告显示，中国消费者自动驾驶持更加开放的态度，同时，中国消费者在置换汽车时也更加关注自动驾驶，为自动驾驶付费的意愿较高。

当然，随着自动驾驶的推行，消费者已经从最起初的好奇和兴奋回归到驾驶的第一要素"安全"。基于新基建背景，中国在车路协同上具备后发优势，在这条长产业链上，信息技术领域的头部企业和三大通信商已经入局并积极布局，未来也待更多参与者进入，在竞争中促进行业发展。

1.对于选择同意及完全同意的消费者，将其归类为"放心"；对于选择部分同意、部分不同意、不同意及完全不同意的消费者，将其归类为"不放心"。　2.一次性支付金额

	中国	德国	美国
1400	2100	1000	1600
1400	2000	1100	1400
1200	1800	800	1500
1300	1900	1000	1500
1300	2000	800	1400
1800	2500	1600	1900

▌平均愿意支付金额（美元）

2.传感城市和绿色城市

自2008年IBM提出智慧地球概念之后，世界各国给予了高度关注，并先后启动了智慧城市相关计划。我国也高度重视智慧城市建设，国内在最早2010年提出"智慧城市"概念，随着物联网、云计算、人工智能等信息技术的发展，智慧城市逐步成为我国城市建设的新方向。

在推进智慧城市建设过程中，传感器作为联通智慧城市各个板块的"桥梁"，也迎来产业爆发。

借助传感技术和传感器，可以实现对城市管理各方面监测和全面感知，实时识别、感知城市环境、状态、位置等信息的变化并做出对应决策，帮助城市更高效运转。比如，智能停车技术通过智能手机的GPS数据和嵌在停车位地面的传感器，可向车主提供实时的停车地图和车位信息，实现高效环保的停车过程；智能路灯通过路灯传感器，可以为管理人员提供城市运作的实时数据，实现安全高效的城市管理。

2018年"传感城市"（Sensing City）入选"全球十大突破性技术"，彼时，Alphabet 旗下的 Sidewalk Labs 计划创建一个高科技社区来重新思考到底应该如何建设和运营一座城市。传感器作为建设智慧城市的关键，也是制造业的竞争领域所在。我国在2009年首次提出"感知中国"，国务院在无锡批准设立首个国家级传感网创新示范区，后又将"传感器"列为国家新兴战略性产业之一。

近年来，中国传感器市场一直增长快速。数据显示，2017年至2021年期间，中国传感器市场的复合年均增长率将达到30%，远高于世界平均水平；到2021年中国传感器市场规模将达到5937亿元。

目前，我国已形成多层次的智慧城市建设体系、完整的产业链，建设投资支出仅次于美国，智慧城市市场空间巨大。但从智慧城市市场内部和我国各主要区域的智慧城市发展情况来看，如何平衡发展也是需要面对的问题。与此同时，绿色和智慧融合发展已成智慧城市建设的新方向。

移动网络应对安全挑战

移动互联网的快速发展使大量用户信息以数字形式在网络上"游走"。在过去的20年里，像谷歌、苹果、亚马逊这样的科技巨头积累了大量的用户数据。消费者数据收集促进了创新，但也引发了安全隐患，并在过去几年掀起了一波消费者隐私监管浪潮，例如，欧盟发布的《通用数据保护条例》（General Data Protection Regulation，GDPR），国内近两年发布的《中华人民共和国个人信息保护法》《中华人民共和国数据安全法》等。

对于数据安全问题，消费者抱有各种各样的质疑。例如，在GDPR生效3天后，非政府组织 La Quadrature du Net代表1.2万名消费者向谷歌、苹果、微软、亚马逊和脸书提出了隐私

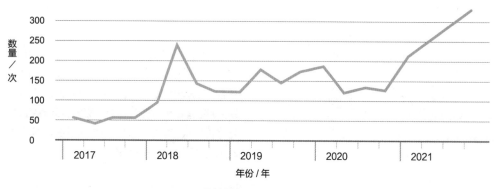

资料来源：CB Insights

图 5-13　2017 年至 2021 年各企业财报提及消费者隐私的数量

投诉，相关机构在2021年7月向亚马逊开出了8.87亿美元的罚款，这也是迄今为止金额数量最大的一笔GDPR罚单。

随着移动端需求的激增和对功能要求的深入，移动互联网信息和数据安全提升到前所未有的高度和迫切。在过去的几年里，各机构颁布的条例加上消费者和初创公司施加的压力，消费者隐私的重要性得以提升。对此，大型科技公司也纷纷采取相应行动打消监管和消费者的疑虑。其中，谷歌宣布计划在2023年前淘汰第三方Cookies并推出Privacy Sandbox（隐私沙箱）技术，以便在保护用户隐私的同时实现个性化广告投放。苹果公司于2021年4月通过移动操作系统iOS 14.5软件更新推出了 App Tracking Transparency（App反追踪）功能，允许用户禁用某些应用的广告跟踪功能。

各国对于移动网络安全方面的投入也在增加。据IDC预测，2021年全球信息技术安全相关硬件、软件、服务投资（按网络安全口径）将达1435亿美元，随着全球政府和企业对网络安全的重视程度逐年提升，预计2024年将达到1892亿美元。

本章导读

过去20年间，科学技术的飞速发展，深刻改变了人们的生产生活，改变了全球生态环境，也改变了世界竞争格局。

个性化药物和精准医学、生物大数据和人工智能、基因编辑技术、癌症免疫疗法、CAR-T治疗技术等生命科学领域的成就，使得人类对自身的认知来到了分子层面，对生命机体的奥秘有了更进一步的认知，也有了对抗疾病的有力武器。

风能、光伏、氢能等绿色能源正在为地球减碳"做加法"，人造合成食品为人类生存创造更多的资源；人工智能、大数据、区块链、云计算、5G通信、量子计算等信息技术正推动人类向人、机、物高度融合的新智能时代发展；虚拟现实、混合现实技术让"元宇宙"越来越近，智慧城市的搭建与平行时空的创造正同步发生。

科学技术的发展，不仅改变人类的生存方式，更进一步改变人们的思维方式，改变人类对自身和世界的认知。基于新的技术、材料和新的理念、思想，人类社会也将走向一个充满想象力的未来。

参考文献

[1] 唐维红.中国移动互联网发展报告（2022）[R].（2022）

[2] 中国互联网络信息中心.第49次中国互联网络发展状况报告[EB/OL].（2022-2-25）[2022-3-18].

[3] IMT-2030 (6G)推进组.6G总体愿景与潜在关键技术白皮书[R].（2021）

[4] 国家工业信息安全发展研究中心.依托智慧服务共创新型智慧城市——2022智慧城市白皮书[R].（2022）.

[5] IDC.中国可穿戴设备市场季度跟踪报告，2021年第四季度[EB/OL].[2022-3-16].

信息时代的课堂，插图作者布雷赫特·范登布鲁克（Brecht Vandenbroucke）

浸润生活的便携设备

历史上第一台电话诞生于1875年6月2日的美国波士顿法院路109号，出自美国发明家亚历山大·贝尔（Alexander Bell）和他的助手沃森（Watson）之手，他们实现了将声音传递到千里之外的壮举，这也许就是古代"千里传音"和"顺风耳"等神话故事的现实版本。但是人们并不满足，我们希望能够随时随地、十分方便地进行语言交流。于是随着集成电路的发展，1983年4月，摩托罗拉发布了全球第一台手机——DynaTAC8000X，自此便携式电话进入了我们的世界。不过，自功能强大的智能手机出现后，手机才真正全方位开始影响我们的生活。iPhone第一代手机应该算是具有开创性意义的智能手机，它真正能够像个人计算机一样，具有独立的操作系统，可以根据用户需求自行安装软件。智能手机不仅是一个划时代的科技成果，还是一个拓展功能的平台，因为生产商能针对用户的需求，将各种软件搭载在手机系统上，以不断地拓展手机的功能。

如今的智能手机不仅能够提供优质的通话服务，还能够影响我们生活的方方面面。我们打开智能手机，打开应用商店，可以看见琳琅满目的应用，其中，翻译软件和语音助手的出现一定是非常具有代表性的。万能翻译（Universal Translation）已经成为很多人快速理解不同语言的工具，在学习、工作或者旅行中，我们都可以看见移动端翻译工具的身影，它们就像一个桥梁，带着人们跨越了语言的障碍。万能翻译经过十几年的发展，翻译的精度和实用性得到了空前增强，这与软件技术和人工智能技术的发展分不开，而能够实现语音识别并进行翻译的技术也逐渐成熟。

万能翻译也因为给人们带来的便利入选2004年《麻省理工科技评论》"全球十大突破性技术"。从最开始呈现于早期的DOS、微软的Windows 平台，伴随着移动互联网的蓬勃发展，万能翻译如今活跃在移动端；从最开始还需要人工纠错，伴随着人工智能和大数据的出现，翻译软件也变得更加智能化，准确度越来越高，呈现的结果也越来越"信、达、雅"。这些都和电子芯片的计算能力、网络通信技术，以及软件的优化息息相关。

最简单的翻译软件是数据库加查表程序，单一的翻译软件的数据库本身及其包含的语种十分有限，难以有效实现商用，所以其能够从简单的程序进化到为我们所用的翻译软件，还是历经了多次的技术迭代。

2014年，一篇来自加拿大蒙特利尔大学在机器翻译领域应用神经网络的论文引起了巨大轰动，机器翻译也迎来了曙光。不久之后，基于神经网络的机器翻译取代了统计学派成为翻译领域的主流研究方法。微软、谷歌等科技巨头迅速将这类新技术应用到旗下所产的翻译产品中。拿谷歌翻译举例，2016年是人工智能技术惊艳的一年：AlphaGo击败了围棋高手李世石；人工智能进入自动驾驶的导航系统中；谷歌推出了商业翻译软件——谷歌翻译。

这是里程碑式的事件，谷歌翻译真正做到了算法上"跨语言""可微分""可编辑"类型的翻译。首先，"跨语言"是指谷歌将任何自然语言，例如中文、英文、法文、日文等，都用一种数字向量来编码语义，并以此来进行翻译；"可微分"是指一个词和一组同义词都能够被分别编码并区分开来；"可编辑"是指能够将好几个词的编码向量合成起来，像剪接基因一样，能够"搞出"一个文章摘要、中心思想、关键词。这些特征都得益于神经网络的架构而实现，计算机能够通过不断地尝试积累翻译的准确性。基于神经网络翻译的翻译软件出现，再加上大规模精准平行语料数据集的积累，机器翻译的单词错误率降低了50%，词汇错误和语法错误率也都分别降低了15%以上。在这之前，大家都认为这仅仅是从算法理论上能够成立的，但是谷歌将这些都一一实现了，成功将翻译软件商业化。

以中翻英为例说明谷歌翻译的步骤。首先软件将中文词编码成一个词向量，也就是一串数字向量，然后对词向量进行变价，将其变成一个有语义意义的向量，最后再把这个向量翻译成目标语言——英语。但最后一步其实是普适性的，也就是说经过前两步的处理，最初的中文词就已经变成一个有语义意义的数字向量，可

以指向任意一种存在于数据库中的语言。

2021年全球语言翻译软件市场销售额达到了130亿美元，预计2028年将达到228亿美元，复合年均增长率（CAGR）为7.9%（2022年—2028年）。从地区层面来看，中国市场在过去几年变化较快，2021年市场规模为百万美元级。2021年，全球第一梯队厂商主要有Thebigword Group Ltd、Lionbridge、LanguageLine Solutions和Global Linguist Solutions；第二梯队厂商有Babylon Corporation、Google Inc、IBM Corporation 和 Microsoft Inc. Systran等。

得益于柔性电子技术的发展，随身的可穿戴电子产品技术也得以与翻译功能相结合。巴别鱼耳塞（Babel-Fish Earbuds）出现了，其名称来源于英国科幻作家道格拉斯·亚当斯（Douglas Adams）40年前写的《银河系漫游指南》。书中描述了一种名为巴别鱼的动物，而只要将巴别鱼

图5-14　早年的翻盖手机

图 5-15 巴别鱼耳塞

蓝牙5.0无线联机能力，内置入耳检测、低音强化、智能音效与谷歌声控功能，限需搭配具有Android 6.0及以上系统的手机使用才能体验完整功能。除了没有降噪功能之外，貌似处处都是亮点，特别是搭载了语音声控助理，只要用手按住任一耳的耳塞，说出语音指令，就能实现声控功能。例如："OK Google"调高音量、"OK Google"调低音量。此外，也可以实现让谷歌助手为你报时或设定定时器等多项声控功能。

智能手机作为移动端发起智能化生活的平台和基地，要兼顾功能和便携性，也就意味着要做出某些功能的妥协。但是各式各样的配件和联动系统出现了，它们作为智能手机或者移动终端的拓展，丰富着智能手机或其他移动终端的应用场景和功能，上面的巴别鱼耳塞就是一个十分经典的例子。

除此之外，智能手表（Smart Watches）也是一个十分惊艳的消费类电子产品。类似于巴别鱼耳塞，智能手表上面搭载的功能也正好填充了我们生活中移动端应用场景的某些空白——不方便掏出手机的时候。

2011年，在国际消费类电子产品展览会（CES）上，大家都在谈论智能手机，各大消费类电子厂商纷纷推出自己的智能手机；2012年，平板电脑成为CES的主题，Ultrabook的概念被炒热；到了2013年，CES的焦点都放在了可穿戴智能设备上，其中不乏明星公司的恢宏巨制，例如谷歌公司的Google Glass，也有适合普通消费者的智能手表。而"Peddle"作为第一代智能手表，在那几年可以说是"风光无限"：先是2012年，"Peddle"的开发者埃里克·米基卡夫斯基（Eric Migicovsky）在美国众筹平台"Kickstarter"发起众筹，不到2小时就获得10万美元，一天过后这个数字涨到了100万美元，而最终埃里克从85000多名支持者手中拿到了超过1000万美元的融资，这也是当时的最高纪录，让很多希望得到投资的公司难以望其项背。投资人和消费者

"塞进"耳朵，就能听懂世界上各种语言。巴别鱼耳塞的使命与其一致——将"语障"消除。

巴别鱼耳塞由谷歌首发，它的外观设计略为"奇特"，并不像同时期的蓝牙耳机那样，要么是耳塞式，要么是入耳式，反而采用固定于耳蜗的支撑式设计，即使长时间佩戴也不会有明显的不适感。最特别的是，巴别鱼耳塞可以在Pixel智能手机上通过谷歌翻译应用程序进行实时翻译。一个人佩戴耳塞，另一个人手持手机，即可完成实时翻译，简直就像是同传。除此之外，它还能与谷歌助手进行更多联动，按下耳塞的开关按钮即可唤醒，然后就能通过语音方式对手机发号施令，十分具有现代感。这样一款耳塞，首发价格为159美元。耳塞还支持常规蓝牙耳机的无线控制功能，用来调整音量或切换音乐等。

可以说，这小小的耳塞凝萃了谷歌自家过半的看家本领，包括人工智能、语音识别等技术，建立了与移动端联动的人机语音接口，其未来的发展空间巨大，剑指家居、车载、便携的全场景语音接口。

2021年8月谷歌发布了新一代的Pixel Buds A-Series，比苹果AirPods便宜，只需要99美元，具备iPX4防水抗汗生活防水性能、内置

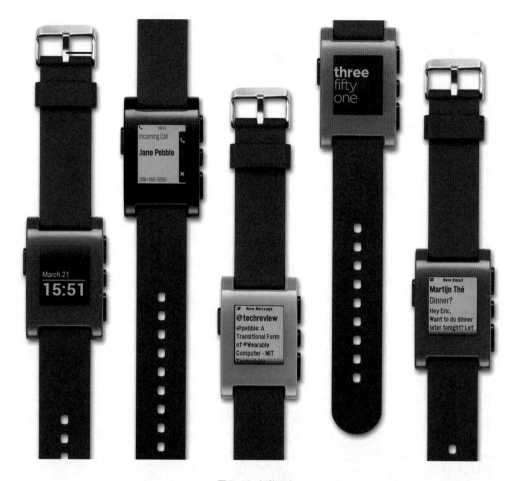

图 5-16　智能手表

对于智能手表产品的好感显而易见，大家对于这种新型可穿戴智能设备的前景抱有很高期望。

作为人机交互技术界面的延伸和平台，智能手表与语音识别结合，与智能软件助手结合，拥有十分强大的功能。智能手表装有嵌入式系统，拥有的不仅仅是简单报时功能，其功能类似一台个人数码助理。智能手表可以运行移动程序，与智能手机同步，并提供电话、短信和电子邮件提醒功能。智能手表还可以配置多个传感器，实现健康监测和健身追踪的功能。人们只要一抬手，一瞥眼就能轻松地获取一些简单实用的资讯。

智能手表的发展其实比我们想象得要早。1972年，美国手表厂商汉密尔顿推出了"Pulsar Time"。这是第一款具有智能手表概念的产品，显示屏是一块具有自动调节亮度功能的 LED 屏，并且还设计了大量数字按键和计算器功能。

一直以来，在手表上加入很多功能的想法一直萦绕在电子工程师心头。与智能手机类似，如果能够提高智能手表上搭载芯片的算力，则能够在手表上实现更多的功能。智能手表的发展也只能慢慢地跟随电子工业界的发展，等待强大的芯片及与之匹配的存储技术和电池技术。直到 2012

年，Peddle 的出现才正式将智能手表推上了历史舞台。

开发 Peddle 原型机最初的想法其实源自埃里克在荷兰代尔夫特舒适而恬静的生活。每天他都骑着自行车穿梭在代尔夫特与学校之间，时而响起的手机铃声对于正在骑着自行车的埃里克很是困扰，他不得不每次停下来查看手机的信息。埃里克想：如果我们将一些简单的功能转移到更加方便的地方就好了。他想到了手表。对于最初的想法，埃里克告诉我们："现在人们平均每天要掏出手机 120 次，如果我们能在手表上完成一些简单操作，岂不是很方便？"

于是埃里克马上组建团队，在 2012 年 4 月推出了 Peddle 创立以来的第一代产品，采用和 Kindle 类似的电子纸屏幕，续航能力超强，并且适合在日光下阅读。Peddle 首次预售就达到了 27 万块，每块售价为 150 美元。除了能采用蓝牙和智能手机相连，实现查看邮件等基本功能，Peddle 还开放了应用程序及第三方开发应用程序的许可，这就使得 Peddle 智能手表的功能变得丰富起来。其实，相比硬件开发，埃里克更加看重的是 Peddle 智能手表应用程序平台的搭建，他认为 Peddle 作为一个初创的硬件开发公司，软件开发的能力有限，投入大量资源可能得不到相应的回报。但如果能够创造一个应用程序开发平台甚至社区，求助于众多软件开发者，不仅能够盘活整个应用程序的开发状态，还能使更多的人来关注 Peddle。这样的开发模式似乎已经成为如今电子消费产品开发的定式了。手机制造商"小米"的发展之路也很类似。这其实是 Peddle 的成功之处，也是迫使 Peddle 出局的原因之一。各大消费电子巨头加入战局之后，不仅拥有资金上的优势，并且更重要的是诸如苹果、谷歌等公司都有相当深厚的软件应用沉淀，能够十分方便地在自己的智能手表端推广自己的软件应用。

如今，智能手表的市场中已经鲜见 Peddle 的身

影了，Apple Watch 一跃成为智能手表的"霸主"。随着智能手表的性能在健康监测方面显著提升，越来越多的人将选择佩戴此类产品，从 2012 年开始智能手表的销量逐年上涨。由于 Apple Watch 与其他大厂的智能手表加入战局，智能手表销量一举向上攀升。这样的趋势还会延续多久，我们都没有答案。

智能手表能带给人们的是不一样的人机交互体验，它注重给人们带来效率和方便的信息供应。即使现在有很多基于智能手表的应用出现，可是人们对于手表功能的需求远没有达到他们的预期，反而那些具有简单功能的"健身"主题手表倒是大受欢迎。人们的需求永远比一个产品的功能来得更加贴合市场，功能贴合需求的产品是好产品，功能超前但不实用的产品就只能是概念产品了。

智能手表的功能与智能手机的联动十分频繁，是智能手机端应用的延伸，也是一个集合了很多小功能的终端。如果要满足某些十分特殊的需求，则需要定位更为专业的电子产品。随着人们日益看重健康，随身的可穿戴电子产品和医疗电子产品成为快速走进人们生活的技术产品之一。

2007 年个性化医用监控仪问世，它将计算机和数据分析结合，让计算机帮助解读医疗检测数据，提供更为准确、更个性化的检测分析结果，成为病人与医生的好帮手。美国麻省理工学院电气工程和计算机系的教授约翰·古塔（John Guttag）领衔的科研小组，针对癫痫症进行了专门的探究，通过编写程序让计算机有能力分析和解读人体内电信号数据，并以此判断患者的病情。最终，他们设计并开发出个性化的癫痫症探测器，采用外接式的传感器来采集患者的脑电波，并实时进行分析和监控，除了待命工作外，该探测器可帮助病人在癫痫症出现之前，提醒他们到安全地点休息等。毫无疑问这种仪器对于高危病患人群是十分有利的。这项工作很有应用前景，是向精确化、自

动化医疗数据诊断迈出的重要一步。

医疗电子和可穿戴电子技术相结合，使得个性化医疗监控仪器得到了飞速发展，也恰好满足了人们对于健康的渴望。时间来到2016年，美国初创公司Empatica推出一款专门为癫痫症患者设计的Embrace智能腕带，腕带上布置有一些小型的电极，可透过皮肤传导微弱电流，然后测量汗腺受刺激情况，再与其他手段结合起来检测癫痫发作，在患者发病时，腕带可以发出警报。具体来说，Embrace智能腕带可以检测患者的心理压力、睡眠及其他身体活动，如果某些指标超过设定的阈值，腕带通过Embrace App（支持Android和iOS），警报会发送给家庭成员或者身边的护理人员。

每个人都是独特的个体，人与人之间也都具备个体差异，在人工智能和大数据技术发展的背景下，检测的精度会不断提升，针对每个人的健康数据分析也将会越来越成熟，越来越契合个人的健康状态。人工智能和大数据也将持续为医疗电子产品提供强大的算力，使得更多的健康指标检测走进我们的日常生活。2019年，可穿戴心电仪（An ECG on Your Wrist）面世，我们在手腕上就能观测心电图。它将出现在医院的大型设备"搬"到了我们的手腕上，集成为便携设备，来到我们身边。也许这一类仪器的精度比不上医院中专业的高精度仪器，但在生活中，我们只需要粗略了解身体的情况，判断是否异常就行。它填补了快捷医疗检测的空白。

除了穿戴在我们身上的电子产品，其实科学家们一直在用更加便捷的方法探测我们的五脏六腑，Helius智能药丸就是一次积极的尝试。它由初创公司Proteus数字医疗公司研发，是一种可吞服性智能药丸。实际上，Helius智能药丸是一种可消化性微芯片。Helius智能药丸由吞咽进入人体内部，对人体无毒无害，配合外部贴在皮肤上的贴片，可以在人的体内实时监测人体各种体征，比如心率、呼吸、是否服药等。

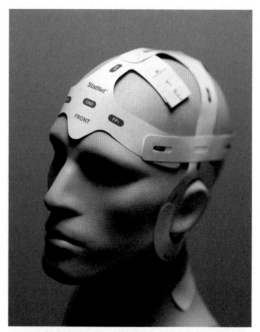

图 5-17　脑电图（Electroencephalogram，EEG）设备，图片来克里斯托弗·哈廷（Christopher Harting）

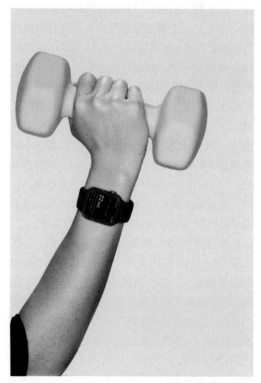

图 5-18　可穿戴心电仪，图片拍摄者布鲁斯·彼得森（Bruce Peterson）

离人类实现"万能翻译"还有多远？

张 岳

西湖大学工学院教授

"万能翻译"指的是用机器自动将任何一种语言翻译成另外一种语言。这种技术是一种理想化的人工智能任务，经常出现在科幻小说和影视作品里。最早约出现在1945年默里·莱因斯特（Murray Leinster）的小说《第一次接触》（*First Contact*）中，之后著名小说《神秘博士》（*Doctor Who*）、影视作品《黑衣人》（*Men in Black*）和《星际迷航》（*Star Trek*）中都包含万能翻译的桥段。

现实生活中，万能翻译是机器翻译研究的一个重要目标。机器翻译是自然语言处理和人工智能应用的一个重要领域，早在20世纪50年代，计算机科学和人工智能刚刚兴起的时候，机器翻译就作为一个重要任务受到学界关注。早期的机器翻译多用于军事领域，但不久后也出现了商业应用。最早的机器翻译是通过语言学家手写规则，将一种语言翻译成另一种语言。然而，由于语言的灵活性，手写规则往往难以涵盖微妙的语言现象。20世纪60年代，有一个英译俄的经典案例，输入英文谚语"The spirit is willing, but the flesh is weak"（心有余而力不足），机器翻译输出的俄语句子的意思却是"The wine is delicious, but the meat tastes bad"（酒很好喝，肉确不行）。这是因为英文中"spirit"是一个多义词，有"精神""烈酒"等含义，而"flesh"（肉体）又易被混淆为"meat"（肉）。

自20世纪80年代末开始，统计机器翻译逐渐展现出性能优势。IBM的商业翻译系统，逐渐采用了统计机器翻译技术。当时流传一个"八卦消息"，某位著名的研究人员声称："每当我解雇一个语言学家，机器翻译系统的性能就提升一些。"这多多少少反映了机器学习对于这种语言处理复杂任务的作用。

自2014年开始，随着深层神经网络在自然语言处理领域的大规模应用，神经机器翻译系统开始被越来越多的研究者关注。研究者们使用大规模深层神经网络来取代传统的统计机器学习方法。给定一个源语言输入，算法先计算出一个向量形式的神经网络表示，然后根据这个源语言表示生成一个目标语言翻译。随着神经网络规模的增大和结构的优化，这种技术逐渐展现出性能优势，全面超越了传统统计方法。

当前机器翻译技术对于中文、英文及其他欧洲语言已经达到相对实用的水平，在日常对话等领域准确率接近人类。然而，算法离实现真正的万能翻译还有一定的距离。一个重要的原因是机器翻译的训练方式。传统的机器翻译模型需要大规模的人类翻译样本作为训练数据，而这样的翻译数据对于不同的语言其数量参差不齐。这就导致数据资源丰富的语言的翻译效果相对较为准确，而数据资源稀少的语言的翻译效果较差。

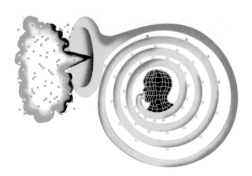

图 5-19　万能翻译，插图作者丹尼尔·岑德尔（Daniel Zender）

万能翻译是机器翻译中更有挑战的任务。相对主流——对于每两种语言建立一个翻译模型的做法，万能翻译需要同一个模型，同时处理所有不同的语言。这就需要模型能够对跨语言的语义进行表示。这种翻译对于早期使用人工规则来构建翻译系统的翻译模式，几乎是不可能实现的。在统计机器翻译的年代，研究人员试图构建一种更通用的语义结构作为中间桥梁，来实现多种语言之间的相互翻译。这种模型先把输入的语言分析成中间语义结构，再把这种中间结构映射成输出语言。这种方式在小规模的实验中展现了潜力，然而却没有在实际系统中得到大规模应用，这是因为从语言学的角度讲，能够在不同语言之间兼容的中间结构非常难以找到。

而神经网络模型给万能翻译带来了新的契机。事实表明，同一套神经网络参数，可以对不同的数据进行向量化的表示。这就意味着不同语言之间的相互翻译，可以通过共用同一套神经网络参数而实现。这样做有一个额外的益处，就是相关语言知识可以在共享的神经网络参数相互增强，达到互相借鉴的效果。但共享网络参数也有一个缺点，就是相互矛盾冲突的信息可能在同一套共享的网络参数中起到相互排斥的副作用。事实证明，共享网络参数的多语言翻译，系统性能往往低于针对两个语言单独建模的机器翻译。

这种情况在近两年得到了某些改观。2021 年，研究人员首次在公开的 WMT 国际机器翻译大赛中，使用多语言的通用翻译系统，"击败"了针对特定语言对构建的模型。这种技术得益于多语言预训练的方法。具体而言，"预训练"是近两年推动语言处理发展的一项重要技术。它的基本思想是通过让大规模的神经网络在大规模的互联网文本上进行类似完形填空或者句子补全的任务，通过没有人工标注的文本来给神经网络注入语言知识。预训练过的神经网络，可以在下游任务的训练数据中继续训练，而大规模预训练得到的知识，可以有效帮助这些模型在下游任务上取得更好的效果。当预训练技术被用在多语言的文本上时，就可以用同一个神经网络模型来融合多种语言的大量互联网文本的知识，使一个模型同时具备理解和生成多种语言的能力。在这样预训练过的多语言模型的基础上，再进行神经网络参数共享机制下的多语言翻译训练，就可以实现很好的效果。

当下，由于上述技术的进步，万能翻译获得了突飞猛进的机会。然而，上述模型对于训练数据较少的语言仍然展现出相对不足。因此，使用当前技术实现的翻译距离完全实现万能翻译还有多远，仍是个未知数。也许，当自然语言处理和人工智能的一般技术取得更多跨越之后，万能翻译才能真正实现。但无论如何，多语言机器翻译已经越来越多地走进人们的生活。

学术点评

可穿戴心电仪的创新之路

王炳昊

东南大学电子科学与工程
学院教授

董霖宇

东南大学电子科学与
工程学院学生

刘澄玉

东南大学仪器科学与工程
学院教授

心血管疾病具有患病率高、致残率高和死亡率高的特点，成为世卫组织报道的全球头号死因。数据指出，由心血管疾病造成的死亡占所有因疾病死亡的三分之一，其中有八成的死亡发生在中低收入国家。心电监测可以有效地预防心血管疾病，近年来，心电监测技术日新月异，人类对心电监测的探求更是可以追溯到100多年前。1887年，英国生理学家奥古斯塔斯·沃勒（Augustus Waller）用汞毛细管静电计记录了第一张人体心电图。1902年，荷兰生理学家艾因特霍芬（Einthoven）（后来于1924年获得诺贝尔生理学或医学奖）第一次使用弦线电流计，记录到适用于临床的心电波形。现如今，心电监测在临床中已有极为广泛的应用。

与临床12导联同步静态心电图机不同，24 h的心电动态监测可用于发现心律失常和心肌缺血等更多的心脏问题，可以有效降低心血管疾病的致残率和致死率。然而，人口老龄化和紧缺的医疗资源使得目前的医疗体系难以对所有患者都提供长时间的心电检测服务，这便要求未来的医疗从医院诊疗向健康监护预防的模式进行转变，全球疫情流行大大地加快了这种转变的进程。因此，便携的、可长时间监测的可穿戴心电仪对人类健康具有重大意义。

为实现长程动态心电监测，美国生理学家诺曼·杰弗里斯·霍尔特（Norman Jefferis Holter）在1949年开发了第一款重达35千克的可无线记录动态心电图的设备，通过不断改进，1961年便携式动态心电监测装置质量已减小至1千克。至此，以他名字命名的动态心电监测仪在全球范围内广泛使用。轻便的可穿戴心电仪可追溯到20世纪90年代，佐治亚理工学院贾亚拉曼（Jayaraman）教授团队设计了第一款可用于心电监测的交互式织物可穿戴系统——智能衬衫。2014年美国食品和药物管理局（FDA）批准了第一款六导联个人心电图设备——KardiaMobile产品，标志着可穿戴心电仪正式迈入"医疗级产品时代"，随后集成心电监测的智能手表、手环等产品广泛地进入消费者市场。

然而，集成心电监测的智能手表，目前仅能监测房颤，且无法提供24 h连续心脏动态监测。而基于柔性电子贴片和智能衣物的可穿戴心电仪的临床应用价值仍需要大量实验以确定其长期监测的有效性。因而，在信号感知（电极）、数据传输、数据算法和信息安全等各个方面仍需继续研发。

信号感知即在不同的体表位置放置电极以获取心电信号，并根据不同的导联方式得到特定的导联波形。电极采集心电信号的基本原理在于，心肌细胞在心脏搏动前后会产生微弱的电流，并通过人体组织传导至人体表面。而电极与监测界面接触时会发生电化学反应，两侧的原子或离子发生电离，产生可自由移动的电子，从而与皮肤间形成导电通路，进而对心电信号进行传导。心电电极可分为湿性电极和干性电极，目前临床上普遍采用银/氯化银电极，并通过导电凝胶与人体皮肤形成低阻抗接触。但是该类电极透气性不理想，与皮肤的长时间接触会导致皮肤过敏，同时导电凝胶也容易在使用过程中变干，造成电极与皮肤的接触而使电阻变高，难以胜任可穿戴心电仪长时间监测的任务。干性电极则是与皮肤直接接触形成导电通路，然而仍存在空气间隙和半电池电位较大等问题，从而增加了界面阻抗并降低了采集的心电信号质量。目前，研究人员设计制造了多种干性电极，其中不少已能够在接触电阻、信噪比等参数上与湿性电极相媲美。因此，干性电极在未来的可穿戴心电仪领域中将占据主要地位。

心电采集模块集成了数据采集、数据处理、数据传输等功能，芯片和电路设计对于功耗和信号信噪比起

表 5-1　常见的国内外心电采集芯片的参数

芯片型号	封装尺寸 /mm²	是否内置模数转换器及位数	共模抑制比 /dB	输入阻抗 /MΩ	供电电流 /μA
ADS1292	4.0×4.0	是，24 位	120	>1000	280
MAX30001	2.8×3.0	是，18 位	100	>1000	76
BMD101	3.0×3.0	是，16 位	82	19~25	870
BAC201	3.0×3.0	是，12 位	80	10	1000
AD8232	4.0×4.0	否	80	10	170
AD8233	2.0×1.7	否	80	10	50
KS1081	3.0×3.0	否	85	5000	130

着至关重要的作用。目前在可穿戴领域方面，美国德州仪器（TI）公司的ADS1292芯片和亚德诺半导体（ADI）公司的AD8232芯片整体功能都很全面且应用较多，然而目前仍存在芯片封装尺寸较大和功耗较大的问题。国产芯片，如芯森微电子的KS1081和神念科技的BMD101在国内有一定的认可度，且在芯片体积和与金属/织物等干性电极匹配方面有优势。另外，电路优化设计，如四线式隔离测量电路，能够提供阻抗幅度和阻抗相位测量的绝对精度，从而可以进一步保证心电信号质量。

在可穿戴心电仪未来的发展中，为了适应长时间、动态采集和海量数据等需求，将硬件集成和本地化分析是一种主要的发展趋势，使得可穿戴心电仪可以在长时间的心电监测中得到实时的分析结果。其中信号滤波、特征提取、心拍分类是最为主要的技术，小波变换、时域特征提取法和变换域特征提取法、神经网络是以上各技术中最为常见的实现路径之一。由于本地化集成的要求，以上信号的处理和分析需要从传统的云端转移到中央处理芯片上，这便对核心芯片的性能提出了极高的要求，这需要同时满足高速和超低功耗的要求，人工智能芯片以及现场可编程门阵列是较为理想的选择。

综上所述，可穿戴心电仪可以通过长时间的心电监测，为心血管疾病的早期发现和预防提供有效帮助。纵使其在诸如电极、核心处理芯片、信号识别与诊断等核心技术存在不足，但在长程监测、本地化集成、实时自适应分析算法等技术的不断完善，法律法规和新型医疗体制的支撑以及信息安全的保障下，作为2019年"全球十大突破性技术"之一的可穿戴心电仪仍有着可期待的应用前景。

参考文献

[1] 刘澄玉，杨美程，邸佳楠，等.穿戴式心电：发展历程、核心技术与未来挑战[J].中国生物医学工程学报，2019，38：641-652.

[2] 叶华标，周金利，杨红英，等.可穿戴电极采集心电图的原理与研究进展[J].纺织导报，2019：42-45.

[3] 黄艳，吕娜，朱璐，等.远程可穿戴心电设备的应用进展[J].临床心电学杂志，2022，31：143-148.

[4] 黄达，樊迪.心电电极技术发展概述[J].信息记录材料,2021,22(8):4-7.

[5] Mehta N J, Khan I A. Cardiology's 10 greatest discoveries of the 20th century [J]. Tex Heart Inst J, 2002, 9(3): 164-171.

[6] Gopalsamy C, Park S, Rajamanickam R, et al. The wearable motherboard: The first generation of adaptive and responsive textile structures (ARTS) for medical applications [J]. Visual Real, 1999, 4(3): 152-168.

[7] Liu Chengyu, Zhang Xiangyu, Zhao Lina, et a1. Signal quality assessment and lightweight qrs detection for wearable ecg smartvest system [J]. IEEE Internet Things J, 2019, 6(2): 1363-1374.

[8] Lin Ke, Wang Xinan, Zhang Xing, et a1. An FPC based flexible dry electrode with stacked double micro-domes array for wearable biopotential recording system [J]. Technol, 2016, 23 (5): 1443-1451.

[9] Wang C, Wang H, Wang B, et al. On-Skin Paintable Biogel for Long-Term High-Fidelity Electroencephalogram Recording[J]. Science Advances, 2022, 8:1396.

移动端的能源便利

智能电网普及带来的便利，
插图作者梅雷迪思·米奥特克（Meredith Miotke）

移动端的应用场景决定了它们必须要有很好的续航能力和方便的充电技术，从2008年就开始进入人们视野的无线充电（Wireless Power）技术和2016年的空气取电（Power from the Air）技术都是十分重要的尝试，再加上锂电池技术的成熟，如今的便携式电子产品基本都拥有不错的续航能力，还能进行无线充电，十分方便。

自人类对于电的认识开始，电就存在于短短长长的导线中，无论是提供能量还是传递信息，导线和以实体形式存在的电子电路元件都是必要条件。但是，人们从电与磁的相互作用中认识到，电流可以产生磁场，磁场又可以产生电场，继而产生电流。1820年7月21日，丹麦哥本哈根大学教授、物理学家奥斯特发现了"电流的磁效应"，建立了电磁的相互联系，电磁学诞生了，这可谓物理学发展史上一件轰动世界的大事。1821年英国著名物理学家法拉第制成了第一个实验电机的模型，1822年法拉第证明电可以做功运动，人类进入电气时代。随着第一台实用发电机的成功发明，第二次工业革命拉开序幕。后续法拉第又在1831年发现了电磁感应现象，他发现变化的磁场能够产生感应电动势，感应电动势的大小取决于磁通量变化的快慢和线圈匝数。最终法拉第成功地完成了电磁感应实验，他在英国皇家学会做了公开的演示。这一现象揭示了电场和磁场的关系，这一关系被麦克斯韦进一步发展成电磁场理论方程，引发了电磁学研究的跨世纪发展。

奥斯特、法拉第与麦克斯韦发现的电磁现象，就是无线充电技术的基础。特斯拉为了推广交流电于1901年在美国建造了一座无线电能传输塔，希望能通过建造无数座无线电能传输塔的方式将电能传输到全世界，但是由于思想太过超前，缺少其他配套技术，也因为资金短缺，1904年特斯拉的计划泡汤了。直至100多年后，真正的无线充电技术才和我们见面。2007年，由麻省理工学院物理学教授马兰·索尔贾希克（Marin Soljacic）带领的研究团队利用磁共振无线充电技术，"隔空"点亮了2 m外的一盏60 W的灯泡，并将其取名为"WiTricity"。实验中，团队采用配对的发射谐振器和接收谐振器（截面半径为3 mm的铜线缠绕5.25圈，线圈的截面半径为300 mm），其电路模型就是一个由分布式电感器和电容器组成的线圈型谐振器，其谐振频率为9.90 MHz。在进一步的实验中，团队测量出在谐振器间距2m时传输效率约为40%，距离为1m时传输效率可高达90%。

2008年无线充电联盟随即成立，确定了首批统一的无线充电设备的协议和规格。同年，无线充电技术也因为广阔的发展前景入选《麻省理工科技评论》"全球十大突破性技术"评选。2009年德州仪器开发了第一款能够实现无线充电的电源芯片，在CES（国际消费类电子产品展览会）上展示了一款基于苹果手机打造的无线充电器；2010年，海尔在CES上展出了采用无线供电技术的无尾电视。无线充电技术一经面世可谓吸睛无数，在消费类电子市场全面"开花"，这也说明大家苦"充电线"久矣。该技术大受市场好评，其广阔的发展空间和应用场景也令技术大厂心向往之，大家纷纷加入战局，也进一步推进了无线充电技术的发展。

总的来说，如今无线充电技术大致分为3种类型：电磁感应技术、磁共振技术和无线电波传输技术。其中，电磁感应技术的应用比较普遍，原理也很简单，使用该技术的产品类似变压器，需要发射端线圈和接收端线圈两个线圈，发射端线圈连接电源和控制器发射出电磁振荡信号，接收端线圈基于电磁感应原理接收电磁振荡信号并由充电控制器产生电流供给用电设备。

如今常见的无线充电座就是基于电磁感应原理。电磁感应传输电能的关键是磁通量的变化，这就要求发射端线圈和接收端线圈交叠的面积要足够大，并且考虑到电磁波在空气中的衰减会影响传输效率，二者间隔距离也不能过大。所以现在主流的无线充电座要求设备贴合着置于其上，如磁吸的便携式无线充电宝便是磁吸附在设备上的。

相对而言，磁共振技术和无线电波传输技术的未来感要充足很多，两者的应用场景设想都是"远"距离无线输电，进一步解放充电的自由度。其中，磁共振技术基于电磁共振原理，只需要设计好配套的发射端线圈和接收端线圈，接收端线圈的固有频率与发射端线圈发射出的电磁波频率相同，就能"精准"地引起接收端线圈的强烈共振，从而较为高效地获得能量。

磁共振技术较为适合的应用场景是智能家居，想象一下，在家中设置一个总控的磁共振充电电源，它能够与家中所有的智能装置适配，是不是十分方便？

无线电波式无线充电基于无线电波传输技术，无

图 5-20 无线充电，资料来源：Pixabay

图 5-21 电动汽车，资料来源：Pixabay

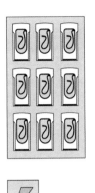

图 5-22　电磁感应充电应用场景

线电波常用于信号传输中。不过既然可以传输信号，那么从理论上来说也可以传输能量，虽然传输的精度要求可能不那么高，但是对于效率的要求可能更高。

笔者第一次接触到无线充电技术是在本科的研究项目，当时导师说起无线充电技术时眼中闪动的亮光让我记忆犹新，印象中无线充电技术是十分有意思的技术。真正见识到无线充电技术则是在德国的大众辉腾玻璃工厂，在工厂中，机器人是主要的"劳动力"，它们在工厂中穿梭自如，而充电的配置就是无线充电，它们会像如今我们家中的扫地机器人一样回到某一个特定的位置进行充电，然后工作。无线充电技术如今广泛应用于以机器人为主体的生产线上，真正使机器人脱离了充电线的束缚。

无线充电技术比较适用于不方便用充电线进行充电的场景，例如给植入式医疗设备充电或者是给内嵌式物联网传感器进行充电。无线充电技术打破了空间和充电线的束缚，成功解决了这一问题。

第二个适用场景则要考虑设备的能耗。如果能耗不是很高，充电的速率就达到了我们可以接受的范围。现在手机无线充电的功率仅仅为20 W左右，相比之下，有线充电方面，各大厂商的快速充电技术都已经十分成熟，30 ~ 40 min就能充满5000 mAh的电量，无线充电可能需要2~3 h才能充满。

这也是便携式设备普遍适配无线充电的原因。除了智能手机搭载的电池容量比较大之外，其他的便携式设备，特别是与智能手机适配的配件，功耗都不高，所以充电速率并不是一个很大的问题，毕竟整个使用周期都比较方便。苹果从AplePencil一代到AplePencil二代的改变就足以说明问题，用户对AplePencil一代的充电多有不满，于是AplePencil二代的充电采用无线充电技术，方便很多。

其次，无线充电技术比较适用于有长时间待机或者固定时间待机的应用场景中，例如电动汽车、轨道交通运输设备等。无线充电技术现在成功"解放"了充电线，而随着技术的不断发展，也许不久的将来成熟的无线持续供电技术会出现并越来越高效，到时候淘汰的就不只是充电线了，也许连电池都会成为历史。

移动端的安全攻防

安全攻防体系，
图片来自美国盖蒂图片社（Getty Images）

智能手机的出现，其实是建立在硬件和软件技术的"双重火力"之下的。硬件端芯片的计算能力越来越强、存储越来越大、电池续航能力越来越好，以及一些配套系统功能越来越齐全，宛如将个人电脑搬到了手机中，这就为软件提供了展示功能的大舞台。个人电脑的发展史伴随着硬件和软件的发展，也伴随着病毒的发展，据说最早的电脑病毒由麻省理工学院的学生罗伯特·塔潘·莫里斯（Robert Tappan Morris）撰写于1988年11月2日。此病毒被取名为Morris，仅99行程序代码，当莫里斯将其发布到网络上数小时后，就有数以千计的UNIX服务器受到感染。但此软件原始用意并非用来"瘫痪"电脑，而是希望创作出可以自我复制的软件，但程序的循环没有处理好，使得服务器不断执行、复制Morris，最后死机。

手机病毒也随着智能手机的功能越来越丰富，出现在人们的视野中。2005年，世界上已经出现第一种能摧毁手机操作系统的木马病毒，它能通过手机文件共享或互联网QQ传染。手机病毒的出现不仅危害个人移动端的信息安全，由于手机可以通过各种连接方式同计算机系统相连，进而危及整个局域网和广域网，其传播将极大危害计算机及网络系统的安全。例如手机作为一种付费的装置，从理论上讲手机病毒会扰乱公司的账目。据估计，用于移动系统安全上的花费，从2004年的1亿美元增长至2008年的10亿美元，其中主要是研发抗手机病毒软件。

如今各大厂商推出的智能手机都具有各种各样的功能，各大厂商都有自己的坚持和卖点。今年推出的荣耀Magic系列手机的卖点之一就是私密性通话，也是某种程度上私密手机的属性，而专门主打私密性的智能手机则更加关注网络连接和信息交互模块。当移动端的应用越来越多，移动端与交易和财富挂钩，移动端与工作和信息挂钩时，系统的安全性也越来越重要。移动端设备的无所不在与移动端设备的联网特性都预示着移动端的安全问题将和当年个人电脑的安全性一样，面临很多考验。我们的个人电脑如今还需要各种杀毒软件的保护，而移动端也出现了应对手机病毒和信息安全性问题的超私密智能手机。

超私密智能手机（Ultraprivate Smartphones）是基于安全和隐私考虑构

图 5-23　网络安全，插图作者托米·温（Tomi Um）

建的新手机模式，可传输最小限度的个人信息，反映了"斯诺登时代"的要求。我想各位读者都应该遭遇过日常谈话提过的话题，不过几分钟在手机端就有各种软件通过大数据分析推送相关信息的情况，有种手机在"窥视"我们生活的感觉。

这种感觉仿佛在信息生活下"裸奔"，如此说来超私密手机的推出和发展是人类社会对信息安全的需求的必然结果。而信息安全已经从离大众很远的军事、政府外交逐渐走向了生活的方方面面，小到购物喜好，大到工作、商业信息，都涉及各种利益，我们希望我们的个人信息能够得到保护。

菲尔·齐默尔曼（Phil Zimmermann）于 2014 年推出的 Blackphone 在当时的背景下看来是针对信息安全的移动端解决方案之一。2013 年，美国中央情报局（以下简称中情局）前职员爱德华·斯诺登（Edward Snowden）揭露的文档显示，中情局从云计算平台和无线网络运营商那里收集了海量信息，包括普通人拨打的电话号码和次数。不仅仅是美国情报部门，很多商家、团体和个人都能通过智能手机及其携带的应用程序收集大量用户数据，比如地址、网络浏览历史、搜索内容和联系人名单，并通过这些信息"个性化"地制定营销策略。

齐默尔曼是一个密码学家，他创始的公司 Silent Circle 能够将语音电话、文字信息和其他任何文档附件进行加密。Blackphone 作为公司的

第一款私密性智能手机，使用安卓操作系统的一个特殊版本 PrivatOS，它采用齐默尔曼的加密工具和具有其他保护措施的应用程序，阻止你的手机以多种方式泄露你的行动。规格上，Blackphone 采用 4.7 英寸 720p IPS 屏幕，搭载 Tegra 4i 处理器，配备 1GB 内存以及 16GB 存储空间。配置上平平无奇，关键是其主打的私密性：Silent Circle 对其提供声音和文字加密服务；在安卓操作系统的特殊版本 PrivatOS 下，可以屏蔽许多有关你的语音通话、短信以及任何附件等活动的数据泄密。

具体而言，Blackphone 的 PrivatOS 是改良后的安卓 4.4 操作系统，完全没有安装谷歌服务，安装软件只能通过在浏览器上搜索，再进行安装。在安装阶段需要创建一个强大的 PIN 码以保护设备，此外还需要全盘的加密。系统中还预装了安全中心（Security Center）、SmArter Wi-Fi、远程清除工具、安全无线网络、3 个 Silent Circle 应用以及一个私人搜索插件。

2015 年，Blackphone 推出了二代手机——Blackphone 2，采用 5.5 英寸 1080p 显示屏，搭载高通骁龙 1.7GHz 8 核处理器，3GB 运行内存和 32GB 机身存储，支持 micro SD 卡扩展，前后摄像头分别为 500 万像素和 1300 万像素，配备了一块 3060 mAh 电池，支持 2.0 快速充电技术。配置上相较初代提升了不少，操作系统也换成了定制版的安卓系统 PrivatOS 1.1。

私密性手机的出现体现了人们对于信息安全的重视，然而就信息安全而言，其核心还是人，所谓私密性手机只能尽可能地减少我们在不知情情况下被动的信息外泄。然而在人做决策时，往往几个按键操作就可能将自己的信息泄露，就例如私密性手机的软件安装，即便需要烦琐的过程，却也不能做到完全将不安全软件拒之门外，只能说它降低了很多风险。决定权还是在消费者，消费者在使用智能手机过程中要重视信息安全，规避信息泄露的风险。

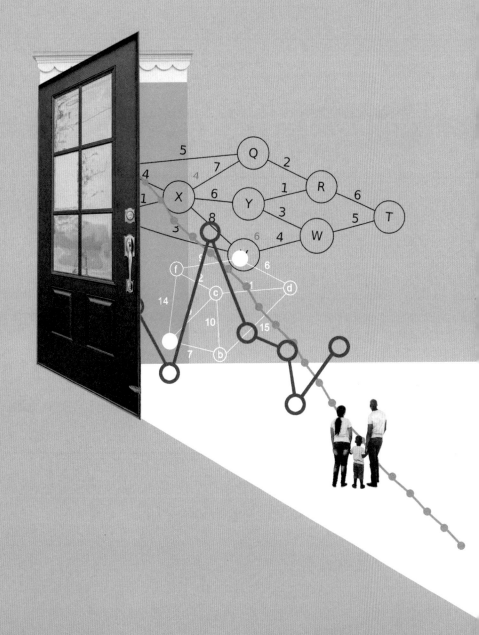

信息安全，插图作者安德烈娅·达奎诺（Andrea D'Aquino）

快捷支付与数字经济

数字经济，插图作者阿里尔·戴维斯（Ariel Davis）

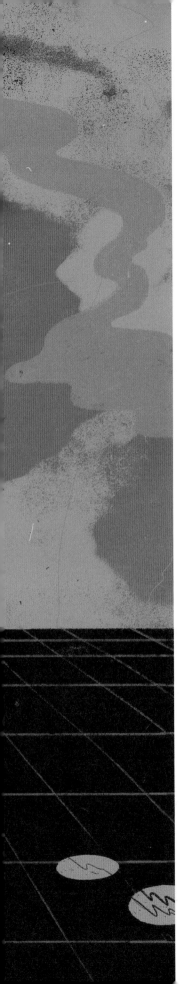

曾在中国生活过的国际友人被问道："离开中国，回到他们的祖国后生活，最不适应的是什么？"答案中屡次出现快捷支付。因为在中国，快捷支付真的太方便了，纸币、钱包，还有散碎的零钱统统都不需要携带，出门一人一部手机就可以。快捷支付已深入我们的生活，并对我们的生活带来了深远的影响。

为了解决十大哲学问题之一的"我是谁"？我们有以下几个途径来进行身份验证：你拥有的东西、你知道的东西（例如密码）、你的生物特征。前两种途径的独特性都没有第三种强，而我们身份的独特性正是身份识别的意义所在，一串串密码或者是一行行数字并不能诠释我们的身份，这正是生物特征识别（Biometrics）存在的意义。如今在移动端，已经能够广泛采用指纹和人脸识别技术对用户进行验证，某些应用场景还尝试采用精度更高的虹膜识别。采用指纹识别的手机使得手机的使用更加方便，而伴随 iPhone X 面世的 faceID 则让手机的使用变得更加便捷。这样的新特性无疑让 iPhone X 成为当年话题感最足的智能手机。与人脸识别结合的刷脸支付则将便捷支付推向了一个更高的地步。2015 年，阿里巴巴 CEO 马云在汉诺威消费电子、信息及通信技术博览会上向世人展示刷脸支付（Paying with Your Face）技术。这项崭新的支付认证技术由蚂蚁金服与 Face++ Financial 合作研发，用户在购物后的支付认证阶段通过扫脸取代传统密码。

其实人脸识别技术并不是新的技术，早在 21 世纪初，人脸识别技术就已经走进消费类电子产品之中，最开始是作为便携式电脑的登录识别，精度要求并没有很高，仅仅是识别几个点而已。而蚂蚁金服与 Face++Financial 合作开发的人脸识别技术曾经与《最强大脑》的"水哥"王昱珩进行过同场竞技，并以 2∶1 的比分略胜一筹。

图 5-24　人脸识别常被用于交通系统中，插图作者罗布·谢里登（Rob Sheridan）

人脸识别技术的核心是算法，其模式就是对人脸上的特征点进行识别并数字化，然后在数据库中进行对比，从原理上来说对比的点个数越多精度越高。

另外，人脸识别技术是基于计算机图像处理技术的生物识别手段，可以很好地和人工智能技术相结合，借用后者"训练"计算机系统提高识别的效率和准确度。具体而言，人脸识别软件能够通过深度学习网络，利用数据训练识别"动作"，并持续提高效率和熟练度。

刷脸支付平台的上线和稳定运行要感谢Face++Financial，即北京旷视科技有限公司，该公司估值超过10亿美元，成立于2011年，是一家以计算机视觉为核心的人工智能企业。人脸识别系统是该公司旗下的一个技术开发领域：开发团队以人脸识别算法为核心打造了适合大众使用的人脸识别平台，并辅以人工智能技术进行协同开发，进一步提高了人脸识别的精确程度和效率。在这样的技术实力支持下，其与蚂蚁金服合作开发支付宝刷脸支付平台也是水到渠成的事情。除此之外，Face++Financial 在创业之初，就已经和联想电脑、360搜索、世纪佳缘等公司进行合作，开发了刷脸登录和图片检索的应用，在图像识别技术上的积累十分扎实。

人工智能这几年的发展在国内是十分迅捷的，最典型的代表就是百度、阿里巴巴、腾讯，3家公司都设立了人工智能研究团队，各有优势：百度有着全中国最大的搜索引擎，阿里巴巴拥有全中国最大的网上交易平台，腾讯拥有着全中国最方便的在线通信软件。

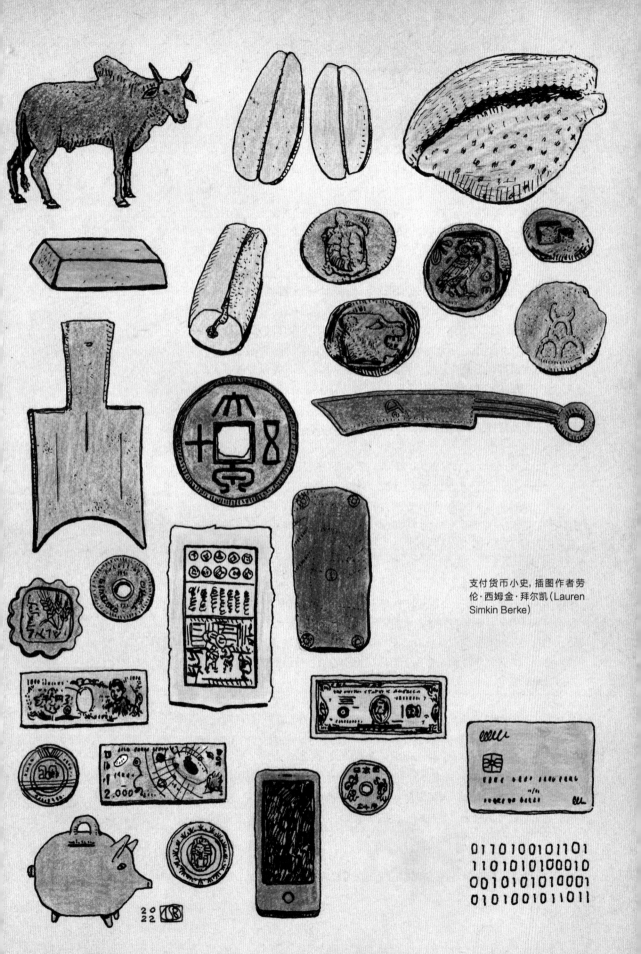

支付货币小史, 插图作者劳伦·西姆金·拜尔凯 (Lauren Simkin Berke)

感官的挖掘

我们对于感官的刺激一直都是不满足的，游戏形式从最开始的文字到2D，再到3D，再到如今的虚拟现实（VR）和增强现实（AR），感官的刺激在不断地贴近真实的感觉。

Dynamic Digital Depth 公司于 1993 年在澳大利亚西澳大利亚州首府珀斯创立，致力于研发 3D 技术，并将其推广。2006 年，Dynamic Digital Depth 公司推出基于深度编码源视图的三维图像合成（3D image synthesis from depth encoded source view）技术，该技术能够将一般的 2D 数字流媒体画面实时转化为 3D 的界面。其实，就算是放在今天来说，这样的技术和想法都是十分超前的，也是极具挑战性的。本来从 2D 到 3D 就面临着感官维度的升级，从数据量上来说也不在一个数量级上，并且要实现不借助任何外部设备的裸眼 3D 也是巨大的挑战。

而当 Dynamic Digital Depth 历时多年，又将 3D 场景带入移动端之中，更是非常惊艳。也许当年的技术难以使 3D 场景呈现得多么真实或者将场景渲染得十分流畅，但那也是一种伟大的尝试，它为现在火热的多项 VR 和 AR 技术"打了前站"，为它们的技术发展奠定了基础，也在它们出现之前刺激了人们的感官，检验了市场的热度。

电影《黑客帝国》描绘了一个"缸中大脑"的世界，那个世界是机械帝国创造出来，使得人类安心生活的一个"牢笼"。但其中的感官是如此的真实，就像是真实的生活一样。虽然联想起来可能有些"细思极恐"，但 VR 技术给人的感觉与此有些类似，想象一下，带上特制的设备就能到达一个接近真实的世界，在这个世界之中我们可以观看、聆听，甚至触摸，这是一种多么神奇的感觉。

最早的 VR 技术概念可以追溯到 1929 年，一款用于训练飞行员的模拟器被开发出来。而第一台 VR 机器却是在 1956 年出现的：美国摄影师莫顿·海利希（Morton Heilig）设计出外形类似街机游戏机的 VR 设备，名为"Sensorama"。它是一种多通道仿真体验系统，这台设备被一些人认为是 VR 设备的鼻祖，莫顿·海利希在其中加入 3D 立体声、3D 显示、振动座椅、风扇（模拟风吹）以及气味生成器。可见，在早期，人们对虚拟现实的理解，就已经不只限于视觉。

时间来到 2014 年，Oculus 公司推出了一款 VR 头戴显示器，第一次以现

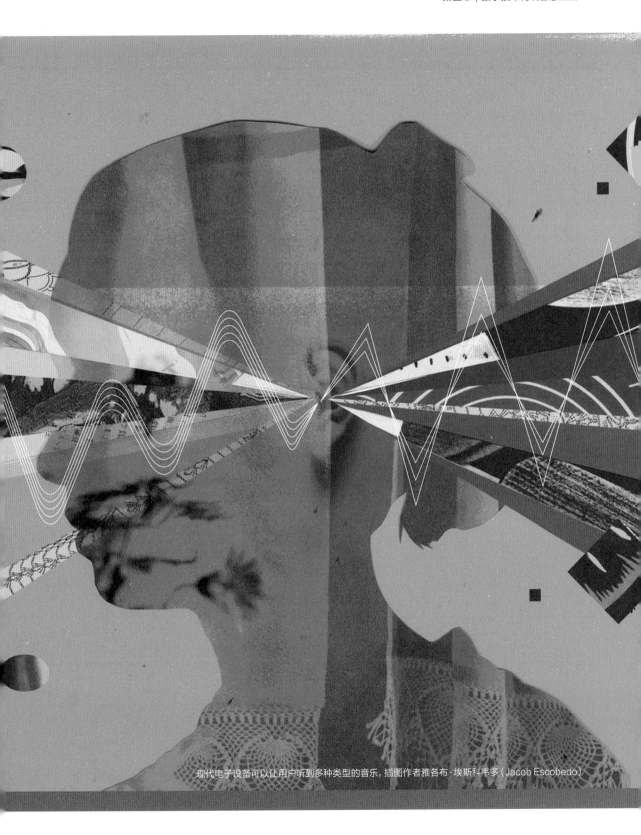

现代电子设备可以让用户听到多种类型的音乐，插图作者雅各布·埃斯科韦多（Jacob Escobedo）

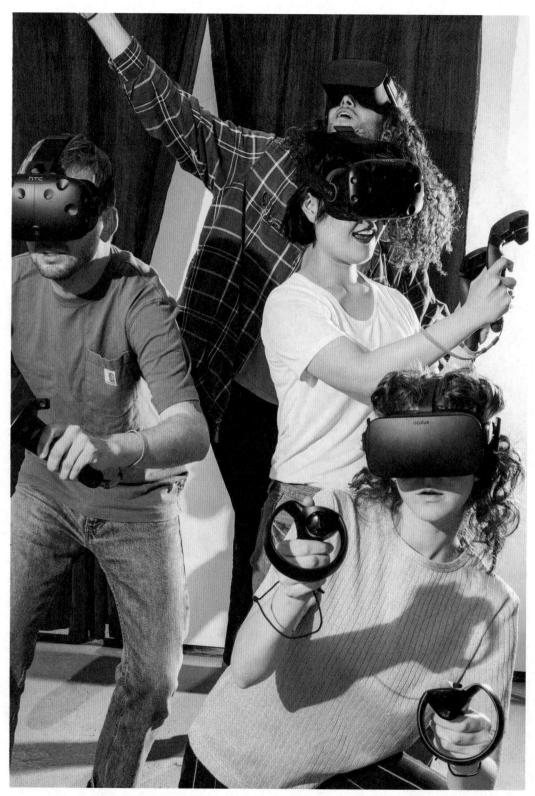

图 5-25　VR 电子游戏，图片拍摄者戴维·布兰登·盖廷（David Brandon Geeting）

图 5-26 外形类似街机游戏机的 VR 设备 "Sensorama"

代视角将 VR 设备展示出来。这款 VR 头戴显示器配置有两个凸透镜和一块屏幕。简单来说，纯粹就是将我们的视角放大，顶多呈现 3D 的效果，那么这和早期的 VR 设备有什么区别呢？的确，单纯的显示设备除了被动观看什么都做不了，并不能称为 VR。所以，所谓的 3D 显示或者显示设备都只是 VR 的基础设备，并不是感官改变的关键，而关键其实是动作感知——将使用者的身体运动状态通过传感器输入 VR 设备处理器中，由 VR 算法进行计算，对于使用者的运动和动作进行实时反馈，并最终实现动态的 VR 人机交互。只有精确和低延迟的动作感知输出反馈，才能产生真正的临场感和真实感，才能真正意义上让使用者身处一个虚拟世界中。这是一个质变，戴上 Oculus Rift VR 头戴显示器仿佛进入了一个虚拟的宇宙。

动作感知之所以会使得我们产生临场感，是因为 VR 算法模拟我们与真实物理世界交互的方式。当我们在现实世界中转动头部的时候，你眼前的画面会追随视角的变化，而大脑中三维空间的构成就在转动过程中通过看到的连续画面"脑补"完成。

Oculus Rift 的运动感知还需要通过一个关键的部件完成——传感器。Oculus Rift VR 头戴显示器上配置有很多传感器，它们的作用就是实时记录三维坐标、三维方向的加速度和角度变化，并将这些信息发送到 VR 设备处理器中，通过软件建模进行动作感知，VR 设备就已经知道我们此时的动作（例如头向左偏移 20°），也就能够根据动作对场景或者输出画面进行调节。如今 VR 设备搭载的处理器计算能力都很强大，传感器的个数和精度也较高，这也使得动作感知的延迟越来越低，也就是说整个虚拟世界的构建也越来越真实。因为一旦延迟超过了一定的时间，我们大脑对于自身动作和对应画面就会产生奇异的认知，丧失真实感，甚至会感到头晕，很多玩家在 3D 游戏中体验到的"晕 3D"的感觉也是来自此。

有了真实世界的感官还是不够的，我们不能只通过摇头晃脑来和虚拟世界进行交互，还需要能够在其中完成一些动作才好。拿电脑来说，有键盘和鼠标，而 VR 设备呢？Oculus Rift 还配备了 Oculus Touch 的设备，上面也配置有动作传感器，能够采集动作数据发送给计算芯片，结果就是 VR 设备会在虚拟世界中建模出一双"手"，可以完成一些动作。这样的配置常见于时下流行的游戏主机之中，例如 Switch 端的"健身环大冒险"的配件等。

除了双手，那双脚能不能建模呢？如果在游戏的场景里奔跑怎么办呢？电子工业界是有需求就能实现，对于这种需求，也出现了一些 VR 跑步机这样的输入设备。

2018 年的电影《头号玩家》，堪称世界上游戏狂热者的梦，电影中描绘了使用 VR 设备进行游戏的故事，其中头戴式 VR 设备就像一个图腾一样，是进入虚拟世界的入口。在虚拟世界中，玩家能够完成很多现实世界中无法完成的壮举。如今的 VR 技术不仅仅局限于游戏，也走向广大的应用场景，例如虚拟看房、沉浸式虚拟授课等。

工业5.0——人机融合

鲁南姝

得克萨斯大学奥斯汀分校
Temple Foundation 特聘教授

由物联网、大数据、云计算、机器人以及人工智能等核心科技构成的"工业4.0"被统称为信息物理系统（Cyber-Physical System），其目的是将生产中的供应、制造、销售信息数据化、智慧化，最后实现快速、有效、个人化的产品供应。站在工业4.0的浪潮之巅，回望前三次工业革命——蒸汽机、电气化、计算机，我们突然意识到物理世界和信息世界的融合来得如此猝不及防。埃隆·马斯克在2017年曾说："如果无法实现人机融合，人类终将在人工智能时代变得无关紧要。"（Humans must merge with machines or become irrelevant in AI age.）当很多制造商还在忙着追赶工业4.0的时候，工业5.0的脚步其实已经悄然临近。在不成熟的定义下，工业5.0是指人与机器相辅相成、智能协同地工作生活，直至实现人机融合。一方面，机器人通过利用物联网和大数据等在工业4.0中实现的技术去帮助人类更快、更好地完成工作并实现生活质量的提升，从而为人类的自我实现提供更多的自由度。举例来说，人工智能机器人在对抗劳工短缺、老龄化社会、全球瘟疫等宏大挑战方面的确被我们寄予厚望。另一方面，在万事万物都争先恐后连入信息世界的年代，在虚拟世界建立一个基于个体动态实时数据的数字孪生体，已成为未来个性化医疗、人机交互，以及元宇宙应用的必经之路。两相对比，我们可以发现，未来科技的一大趋势，必然是人与机器人的深度合作。当然，其宗旨应当是提高人类生活质量，促进文明合作进步，并实现可持续发展。

要实现这个宏伟蓝图，我们还需要克服重重困难，但巨大的挑战也意味着无限的机会，其中很多相关科技都被《麻省理工科技评论》在过去20年每年评选出的"全球十大突破性技术"中收录和报道过。在物理世界，人体和机器是天然对立的——人体生来就是柔软的、灵巧的，其承载的精神是能动的；而传统的机器是坚硬的、不连续的、数字的、呆板无意识的。为了实现物理层面的融合，科学家和工程师对人体和机器的改造在同时发生。对人体的解析、监测和交互正在通过基因工程（例如2004年入选的个人基因组学、2009年入选的100美元基因测序、2013年入选的产前DNA测序等）、脑机接口（2001年入选）、生物集成电子（例如2010年入选的植入式芯片、2013年入选的智能手表、2019年入选的可穿戴心电仪），以及手势界面（2011年入选）等前沿科技而逐步实现。对机器人的提升正在朝着类人运动控制（例如2013年入选的蓝领机器人和2014年入选的灵巧机器人）、类人感知（例如电子皮肤、2021年入选的多技能AI、2015年入选的大脑类器官）、神经形态芯片（2014年入选）、软机器人甚至生物机器（2009年入选）等方向日新月异地推进。而人机的物理融合已经在外骨骼和机械假肢（2005年入选的生物机电一体化）、帮助清理血管的纳米机器人、基于光遗传学的神经元控制（2007年入选）等不同物理尺度率先发力。在信息世界，虽然机器正在数据存储和计算

图 5-27　人机融合，插图作者索菲娅·福斯特 – 迪米诺（Sophia Foster-Dimino）

层面超越人类，但在情感、认知、社交，以及对精神的能动追求等方面还相距甚远。大数据和云服务已经能够追踪、存储和处理庞大的个人数据，使得智能软件助理（2009年入选）、健康追踪（例如2021年入选的数字接触追踪）、智能家居、无人驾驶（例如2016年入选的特斯拉自动驾驶仪、2017年入选的自动驾驶卡车）、虚拟现实（例如2007年入选的增强现实、2015年入选的Magic Leap）等得以进入并改变人们的生活，并且为将来的个性化医疗（例如2020年入选的超个性化药物）、疾病预防、元宇宙游戏互动等提供基础。人工智能的著名代表，AlphaGo（2017入选）战胜最顶尖的人类围棋高手，已经向我们明确展示了机器不可估量的运算能力和不可阻挡的强势崛起。甚至2018年入选的对抗性神经网络已经可以发展出想象力，2021年入选的GPT-3已经可以写出人类无法区别的文章与字串。科技发展一往无前，无论我们有没有准备好，人与机器、物理世界与信息世界的融合已然成为正在进行时。过去20年间，《麻省理工科技评论》"全球十大突破性技术"还收录了很多其他激动人心的科技，比如新能源、网络安全、3D打印等，很多其实也是对于实现人机融合至关重要的基础科学和基础设施，这里就不一一列举了。

当然，一谈到人工智能和人机融合，不免会引起很多的担忧，甚至恐惧，比如人类可能会被像"终结者"一样的机器人奴役，像《头号玩家》那样沉浸于虚拟世界不可自拔，或者沦为特权阶层实现"永生"的工具，等等。诚然，当技术越接近人类自身，这样的危机感就越真实和紧迫，也为我们敲响警钟。只有自然、科技、伦理、法制的良性互动与平衡制约能让我们窥见天光吧！其实，从某种角度上，智能机器人又何尝不怕被人类带偏，因为它们的制造与进化仍需要由人类完成，它们的认知和学习能力来自人类提供的数据（例如2022年入选的AI数据生成），它们的行为准则由人类设定……如果有朝一日机器们在某种程度上，得以摆脱这些束缚，希望它们届时已经成功被我们引导上了与人和环境和谐共生的美好之路。

工作人员在高速公路上测试宝马公司生产的自动驾驶汽车，图片来自宝马公司

自动驾驶和智慧城市

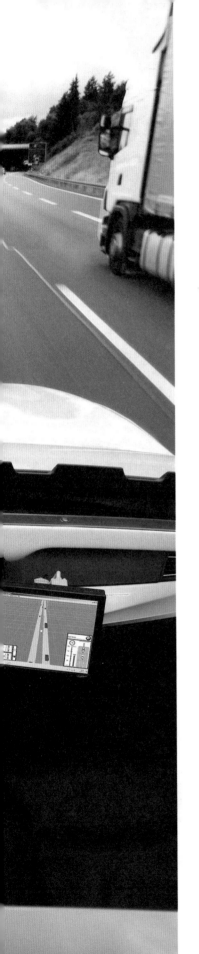

在疫情的冲击下，一个城市的运转有可能陷入"瘫痪"状态，抗疫物资和生活物资的分配和运送就像一个城市的血液一样，维持着城市的运转也保障着人民的生活。设想一下，如果有自动驾驶的货车和城市中无数的传感器进行人机交互，就能实时精准地了解市民的需求，并采用自动驾驶的货车进行物资分配和运送。困难的时期总是短暂的，总是会过去的，克服困难的除了人民的坚守和直面困难的勇气，也应该有科学和科技的力量的助力。

自动驾驶的发展最早要追溯到20世纪80年代前后：1977年，日本筑波机械工程实验室开发的自动驾驶展示车基于模拟计算机的技术进行信号处理，通过安装在车辆上的两个摄像头跟踪白色街道标记；基于DARPA（美国国防部高级研究计划局）的资助，卡内基梅隆大学的Navlab和ALV项目于1984年开始开发自动驾驶原型机，并于1985年发布了第一批成果。

尽管突破不少，但现实的路况远比实验室或者实验展示之中要复杂千百倍，要在这样的复杂环境中实现完全自动驾驶仍被认为还需要数十年的发展。主要原因有：在复杂的动态环境中运行的自动驾驶系统需要人工智能进行实时计算和预测；图像识别和计算机视觉系统的认错率还亟待提高。

自动驾驶系统的组成是模块化的，一般而言包括以下3个模块。

首先是感知模块（Perception Stack），它将所有信息都汇总到一个整体的模型中，其中就包括预设地图信息、车辆传感器信息等。这个整体模型将指导车辆对于不同的路面和路线的理解，并预测下一时刻可选择的路径有哪些。然后是规划模块（Planning Model），该模块用于进行决策，例如决定如何从出发点到达终点，类似GPS寻路算法，又例如在实际道路中选择车道和车速，甚至决定是否超车等。最后是控制模块（Control Module），这个模块将根据以上两个模块所提供的信息和计算结果控制车辆所有的动作，例如控制车辆进行加速和刹车等。

其中，计算机视觉技术是自动驾驶系统的关键技术之一，直接影响到自动驾驶系统能否正确识别道路信息，并做出正确决策。首先，计算机视觉技术要解决车辆定位的问题，要识别道路信息或者位置信息，告诉车辆此时此刻的实际位置，可以通过视觉测距和GPS定位完成。然后，自动驾驶系统需要进行三维视觉重建，重建范围通常在50～80 m，具体需求视行驶速度而定。大部分自动驾驶系统会使用激光雷达（LiDAR）进行三维重建，而这也是现在一些汽车中自动倒车雷达所采用的技术。除此之外，计算机视觉最重要的是要能够精准识别道路前方存在的物体、其位置以及运动预测。简单来说，就是要识别和分析会不会撞到这个物体或者活体。进行检测的方式是多样的，可以识别这个物体并给这个物体建模或者根据形状画一个外框，并在三维重建中进行分析。运动预测也是十分具有挑战的一个部分，都说未来无法预测，那么我们只能根据之前的运动状态进行分析，在物理学范畴中预测物体接下来的运动可能性。一些物体，例如车辆，它们的移动是比较容易预判的，因此运动模型可以进行准确率较高的预测。而另外一些物体，例如行人，会非常突然地变更其运动轨迹，导致运动模型的建立更为艰难，也更为关键，毕竟这也是每一位司机在路上会遭遇的事情。那么如何精准识别并在较短时间内制定好策略，留好安全距离，随时准备刹车就成了自动驾驶中十分重要的课题。

随着自动驾驶技术日渐成熟，许多与"无人驾驶"相关的测试与研究出现。本田（Honda）北美公司和建设商 Black & Veatch 在大型太阳能建设工地中成功测试名为 Honda AWV（Honda Autonomous Work Vehicle）的第二代自动驾驶电动货车。这是一款小型无人货车，主要使用于建筑工地的原物料输送。在新墨西哥州的太阳能建筑工地由建设商 Black & Veatch 进行为期一个月的现场测试，完成牵引作业和运输建筑材料、水和其他补给品到默认工作地点。

Honda AWV 车头采用与本田全地形多功能车一样的车体结构和全地形轮胎，并且具备四轮传动功能，因此即使面对沙地、泥地等地形也能轻松通过。另外，货车利用电动系统驱动，后方的货斗可承载各种建筑材料，最大载重量可达 399 kg。在高温环境下，该车辆一次充电可以运行长达 8 h。Honda AWV 使用不同的传感器进行导航，包含安装于两颗圆形头灯之间的 3D 摄影镜头、车顶上的 GPS 和前置摄影镜头以及车身周围的 LiDAR 光学雷达与雷达传感器等一系列传感器来进行障碍物侦测，以实现自动驾驶。

根据美国国家公路交通安全管理局（NHTSA）正式提出的自动驾驶分类系统，自动驾驶可以

图 5-28　自动驾驶触摸屏

图 5-29　多种城市交通，插图作者莱奥·埃斯皮诺萨（Leo Espinosa）

分为以下6个等级。

等级0：即无自动。驾驶人随时掌握车辆的所有机械、物理功能。

等级1：驾驶人操作车辆，但个别的装置有时能发挥作用，如电子稳定程式（ESP）或防抱死制动系统（ABS）可以帮助行车安全。

等级2：驾驶人主要控制车辆，但系统阶调地自动化，使之明显减轻操作负担，例如主动式巡航定速（ACC）结合自动跟车和车道偏离警示，而自动紧急制动系统（AEB）透过盲点侦测与汽车防撞系统的部分技术结合。

等级3：驾驶人需随时准备控制车辆，自动驾驶辅助控制期间，如在跟车时虽然可以暂时免于操作，但当汽车侦测到需要驾驶人的情形时，会立即回归让驾驶人接管其后续控制，驾驶人必须接手系统无力处理的状况。

等级4：驾驶人可在条件允许下让车辆完整自驾，启动自动驾驶后，一般不必介入控制，此车可以按照设定的道路通则（如高速公路中平顺的车流与标准化的路标、明显的提示线），自己执行包含转弯、换车道与加速等工作，除了严苛气候或道路模糊不清、意外，或是自动驾驶的路段已经结束等，系统提供驾驶人"足够宽裕之转换时间"，驾驶人应监看车辆运作，但可包括有旁观下的无人停车功能（有方向盘自动车）。

等级5：驾驶人不必在车内，任何时刻都不会控制车辆（不需要方向盘的自动车）。此类车辆能自行启动驾驶装置，全程也不须开在设计好的路况，就可以执行所有与安全有关的重要功能，包括没有人在车上时的情形，完全不需受驾驶人意志所控，可以自行决策。

现在，大多数新车具备一些等级1驾驶辅助技术，包括自动刹车、车道保持辅助和自适应续航控制。更加高级的系统，如特斯拉自动驾驶仪

（Telsa Autopilot）或者通用的Super Cruise，属于等级2，表明汽车可以自动控制速度和转向，但需要驾驶员保持专注并在发生紧急情况时接管车辆。本田和奥迪等其他制造商正专注于研发允许汽车完全控制的等级3自动驾驶系统，但仅限于非常特定的情况，比如低速行驶、天气良好或者在事先批准的道路上。

自动驾驶货车（Self-Driving Trucks）发展前景一直不错。首先，对于货车来说，路线其实相对较为固定，运送时间段和周期也很固定，并且长时间的货运路线对于卡车司机来说是比较有挑战性的，因为很容易疲劳，也增加了事故的频率。为保障行车安全，现行法规下，我国《机动车驾驶证申领和使用规定》要求，连续驾驶机动车超4 h需停车休息20 min以上。这一规定从维护司机安全的角度出发，限制司机驾驶时间。客观上卡车司机的工作时间将缩短，安全得到更多保障。其次，全球卡车司机短缺，以我国为例，我国的商用卡车司机主要以36 ~ 45岁群体为主，主要从事长途运输货物工作。该职业薪资普通，工作强度大，长期在外奔波，对年轻人的吸引力较低。统计数据显示，我国商用卡车司机群体只有1.4%的从业者年龄小于25岁。自动驾驶卡车的出现能够缓解以商用卡车为主要运输工具的物流企业招工难度大，招工成本高的压力。

自动驾驶卡车的开发能够适时解决以上问题，还能提升货运安全性，增加商用卡车货运时间并降低成本。其实，等级3的自动驾驶系统，在特定场景下可以实现自动驾驶不需要司机，或者司机担任管理者的角色，一人管理多辆车，大大降低成本、提高效率。等级4以上则接近完全无人化。在高级别自动驾驶条件下，车辆的操作更加稳定可靠，不会疲劳驾驶，安全性比司机驾驶更高。更多的是，在如"全国统一大市场"发展的背景下，各大物流公司都需要拓展自己的业务，优化成本管理和货运质量，自动驾驶货车的开发的确会成为一个解决问题的方案。

21世纪初，所谓的智慧城市概念风靡一时。人们认为城市地区可以利用高科技来减少能源消耗和污染，提高交通运输效率等。很多国家都被这种城市构想所吸引。

"传感城市"（Sensing City）是一种基于感测技术、生物识别、物联网和人工智能的"新城市形态"，其概念源于美国IBM提出的"智慧地球"这一理念。在2018年，Alphabet旗下子公司Sidewalk Labs发起了一个雄心勃勃的项目。他们来到了多伦多的滨水区。这是多伦多市东部与安大略湖毗邻的区域，水泥建筑和裸露的土地混杂在一起，整片区域被水暖建材和电气用品商店、停车场、冬季船只存放区占据着。还有建于1943年用于存储大豆的大型筒仓，作为遗迹，它见证了该区域曾是航运港的历史。没错，他们想恢复这片区域的荣光，想把它变成世界上最具创新性的城市社区之一。按照该公司的设想，在这里，自动驾驶公交车将取代私家车，交通信号灯可以监测行人、自行车和汽车流量，机器人通过地下隧道运送邮件和垃圾，模块化的建筑可以扩展，能够容纳日益增多的企业和居民。该计划也被称为"Quayside计划"。

其实，Sidewalk Labs在创立之际，就曾提出让纽约市电话亭能提供免费Wi-Fi服务，并且增加手机充电、免费市区通话，以及通过触控操作的市区信息与大众运输系统查询等服务。

不过，Quayside计划后来面临不少争议，当地居民担心个人隐私外泄，同时也拒绝成为实验性计划的"小白鼠"，即便计划从原本规划的800英亩（3.23×10^6 m²）面积缩减为12英亩（约4.8×10^4 m²），最终仍在诸多反对压力情况下，在2020年5月以疫情影响为由被正式取消。

特斯拉工厂，图片拍摄者约翰·施托克林（John Stocklin）

学术点评

面向尿液源分离与增值利用的
卫生设施系统变革

王　旭

哈尔滨工业大学（深圳）土木
与环境工程学院教授、博士生
导师、国家优秀青年

全球气候变化与人口激增对基础资源提出了前所未有的需求。但是，资源过度开发和利用引发的环境与健康效应，已成为人类生存发展的前沿问题。如何重构绿色低碳的循环经济体系是当前全球亟待解决的共性难题。

实际上，人体新陈代谢产生的尿液，蕴含丰富的氮、磷、钾等营养元素，对其加以回收、转化和利用，可以创造具有广泛市场用途和崭新价值的资源产品，缓解频繁人类活动对初级资源产品的依赖。例如，通过结晶沉淀法可将尿液中的氮和磷合成为鸟粪石，这是一种有较高经济价值的农业缓释肥。再如，利用微生物将尿液中的有机物和营养盐同化合成为单细胞蛋白，也是尿液资源化利用的研究热点和重点；单细胞蛋白因其营养丰富、易于产业化等优势，被广泛应用于肥料、饲料和食品加工过程，是一种市场前景广阔的新型蛋白产品。但是，当前既有的卫生设施系统，尤其是城区民宅或商用建筑的小便池和马桶，其设计普遍未考虑对尿液进行分离收集，使得尿液中的有用物质未及时回收就经由城市下水道送至污水处理厂，增加了后续污水处理和资源化的技术难度和成本。近10年，人体尿液回收利用的潜在价值逐渐得以重视，研发面向尿液源分离与增值利用的卫生设施系统成为国际热点，具有创新性的相关技术如雨后春笋，层出不穷，并迅速孵化为新型技术产品。2019年，"无下水道系统的卫生间"（Sanitation without Sewers）入选《麻省理工科技评论》"全球十大突破性技术"，引起了国际社会的广泛关注。在后文中，我将针对该类变革性技术的发展、效益及存在的问题等进行简要探讨，以飨读者。

所谓的"无下水道系统的卫生间"，实际上是一类面向尿液源分离与资源化的新型卫生器具。与传统的小便池或坐便器不同，该类卫生器具通过独特的结构设计，使得它能够对尿液进行分离收集和浓缩储存，人们可以借助运输工具将浓缩后的尿液送至加工厂进行后续的产品生产和利用。人体尿液由水分、营养盐等物质组成，其中水分约占尿液容积的95%。对于身体健康的成人而言，每人每年会产生约500 L的尿液，虽然仅占人均生活污水产生量的不到1%，但生活污水中80%～90%的氮、50%以上的磷和钾等营养元素均来自尿液。所以，对人体尿液进行源分离和资源化利用，对于减少污水厂处理负荷、降低水体富营养化风险、促进资源循环利用等具有重要的意义。目前，有部分技术产品已利用膜材料原位分离和净化尿液的水分，回收后的清洁水资源可用于日常生产和生活。

图 5-30　智慧城市，插图作者罗丝·王（Rose Wong）

近年来，生物、材料、制造和信息等领域的科技进步，为研发面向未来人居的卫生设施系统注入了鲜活的创新动力。与尿液源分离卫生器具不同，国际上有研究人员提出基于纳米膜的新型马桶，该系统可以将人体尿液和粪便进行混合收集，并基于气流旋转输送原理，将排泄物抽送至后续单元进行资源化处理，无须额外水流冲洗。此外，该系统借助独特的纳米膜结构将尿液水分以气态形式进行收集和输移，从而抑制了尿液中尿素的挥发和逸散。浓缩后的剩余固体则通过机械旋转带传送至燃烧室进行能源回收和系统供电。这种新型的马桶设计，既从视觉和嗅觉上提升了感观舒适性，又能有效控制病原体和挥发性污染物，并且提高了资源和能源回收效率。我们前期研究发现，未来如果这类新型卫生设施系统得以广泛应用，不仅能缓解当前快速城市化对污水收集和处理系统的压力，同时它在减污降碳、节水节能、资源循环等方面均有十分可观的协同效益。

目前，全球仍有数十亿人没有良好的环境卫生条件。由于缺乏条件完善的卫生设施系统，不少发展中国家和地区的居民会将人体排泄物排入附近的池塘或溪流，肆意排放人体排泄物会传播细菌、病毒及寄生虫等风险物质，从而引发腹泻和霍乱等健康问题。面向尿液源分离和资源化利用的新型卫生设施系统，既满足了传统卫生设施收集和处置人体排泄物的需求，同时兼具节能低碳、环境友好、资源循环等优势，属于有益人类社会繁荣发展的突破性技术领域。联合国2030年可持续发展目标，已经明确将尿液源分离与资源化作为卫生设施系统变革的重要方向之一。然而，该领域的创新产品目前仍普遍存在技术成本过高、设备尺寸过大、后续清运困难、社会接受度差异大等瓶颈，这些问题将会极大限制该类技术的创新动力和广泛应用。未来，突破资源环境领域传统的学科界限和合作模式，打造开放式的科技创新生态，突出自然科学和社会科学的交叉融合，是解决这系列瓶颈问题的关键。

科大讯飞，让世界聆听我们的声音

——在 AI 的道路上不断奔赴新的星辰大海

语音、语言是"万物互联时代"人机交互的关键入口，对推动数字经济和实体经济共融发展，实现人类沟通无障碍、加速构建人类命运共同体，推动解决教育、医疗等社会重大刚需命题等具有重要意义。科大讯飞股份有限公司（后简称科大讯飞）成立于 1999 年，是亚太地区最大的智能语音和人工智能上市企业。成立之初，科大讯飞即确立了"顶天立地、自主创新"的技术立身战略路线，一直从事智能语音、自然语言处理、计算机视觉等核心技术研究并保持了国际前沿技术水平；实现了从单语种单场景到多语种多场景、从单模态智能到多模态智能、从算法创新到软硬件一体化创新的拓展。2010 年科大讯飞推出了全球首个人工智能开放平台"讯飞开放平台"，积极推动人工智能产品和行业应用落地。专注源头技术创新和系统性创新，科大讯飞在 AI 的道路上不断奔赴新的星辰大海。

始于语音，成于智能

作为技术创新型企业，科大讯飞在智能语音、语言领域持续保持业界领先，语音识别与合成、机器翻译、自然语言处理、机器学习推理等核心能力处于国际先进水平；2020 年，基于在认知智能领域的前瞻攻关，以及将技术规模化落地应用取得的显著应用成效，科大讯飞认知智能国家重点实验室团队获得被誉为中国优秀青年的最高荣誉——"中国青年五四奖章"，两次荣获"国家科技进步奖"及中国信息产业自主创新荣誉"信息产业重大技术发明奖"，并同时获得被誉为中国人工智能领域最高荣誉的"吴文俊人工智能科技进步奖"一等奖、知识产权领域最高荣誉的"中国专利金奖"等国家级科技成果十余项；牵头成立领域第一个认知智能国家重点实验室和语音及语言信息处理国家工程研究中心；作为中文语音交互技术标准工作组组长单位，牵头制定中文语音技术标准。

引领源头技术突破

一是语音识别技术。科大讯飞率先提出深度全序列卷积神经网络（DFCNN）框架，语音识别准确率首次突破 97% 并超过人类速记员水平；结合麦克风阵列的多通道一体化建模技术，说话人角色分离性能大幅提升，在复杂场景数据上展现出了较好的健壮性。在 2020 年国际语音识别比赛（CHiME Challenge）中，科大讯飞连续 3 届夺冠；在 2021 年国际说话人角色分离比赛（DIHARD-3）中，包揽 4 项任务冠军。

二是语音合成技术。2006 年—2019 年，科大讯飞在国际语音合成比赛"Blizzard Challenge"中取得 14 连冠。2015 年，科大讯飞率先通过

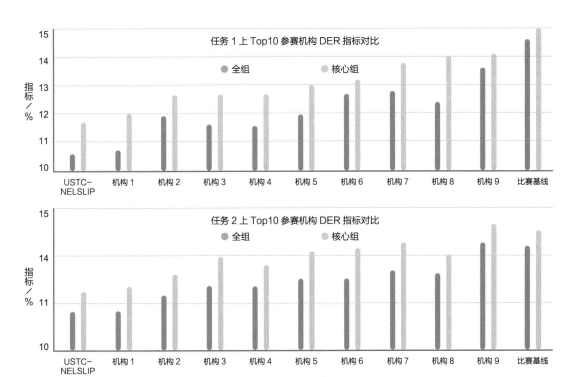

（a） Top10 参赛机构 DER 指标对比（DER，角色分离总时长错误率）

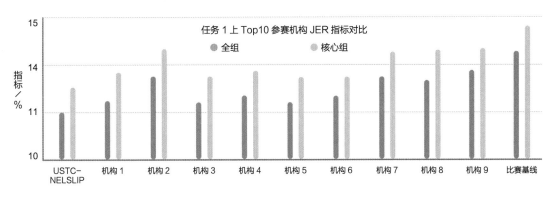

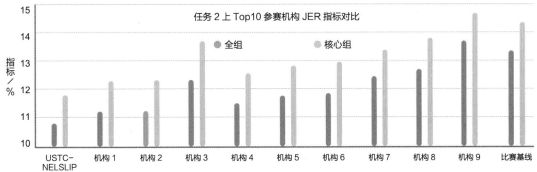

（b） Top10 参赛机构 JER 指标对比（JER，平均角色错误率）

图 5-31　Top10 参赛机构指标对比

多人海量语音混合训练，让个性化音库定制效果达到4.0分，面对不同语种的友人都可以用自己的原声交流，真正实现"同声同音"的翻译。在2020年国际音色转换大赛（Voice Conversion Challenge）中，科大讯飞与中科大语音及语言信息处理国家工程实验室联合提交的系统卫冕同语种转换和跨语种转换任务冠军，在相似度和自然度上，是参赛队伍中唯一超过4.0分的系统，即达到真人说话水平。

三是语音交互技术。科大讯飞主导制定了全球首个智能语音交互ISO/IEC国际标准；有效解决了交互停顿造成的收音截断问题，首次在儿童场景实现多轮对话及玩具主动对话。在2018年对话型机器阅读理解挑战赛CoQA（Conversational Question Answering Challenge）中，以总成绩超过80%获得冠军；在2021年国际对话系统技术挑战赛（DSTC10）中，获闲聊场景下多轮文本生成任务冠军。

四是语音翻译技术。科大讯飞能实现实时语音转写准确率达到97.5%，超过人类转写的最好水

平；2018年11月，科大讯飞机器翻译参加全国翻译专业资格（水平）测试，达到英语二级《口译实务（交替传译类）》和三级《口译实务》合格标准。在2021年国际口语机器翻译评测比赛（International Workshop on Spoken Language Translation，IWSLT）中，科大讯飞包揽同声传译任务3个赛道冠军，展示了它在语音翻译和机器同声传译领域处于前沿水平。

推动系统性方案创新

一是多语种技术。科大讯飞基于无监督训练，提出基于语音和文本统一空间表达的半监督语音识别框架和基于弱监督的句子级语义表达框架，支持71个语种语音识别和36个语种文本翻译，其中13个重点语种的识别、合成、翻译、图文、语义实现业界领先，21个主要语种的识别、合成、翻译能力达到国际前沿水平；35个语种识别准确率超过90%，24个语种合成自然度超过4.0分。科大讯飞还在覆盖40个语种的2021年世界权威多语言理解评测XTREME（Cross-Lingual

参赛队伍	普通测试				盲测			
	BLEU	AL	AP	DAL	BLEU	AL	AP	DAL
				低延迟区间				
USTC-NELSLIP	33.16	2.66	0.64	4.38	26.89	2.81	0.63	4.72
VOLCTRANS	28.76	2.86	0.69	4.22	23.24	3.08	0.68	4.25
APPTEK	30.03	2.94	0.68	4.40	22.84	3.12	0.66	4.66
UEDIN	25.06	2.33	0.63	3.69	22.30	4.22	0.71	5.54
				中延迟区间				
USTC-NELSLIP	34.82	5.80	0.80	8.89	29.40	5.94	0.78	9.29
VOLCTRANS	32.88	5.80	0.83	9.05	27.22	6.30	0.81	9.24
APPTEK	31.73	5.89	0.80	9.57	25.70	6.22	0.78	10.40
UEDIN	30.58	5.89	0.80	7.20	24.56	6.92	0.81	8.20
				高延迟区间				
USTC-NELSLIP	35.47	12.21	0.95	15.18	30.03	12.35	0.93	16.33
VOLCTRANS	33.23	11.03	0.93	11.40	26.82	12.03	0.92	12.39
APPTEK	33.16	11.19	0.92	14.44	26.62	12.00	0.91	16.05
UEDIN	33.10	14.69	0.98	15.17	26.50	15.41	0.96	16.04

图5-32　2021年国际口语机器翻译评测比赛英日德文本同声传译效果排名，参赛队伍为USTC-NELSLIP（科大讯飞－中科大语音及语言信息处理国家工程实验室联合团队）、VOLCTRANS（字节跳动火山翻译团队）、APPTEK（德国）、UEDIN（英国爱丁堡大学）

Transfer Evaluation of Multilingual Encoders）中刷新世界纪录；在2021年国际低资源多语种语音识别竞赛OpenASR中，包揽15个语种受限赛道和7个语种非受限赛道的22项冠军。

二是多模态技术。科大讯飞还研发了"懂知识、善学习和能进化"的智能机器人和数字虚拟人，让机器同时具备"能看会认""能理解会思考"的能力；发布虚拟人交互平台1.0，推动多模态感知、认知、人机交互等技术融合创新发展。在2020年动态手势识别评测（The 20BN-Jester Dataset）中，科大讯飞以97.26%的准确率获得冠军，并刷新世界纪录。在2021年多模态阅读理解评测（VCR）中，以总成绩（Q2AR）72.8分位居榜首。

在科大讯飞看来，系统性创新有3个关键要素：一是重大系统性命题到科学问题的转化能力；二是从单点的核心技术效果上取得突破，跨过应用门槛；三是把创新链条上各个关键技术深度融合，最终实现真正意义上的系统性创新。

开放共享行业赋能

科大讯飞持续推进"平台+赛道"战略，在教育、医疗、消费者、汽车等行业深耕，是首批国家新一代人工智能开放创新平台之一、国家智能语音高新技术产业化基地、国家智能语音创新中心和国家高端智能化家用电器创新中心。根据《2020—2021中国智能语音产业发展白皮书》

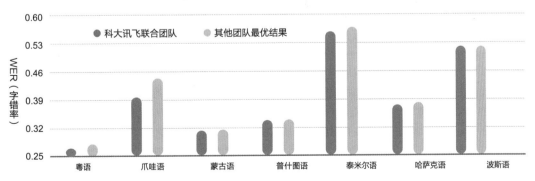

图5-33　2021年国际低资源多语种语音识别竞赛OpenASR成绩

排行	模型	Q->A	QA->R	Q->AR
	人工表现（华盛顿大学） (Zellers et al. '18)	91.0	93.0	85.0
.1. 2021.12.14	VL-RoBERTa （哈尔滨工业大学-科大讯飞联合实验室）	84.2	86.4	72.8
.2. 2021.6.28	VLUA（快手MMU）	82.3	87.0	72.0
.3. 2021.11.1	MerlotReserve-Large （华盛顿大学AI2）	84.0	84.9	71.5
.4. 2021.5.10	UNIMO+ERNIE （百度NLP）	82.3	86.5	71.4
.5. 2020.11.19	BLENDER （腾讯微视）	81.6	86.4	70.8

图 5-34　2021 年多模态阅读理解评测 VCR 成绩

显示，在中国智能语音市场，科大讯飞以60%的占有率排名第一。

科大讯飞有两大理念。一是开放共享。2010年，科大讯飞在业界率先发布以智能语音和人机交互为核心的人工智能开放平台"讯飞开放平台"，以"云+端"方式提供智能语音、计算机视觉、自然语言理解、人机交互等相关的技术能力和垂直场景解决方案，为产业链合作伙伴提供一站式人工智能服务。截至2022年4月，科大讯飞已开放491项AI产品及能力，聚集超过328万开发者团队，总应用数超过147万，累计覆盖终端设备数超34亿，AI大学堂学员总量达到69.5万，覆盖金融、医疗、农业等18个行业方向，连接超过420万生态伙伴。2020年10月，在教育部和国家语言文字工作委员会（简称国家语委）的指导下，科大讯飞全面承建国家语委全球中文学习平台。2021年，上线讯飞虚拟人交互平台1.0，支持用户在1 min内构建自己的虚拟人形象，具备多模感知、情感贯穿、多维表达、自主测定四大交互能力；讯飞开放平台全面升级2.0，联合行业龙头构建行业基线底座，联合开发者三方合作

打造行业优质方案，赋能智慧金融、智慧农业、智慧电力等行业场景方案落地。持续构建以科大讯飞为中心的人工智能产业生态。

二是赋能行业。在教育行业，科大讯飞智慧教育产品已运用于全国32个省市的5万多所学校，为超1亿师生提供教学服务，科大讯飞学习机C端用户NPS值（Net Promoter Score，净推荐值）行业第一；在医疗行业，科大讯飞智医助理是全球第一个通过国家执业医师资格考试综合笔试测试的机器人，已覆盖全国280个县区的3万家医疗机构，日均辅助诊断达到77万次，年度有价值修正诊断17万次；在汽车行业，科大讯飞高抗噪车载语音识别技术达到实用，已覆盖30家汽车厂商的1000余款车型，拥有中文车载语音市场90%的占有率……2019年，科大讯飞新一代语音翻译关键技术及系统获得世界人工智能大会最高荣誉SAIL（Super AI Leader，即"卓越人工智能引领者"）应用奖。2022年，科大讯飞作为北京冬奥会和冬残奥会的官方自动语音转换与翻译独家供应商，助力我国打造首个信息沟通无障碍的奥运会。

刘 聪

科大讯飞研究院执行院长

语音及语言信息处理国家工程研究中心副主任

科技创新2030——"新一代人工智能"重大项目负责人

获得2018年度"35岁以下科技创新35人"称号

产业点评

人工智能——未来十年推动人类进步的重要引擎

当前我国人工智能蓬勃发展，语音识别、图像识别等技术走在全球前列，在促进数字经济发展、提升公共服务水平和人民幸福感等方面取得了显著成效。展望未来，更多行业会拥抱人工智能，并因为人工智能的引入获得生产力提升，部分行业甚至会出现运行模式的巨大变革。教育、医疗等关乎国计民生的行业目前已产生较丰富的人工智能应用场景，未来还会产生更多重大社会命题，对人工智能提出更复杂的需求和挑战。

技术趋势方面，当前主流深度学习框架基本已碰到"天花板"，研究范式的突破曙光初现：语音图像等感知智能领域关注小样本学习研究；认知智能聚集知识自主学习及运用、语言深度理解和自由表达、跨模态认知理解等难题，进一步向通用人工智能迈进；结合生理、心理机制的多模态智能、"AI+Science"等跨学科新兴领域将诞生更多的科学命题和研究方向。

面对这种变化趋势，为了保持技术引领、为业务提供有力支撑，我们将继续坚定投入面向世界前沿的科技创新，包括超大规模多模态预训练、无监督学习、数据驱动和知识驱动的融合、针对语音语言机理的研究、"AI+Science"等跨学科交叉创新。此外，在单点技术做到极致的基础上，还需要基于系统性思维的模式创新，如通过深度的多模态融合、软硬件一体化融合实现复杂场景下更实用的效果。为了释放全社会更大的创新活力，我们提议产学研合作机制创新，由行业龙头企业牵头解析社会重大需求并转化为科学问题，发挥高校的基础理论研究优势，组成创新联合体开展长期深入合作。

自成立以来，科大讯飞始终坚持用技术为国家、为人民创造价值的初心，已在教育、医疗、城市管理等领域有所成就。如今，依据对技术和行业趋势的中长期判断，科大讯飞启动了"讯飞超脑2030计划"。该计划围绕人口老龄化、青少年和儿童健康成长等重大社会命题展开，打造软硬一体的陪伴机器人和自主学习的虚拟人等产品形态，让人工智能懂知识、善学习、能进化。"讯飞超脑2030计划"分为3个阶段，将逐步突破仿生机器人本体、多模态感知及表达、跨模态融合自主学习、常识推理及联想决策等关键技术，产出宠物机器人、专业虚拟人家族、外骨骼机器人、陪伴机器人等产品，让机器人走进每个家庭。

人工智能将是未来10年推动社会进步和经济持续繁荣的重要引擎，具有"头雁效应"。科大讯飞未来将在人工智能发展的大潮中，继续用人工智能源头技术和系统性创新方案解决社会重大刚需问题，赋能百业共同发展，用人工智能建设美好世界。

产业点评

探索智能科技革新，攀登无尽的巅峰

李志飞

美国约翰霍普金斯大学计算机系博士
谷歌前总部科学家
人工智能公司出门问问创始人兼CEO

从语音助手到全天候的虚拟人助手，我们推陈出新——正如对宇宙的探索一样，人类不断向科技之巅攀登。

6年前，当我们还沉浸在人类被AlphaGo击败的惊叹中时，AI却在不断地向前发展。当我们苦心思索战败的根源时，AlphaGo已经提升进化到了下一代，完胜了前一代。科技，总是屡次打破我们对其发展的想象。

机器人、超级计算机和交互式应用程序不再是科幻电影中的幻想，数据工程师对具有人类智能的现实机器进行持续研究，让想象不断逼近现实。从智能可穿戴到车联网，AI技术的应用正重塑着多个行业的面貌。如果将AI作为独立的产品，最优解是和硬件相结合，这也便是我们致力于以AI为核心的原因，在过去几年，我们陆续推出了手机App、智能手表TicWatch系列、智能后视镜TicMirror等体现技术软硬结合的智能产品，成为全球消费者喜爱的AI可穿戴品牌。我们认为，让每一位用户都切实感受到技术为生活带来的改变，这就是技术的价值。

本书沿着技术更迭和人类需求演进的脉络，细致讲述了从历史上第一台电话的诞生到智能手表的发

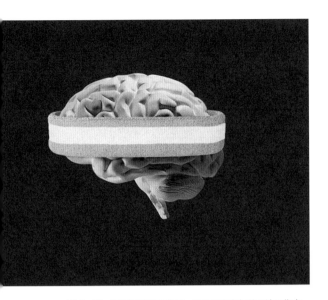

图 5-35 探索智能科技革新，插图作者塞尔曼设计工作室
（Selman Design）

展，展现电子便携设备不断浸润我们生活的过程，让我们更立体地感知到"满足人们的现实需求永远比单纯提升产品功能来得更加贴合市场"。其中，语音助手作为有史以来增长最快的消费类技术之一，受到企业和消费者的重点关注。虽然目前的交互应用还相对简单，然而随着时间的推移，我们在语音领域不断取得技术进步，能使得人们用语音助手做更多事情，用户与语音技术交互的复杂性也将不断增加。最终，我们希望语音助手成为"功能贴合需求"的大众化产品，而不只是"功能超前却不实用"的概念产品。

随着"元宇宙时代"到来，虚拟数字人和AI语音一样，将是无处不在的重要应用入口和功能集中体现，是元宇宙基建里"关键性的一步"。虚拟数字人将成为每个用户的全天候、全方位"助手"，未来可以满足用户的各种对外连接、沟通、交互等需求，朝着智能化、便捷化、精细化、多元化的方向发展。我们希望把3D Avatar做得非常平民化，作为语音助手更高级的形态存在，使得AI未来不仅可以通过声音，也可以通过形象来与人进行交互，实现更高级、更自然的人机交互。

元宇宙里Avatar的驱动方式，可以是人工的，可以是AI的，也可以是泛AI的，就好比自动驾驶、代驾，或者真人驾驶，这几种模式都存在。随着未来建模、动作捕捉、算力及网络通信等相关技术的不断进步，虚拟数字人的精细度也将不断提升。虚拟数字人还将逐渐实现在多场景、多领域的融合、应用、落地，并不断开拓我们的想象。正如书中提到了电影《头号玩家》，"在虚拟世界中，玩家能够完成很多现实世界中无法完成的壮举。"在可以预见的未来，我们希望随着使用门槛及费用的降低，虚拟数字人将真正成为人人可用的普及性应用，不再只是"游戏狂热者的梦"，让更多人实现"数字人自由"。

目前虚拟数字人产业发展面临的难题主要在技术方面。语音识别属于感知智能；而要让机器从简单的识别语音到理解语言，则上升到了认知智能层面。机器的自然语言理解能力程度也成为其是否真正具有智慧的标志。自然语言理解是人工智能的难点，计算机怎么去表示、获取、学习知识，并将知识与数据结合是个巨大的挑战。因此，未来虚拟数字人发展的破局关键在于"深度的场景理解"和"有效的技术提升"。我们致力于元宇宙基建，让数字人的声音更逼真，形态更拟人，情感和行为更自然，全力构建下一代的虚拟生态。"出门问问"将自己定位为一个对社会进步产生推动意义的，真正通过科技去改变世界的公司。

目前，元宇宙时代的大部分技术处于探索、研发、完善阶段，也许它们中的一些在不久的将来就会融入我们的生活，也有一些"先驱者"会因为过于超前而暂时无疾而终。不论结果如何，这些前沿技术都代表着人类不断拓展科技边界的最新成就。人类向往并不断地攀登着科技之巅，然而，科技的山巅是绵延无尽的。路曼曼其修远兮，人工智能将上下而求索。

探索智慧城市前景，
解析三大投资重点

毛丞宇

云启资本创始合伙人

回顾过去二十年，互联网的普及大大提升了信息传递与交互的效率，物联网、云计算、大数据、人工智能（AI）、5G通讯等各类技术应运而生。在日新月异的技术变迁之下，我们生活的城市迎来升级换代——不同技术之间交叉融合，新兴技术的应用场景全面革新。每个人能切身感受到方方面面的便捷性和智能性的提升，仿佛身处科幻小说中，这不禁让我们畅想未来人类更美好的生活和更有效率的生产方式。

智慧城市是一个系统，通过基于技术的解决方案和创新策略，提高人力和社会资本的使用效率，并与自然经济资源进行互动，解决公共问题，促进城市规划、建设、管理和服务智慧化的城市建设和治理模式。智慧城市不能简单地视作各行各业高新技术与通用技术的结合，它更要求整体的联动与统一，政府及各参与主体能够监测、分析、整合城市运行核心系统的各项关键信息，对民生、公共安全、环保、城市服务、工商业活动等各种需求做出智能响应，创造出更加人性化、便捷化的都市生活。这绝不是一蹴而就的发展路径，而是厚积薄发的技术融合。

据沙利文的研究估计，到2050年，世界城市化进程将增加至70%，智慧城市相关的多个领域在全球的市场潜力为1.5万亿美元。面对巨大的市场空间，从投资角度，我们需要有条理地拆解其发展路径，这就要了解一座城市智慧化的过程。我们的投资思路从技术、场景两个维度出发并展开。数字化是智慧城市的基础，所有数字化都逃不过数据采集、数据处理、数据分析这三个过程。从数据采集看，射频识别、图像识别、语音识别等技术帮助我们将原本的模拟态信号数字化；在数据处理阶段，大数据技术中的数据仓库、数据湖、自然语言处理等技术将粗数据转化为细数据，将非结构化数据结构化；数据分析则要结合具体场景来深入探讨。

智慧城市发展中，数字化是基础，在城市数字化过程中，各种场景不胜枚举，这里我们选取智慧医疗、智慧交通、智慧产业三个方向来稍做探讨。

智慧医疗是智慧城市规划中重要的民生领域应用，医疗数字化则是智慧医疗的核心。一方面，在医疗管理端和机构端，需要建立区域医疗互通互联的机制和医院数字化管理体系，使医生的科研、行医过程更加方便、快捷。另一方面，在居民患者端，线上挂号、移动支付很好地提升了居民的就医体验。这些新形态的背后是信息化和数字化的力量，我们需要打通原有的医疗机构内部的"数据孤

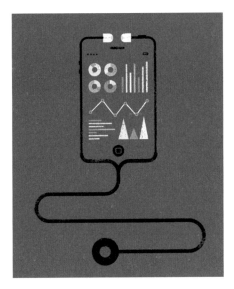

图 5-36　智慧医疗，插图作者迈克·麦奎德（Mike McQuade）

岛"，形成统一的患者医疗数据档案。在业务端，HIS（诊疗系统）、EMR（病历系统）等已经日臻完善，是医疗数字化的重要组成部分；同时，在管理端，医务服务能力和医院综合管理能力同样需要更多的数字化工具，比如绩效管理、业务培训等，云启资本投资的蓬涞数据等公司也在为智慧医疗添砖加瓦。

从交通监管部门角度出发，利用新技术构建新一代的交通体系，是智慧交通的主要任务。交通部门需要改变原本的"路堵修路，桥少修桥"的思路，应该具备更全局化、科技化的交通管理思路和道路修建方案。这里面既包含居民出行的数字化体验，也包含货物运输、物流管理的数字化管理；既包含基于 GIS 技术（Geographic Information System，地理信息系统）、人员产业数据的城市交通整体规划，也包含利用辅助驾驶、自动驾驶、车路协同等技术来改善道路拥堵状况。云启资本多年来一直布局智慧交通相关技术的上下游投资，比如高速无人驾驶、高精尖地图、激光雷达、ADAS（Advanced Driver Assistance System，高级驾驶辅助系统）、核心零组件等，云启资本投资的元戎启行是 L4 无人驾驶技术领先企业，已经在深圳、成都、重庆等城市配合政府、知名车厂实现技术落地，在智慧交通的大潮中进行积极的探索和发展。

智慧城市的发展，离不开产业发展，产业数字化与智能化既可以推动生产制造的效率又可以助力更高效的商业流通。比如纺织、物流、电力、汽车、石油化工等，传统运转模式存在效率低、耗能大的等问题，亟需数字化与智能化的赋能升级。目前，我国很多城市已经具备相应的，可以升级的产业链。举例来说，纺织服装行业是广东的重要产业之一，广州则是重要的服装纺织材料商品物流集散地。云启资本投资的国内最大的智慧纺织科技企业百布，从贸易产业迭代，进化为服装产业云工厂模式的智能化解决方案提供商，利用数字化和智能化为传统产业升级助力，在帮助服装产业链条降本增效、提升商品流通效率方面起到了很好的作用。

智慧城市是虚拟世界和物理世界高度融合的产物，也是不断迭代发展的动态系统。随着"十四五"规划中，新型城镇化和新基建，"两新"的不断推进，中国经济、社会民生建设、资源环境建设等将进入全面发展的"新风口"。我国智慧城市建设在供需两侧的协同影响下，正加快迈入全面数字化新时代。

图 5-37 家庭机器人，插图作者乔希·科克伦（Josh Cochran）

参考文献

[1] 王登辉,张波.便携式设备无线充电技术发展及关键技术［J］.电源学报,2020,18(5): 167-176.

[2] 张瑞吟.新型数码电子设备充电器:便携、环保、随时充［J］.集成电路应用,2012,221(2): 40-41.

[3] 林春成.便携电子设备的电源分布及电源管理设计［J］.机电工程技术,2008,37(12): 82-84,115.

[4] 陈新,张桂香.电磁感应无线充电的联合仿真研究［J］.电子测量与仪器学报,2014,28(4): 98-104.

[5] 薛明,杨庆新,章鹏程,等.无线电能传输技术应用研究现状与关键问题［J］.电工技术学报,2021,36(8): 5-26.

[6] 林洁如.刷脸支付的挑战与机遇［J］.新产经,2019,(11): 46-49.

[7] 刘大为,马云姣.基于"刷脸"支付的生物识别支付用户采纳意愿影响因素研究［J］.生产力研究,2018,(11): 112-117.

[8] 曾卓.刷脸支付发展现状、潜在风险及建议［J］.金融科技时代,2015,(8): 64-65.

[9] 周雯,徐小棠.沉浸感与360度全景视域：VR全景叙事探究［J］.当代电影,2021,(8): 160-166.

[10] 刘旖菲,胡学敏,陈国文,等.视觉感知的端到端自动驾驶运动规划综述［J］.中国图象图形学报,2021,26(1): 53-70.

[11] 章军辉,陈大鹏,李庆.自动驾驶技术研究现状及发展趋势［J］.科学技术与工程,2020,20(9): 37-46.

[12] 郭杰,王珺,姜璐,等.从技术中心主义到人本主义：智慧城市研究进展与展望［J］.地理科学进展,2022,41(3): 130-140.

[13] 孟凡坤,吴湘玲.重新审视"智慧城市"：三个基本研究问题——基于英文文献系统性综述［J］.公共管理与政策评论,2022,11(2): 151-171.

[14] 湛泳,李珊.金融发展、科技创新与智慧城市建设——基于信息化发展视角的分析［J］.财经研究,2016,42(2): 5-16.

[15] 高志远,姚建国,郭昆亚,等.智能电网对智慧城市的支撑作用研究[J].电力系统保护与控制,2015,43(11): 154-159.

[16] 吴志强,柏旸.欧洲智慧城市的最新实践［J］.城市规划学刊,2014,(5): 23-30.

后 记
以突破性技术创新，绘未来世界非凡图景

《麻省理工科技评论》与"全球十大突破性技术"

1899年，《麻省理工科技评论》在麻省理工学院创刊，作为世界上最权威的独立科技商业媒体之一，它以洞察、分析、评论、采访和现场活动为全世界的读者阐释着最新技术及其商业价值和社会影响。《麻省理工科技评论》的权威性不仅得益于其自身与世界一流的科技机构的密切关系，还来自其编辑团队具备的深厚的技术知识、以极广阔的眼界看待新技术的能力，以及他们持续触达着全球最领先的创新者和研究者——这项特性是无与伦比的。

2001年，正是这样的一支专业编辑团队发起了一项针对前沿技术的评选活动。除2002年因为处于起步阶段，还需要做适当调整而空缺之外，这项备受全世界读者关注的评选已经持之以恒地进行了20余年。

每年，《麻省理工科技评论》的编辑们都会挑选出最有可能改变世界的10项新技术——它们必须是新兴的，于是这份技术清单也因此被称为 The 10 Breakthrough Technologies（TR10），即"全球十大突破性技术"。

令人惊叹的编辑团队

《麻省理工科技评论》编辑团队将自己的目标设定为：以深度报道揭示正在发生的事件，并以此使读者们为即将发生的未来做充分的准备。

如此"高能"的编辑团队由一位总编辑带领，就如同现任总编戴维·罗特曼（David Rotman），他每日花费大部分时间思考和找寻"什么样的故事和新闻类型对读者最有价值"。令他头疼的是，《麻省理工科技评论》的读者是一群见多识广的、还永远对新兴技术保持好奇的人，这无疑让他的日常工作难上加难。所以，戴维·罗特曼只能在艰难思索的空隙里想起自己另外的身份——一位专业作者，同时也是一名读者，他本人的近期关注和兴趣点是化

学、材料科学、能源、制造业、经济学的交叉领域。

既然戴维承担了最难办的任务，团队中的3位高级编辑就能够专心致志地发掘各自领域里最新的技术发展和它们背后富有强烈吸引力的、独一无二的故事了。安东尼奥·雷加拉多（Antonio Regalado）、阿比·奥尔海泽（Abby Ohlheiser）和威尔·道格拉斯·希文（Will Douglas Heaven）分别负责发掘生物医学、数字文化和人工智能方面的深度文章。

安东尼奥·雷加拉多算得上《麻省理工科技评论》的老员工了，他在2011年7月从巴西远道而来，作为生物医学领域的高级编辑加入这个工作团队。在圣保罗时，他为《科学》（Science）和其他出版物撰写有关拉丁美洲的科学、技术文章。更早之前，安东尼奥是《华尔街日报》的科学记者，后来才成为一名赴外记者。

阿比·奥尔海泽主要聚焦互联网文化，是对应领域的资深编辑。她深耕数字文化多年，曾为《华盛顿邮报》（The Washington Post）和《大西洋连线》（The Atlantic Wire）做对应领域的数字生活报道和特约撰稿人。

关于持续热门的人工智能领域，团队内的专家是威尔·道格拉斯·希文，他拥有帝国理工学院的计算机科学博士学位，曾深刻地体会和机器人团队协作的别样感受和乐趣。威尔负责《麻省理工科技评论》中关于AI新研究、新趋势的解读，并与所有读者分享技术及其商业化背后的故事。

编辑团队中不可不提到的，还有一位重要同事，她是夏洛特·吉（Charlotte Jee），《麻省理工科技评论》的新闻编辑。夏洛特有着卓越的多线操作能力，她确保读者们能够在《麻省理工科技评论》网站上获得源源不断的精彩内容。夏洛特还是一位杰出的演讲人，侃侃而谈中便能吸引更多人群加入前沿科技信息的关注群体。

另外，对《麻省理工科技评论》的数字编辑总监尼尔·弗思（Niall Firth）来说，他需要操心的繁杂事务与总编戴维截然不同，唯一的共同点也许只是"艰巨性"。尼尔需要监督《麻省理工科技评论》所有的在线新闻，还需要管理整个报道团队。他常驻伦敦，因此这些任务全部是"在线"完成的。尼尔在加入《麻省理工科技评论》前，曾担任《新科学家》（New Scientist）周刊的首席新闻编辑兼科技编辑。

尼尔带领的记者团队同样各有所长、各司其职，其中塔尼娅·巴苏（Tanya Basu）、杰茜卡·哈姆泽洛（Jessica Hamzelou）、艾琳·郭（Eileen Guo）这3位女性作为高级记者分别负责人类与科技领域、生物医学领域、专题特写和调查的采编工作。塔尼娅作为经验丰富的科学编辑，有着非常丰富的健康和心理学学科报道经验，加入《麻省理工科技评论》后，她便聚焦报道人类与技术间的交叉互动。杰茜卡·哈姆泽洛作为生物医学领域的高级记者，主要负责生物医学和生物技术领域的采编工作，她与安东尼奥配合无间。艾琳·郭可能是这个团队中最酷的一员，她作为一名自由记者持续着与团队的合作。她主要负责专题报道和调查报道，对于科技行业是如何塑造我们的世界这个问题，艾琳总能产出深刻的见解。

另外，还有4位记者对《麻省理工科技评论》编辑团队功不可没：泰特·瑞安－莫斯利（Tate Ryan-Mosley）参与团队中大部分播客和数据新闻项目；里安农·威廉斯（Rhiannon Williams）负责团队中唯一的科技通信栏目；凯茜·克朗哈特（Casey Crownhart）是材料科学研究院出身，她专注于可再生能源、交通和如何使用技术应对气候变化等议题；帕特里克·豪厄尔·奥尼尔（Patrick Howell O'Neill）在加入团队之前，曾负责硅谷和华盛顿特区的网络安全工作，因此他在《麻省理工科技评论》团队中，作为网络安全记者关注着"网络安全""互联网如何改变世界"等相关话题。

"全球十大突破性技术"进化论

正如"全球十大突破性技术"评选的核心标准是一贯不变的，《麻省理工科技评论》编辑团队也一直抱持着足够的热情面对每一年的评选。记者和编辑们总是从主题调研开始，从医学到能源，再到数字技术，足够广泛的议题才能保证评选的客观和全面。对于科技对生活的改变，成员们将讨论和考评那些已经悄然发生的细节，以及尚未发生、但迅速将至的可能性。回望近年来的年度评选，我们不难发现，编辑团队坚持挑选那些能够真正改变人类生活和工作方式的技术突破，并且着力避免那些经不起推敲，但易于迷惑众人的、过度炒作的技术陷阱。

2019年，《麻省理工科技评论》团队邀请比尔·盖茨作为客座评选人，一同筛选出这份使世界更加美好的突破性技术清单。2022年，连同评选结果，《麻省理工科技评论》还推出了第一个社论播客DeepTech，多方位地带领读者探索全世界范围内最雄心勃勃的科技人物、地点和想法。

从2021年的评选结果中，我们能强烈感受到中国在突破性技术方面的亮眼表现，如TikTok推荐算法和超高精度定位。自2016年在中国推出以来，TikTok（抖音）仅使用了不到5年的时间，便成长为全球增长最快的社交网络之一。关键原因即是其算法——特别擅长将相关内容提供给具有特定兴趣或身份的目标用户社区。TikTok的新创作者们能因此快速获得大量浏览量，用户们能轻松获取多类型的、引起自身兴趣的内容，这成为TikTok的惊人增长的关键技术力。全球的其他社交媒体公司，都争先恐后地复制这样的功能。在实现超高精度定位这项技术中，于2020年6月完成，同年7月31日正式开通的中国北斗卫星导航系统当仁不让地撼动了世界高精度导航定位的格局，成为向全球用户提供全天候、全天时、高精度的定位、导航和授时服务的国家重要空间基础设施。

而2022年的最新结果显示出，受新冠疫情影响，人们对整个生命科学的研究和投资投入了近乎无限的关注，尤其在基因组测序、AI蛋白质折叠、疫苗研究方面十分突出；另外，我们对再生能源、核聚变等问题的关注度也达到历史高峰；对于数字技术的洞察越发深入，例如终结密码、PoS权益证明以及AI数据生成技术的涌现。这些技术都对真实世界的生活或近或远地产生了翻天覆地的影响，为人类的生存和生活起到重要影响。

当然，随着"全球十大突破性技术"结果发表，《麻省理工科技评论》也公布了媒体用户们对来年"全球十大突破性技术"的预测结果：衰老时钟以41%的得票率位居第一；其次是AI驱动机器人，得票比例为28%；第三名则是元宇宙，得票率为20%；第四位是得票率为11%的NFTs，即非同质代币。

《麻省理工科技评论》就像一个专注的未来学家，它深切明白，未来主义的意义不在于猜测未来，而在于挑战人类现有的想象；这样，在未来到来时，人们才不至于措手不及。"全球十大突破性技术"成为未来学家手中的"魔杖"，带领所有的关注者们一同预先体验能够改变未来的新兴科技。

特别对话《麻省理工科技评论》前主编，"全球十大突破性技术"评选发起人贾森·庞廷（Jason Pontin）

说明：为叙述简洁方便，以下对话文字遵循以下约定。TR10为"全球十大突破性技术"简称；DT为本书作者DeepTech的简称；JP为对话对象Jason Pontin的简称。

DT："全球十大突破性技术"评选是于2001年首次推出的，当时是基于什么样的背景而创建的？有什么具体的触发因素吗？

JP：每年列出10项突破性技术的理由很简单。每年我们都会看到多种新兴技术，其中的许多是基于突破性科学的技术。我们相信，如果能提供一份经仔细筛选后的"最重要技术"的列表，我们的读者将会从中获益良多。而这份列表的格式几乎从最初便设定好了，或者说，自2004年以来就不曾改变过，需要包含"突破""这项技术突破为何如此重要""何时技术商业化"。

DT：我们注意到，在TR10评选的20年历程中，编辑团队曾多次使用"打个赌"来描述TR10评选的预测，对于《麻省理工科技评论》的编辑团队，或者您来说，真的如此吗？TR10对您来说，意味着什么？

JP：当然，将TR10评选称为"打个赌"是编辑团队间的"小幽默"。你看，未来毕竟是不可知的，从这个角度看，每年的TR10就像是我们与未来"打了个赌"。我们想表达的是，在事件发生之前，我们永远无法确定概率等于0或者1，即我们必须等事件发生，才能获知这是不可能事件，还是必然事件。TR10评选是一种最好的预测，基于我们对技术的深入了解、我们的技术分析，还有我们对市场需求的直觉。

DT：您认为什么样的受众群体对TR10评选感兴趣？您希望TR10评选对不同的人群产生什么样的影响？

JP：TR10主要是为了刺激/引发辩论——在科学技术文献发表时，当技术在商业化进程中时，而最终，在未来，当我们的受众（也包括编辑团队自身）索问"我们的预测是对是错"的时候。麻省理工学院和《麻省理工科技评论》对自身的权威性如此笃定，这使得我们对新兴技术的预测非常有信心，也相信我们的票选结果能够鼓励投资。

DT：我们能看到，有许多不同的机构对"顶尖技术"做出很多不同的评选。TR10评选的关注重点是什么？与其他榜单有什么样的不同？您认为TR10评选能够在众多排行榜中脱颖而出，并得到大众认可的主要原因是什么？

JP：与其他评选相比，TR10评选有着很大的差异，可以说TR10评选是独一无二的。其原因是《麻省理工科技评论》的特殊使命是识别和分析"新兴技术"。也就是说，TR10评选关注的新技术是从学术界或产业实验室新鲜出炉的，当下还处于不同形式的融资阶段，尚未被广泛用于产品和服务的。

DT：自首次TR10评选以来，已经过去了20年。在其间，TR10评选是否曾带来一些意料之外的惊喜时刻？

JP：实际上，我希望我能回答"有"。不过，至少在我担任主编的期间，《麻省理工科技评论》的编辑们对自己的预测相当有信心——而且，基本上从结果来看，我们的预测是很准确的。事实证明，真正的突破性技术都具有这样的特征：技术商业化的时间总是比人们预计的要长得多，而它们的影响却比人们想象的要强烈得多。有时候，"突破性技术"就像是从天而降的，而我们却完全不能对它们巨大的影响力做任何准备，我们可以拿其中的3项伟大技术举例——基因组编辑、深度学习和微流控芯片技术，我们仍在了解，这些技术究竟还能为整个世界带来什么。

DT：如果说，希望您来对TR10的20年历程做个总结，会是什么样的？您对TR10的未来有怎样的期待？

JP：20余年来，TR10在"预测对人类最重要的新技术"方面一贯准确。我希望TR10在未来能继续保持和延续这样的不败记录；另外，我还期待TR10继续向全世界总结和解释这些技术可能对人类未来产生的影响。

展望和致谢

在《科技之巅（20周年珍藏版）：全球突破性技术创新与未来趋势》策划和出版过程中，要感谢所有参与组稿的撰稿人、参与点评和推荐的专家，感谢DeepTech出版团队的所有编辑、其他同事、领导，以及DeepTech业务发展事业部、生辉事业部、Venture Lab、学术生态部、DT Insights研究团队提供大力协助。本书的顺利出版，同样离不开人民邮电出版社的编辑和领导为此付出的辛勤劳动，对出版项目的大力支持和推动，特在此表达谢意。

"全球十大突破性技术"如同一座座系列里程碑，记录下人类对这颗星球及宇宙的无尽探索、对前沿科技的不断追求，证明了我们对技术新颖度、难度的甄别力，对科技发展趋势的准确预测，也体现出我们对通过技术革新创造更好的生活图景持有的乐观态度。当然，我们期待在下一个20年里，关注和热爱科技发展的读者们依然与我们站在一起，满足地回顾科学技术的演变历程，更加自由地想象未来。

DT Publishing 出版部

《科技之巅》特别策划团队